21 世纪全国本科院校土木建筑类创新型应用人才培养规划教材

建筑工程造价

主　编　郑文新

副主编　王　健　陈　坚

参　编　马　静　贾胜辉　朱绍奇

北京大学出版社

PEKING UNIVERSITY PRESS

内 容 简 介

随着工程造价的市场化，新推出的计价方法更适应现行的招投标制度及计价市场，为了使相关专业的学生和从业人员能够尽快掌握这些方法，作者在参考大量资料和新规范的基础上编写了本书。

本书在编写的过程中，力求将基础理论和实际应用相结合，并收入大量的例题，详细介绍工程量计算规则和清单计价的应用要点，以便读者能够尽快掌握工程造价的计算方法。本书共分7章，内容包括：绪论、建筑工程定额、工程造价的计价方法、实体项目计量与计价、装饰工程实体项目计量与计价、措施项目工程计价、工程结算和竣工决算。

本书注重理论和工程实践相结合，可作为高等院校工程管理专业和土木工程专业的教材，也可作为在实际工程项目中从事工程技术和工程管理工作专业人员的学习参考用书。

图书在版编目（CIP）数据

建筑工程造价/郑文新主编. —北京：北京大学出版社，2012.1
（21世纪全国本科院校土木建筑类创新型应用人才培养规划教材）
ISBN 978-7-301-19847-6

Ⅰ. ①建… Ⅱ. ①郑… Ⅲ. ①建筑工程—工程造价—高等学校—教材 Ⅳ. ①TU723.3

中国版本图书馆 CIP 数据核字（2011）第 252250 号

书　　　　名：	**建筑工程造价**
著作责任者：	郑文新　主编
策 划 编 辑：	卢 东　吴 迪
责 任 编 辑：	卢 东
标 准 书 号：	ISBN 978-7-301-19847-6/TU·0199
出 版 发 行：	北京大学出版社
地　　　　址：	北京市海淀区成府路 205 号　　100871
网　　　　址：	http://www.pup.cn　新浪官方微博:@北京大学出版社
电 子 信 箱：	pup_6@163.com
电　　　　话：	邮购部 62752015　发行部 62750672　编辑部 62750667　出版部 62754962
印 刷 者：	三河市北燕印装有限公司
经 销 者：	新华书店
	787 毫米×1092 毫米　16 开本　20.75 印张　485 千字
	2012 年 1 月第 1 版　2017 年 11 月第 7 次印刷
定　　　　价：	39.00 元

前　　言

建筑工程造价是工程管理专业的一门核心专业课程，是从事土木工程造价、设计、施工的工程技术及项目管理人员必备的基础知识。该课程作为工程管理专业的学科方向课，既具有相对的独立性，又与相关基础课和后续专业课程有密切联系。由于该课程既需要以建筑识图、房屋建筑学、建筑材料及建筑施工等课程作为学习的基础，又注重实际应用。因此，一直以来学生都感觉难以熟练掌握。

本书的编写目的是让学生掌握工程造价的基本原理和方法；培养学生计算工程造价的能力；为土木工程项目投资决策、工程项目评估提供科学的依据；为审核工程造价和工程投标报价提供科学的数据。

本书在编写过程中，力求将基础理论和实际应用相结合。为了让学生能够尽快掌握工程造价的计算方法，本书还收入了大量的例题，详细介绍工程量计算规则和投标报价的应用要点。本书根据 2012 年 12 月 25 日发布、2013 年 4 月 1 日施行的《建设工程工程量清单计价规范》(GB 50500—2013)和《江苏省建筑与装饰工程计价表》(2004 年)及国家有关工程造价的最新规章、政策文件，结合编者多年的造价工作经验、做法及教学科研的新成果，对书中的内容作了必要的充实和调整，使其更具有针对性、实用性和选择性。

本书由宿迁学院郑文新主编。编写分工为：第 1、2 章由郑文新和武夷学院陈坚编写；第 3 章由宿迁学院马静编写；第 4 章由宿迁学院王健编写；第 5 章由宿迁学院贾胜辉编写；第 6、7 章由宿迁学院朱绍奇编写。另外，于晓明、史海峰、段媛媛也参加了本书的编写工作。

本书在编写过程中，得到宿迁学院、南京工业大学等高校教师的大力支持与帮助，并得到宿迁学院精品课程项目(S112012006)、宿迁学院教学方法创新项目(S112012028)的资助。此外，本书参考了许多学者的有关研究成果及文献资料，在此一并向相关作者表示衷心的感谢！

由于时间仓促和编者水平有限，书中难免存在不足之处，恳请广大读者批评指正，以便修改完善。

编　者

2013 年 4 月

目　　录

第**1**章
绪 论

通过本章的学习，使学生了解本课程相关的基本理论知识；基本建设项目划分；基本建设预算的分类及作用。应达到以下目标。

（1）了解建设工程和建设项目的概念、工程项目建设程序和分类；了解工程造价的含义、作用和基本原则；了解建设工程概预算的概念和分类。

（2）熟悉建设项目的构成及内容。

（3）掌握工程造价的构成及内容。

教学要求

知识要点	能力要求	相关知识
工程建设的概念	熟悉并理解工程建设的基本概念	建设工程的概念；建设项目的概念、构成、分类、建设程序
工程造价的构成	掌握建设工程造价的构成；掌握设备及工器具购置费、建筑安装工程费和工程建设其他费用的构成与计算；掌握预备费、建设期贷款利息的计算	工程造价的构成、含义；分部分项工程费的组成；措施项目费；其他项目费；规费；税金；设备、工器具购置费的构成及计算；工具、器具及生产家具购置费的构成及计算；工程建设其他费用的构成及计算；预备费、建设期利息、铺底流动资金
基本建设概预算	熟悉基本建设概预算的相关概念	建设工程概预算的概念、分类及与基本建设程序的关系

基本概念

建设工程，建设项目，建设程序，工程造价，分部分项工程费，措施项目费，其他项目费，规费，税金，设备、工器具购置费，工具、器具及生产家具购置费，工程建设其他费，预备费，建设期利息，铺底流动资金，建设工程概预算。

引例

工程估价就是估算工程造价。由于工程造价具有单件计价、多次计价、动态计价、组合计价和市场定价等特点，工程估价的内容、方法及表现形式也就有很多种。业主或其委托的咨询单位编制的工程估算、设计单位编制的概算、咨询单位编制的标底、承包商及分包商提出的报价,都是工程估价的不同表现形式。

我国将工程估价及工程定价阶段的一系列管理工作称为工程造价管理。按照我国的基本建设程序,工程项目的建设一般需要经过可行性研究、设计、招投标、施工、竣工验收等几个阶段。在工程项目建设的整个过程中每个阶段都必须计算工程造价,它是一个由粗到细、由估算到确定的过程。从项目的可行性研究、设计到承包商报价为止,属于工程造价的估算阶段;在施工图设计阶段,对工程造价所做的测算称为施工图预算;从业主接受承包商的报价到竣工验收为止,属于工程造价的确定阶段,也就是工程定价。在工程招投标阶段,承包商与业主签订合同时形成的价格称为合同价;在初步设计阶段、技术设计阶段,对工程造价所做的测算称为设计概算;在合同实施阶段,承包商与业主结算工程价款时形成的价格称为结算价;工程竣工验收后,业主对工程造价的计算及资产入账的过程称为竣工决算。因此,工程造价是指建设项目从筹建之日起至竣工验收整个过程中全部费用的总和。

1.1 建设工程概论

1.1.1 建设工程的概念

建设工程是人类有组织、有目的、大规模的经济活动,是固定资产再生产过程中形成综合生产能力或发挥工程效益的工程项目。其经济形态包括建筑、安装工程建设、购置固定资产以及与此相关的一切工作。

建设工程是指建造新的或改造原有的固定资产。所谓固定资产,是指在生产和消费领域中实际发挥效能并长期使用的劳动资料和消费资料,使用年限在一年以上,且单位价值在规定限额以上的一种物质财富。固定资产在施工过程中总是不断被消耗,又通过建设不断得到补偿。

建设工程是通过"建设"来形成新的固定资产,单纯的固定资产购置一般不视为建设工程。建设工程是建设项目从预备、筹建、勘察设计、设备购置、建筑安装、试车调试、竣工投产,直到形成新的固定资产的全部工作。

1.1.2 建设项目的概念

建设项目是指按一个总体设计进行建设施工的一个或几个单项工程的总体。在我国,通常以建设一个企业单位或一个独立工程作为一个建设项目。凡属于一个总体设计中分期分批进行建设的主体工程和附属配套工程、综合利用工程、供水供电工程都作为一个建设项目。不能把不属于一个总体设计内的工程,按各种方式结算作为一个建设项目,也不能把同一个总体设计内的工程,按地区或施工单位分为几个建设项目。

建设项目的实施单位一般为建设单位。国有单位的经营性基本建设大中型项目,在建设阶段实行建设项目法人责任制,由项目法人单位实行统一管理。

1.1.3 建设项目的分类

建设工程项目可以从不同的角度进行分类。

1. 按建设性质划分

(1) 新建项目。指从无到有，"平地起家"，新开始建设的项目。有的建设项目原有基础很小，经扩大建设规模后，其新增加的固定资产价值超过原有固定资产价值3倍以上，也视为新建项目。

(2) 扩建项目。指为扩大原有产品生产能力（或效益）或增加新的产品生产能力而新建主要车间或工程的项目。

(3) 改建项目。指为提高生产效率，改进产品质量，或改变产品方向，对原有设备或工程进行改造的项目。有的企业为了平衡生产能力，增建一些附属、辅助车间或非生产性工程，也视为改建项目。

(4) 迁建项目。指由于各种原因经上级批准搬迁到另地建设的项目。迁建项目中符合新建、扩建、改建条件的，应分别视为新建、扩建或改建项目。迁建项目不包括留在原址的部分。

(5) 恢复项目。指由于自然灾害、战争等原因使原有固定资产全部或部分报废，以后又投资按原有规模重新恢复起来的项目。在恢复的同时进行扩建的，应视为扩建项目。

2. 按用途划分

(1) 生产性项目。指直接用于物质生产或直接为物质生产服务的项目，主要包括工业项目（含矿业）、建筑业和地区资源勘探事业项目、农林水利项目、运输邮电项目、商业和物资供应项目等。

(2) 非生产性项目。指直接用于满足人民物质和文化生活需要的项目，主要包括住宅、教育、文化、卫生、体育、社会福利、科学实验研究项目、金融保险项目、公用生活服务事业项目、行政机关和社会团体办公用房等项目。

3. 按行业性质和特点划分

(1) 竞争性项目。指投资回报率比较高、市场调节比较灵活、竞争性比较强的一般性建设工程项目，如商务办公楼项目、酒店项目、度假村项目、高档公寓项目等。

(2) 基础性项目。指具有自然垄断性、建设周期长、投资额大而收益低的基础设施和需要政府重点扶持的一部分基础工业项目，以及直接增强国力的符合经济规模的支柱产业项目，如交通、通信、能源、水利、城市公用设施等。

(3) 公益性项目。指主要为社会发展服务、难以产生直接经济回报的项目，如科技、文教、卫生、体育和环保等设施，公、检、法等政权机关以及政府机关、社会团体办公设施，国防建设设施等。

4. 按建设规模划分

基本建设项目按项目的建设总规模或总投资可分为大型、中型和小型项目三类。新建项目按项目的全部设计规模（能力）或所需投资（总概算）计算；扩建项目按扩建新增的设计能力或扩建所需投资（扩建总概算）计算，不包括扩建以前原有的生产能力。其中，新建项目的规模是指经批准的可行性研究报告中规定的近期建设的总规模，而不是指远景规划所设想的长远发展规模。明确分期设计、分期建设的，应按分期规模计算。更新改造项目按照投资额分为限额以上项目和限额以下项目两类。按总投资划分的项目，现行标准是：能源、交通、原材料工业项目 5000 万元以上，其他项目 3000 万元以上的作为大中型（或限额以上）项目，否则为小型（或限额以下）项目。

1.1.4 建设项目的构成

建设项目是一个有机的整体，为了建设项目的科学管理和经济核算，将建设项目由大到小划分为单项工程、单位工程、分部工程和分项工程。

1. 单项工程

单项工程是指在一个建设项目中具有独立的设计文件，竣工后可以独立发挥生产能力或效益的工程。它是建设项目的组成部分，如工业项目中的各个车间、办公楼、食堂、住宅等，民用项目中如学校的教学楼、图书馆、食堂等。

单项工程按其最终用途不同可分为许多种类。如工业建设项目中的单项工程可分为主要工程项目（如生产某种产品的车间）、附属生产工程项目（如为生产车间维修服务的机修车间）、公用工程项目（如给排水工程）、服务项目（如食堂、浴室）等。单项工程的价格通过编制单项工程综合预算确定。

2. 单位工程

单位工程是指竣工后一般不能独立发挥生产能力或效益，但具有独立的设计图纸，可以独立组织施工的工程，它是单项工程的组成部分。按其构成又可将其分解为建筑工程和设备安装工程。如车间的土建工程是一个单位工程，设备安装又是一个单位工程，电气照明、室内给水排水、工业管道、线路铺设都是单项工程中所包含的不同性质的单位工程。

在一般情况下，单位工程是进行工程成本核算的对象。单位工程的产品价格通过编制单位工程施工图预算来确定。

3. 分部工程

分部工程是单位工程的组成部分。按照工程部位、设备种类、使用材料的不同，可将一个单位工程分解为若干个分部工程。如房屋的土建工程，按其不同的工种、不同的结构和部位可分为基础工程、砖石工程、混凝土及钢筋混凝土工程、木结构及木装修工程、金属结构制作及安装工程、混凝土及钢筋混凝土构件运输及安装工程、楼地面工程、屋面工程、装饰工程等。

4. 分项工程

分项工程是分部工程的组成部分。按照不同的施工方法、不同的材料、不同的规格，可将一个分部工程分解为若干个分项工程。如可将砖石分部工程分为砖砌体、毛石砌体两类，其中砖砌体又可按部位不同分为外墙和内墙等分项工程。

分项工程是计算工、料、机及资金消耗的最基本的构造要素。建设工程预算的编制就是从最小的分项工程开始，由小到大逐步汇总而成的。

下面以某大学为例来说明建设项目的组成，如图1.1所示。

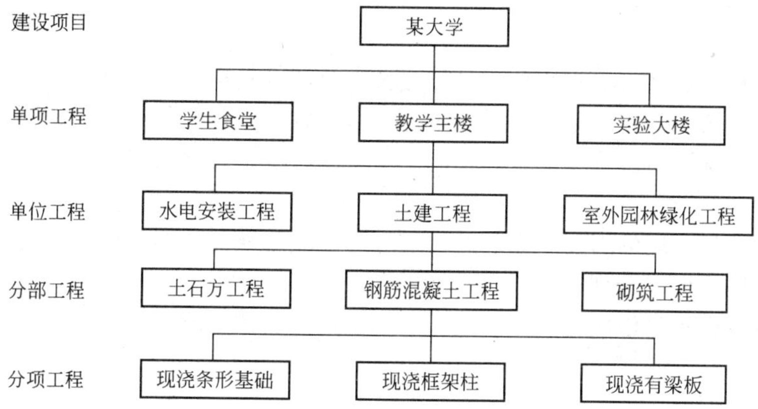

```
建设项目            ┌──────────┐
                  │  某大学   │
                  └────┬─────┘
        ┌──────────────┼──────────────┐
单项工程  ┌────────┐  ┌────────┐  ┌────────┐
        │学生食堂 │  │教学主楼 │  │实验大楼 │
        └────────┘  └───┬────┘  └────────┘
        ┌──────────────┼──────────────┐
单位工程 ┌──────────┐ ┌────────┐ ┌──────────────┐
        │水电安装工程│ │土建工程 │ │室外园林绿化工程│
        └──────────┘ └───┬────┘ └──────────────┘
        ┌──────────────┼──────────────┐
分部工程 ┌────────┐ ┌──────────────┐ ┌────────┐
        │土石方工程│ │钢筋混凝土工程 │ │砌筑工程 │
        └────────┘ └──────┬───────┘ └────────┘
        ┌──────────────┼──────────────┐
分项工程 ┌──────────┐ ┌──────────┐ ┌──────────┐
        │现浇条形基础│ │现浇框架柱 │ │现浇有梁板 │
        └──────────┘ └──────────┘ └──────────┘
```

图 1.1 建设项目结构图

以上对于建设项目的划分，适合于工程造价的确定与控制。另外，按照国家《建筑工程施工质量验收统一标准》(GB 50300—2001)规定，工程建设项目分为单位工程、分部工程和分项工程，标准规定的"单位工程"指具备独立施工条件并能形成独立使用功能的建筑物或构筑物。

1.1.5 建设工程的构成

工程建设一般包括以下4个部分的内容：建筑工程，设备安装工程，设备、工器具及生产家具的购置，其他工程建设工作。

1. 建筑工程

建筑工程是指永久性和临时性的建筑物及构筑物的土建、装饰、采暖、通风、给排水、照明工程；动力、电信导线的敷设工程；设备基础、工业炉砌筑、厂区竖向布置工程；水利工程和其他特殊工程等。

2. 设备安装工程

设备安装工程是指动力、电信、起重、运输、医疗、实验等设备的装配、安装工程；附属于被安装设备的管线敷设、金属支架、梯台和有关保温、油漆、测试、试车等工作。

3. 设备、工器具及生产家具的购置

设备、工器具及生产家具的购置是指车间、实验室等所应配备的，符合固定资产条件的各种工具、器具、仪器及生产家具的购置。

4. 其他工程建设工作

其他工程建设工作是指除上述内容之外的，在工程建设程序中所发生的工作，如征用土地、拆迁安置、勘察设计、建设单位日常管理、生产职工培训等。

1.1.6 项目建设程序

项目建设程序也称为项目周期，是指建设项目从策划决策、勘察设计、建设准备、施工、生产准备、竣工验收到考核评价的全过程中，各项工作必须遵循的先后次序。项目建设程序是人们在认识客观规律的基础上制定出来的，是建设项目科学决策和顺利实施的重要保证。

按照建设项目发展的内在联系和发展过程，建设程序分成若干阶段，这些发展阶段有严格的先后次序，可以合理交叉，但不能任意颠倒。

我国项目建设程序依次分为策划决策、勘察设计、建设准备、施工、生产准备、竣工验收和考核评价7个阶段。

1. 策划决策阶段

项目策划决策阶段包括编报项目建议书和可行性研究报告两项工作内容。依据可行性研究报告进行项目评估，再根据项目评估情况对建设工程项目进行决策。

1）编报项目建议书

对于政府投资工程项目，编报项目建议书是项目建设最初阶段的工作。项目建议书是建设某一具体工程项目的建议文件，是投资决策前对拟建项目的轮廓设想。其主要是为了推荐建设项目，以便在一个确定的地区或部门内，以自然资源和市场预测为基础，选择建设项目。

项目建议书经批准后，可进行可行性研究工作，但并不表明项目非上不可，项目建议书不是项目的最终决策。

2）可行性研究

可行性研究是在项目建议书被批准后，对项目在技术和经济上是否可行所进行的科学分析和论证。

可行性研究主要评价项目技术上的先进性和适用性、经济上的营利性和合理性、建设的可能性和可行性，它是确定建设项目、进行初步设计的根本依据。

可行性研究是一个由粗到细的分析研究过程，可以分为初步可行性研究和详细可行性研究两个阶段。

（1）初步可行性研究。初步可行性研究的目的是对项目初步评估进行专题辅助研究，广泛分析、筛选方案，界定项目的选择依据和标准，确定项目的初步可行性。通过编制初步可行性研究报告，判定是否有必要进行下一步的详细可行性研究。

（2）详细可行性研究。详细可行性研究为项目决策提供技术、经济、社会及商业方面的依据，是项目投资决策的基础。研究的目的是对建设项目进行深入细致的技术经济论证，重点对建设项目进行财务效益和经济效益的分析评价，经过多方案比较选择最佳方案，确定建设项目的最终可行性。本阶段的最终成果为可行性研究报告。

根据《国务院关于投资体制改革的决定》（国发［2004］20号），对于政府投资项目，采用直接投资和资本金注入方式的，政府投资主管部门需要从投资决策角度审批项目建议书和可行性研究报告。可行性研究报告经过审批通过之后，方可进入下一阶段的建设工作。

对于企业不使用政府资金投资建设的项目，一律不再实行审批制，区别不同情况实行核准制或登记备案制。其中，政府仅对重大项目和限制类项目从维护社会公共利益角度进行核准，其他项目无论规模大小，均改为备案制。企业投资建设实行核准制的项目，仅需向政府提交项目申请报告，不再经过批准项目建议书、可行性研究报告和开工报告的程序。

2. 勘察设计阶段

1) 勘察阶段

根据建设项目初步选址建议，进行拟建场地的岩土、水文地质、工程测量、工程物探等方面的勘察，提出勘察报告，为设计做好充分准备。勘察报告主要包括拟建场地的工程地质条件、拟建场地的水文地质条件、场地、地基的建筑抗震设计条件、地基基础方案分析评价及相关建议、地下室开挖和支护方案评价及相关建议、降水对周围环境的影响、桩基工程设计与施工建议、其他合理化建议等内容。

2) 设计阶段

落实建设地点、通过设计招标或设计方案比选确定设计单位后，即开始初步设计文件的编制工作。根据建设项目的不同情况，设计过程一般划分为两个阶段，即初步设计阶段和施工图设计阶段，对于大型复杂项目，可根据不同行业的特点和需要，在初步设计之后增加技术设计阶段(扩大初步设计阶段)。初步设计是设计的第一步，如果初步设计提出的总概算超过可行性研究报告投资估算的10%或其他主要指标需要变动时，要重新报批可行性研究报告。初步设计经主管部门审批后，建设项目被列入国家固定资产投资计划，可进行下一步的施工图设计。

根据建设部2000年颁布的《建筑工程施工图设计文件审查暂行办法》规定，建设单位应当将施工图报送建设行政主管部门，由建设行政主管部门委托有关审查机构，进行结构安全和强制性标准、规范执行情况等内容的审查。审查的主要内容包括以下几个方面。

(1) 建筑物的稳定性、安全性，包括地基基础和主体结构体系是否安全、可靠。

(2) 是否符合消防、节能、环保、抗震、卫生、人防等有关强制性标准、规范。

(3) 施工图是否达到规定的深度要求。

(4) 是否损害公众利益。

施工图一经审查批准，不得擅自进行修改，如遇特殊情况需要进行涉及审查主要内容的修改时，必须重新报请原审批部门，由原审批部门委托审查机构审查后再批准实施。

3. 建设准备阶段

广义的建设准备阶段包括对项目的勘察、设计、施工、资源供应、咨询服务等方面的采购及项目建设各种批文的办理。采购的形式包括招标采购和直接发包采购两种。鉴于勘察、设计的采购工作已落实于勘察设计阶段，此处建设准备阶段的主要内容包括：落实征地、拆迁和平整场地，完成施工用水、电、通信、道路等接通工作，组织选择监理、施工单位及材料、设备供应商，办理施工许可证等。按规定做好建设准备，具备开工条件后，建设单位申请开工，即可进入施工阶段。

4. 施工阶段

建设工程只有具备了开工条件并取得施工许可证后方可开工。通常，项目新开工时间，按设计文件中规定的任何一项永久性工程第一次正式破土开槽时间而定，不须开槽的以正式打桩作为开工时间，铁路、公路、水库等以开始进行土石方工程作为正式开工时间。

施工阶段的主要工作内容是组织土建工程施工及机电设备安装工作。在施工安装阶段，主要工作任务是按照设计进行施工安装，建成工程实体，实现项目质量、进度、投资、安全、环保等目标。具体内容包括：做好图纸会审工作，参加设计交底，了解设计意图，明确质量要求；选择合适的材料供应商；做好人员培训；合理组织施工；建立并落实技术管理、质量管理体系和质量保证体系；严格控制中间质量验收和竣工验收环节。

5. 生产准备阶段

对于生产性建设项目，在其竣工投产前，建设单位应适时地组织专门班子或机构，有计划地做好生产或动用前的准备工作，包括：招收、培训生产人员；组织有关人员参加设备安装、调试、工程验收；落实原材料供应；组建生产管理机构、健全生产规章制度等。生产准备是由建设阶段转入经营的一项重要工作。

6. 竣工验收阶段

工程竣工验收是全面考核建设成果、检验设计和施工质量的重要步骤，也是建设项目转入生产和使用的标志。根据国家规定，建设项目的竣工验收按规模大小和复杂程度分为初步验收和竣工验收两个阶段进行。规模较大、较复杂的建设项目应先进行初验，然后进行全项目的竣工验收。验收时可组成验收委员会或验收小组，该小组由银行、物资、环保、劳动、规划、统计及其他有关部门组成，建设单位、接管单位、施工单位、勘察单位、监理单位参加验收工作。验收合格后，建设单位编制竣工决算，项目正式投入使用。

7. 考核评价阶段

建设项目考核评价是工程项目竣工投产、生产运营一段时间后，对项目的立项决策、设计施工、竣工投产、生产运营和建设效益等进行系统评价的一种技术活动，是固定资产管理的一项重要内容，也是固定资产投资管理的最后一个环节。建设项目考核主要从影响评价、经济效益评价、过程评价3个方面进行评价，采用的基本方法是对比法。通过建设项目考核评价，可以达到肯定成绩、总结经验、研究问题、吸取教训、提出建议、改进工作、不断提高项目决策水平和投资效果的目的。

项目建设程序如图1.2所示。

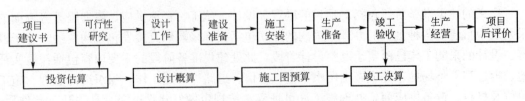

图1.2　建设项目程序框图

1.2 工程造价概述

1.2.1 工程造价的含义

工程建设预算是指对工程的建设费用预先进行计算，又称为工程造价。按照计价的范围和内容的不同，工程造价可分为广义的工程造价和狭义的工程造价两种。

广义的工程造价是指完成一个建设项目所需费用的总和，包括工程建设所需的费用。另外，预算虽是预先计算，但也要求反映最终工程的实际费用。因此，在广义的工程造价中，除了考虑建筑工程，设备安装工程，设备、工器具及生产家具的购置，其他工程建设工作4项基本静态费用之外，还应考虑预备费、建设期贷款利息和固定资产投资方向调节税（按国家有关部门规定，自2000年1月起新发生的投资额，暂停征收）。图1.3是广义的工程造价的内容构成。

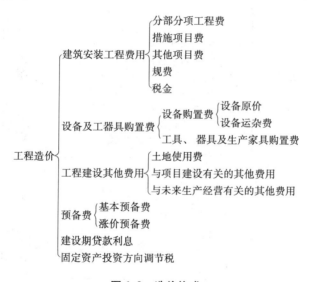

图1.3 造价构成

狭义的工程造价是指建筑市场上承发包建筑安装工程的价格。一般指单项工程的价格。

本书主要介绍的是狭义的工程造价，后面不作特殊说明，提到的工程造价指的都是狭义的工程造价。

1.2.2 工程造价的构成

建筑安装工程费的项目组成，根据考虑的角度不同，其费用组成略有差异。

根据住房和城乡建设部、财政部关于印发《建筑安装工程费用项目组成》的通知（建标〔2013〕44号，以下简称"44号文"），建筑安装工程费用（也称工程造价）的项目组成按费用的构成要素划分为人工费、材料费、施工机具使用费、企业管理费、利润、规费、税金，如图1.4所示。按造价形成划分为：分部分项工程费、措施项目费、其他项目费、规费和税金组成。如图1.5所示。

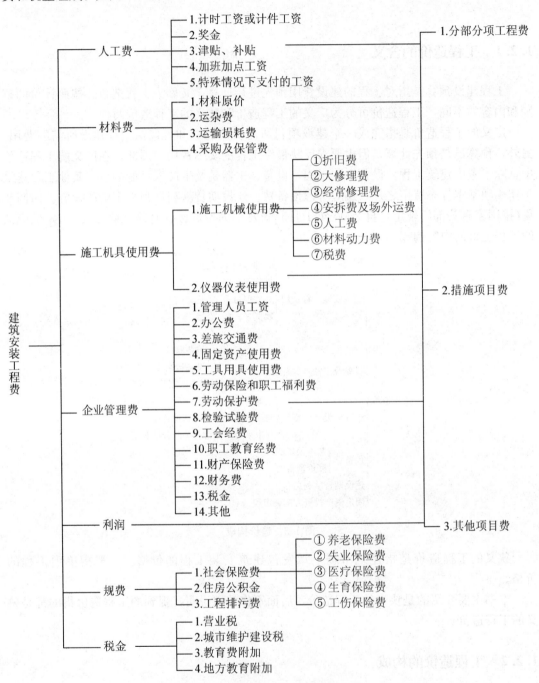

图1.4 "44号文"工程造价组成

根据中华人民共和国住房与城乡建设部与国家质量监督检验检疫总局联合发布的国家标准《建设工程工程量清单计价规范》（GB 50500—2013）(以下简称"13规范")，建筑安装工程费用项目（工程造价）由分部分项工程费、措施项目费、其他项目费、规费和税金组成，如图1.5所示。

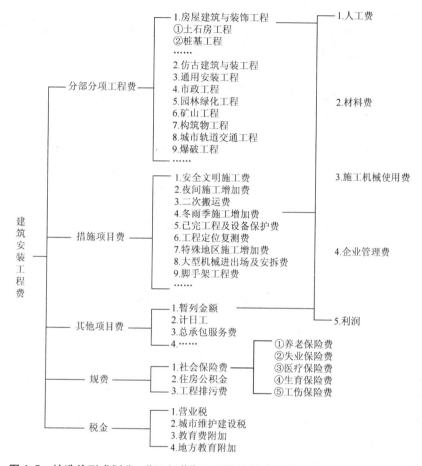

图 1.5 按造价形成划分，"13 规范"工程量清单计价的建筑安装工程造价组成

从图 1.4 和图 1.5 中可以看出，两者包含的内容并无实质性差异，"44 号文"主要表述的是建筑安装工程费用项目的组成，而"13 规范"的建筑安装工程费用组成则要求满足建筑安装工程在工程交易和工程实施阶段工程造价的组价要求，包括索赔等，内容更全面、更具体。本书按"13 规范"介绍建筑安装工程费用的组成。

1.2.3 分部分项工程费

1. 人工费

人工费是指直接从事建筑安装工程施工的生产工人开支的各项费用，包括以下内容。

（1）基本工资：是指发放给生产工人的基本工资。

（2）工资性补贴：是指按规定标准发放的物价补贴，煤、燃气补贴，交通补贴，住房补贴，流动施工津贴等。

（3）生产工人辅助工资：是指生产工人年有效施工天数以外非作业天数的工资，包括职工学习、培训期间的工资，调动工作、探亲、休假期间的工资，因气候影响的停工工资，女工哺乳时间的工资，病假在 6 个月以内的工资及产、婚、丧假期的工资。

（4）职工福利费：是指按规定标准计提的职工福利费。

（5）生产工人劳动保护费：是指按规定标准发放的劳动保护用品的购置费及修理费，徒工服装补贴、防暑降温费、在有碍身体健康环境中施工的保健费用等。

单位工程量人工费的计算公式为：

$$人工费 = \sum(人工定额消耗量 \times 日工资单价) \tag{1-1}$$

$$G = \sum_{i=1}^{5} G_i \tag{1-2}$$

式中：G——日工资单价；G_1——日基本工资；G_2——日工资性补贴；G_3——日生产工人辅助工资；G_4——日职工福利费；G_5——日生产工人劳动保护费。

$$日基本工资 = \frac{生产工人平均月工资}{年平均每月法定工作日} \tag{1-3}$$

$$日工资性补贴 = \frac{\sum 年发放标准}{全年日历日 - 法定假日} + \frac{\sum 月发放标准}{年平均每月法定工作日} + 每工作日发放标准 \tag{1-4}$$

$$日生产工人辅助工资 = \frac{全年无效工作日 \times (G_1 + G_2)}{全年日历日 - 法定假日} \tag{1-5}$$

$$日职工福利费 = (G_1 + G_2 + G_3) \times 福利费计提比例 \tag{1-6}$$

$$日生产工人劳动保护费 = \frac{生产工人年平均支出劳动保护费}{全年日历日 - 法定假日} \tag{1-7}$$

2. 材料费

材料费是指施工过程中耗用的构成工程实体的原材料、辅助材料、构配件、零件、半成品的费用，包括以下内容。

（1）材料原价（或供应价格）。

（2）材料运杂费：是指材料自来源地运至工地仓库或指定堆放地点所发生的全部费用。

（3）运输损耗费：是指材料在运输装卸过程中不可避免的损耗。

（4）采购及保管费：是指为组织采购、供应和保管材料过程中所需要的各项费用，包括采购费、仓储费、工地保管费、仓储损耗。

单位工程量材料费的计算公式为：

$$材料费 = \sum(材料定额消费量 \times 材料基价) + 检验试验费 \tag{1-8}$$

$$材料基价 = [(供应价格 + 运杂费) \times (1 + 运输损耗率)] \times (1 + 采购保管费率) \tag{1-9}$$

3. 施工机械使用费

施工机械使用费是指施工机械作业所发生的机械使用费以及机械安拆费和场外运费。单位工程量施工机械使用费的计算公式为：

$$施工机械使用费 = \sum(施工机械台班定额消耗量 \times 机械台班单价) \tag{1-10}$$

$$机械台班单价 = 台班折旧费 + 台班大修费 + 台班经常修理费 + 台班安拆费及场外运费 + 台班人工费$$

$$＋台班燃料动力费＋台班养路费及车船使用税 \qquad (1-11)$$

（1）折旧费：指施工机械在规定的使用年限内，陆续收回其原值及购置资金的时间价值。其计算公式为：

$$台班折旧费＝\frac{机械预算价格×(1-残值率)}{耐用总台班数} \qquad (1-12)$$

$$耐用总台班数＝折旧年限×年工作台班 \qquad (1-13)$$

（2）大修理费：指施工机械按规定的大修理间隔台班进行必要的大修理，以恢复其正常功能所需的费用。其计算公式如下：

$$台班大修理费＝\frac{一次大修理费×大修次数}{耐用总台班数} \qquad (1-14)$$

（3）经常修理费：指施工机械除大修理以外的各级保养和临时故障排除所需的费用。包括为保障机械正常运转所需替换设备与随机配备工具附具的摊销和维护费用，机械运转中日常保养所需润滑与擦拭的材料费用及机械停滞期间的维护和保养费用等。

（4）安拆费及场外运费：安拆费指施工机械在现场进行安装与拆卸所需的人工、材料、机械和试运转费用以及机械辅助设施的折旧、搭设、拆除等费用；场外运费指施工机械整体或分体自停放地点运至施工现场或由一施工地点运至另一施工地点的运输、装卸、辅助材料及架线等费用。

（5）人工费：指机上司机(司炉)和其他操作人员的工作日人工费及上述人员在施工机械规定的年工作台班以外的人工费。

（6）燃料动力费：指施工机械在运转作业中所消耗的固体燃料(煤、木柴)、液体燃料(汽油、柴油)及水、电费等。

（7）养路费及车船使用税：指施工机械按照国家规定和有关部门规定应缴纳的养路费、车船使用税、保险费及年检费等。

4．企业管理费

1）企业管理费的内容

企业管理费是指建筑安装企业组织施工生产和经营管理所需的费用，包括以下内容。

管理人员的基本工资、工资性(津)补贴、职工福利费、劳动保护费、奖金。

（1）差旅交通费：指企业职工因公出差、住勤补助费，市内交通费和误餐补助费，职工探亲路费，劳动力招募费，工地转移费以及交通工具油料、燃料、牌照、养路费等。

（2）办公费：指企业办公用文具、纸张、账表、印刷、邮电、书报、会议、水、电、燃煤、燃气等费用。

（3）固定资产使用费：指企业属于固定资产的房屋、设备、仪器等的折旧、大修、维修或租赁费。

（4）生产工具用具使用费：指企业管理使用不属于固定资产的工具、用具、家具、交通工具、检验、试验、消防等的购置、维修和摊销费，以及支付给工人自备工具的补贴费。

（5）工会经费及职工教育经费：工会经费是指企业按职工工资总额计提的工会经费；职工教育经费是指企业为职工学习培训按职工工资总额计提的费用。

（6）财产保险费：指企业管理用财产、车辆保险。

（7）劳动保险补助费：包括由企业支付的 6 个月以上的病假人员工资、职工死亡丧葬补助费、按规定支付给离休干部的各项经费。

（8）财务费：指企业为筹集资金而发生的各种费用。

（9）税金：指企业按规定交纳的房产税、车船使用税、土地使用税、印花税等。

（10）意外伤害保险费。

（11）工程定位、复测、点交、场地清理费。

（12）非甲方所为 4 小时以内的临时停水停电费用。

（13）企业技术研发费：指建筑企业为转型升级、提高管理水平所进行的技术转让、科技研发、信息化建设等费用。

（14）其他：指业务招待费、远地施工增加费、劳务培训费、绿化费、广告费、公证费、法律顾问费、审计费、咨询费、联防费等。

2）企业管理费的计算

企业管理费的计算主要有两种方法：公式计算法和费用分析法。

（1）公式计算法。利用公式计算企业管理费的方法比较简单，也是投标人经常采用的一种计算方法，其计算公式为：

$$\text{企业管理费} = \text{计算基数} \times \text{企业管理费费率} \tag{1-15}$$

其中，企业管理费费率的计算因计算基数不同，分为 3 种。

以直接费为计算基础：

$$\text{企业管理费费率} = \frac{\text{生产工人年平均管理费}}{\text{年有效施工天数} \times \text{人工单价}} \times \text{人工费占直接费比例} \tag{1-16}$$

以人工费和机械费合计为计算基础：

$$\text{企业管理费费率} = \frac{\text{生产工人年平均管理费}}{\text{年有效施工天数} \times (\text{人工单价} + \text{每一工作日机械使用费})} \times 100\% \tag{1-17}$$

以人工费为计算基础：

$$\text{企业管理费费率} = \frac{\text{生产工人年平均管理费}}{\text{年有效施工天数} \times \text{人工单价}} \times 100\% \tag{1-18}$$

（2）费用分析法。用费用分析法计算企业管理费就是根据企业管理费的构成，结合具体的工程项目确定各项费用的发生额，其计算公式为：

$$\begin{aligned} \text{企业管理费} = &\text{管理人员工资} + \text{办公费} + \text{差旅交通费} + \text{固定资产使用费} \\ &+ \text{工具用具使用费} + \text{劳动保险费} + \text{工会经费} + \text{职工教育经费} \\ &+ \text{财产保险费} + \text{财务费} + \text{税金} + \text{其他} \end{aligned} \tag{1-19}$$

5. 利润

利润是指施工企业完成所承包工程获得的盈利。按照不同的计价程序，利润的计算方法有所不同。具体计算公式为：

$$\text{利润} = \text{计算基数} \times \text{利润率} \tag{1-20}$$

计算基数可采用：①以直接费和间接费合计为计算基础；②以人工费和机械费合计为计算基础；③以人工费为计算基础。

随着市场经济的进一步发展，企业决定利润率水平的自主权将会更大。在投标报价时企业可以根据工程的难易程度、市场竞争情况和自身的经营管理水平自行确定合理的利润率。

6. 企业管理费和利润计取费标准及规定

（1）企业管理费、利润计取规定。企业管理费、利润计算基础为人工费和施工机械使用费之和。

包工不包料、计日工的管理费和利润包含在其工资单价中。

意外伤害保险费在管理费中列支，费率不超过税前总造价的 0.6‰。

（2）建筑工程企业管理费、利润标准见表 1-1。

表 1-1 建筑工程企业管理费、利润标准

序号	工程名称	计算基础	管理费费率/%			利润费率/%
			一类工程	二类工程	三类工程	
一	建筑工程	人工费＋机械费	31	28	25	12
二	预制构件制作	人工费＋机械费	15	13	11	6
三	构件吊装	人工费＋机械费	11	9	7	5
四	制作兼打桩	人工费＋机械费	15	13	11	7
五	机械施工大型土(石)方工程	人工费＋机械费	6			4

（3）单独装饰工程企业管理费、利润标准。单独装饰工程企业管理费为 42%，利润为 15%。

注：以上为江苏省费用定额标准；建筑工程计价表中企业管理费以三类工程的标准列入子目；投标人采用计价表投标报价的可根据企业自身情况进行让利报价。

1.2.4 措施项目费

措施项目费是指为完成工程项目施工所必须发生的施工准备和施工过程中技术、生活、安全、环境保护等方面的非工程实体项目费用。由通用措施项目费和专业措施项目费两部分组成。措施项目费用的记取详见第 6 章。

通用措施项目费包括以下几个方面。

（1）现场安全文明施工措施费：是指为满足施工现场安全、文明施工以及职工健康生活所需要的各项费用。本项为不可竞争费用。

安全施工措施包括：安全资料的编制，安全警示标志的购置及宣传栏的设置，"三宝"、"四口"、"五临边"防护的费用；施工安全用电的费用，包括电箱标准化、电气保护装置、外电保护标志；起重机、塔吊等起重设备(含井架、门架)及外用电梯的安全保护措施(含警示标志)费用及卸载平台的临边防护、层间安全门、防护棚等措施的费用；建筑工地起重机械的检验检测费用；施工机具防护棚及其围栏的安全保护措施费用；施工现场安全防火通道的费用；工人的防护用品、用具购置费用；消防措施与消防器材的配置费用；电气保护、安全照明设施费；其他安全防护措施费用。

文明施工措施包括：大门、五牌一图、工人胸卡、企业标识的费用；围栏的墙面美化(包括内外粉刷、刷白、标语等)、压顶装饰费用；现场厕所便槽刷白、贴面砖、水泥砂浆地面及地砖费用，建筑物内临时便溺设施费用；其他施工现场临时设施的装饰装修、美化

措施费用；现场生活卫生措施费用；符合卫生要求的饮水设备、淋浴、消毒灯设施费用；生活用洁净燃料费用；防煤气中毒、防蚊虫叮咬等措施费用；施工现场操作场地的硬化费用；现场污染源的控制、建筑垃圾及生活垃圾清理、场地排水排污措施的费用；防扬尘洒水费用；现场绿化费用、治安综合治理费用、现场电子监控设备费用；现场配备医药保险器材物品费用和急救人员培训费用；用于现场工人的防暑降温费、电风扇、空调等设备及用电费用；现场施工机械设备防噪声、防扰民措施费用；其他文明施工措施费用。

环境保护费用包括：施工现场为达到环保部门要求所需要的各项费用。

安全文明施工费包括基本费、现场考评费和奖励费3个部分。

基本费是施工企业在施工过程中必须发生的安全文明措施的基本保障费。

现场考评费是施工企业执行有关安全文明施工规定，经考评组织现场核查打分和动态评价获取的安全文明措施增加费。

奖励费是施工企业加大投入，加强管理，创建省、市级文明工地的奖励费用。

（2）夜间施工增加费：规范、规程要求正常作业而发生的夜班补助、夜间施工降效、照明设施摊销及照明用电等费用。

$$夜间施工增加费 = \left(1 - \frac{合同工期}{定额工期}\right) \times \frac{直接费中的人工费合计}{平均日工资单价}$$
$$\times 每工日夜间施工费开支 \qquad (1-21)$$

（3）二次搬运费：因施工场地狭小等特殊情况而发生的二次搬运费用。

$$二次搬运费 = 直接工程费 \times 二次搬运费费率 \qquad (1-22)$$

$$二次搬运费率 = \frac{年平均二次搬运费开支额}{全年建安产值 \times 直接工程费占总造价的比例} \qquad (1-23)$$

（4）冬雨季施工增加费：在冬雨季施工期间所增加的费用，包括冬季作业、临时取暖、建筑物门窗洞口封闭及防雨措施、排水、工效降低等费用。通常情况下，冬雨季施工增加费的计算基数为分部分项清单人工费，即

$$冬雨季施工增加费 = 分部分项清单人工费 \times 冬雨季施工增加费费率 \qquad (1-24)$$

（5）大型机械设备进出场及安拆费：机械整体或分体自停放场地运至施工现场，或由一个施工地点运至另一个施工地点所发生的机械进出场运输转移、机械安装、拆卸等费用。

（6）施工排水费：为确保工程在正常条件下施工，采取各种排水措施所发生的费用。

计算方法可以以"项"计价，也可以根据《建筑安装工程费用组成》（建标〔2003〕206号）的规定计算。

$$施工排水费 = 计算基础 \times 施工排水费费率 \qquad (1-25)$$

式中的计算基础可为"人工费"或"人工费＋机械费"。

（7）施工降水费：为确保工程在正常条件下施工，采取各种降水措施所发生的费用。

$$施工降水费 = 排水降水机械台班费 \times 排水降水周期$$
$$+ 排水降水使用材料费、人工费 \qquad (1-26)$$

或：
$$施工降水费 = 计算基础 \times 施工降水费费率 \qquad (1-27)$$

式中的计算基础同式（1-25）。

（8）地上、地下设施，建筑物的临时保护设施费：工程施工过程中，对已经建成的地上、地下设施和建筑物进行保护而产生的费用。如在施工阶段未达到强度时的成品保护和

完成后的维护发生的费用。

地上地下设施、建筑物的临时保护设施费计算方法可以以"项"计价，也可以根据《建筑安装工程费用组成》（建标〔2003〕206号）的规定计算。

$$地上地下设施、建筑物的临时保护设施费＝计算基础×临时保护设施费费率$$

$$(1-28)$$

式中的计算基础同式(1-25)。

(9) 已完工程及设备保护费：指对已施工完成的工程和设备采取保护措施所发生的费用。

$$已完工程及设备保护费＝成品保护所需机械费＋材料费＋人工费 \qquad (1-29)$$

(10) 临时设施费：施工企业为进行工程施工所必须搭设的生活和生产用的临时建筑物、构筑物和其他临时设施等而发生的费用。

临时设施包括：临时宿舍、文化福利及公用事业房屋与构筑物、仓库、办公室、加工场以及规定范围内(建筑物沿边起50m以内，多幢建筑两幢间隔50m内)围墙、道路、水、电、管线和塔吊基座(轨道)垫层(不包括混凝土固定式基础)等临时设施和小型临时设施；建设单位同意在施工就近地点临时修建混凝土构件预制场所发生的费用，应向建设单位结算。

临时设施费用包括：临时设施的搭设、维修、拆除费或摊销费。

$$临时设施费＝(周转使用临建费＋一次性使用临建费)$$
$$×(1＋其他临时设施所占比例) \qquad (1-30)$$

式中：

$$周转使用临建费＝\sum\left[\frac{临建面积×每平方米造价}{使用年限×365×利用率}×工期(天)\right]＋一次性费用 \quad (1-31)$$

$$一次性使用临建费＝\sum(临建面积×每平方米造价)$$
$$×(1－残值率)＋一次性拆除费 \qquad (1-32)$$

其他临时设施在临时设施费中所占比例，可由各地区造价管理部门依据典型施工企业的成本资料经分析后综合测定。

(1) 企业检验试验费：施工企业按规定进行建筑材料、构配件等试样的制作、封样、送检和其他为保证工程质量进行的材料检验试验工作所发生的费用。

根据有关国家标准或施工验收规范要求对材料、构配件和建筑物工程质量检测检验发生的费用由建设单位直接支付给所委托的检测机构。

$$检验试验费＝\sum(单位材料量检验试验×材料消耗量) \qquad (1-33)$$

(2) 赶工措施费：施工合同约定工期相比定额工期有提前，施工企业为缩短工期所发生的费用。

(3) 工程按质论价：施工合同约定质量标准超过国家规定，施工企业完成工程质量达到经有权部门鉴定或评定为优质工程所必须增加的施工成本费。

(4) 特殊条件下施工增加费：地下不明障碍物、铁路、航空、航运等交通干扰而发生的施工降效费用。

建筑及装饰工程专业工程措施项目费如下。

(1) 建筑工程：混凝土、钢筋混凝土模板及支架、脚手架、垂直运输机械费、住宅工程分户验收费等。

(2) 单独装饰工程：脚手架、垂直运输机械费、室内空气污染测试、住宅工程分户验收费等。

1.2.5 其他项目费

1. 暂列金额

暂列金额是招标人在工程量清单中暂定并包括在合同价款中的一笔款项，用于施工合同签订时尚未确定或者不可预见的所需材料、设备、服务的采购，施工中可能发生的工程变更、合同约定调整因素出现时的工程价款调整以及发生的索赔、现场签证确认等的费用。

暂列金额的计算通常是根据项目名称、计量单位，列出工程暂列金额的明细表，然后汇总而得，如不能详列，也可根据经验，只列暂定金额总额，将其计入投标总价中。

2. 暂估价

暂估价是招标人在工程量清单中提供的用于必然发生但暂时不能确定价格的材料的单价以及专业工程的金额。

暂估价包括材料暂估价和专业工程暂估价。材料暂估价一般给出计量单位与单价，专业工程暂估价一般以"项"为单位。

3. 计日工

在施工过程中，完成发包人提出的施工图纸以外的零星项目或工作，按合同中约定的单价计价。

计日工通常包括人、料、机3个方面，由单位、暂定数量、单价确定其价格。

4. 总承包服务费

总承包人为配合协调发包人进行的工程分包自行采购的设备、材料等进行管理、服务以及施工现场管理、竣工资料汇总整理等服务所需的费用。

总承包服务费由双方约定的服务内容，根据项目价值与约定的费率得出。

5. 其他

（1）索赔。在合同履行过程中，对于非己方的过错而应由对方承担责任的情况造成的损失，向对方提出补偿的要求。计算方法往往按实计算。

（2）现场签证。发包人现场代表与承包人现场代表就施工过程中涉及的责任事件所做的签证证明。该证明涉及的相关费用由发包人支付。

6. 其他项目费标准及规定

暂列金额、暂定价按发包人给定的标准计取。

计日工：由发承包双方在合同中约定。

总承包服务费：招标人应根据招标文件列出的内容和向总承包人提出的要求，参照下列标准计算。

（1）招标人仅要求对分包的专业工程进行总承包管理和协调时，按分包的专业工程估算造价的1%计算。

（2）招标人要求对分包的专业工程进行总承包管理和协调，并同时要求配合服务时，根据招标文件列出的配合服务内容和提出的要求，按分包的专业工程估算造价的2％～3％计算。

1.2.6 规费

1．规费的内容

规费是指政府和有关权力部门规定必须缴纳的费用（简称规费），包括以下内容。

（1）工程排污费：是指施工现场按规定缴纳的工程排污费。

（2）工程定额测定费：是指按规定支付工程造价（定额）管理部门的定额测定费。

（3）社会保障费：包括养老保险费、失业保险费、医疗保险费。其中：养老保险费是指企业按规定标准为职工缴纳的基本养老保险费；失业保险费是指企业按照国家规定标准为职工缴纳的失业保险费；医疗保险费是指企业按照规定标准为职工缴纳的基本医疗保险费。

（4）住房公积金：是指企业按规定标准为职工缴纳的住房公积金。

（5）危险作业意外伤害保险费：是指按照建筑法规定，企业为从事危险作业的建筑安装施工人员支付的意外伤害保险费。

2．规费的计算

规费的计算公式为：

$$规费＝计算基数×规费费率 \tag{1-34}$$

规费的计算可采用"直接费"、"人工费和机械费合计"或"人工费"为计算基数，投标人在投标报价时，规费一般按国家及有关部门规定的计算公式及费率标准执行。

3．规费计取标准及有关规定

工程排污费：按有关权力部门规定计取。

建筑安全生产监督费：按有关权力部门规定计取。

建筑及装饰工程社会保障费及住房公积金按表1-2计取。

表1-2 建筑及装饰工程社会保险及住房公积金取费标准

序号	工程名称	计算基础	社会保险费率	公积金费率
一	建筑工程、仿古园林	分部分项工程费＋措施项目费＋其他项目费	3	0.5
二	预制构件制作、构件吊装、桩基工程		1.2	0.22
三	单独装饰工程		2.2	0.38
四	大型土石方工程		1.2	0.22
五	点工	人工工日单价	15	
六	包工不包料		13	

注：1．包工不包料、点工的劳动保险费已包含在人工工日单价中。

2．人工挖孔桩的社会保障费率和公积金费率按2.8％和0.5％计取。

1.2.7 税金

建筑安装工程税金是指国家税法规定的、应计入建筑安装工程造价的营业税、城市维护建设税及教育费附加。

1. 营业税

营业税的税额为营业额的 3%。计算公式为：
$$营业税＝营业额×3\% \tag{1-35}$$

其中，营业额是指从事建筑、安装、修缮、装饰及其他工程作业的全部收入，还包括建筑、修缮、装饰工程所用原材料及其他物资和动力的价款，当安装设备的价值作为安装工程产值时，也包括所安装设备的价款。但建筑业的总承包人将工程分包或转包给他人的，其营业税中不包括支付给分包或转包人的价款。

2. 城市维护建设税

城市维护建设税是国家为了加强城乡的维护建设，扩大和稳定城市、乡镇维护建设资金来源，而对有经营收入的单位和个人征收的一种税。

城市维护建设税应纳税的计算公式为：
$$应纳税额＝应纳营业税额×适用税率 \tag{1-36}$$

城市维护建设税的纳税人所在地为市区的，按营业税的 7% 征收；所在地为县（镇）的，按营业税的 5% 征收；所在地为农村的，按营业税的 1% 征收。

3. 教育费附加

教育费附加税额为营业税的 3%。计算公式为：
$$应纳税额＝应纳营业税额×3\% \tag{1-37}$$

为了计算上的方便，可将营业税、城市维护建设税和教育费附加合并在一起计算，以工程成本加利润为基数计算税金。即
$$税金＝（直接费＋间接费＋利润）×税率 \tag{1-38}$$
$$税率（计税系数）＝\{1/[1－营业税税率×（1＋城市维护建设税税率$$
$$＋教育费附加率）]－1\}×100\% \tag{1-39}$$

按现行规定，不同纳税地点常见税金的税率见表 1-3。

表 1-3　不同纳税地点的税率表

纳税地点	营业税税率/%	城乡维护建设税税率/%	教育费附加税率/%	综合税率（计税系数）/%
市区	3	7	3	3.41
县城、镇	3	5	3	3.35
不在市区、县城、镇	3	1	3	3.22

1.2.8 设备、工器具购置费的构成

设备、工器具购置费用由设备购置费用和工具、器具及生产家具购置费用组成。在工

业建设工程中，设备、工器具费用与资本的有机构成相联系，设备、工器具费用占投资费用的比例大小，意味着生产技术的进步和资本有机构成的程度。

1. 设备购置费的构成和计算

设备购置费是指为建设工程购置或自制的费用，满足固定资产特征的设备、工具、器具的费用。

固定资产是指同时具有下列特征的有形资产。

(1) 为生产商品、提供劳务、出租或经营管理而持有的。

(2) 使用寿命超过一个会计年度。

此外，固定资产的成本能够可靠地计量。

设备购置费包括设备原价和设备运杂费，即

$$设备购置费＝设备原价或进口设备抵岸价＋设备运杂费 \qquad (1-40)$$

式中：设备原价指国产标准设备、非标准设备的原价；设备运杂费指设备原价中未包括的包装和包装材料费、运输费、装卸费、采购费及仓库保管费、供销部门手续费等。如果设备是由设备成套公司供应的，成套公司的服务费也应计入设备运杂费之中。

1) 国产标准设备原价

国产标准设备是指按照主管部门颁布的标准图纸和技术要求，由设备生产厂批量生产的、符合国家质量检验标准的设备。国产标准设备原价一般指设备制造厂的交货价，即出厂价。如设备系由成套公司供应，则以订货合同价为设备原价。有的设备有两种出厂价，即带有备件的出厂价和不带有备件的出厂价。在计算设备原价时，一般按带有备件的出厂价计算。

2) 国产非标准设备原价

非标准设备是指国家尚无定型标准，各设备生产厂不可能在工艺过程中采用批量生产，只能按一次订货，并根据具体的设备图纸制造的设备。非标准设备原价有多种不同的计算方法，如成本计算估价法、系列设备插入估价法、分部组合估价法、定额估价法等。但无论哪种方法都应该使非标准设备计价的准确度接近实际出厂价，并且计算方法要简便。

3) 进口设备抵岸价的构成及其计算

进口设备抵岸价是指抵达买方边境港口或边境车站，且交完关税以后的价格。

(1) 进口设备的交货方式。进口设备的交货方式可分为内陆交货类、目的地交货类、装运港交货类。

内陆交货类即卖方在出口国内陆的某个地点完成交货任务。在交货地点，卖方及时提交合同规定的货物和有关凭证，并承担交货前的一切费用和风险；买方按时接收货物，交付货款，承担接货后的一切费用和风险，并自行办理出口手续和装运出口。货物的所有权也在交货后由卖方转移给买方。

目的地交货类即卖方要在进口国的港口或内地交货，包括目的港船上交货价，目的港船边交货价(FOS)和目的港码头交货价(关税已付)及完税后交货价(进口国目的地的指定地点)。它们的特点是：买卖双方承担的责任、费用和风险是以目的地约定交货点为分界线，只有当卖方在交货点将货物置于买方控制下方算交货，方能向买方收取货款。这类交货价对卖方来说风险较大，在国际贸易中卖方一般不愿意采用这类交货方式。

装运港交货类即卖方在出口国装运港完成交货任务。主要有装运港船上交货价（FOB），习惯称为离岸价；运费、保险费在内价（CIF），习惯称为到岸价。它们的特点主要是：卖方按照约定的时间在装运港交货，只要卖方把合同规定的货物装船后提供货运单据便完成交货任务，并可凭单据收回货款。

采用装运港船上交货价时卖方的责任是：负责在合同规定的装运港口和规定的期限内，将货物装上买方指定的船只，并及时通知买方；负责货物装船前的一切费用和风险；负责办理出口手续；提供出口国政府或有关方面签发的证件；负责提供有关装运单据。买方的责任是：负责租船或订舱，支付运费，并将船期、船名通知卖方；承担货物装船后的一切费用和风险；负责办理保险及支付保险费，办理在目的港的进口和收货手续；接收卖方提供的有关装运单据，并按合同规定支付货款。

（2）进口设备抵岸价的构成。进口设备如果采用装运港船上交货价，其抵岸价构成可概括为：

$$进口设备抵岸价＝货价＋国外运费＋国外运输保险费＋银行财务费$$
$$＋外贸手续费＋进口关税＋增值税＋消费税$$
$$＋海关监管手续费 \qquad (1-41)$$

进口设备的货价可采用下列公式计算：

$$货价＝离岸价（FOB 价）×人民币外汇牌价 \qquad (1-42)$$

国外运费：我国进口设备大部分采用海洋运输方式，小部分采用铁路运输方式，个别采用航空运输方式。

$$国外运费＝离岸价×运费率 \qquad (1-43)$$

或：

$$国外运费＝运量×单位运价 \qquad (1-44)$$

式中：运费率或单位运价参照有关部门或进出口公司的规定。计算进口设备抵岸价时，再将国外运费换算成人民币。

国外运输保险费：对外贸易货物运输保险是由保险人（保险公司）与被保险人（出口人或进口人）订立保险契约，在被保险人交付议定的保险费后，保险人根据保险契约的规定对货物在运输过程中发生的承保责任范围内的损失给予经济上的补偿。计算公式为：

$$国外运输保险费＝（离岸价＋国外运费）×国外保险费率 \qquad (1-45)$$

计算进口设备抵岸价时，再将国外运输保险费换算成人民币。

银行财务费一般指银行手续费，计算公式为：

$$银行财务费＝离岸价×人民币外汇牌价×银行财务费率 \qquad (1-46)$$

银行财务费率一般为 0.4%～0.5%。

外贸手续费是指按有关部门规定的外贸手续费计取的费用，外贸手续费率一般为1.5%。计算公式为：

$$外贸手续费＝到岸价×人民币外汇牌价×外贸手续费率 \qquad (1-47)$$

式中：

$$到岸价（CIF）＝离岸价＋国外运费＋国外运输保险费 \qquad (1-48)$$

进口关税：关税是由海关对进出国境的货物和物品征收的一种税，属于流转性课税。计算公式为：

$$进口关税＝到岸价×人民币外汇牌价×进口关税率 \qquad (1-49)$$

增值税：是我国政府对从事进口贸易的单位和个人，在进口商品报关进口后征收的税

种。我国增值税条例规定,进口应税产品均按组成计税价格,依税率直接计算应纳税额,不扣除任何项目的金额或已纳税额。即

$$进口产品增值税额=组成计税价格×增值税率 \qquad (1-50)$$

$$组成计税价格=到岸价×人民币外汇牌价+进口关税+消费税 \qquad (1-51)$$

增值税基本税率为17%。

消费税是指对部分进口产品(如轿车等)征收的税额。计算公式为:

$$消费税=\frac{到岸价×人民币外汇牌价+关税}{1-消费税率}×消费税率 \qquad (1-52)$$

海关监管手续费的计算公式为:

$$海关监管手续费=到岸价×人民币外汇牌价×海关监管手续费率 \qquad (1-53)$$

海关监管手续费是指海关对发生减免进口税或实行保税的进口设备,实施监管和提供服务收取的手续费。全额收取关税的设备,不收取海关监管手续费。

2. 设备运杂费

1) 设备运杂费的构成

设备运杂费通常由下列各项构成。

国产标准设备由设备制造厂交货地点起至工地仓库(或施工组织设计指定的需要安装设备的堆放地点)止所发生的运费和装卸费。

进口设备则由我国到岸港口、边境车站起至工地仓库(或施工组织设计指定的需要安装设备的堆放地点)止所发生的运费和装卸费。

在设备出厂价格中没有包含设备包装和包装材料器具费;在设备出厂价或进口设备价格中如已包括此项费用,则不应重复计算。

供销部门的手续费按有关部门规定的统一费率计算。

建设单位(或工程承包公司)的采购与仓库保管费,是指采购、验收、保管和收发设备所发生的各种费用,包括设备采购、保管和管理人员工资、工资附加费、办公费、差旅交通费、设备供应部门办公和仓库所占固定资产使用费、工具用具使用费、劳动保护费、检验试验费等。这些费用可按主管部门规定的采购保管费率计算。

2) 设备运杂费的计算

设备运杂费按设备原价乘以设备运杂费率计算。其计算公式为:

$$设备运杂费=设备原价×设备运杂费率 \qquad (1-54)$$

其中,设备运杂费率按各部门及省、市等的规定计取。

一般来讲,沿海和交通便利的地区,设备运杂费率相对低一些;内地和交通不很便利的地区就要相对高一些,边远省份则要更高一些。对于非标准设备来讲,应尽量就近委托设备制造厂,以大幅度降低设备运杂费。进口设备由于原价较高,国内运距较短,因而运杂费比率应适当降低。

1.2.9 工具、器具及生产家具购置费的构成及计算

工器具及生产家具购置费是指新建项目或扩建项目初步设计规定所必须购置的不够固定资产标准的设备、仪器、工卡模具、器具、生产家具和备品备件的费用。其一般计算公

式为：

$$工器具及生产家具购置费＝设备购置费×定额费率 \qquad (1-55)$$

1.2.10 工程建设其他费用的构成及计算

1. 工程建设其他费用的构成

工程建设其他费用是指从工程筹建到工程竣工验收交付使用止的整个建设期间，除建筑安装工程费用和设备、工器具购置费以外的，为保证工程建设顺利完成和交付使用后能够正常发挥效用而发生的一些费用。

工程建设其他费用，按其内容大体可分为三类。第一类是土地使用费，由于工程项目固定于一定地点与地面相连接，必须占用一定量的土地，也就必然要发生为获得建设用地而支付的费用；第二类是与项目建设有关的费用；第三类是与未来企业生产和经营活动有关的费用。

2. 土地使用费

1) 农用土地征用费

农用土地征用费由土地补偿费、安置补助费、土地投资补偿费、土地管理费、耕地占用税等组成，并按被征用土地的原用途给予补偿。

征用耕地的补偿费用包括土地补偿费、安置补助费以及地上附着物和青苗的补偿费。

征用耕地的土地补偿费，为该耕地被征用前3年年平均产值的6～10倍。

征用耕地的安置补助费，按照需要安置的农业人口数计算。需要安置的农业人口数，按照被征用的耕地数量除以征地前被征用单位平均每人占有耕地的数量计算。每一个需要安置的农业人口的安置补助费标准，为该耕地被征用前3年平均年产值的4～6倍。但是，每公顷被征用耕地的安置补助费，最高不得超过被征用前3年平均年产值的15倍。

征用其他土地的土地补偿费和安置补助费标准，由省、自治区、直辖市参照征用耕地的土地补偿费和安置补助费的标准规定。

征用土地上的附着物和青苗的补偿标准，由省、自治区、直辖市规定。

征用城市郊区的菜地，用地单位应当按照国家有关规定缴纳新菜地开发建设基金。

2) 取得国有土地使用费

获得国有土地使用费包括土地使用权出让金、城市建设配套费、拆迁补偿与临时安置补助费等。

(1) 土地使用权出让金：是指建设工程通过土地使用权出让方式，取得有限期的土地使用权，依照《中华人民共和国城镇国有土地使用权出让和转让暂行条例》规定，支付的土地使用权出让金。

(2) 城市建设配套费：是指因进行城市公共设施的建设而分摊的费用。

(3) 拆迁补偿与临时安置补助费：此项费用由两部分构成，即拆迁补偿费和临时安置补助费或拆迁补助费。拆迁补偿费是指拆迁人对被拆迁人，按照有关规定予以补偿所需的费用。拆迁补偿的形式可分为产权调换和货币补偿两种形式。产权调换的面积按照所拆迁房屋的建筑面积计算；货币补偿的金额按照被拆迁人或者房屋承租人支付搬迁补助费。在过渡期内，被拆迁人或者房屋承租人自行安排住处的，拆迁人应当支付临时安置补助费。

3. 与项目建设有关的其他费用

1）建设单位管理费

建设单位管理费是指建设工程从立项、筹建、建设、联合试运转、竣工验收交付使用及后评价等全过程管理所需的费用。

（1）建设单位开办费，是指新建项目为保证筹建和建设工作正常进行所需办公设备、生活家具、用具、交通工具等购置费用。

（2）建设单位经费，包括工作人员的基本工资、工资性津贴、职工福利费、劳动保护费、劳动保险费、办公费、差旅交通费、工会经费、职工教育经费、固定资产使用费、工具用具使用费、技术图书资料费、生产人员招募费、工程招标费、合同契约公证费、工程质量监督检测费、工程咨询费、法律顾问费、审计费、业务招待费、排污费、竣工交付使用清理及竣工验收费、后评价等费用。不包括应计入设备、材料预算价格的建设单位采购及保管设备材料所需的费用。计算公式为：

$$建设单位管理费＝工程费用×建设单位管理费指标 \qquad (1-56)$$

工程费用是指建筑安装工程费用和设备及工、器具购置费用之和。

2）勘察设计费

勘察设计费是指为本建设工程提供项目建议书、可行性研究报告及设计文件等所需的费用。内容包括以下几项。

编制项目建议书、可行性研究报告及投资估算、工程咨询、评价以及为编制上述文件所进行的勘察、设计、研究试验等所需的费用。

委托勘察、设计单位进行初步设计、施工图设计及概预算编制等所需的费用。

在规定范围内由建设单位自行完成的勘察、设计工作所需的费用。

勘察设计费应按照国家计委颁发的工程勘察设计收费标准计算。

3）研究试验费

研究试验费是指为本建设工程提供或验证设计参数、数据资料等进行必要的研究试验以及设计规定在施工中进行的试验、验证所需的费用，包括自行或委托其他部门研究试验所需人工费、材料费、试验设备及仪器使用费，支付的科技成果、先进技术的一次性技术转让费。按照设计单位根据本工程项目的需要提出的研究试验内容和要求计算。

4）临时设施费

临时设施费是指建设期间建设单位所需临时设施的搭设、维修、摊销费用或租赁费用。

临时设施包括临时宿舍、文化福利及公用事业房屋与构筑物、仓库、办公室、加工厂以及规定范围内道路、水、电、管线等临时设施和小型临时设施。计算公式为：

$$临时设施费＝建筑安装工程费×临时设施费标准 \qquad (1-57)$$

5）工程监理费

工程监理费是指委托工程监理企业对工程实施监理工作所需费用，根据国家计委、建设部文件的规定计算。

6）工程保险费

工程保险费是指建设工程在建设期间根据需要，实施工程保险部分所需费用。包括以各种建筑工程及其在施工过程中的物料、机器设备为保险标的的建筑工程一切险，以安装工程中的各种机器、设备为保险标的的安装工程一切险，以及机器损坏保险等。根据不同的工程类别，分别以其建筑安装工程费乘以建筑、安装工程保险费率计算。

7）引进技术和进口设备其他费

引进技术及进口设备其他费用，包括出国人员费用、国外工程技术人员来华费用、技术引进费、分期或延期付款利息、担保费以及进口设备检验鉴定费。

出国人员费用：指为引进技术和进口设备派出人员到国外培训和进行设计联络、设备检验等的差旅费、制装费、生活费等。这项费用根据设计规定的出国培训和工作的人数、时间及派往国家，按财政部、外交部规定的临时出国人员费用开支标准及中国民用航空公司现行国际航线票价等进行计算，其中使用外汇部分应计算银行财务费用。

国外工程技术人员来华费用：指为安装进口设备，引进国外技术等聘用外国工程技术人员进行技术指导工作所发生的费用。包括技术服务费、外国技术人员的在华工资、生活补贴、差旅费、医药费、住宿费、交通费、宴请费、参观游览等招待费用。这项费用按每人每月费用指标计算。

技术引进费：指为引进国外先进技术而支付的费用。包括专利费、专有技术费（技术保密费）、国外设计及技术资料费、计算机软件费等。这项费用根据合同或协议的价格计算。

分期或延期付款利息：指利用出口信贷引进技术或进口设备采取分期或延期付款的办法所支付的利息。

担保费：指国内金融机构为买方出具保函的担保费。这项费用按有关金融机构规定的担保率计算（一般可按承保金的 5% 计算）。

进口设备检验鉴定费用：指进口设备按规定付给商品检验部门的进口设备检验鉴定费。这项费用按进口设备货价的 0.3%～0.5% 计算。

4. 与未来企业生产经营有关的其他费用

1）联合试运转费

联合试运转费是指新建企业或新增加生产工艺过程的扩建企业在竣工验收前，按照设计规定的工程质量标准，进行整个车间的负荷试运转发生的费用支出大于试运转收入的亏损部分。费用内容包括：试运转所需的原料、燃料、油料和动力的费用，机械使用费用，低值易耗品及其他物品的购置费用和施工单位参加联合试运转人员的工资等。试运转收入包括试运转产品销售和其他收入。不包括应由设备安装工程费开支的单台设备调试费及无负荷联动调试运转费用。以"单项工程费用"总和为基础，按照工程项目的不同规模分别规定的试运转费率计算或以试运转费的总金额包干使用。

2）生产准备费

生产准备费是指新建企业或新增生产能力的企业，为保证竣工交付使用进行必要的生产准备所发生的费用。费用内容包括以下几项。

生产职工培训费，自行培训、委托其他单位培训人员的工资、工资性补贴、职工福利费、差旅交通费、学习资料费、学费、劳动保护费。

生产单位提前进厂参加施工、设备安装、调试等以及熟悉工艺流程及设备性能等人员的工资、工资性补贴、职工福利费、差旅交通费、劳动保护费等。

应该指出，生产准备费在实际执行中是一笔在时间上、人数上、培训深度上很难划分的活口很大的支出，尤其要严格掌握。

3) 办公和生活家具购置费

办公和生活家具购置费是指为保证新建、改建、扩建项目初期正常生产、使用和管理所必须购置的办公和生活家具、用具的费用。改建、扩建项目所需的办公和生活用具购置费，应低于新建项目。其范围包括办公室、会议室、资料档案室、阅览室、文娱室、食堂、浴室、理发室和单身宿舍等。这项费用按照设计定员人数乘以综合指标计算。

1.2.11 预备费、建设期利息、铺底流动资金

1. 预备费

按我国现行规定，预备费包括基本预备费和涨价预备费。

1) 基本预备费

基本预备费是指在项目实施中可能发生难以预料的支出，需要预留的费用，也称不可预见费。主要指设计变更及施工过程中可能增加工程量的费用。计算公式为：

$$基本预备费 = (设备及工器具购置费 + 建筑安装工程费$$
$$+ 工程建设其他费) \times 基本预备费率 \qquad (1-58)$$

2) 涨价预备费

涨价预备费是指建设工程在建设期内由于价格等变化引起投资增加，需要事先预留的费用。涨价预备费以建筑安装工程费、设备工器具购置费之和为计算基数。计算公式为：

$$PC = \sum_{t=1}^{n} I_t \left[(1+f)^t - 1 \right] \qquad (1-59)$$

式中：PC——涨价预备费；I_t——第 t 年的建筑安装工程费、设备及工器具购置费之和；n——建设期；f——建设期价格上涨指数。

2. 建设期利息

建设期利息是指项目借款在建设期内发生并计入固定资产的利息。为了简化计算，在编制投资估算时通常假定借款均在每年的年中支用，借款第一年按半年计息，其余各年份按全年计息。计算公式为：

$$各年应计利息 = (年初借款本息累计 + 本年借款额/2) \times 年利率 \qquad (1-60)$$

【例 1.1】 某新建项目，建设期为 3 年，共向银行贷款 1300 万元，贷款时间为：第一年 300 万元，第二年 600 万元，第三年 400 万元。年利率为 6%，计算建设期利息。

解： 在建设期，各年利息计算如下：

第 1 年应计利息 $= \frac{1}{2} \times 300 \times 6\% = 9$（万元）

第 2 年应计利息 $= \left(300 + 9 + \frac{1}{2} \times 600 \right) \times 6\% = 36.54$（万元）

第 3 年应计利息 $= \left(300 + 9 + 600 + 36.54 + \frac{1}{2} \times 400 \right) \times 6\% = 68.73$（万元）

建设期利息总和为 114.27 万元。

3. 铺底流动资金

铺底流动资金是指生产性建设工程为保证生产和经营正常进行，按规定应列入建设工程总投资的资金。一般按流动资金的 30％计算。

【例 1.2】 某建设工程在建设期初的建安工程费和设备工器具购置费为 45000 万元。按本项目实施进度计划，项目建设期为 3 年，投资分年使用比例为：第一年 25％，第二年 55％，第三年 20％，建设期内预计年平均价格总水平上涨率为 5％。建设期贷款利息为 1395 万元，建设工程其他费用为 3860 万元，基本预备费率为 10％。试估算该项目的建设投资。

解：（1）计算项目的涨价预备费：

第 1 年末的涨价预备费 $=45000 \times 25\% \times [(1+0.05)^1 - 1] = 562.5$（万元）

第 2 年末的涨价预备费 $=45000 \times 55\% \times [(1+0.05)^2 - 1] = 2536.88$（万元）

第 3 年末的涨价预备费 $=45000 \times 20\% \times [(1+0.05)^3 - 1] = 1418.63$（万元）

该项目建设期的涨价预备费 $=562.5 + 2536.88 + 1418.63 = 4518.01$（万元）

（2）计算项目的建设投资：

建设投资 ＝静态投资＋建设期贷款利息＋涨价预备费

$=(45000 + 3860) \times (1 + 10\%) + 1395 + 4518.01 = 59659.01$（万元）

1.3 基本建设概预算

1.3.1 建设工程概预算的概念

建设工程概预算是建设工程设计文件的主要组成部分，它是根据不同的设计阶段设计图纸的具体内容和国家规定的定额、指标及各项费用取费标准等资料，在工程建设之前预先计算其工程建设费用的经济性文件。由此所确定的每一个建设项目、单项工程或单位工程的建设费用，实质上就是相应工程的计划价格。建设概预算包括设计概算和施工图预算，它们是建设项目在不同实施阶段经济上的反映。

概预算作为一种专业术语，实际上又存在两种理解。广义理解应指概预算编制的工作过程；狭义理解则指这一过程必然产生的结果，即概预算文件。

建设概预算是国家对基本建设实行管理和监督的重要方面，建设概预算的编制必须遵循国家、地方和主管部门的有关政策、法规和制度，建设概预算的实施还必须遵循报批、审核制度。由于我国长期以来实行投资体制的集权管理模式，政府既是宏观政策的制定者，又是微观项目建设的参与者，因此实行统一的概预算编制方法和统一的计价依据，能够为政府进行宏观的投资调控和微观的建设项目管理提供有力的方法和手段。健全和加强建设概预算制度，对于加强企业管理和经济核算、合理使用建设资金、降低建设成本、充分发挥基建投资经济效果等，都起到了十分重要的作用。但是，随着我国改革开放力度不断加大，经济加速向有中国特色的社会主义市场经济转变，投资主体多元化和投资资金来源的多渠道化已经初步形成，国有投资在全社会固定资产投资总额中所占的比重也不断下降，过去那种不分项目的统一管理模式已经越来越不适应现代经济发展的需求，所以我国造价管理的改革力度也在不断加大。

1.3.2 基本建设预算的分类

基本建设工程概预算，包括设计概算和施工图预算，都是确定拟建工程预期造价的文件，而在建设项目完全竣工以后，为反映项目的实际造价和投资效果，还必须编制竣工决算。

1. 投资估算

投资估算一般是指在工程项目建设的前期工作(规划、项目建议书和设计任务书)阶段，项目建设单位向国家计划部门申请建设项目立项，或国家、建设主体对拟建项目进行决策，确定建设项目在规划、项目建议书、设计任务书等不同阶段的投资总额而编制的造价文件。

任何一个拟建项目，都要通过全面的可行性论证后，才能决定其是否正式立项或投资建设。在可行性论证过程中，除考虑国民经济发展上的需要和技术上的可行性外，还要考虑经济上的合理性。投资估算是在初步设计前期各个阶段工作中，作为论证拟建项目在经济上是否合理的重要文件。

2. 设计概算和修正概算造价

设计概算是设计文件的重要组成部分，它是由设计单位根据初步设计图纸、概算定额规定的工程量计算规则和设计概算编制方法，预先测定工程造价的文件。设计概算文件较投资估算准确性有所提高，但又受投资估算的控制，它包括建设项目总概算、单项工程综合概算和单位工程概算。修正概算是在扩大初步设计阶段对概算进行的修正调整，较概算造价准确，但受概算造价控制。

3. 施工图预算造价

施工图预算是指施工单位在工程开工前，根据已批准的施工图纸，在施工方案(或施工组织设计)已确定的前提下，按照预算定额规定的工程量计算规则和施工图预算编制方法预先编制的工程造价文件。在广义上，按照施工图纸以及计价所需的各种依据在工程实施前所计算的工程价格，均可称为施工图预算价格，该施工图预算价格可以是按照政府统一规定的预算单价、取费标准、计价程序计算得到的、计划中的价格，也可以是根据企业自身的实力和市场供求及竞争状况计算的、反映市场的价格。施工图预算可以划分为两种计价模式，即传统计价模式和工程量清单计价模式。施工图预算造价较概算造价更为详尽和准确，但同样要受前一阶段所确定的概算造价的控制。

4. 合同价

合同价是指在工程招投标阶段，通过签订总承包合同、建筑安装工程承包合同、设备材料采购合同，以及技术和咨询服务合同所确定的价格。合同价属于市场价。它是由承发包双方，即商品和劳务买卖双方，根据市场行情共同议定和认可的成交价格，但它并不等同于实际工程造价。按计价方式不同，建设工程合同一般表现为3种类型，即总价合同、单价合同和成本加酬金合同。对于不同类型的合同，其合同价的内涵也有所不同。

5. 结算价

结算价是指一个单项工程、单位工程、分部工程或分项工程完工后，经建设单位及有关部门验收并办理验收手续后，施工企业根据施工过程中现场实际情况的记录、设计变更通知书、现场工程更改签证、预算定额、材料预算价格和各项费用标准等资料，在工程结算时按合同调价范围和调价方法，对实际发生的工程量增减、设备和材料价差等进行调整后计算和确定的价格。结算价是该结算工程的实际价格。结算一般有定期结算、阶段结算和竣工结算等方式，它们是结算工程价款、确定工程收入、考核工程成本、进行计划统计、经济核算及竣工决算等的依据。其中竣工结算是反映上述工程全部造价的经济文件。以此为依据，通过建设银行向建设单位办理完工程结算后，就标志着双方所承担的合同义务和经济责任的结束。

6. 竣工决算

竣工决算是指在竣工验收后，由建设单位编制的建设项目从筹建到建设投产或使用的全部实际成本的技术经济文件；它是最终确定的实际工程造价，是建设投资管理的重要环节，是工程竣工验收、交付使用的重要依据，也是进行建设项目财务总结，银行对其实行监督的必要手段。竣工决算的内容由文字说明和决算报表两个部分组成。

上述几种造价文件之间存在的差异见表1-4。

表1-4 不同阶段工程造价文件的对比

类别 项目	投资估算	设计概算 修正概算	施工图预算	合同价	结算价	竣工决算
编制阶段	项目建议书可行性研究	初步设计扩大初步设计	施工图设计	招投标	施工	竣工验收
编制单位	建设单位工程咨询机构	设计单位	施工单位或设计单位、工程咨询机构	承发包双方	施工单位	建设单位
编制依据	投资估算指标	概算定额	预算定额、工程量清单计价规范	预算定额、工程量清单计价规范	预算定额、设计及施工变更资料	预算定额、工程建设其他费用定额、竣工决算资料
用途	投资决策	控制投资及造价	编制标底、投标报价等	确定工程承发包价格	确定工程实际建造价格	确定工程项目实际投资

1.3.3　基本建设预算与基本建设程序的关系

由于建设工程工期长、规模大、造价高，需要按建设程序分段建设，在项目建设全过程中，根据建设程序的要求和国家有关文件的规定，需编制的基本建设预算与工程建设程序的关系如图1.6所示。

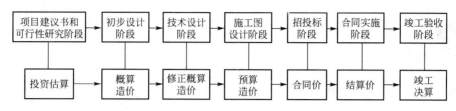

图1.6　基本建设预算与工程建设程序的关系

本 章 小 结

　　本章主要阐述本课程的性质：这是土木工程（建筑工程类）、造价专业的一门主干课，这是加强学生经济概念的一门重要课程。其目的是使学生了解建筑工程投资的构成及土建各分项工程成本计算及控制，掌握具体建筑工程定额预算方法和工程量清单计价方法及文件编制。

　　本课程的主要任务：通过本课程的学习，学生应能掌握工程造价的组成，工程量计算，工程造价管理的现状与发展趋势。核心任务是帮助学生建立现代科学工程造价管理的思维观念和方法，具有工程造价管理的初步能力。

　　本章的重点为：工程项目建设程序与建筑工程计量与计价的关系。

习　　题

　　1. 建筑工程定额与预算的用途是什么？

　　2. 简述工程造价的两种含义并说明其组成。

　　3. 与建设程序相配合进行的计价包括哪些？

　　4. 简要说明基本建设预算与基本建设程序的关系。

第2章
建筑工程定额

通过本章的学习，使学生了解工程建设定额的概念、特性、分类；掌握企业定额和消耗量定额的基本原理及两者的区别；掌握工程量清单计价规范的内容和特点。应达到以下目标。

(1) 了解定额的概念、发展、作用及特性；了解工程研究及测定方法；了解施工定额、预算定额、概算定额、概算指标、估算指标的概念和作用。

(2) 熟悉定额的分类；熟悉概算和估算的编制；熟悉施工定额、预算定额消耗量的制定，熟悉预算定额(计价表)的组成及应用。

(3) 掌握预算定额(计价表)基础单价的确定。

知识要点	能力要求	相关知识
建设工程定额的基本知识	了解建设工程定额的相关概念	定额的概念、水平、产生和发展；建设工程定额的作用、特性、分类；工时研究及测定方法
施工定额	了解施工定额的基本概念，熟悉劳动消耗定额、施工机械定额及材料消耗定额的概念、作用及编制方法	施工定额的概念、作用、编制原则、编制依据、编制方法与步骤；劳动消耗定额和施工机械消耗定额及材料消耗定额的概念、作用和编制方法等
预算定额	了解预算定额的基本概念，熟悉人工、材料、机械台班单价的确定方法，掌握预算定额(计价表)中基础单价的确定方法	预算定额的概念、作用、编制原则；预算定额中消耗量的制定；预算定额(计价表)中基础单价的确定
概算定额、概算指标、估算指标和投资估算指标	了解概算定额、概算指标、估算指标和投资估算指标的概念、作用和编制方法等	概算定额、概算指标、估算指标和投资估算指标的概念、作用和编制方法等

基本概念

定额，施工定额，工时研究，劳动消耗定额，材料消耗定额，预算定额，概算定额，概算指标，估算指标，投资估算指标。

引例

直接准确确定一个还不存在的建筑工程的价格是有很大难度的。为了计价，我们需要研究生产产品的过程(建筑施工过程)。通过对建筑产品生产过程的研究，会发现：任何一种建筑产品的生产总是消耗了一定的人工、材料和机械。因此，转而研究生产产品所消耗的人工、材料和机械，通过确定生产产品直接消耗掉的人工、材料和机械的数量，计算出相应的人工费、材料费和机械费，进而在人工费、材料费和机械费的基础上组成产品的价格。

定额反映的是生产关系和生产过程的规律，用现代的科学技术方法找出建筑产品生产和劳动消耗之间的数量关系，并且联系生产关系和上层建筑的影响，以寻求最大程度地节约劳动消耗和提高劳动生产率的途径。

2.1 定 额 概 述

2.1.1 定额的概念

1. 定额

所谓定就是规定；所谓额就是额度和限度。从广义理解，定额就是规定的额度及限度，即标准或尺度。

在工程建设中，为了完成某一工程项目，都要消耗一定数量的人工、材料、机械设备台班和资金。这种消耗数量，由于受到各种生产条件的影响而各不相同。工程建设定额是指在正常的施工生产条件下，完成单位合格产品人工、材料、施工机械及资金消耗的数量标准。所谓正常的施工条件，是指生产过程按生产工艺和施工验收规范操作，施工条件完善，劳动组织合理，机械运转正常，材料储备合理。在这样的条件下，对完成单位合格产品进行定员、定质量、定数量(即劳动工日数、材料用量、机械台班用量)，定额中统一规定了工作内容和安全要求等。不同的产品有不同的质量要求，不能把定额看成单纯的数量关系，而应看成是质量和安全的统一体。只有考察总体生产过程中的各种生产因素，归结出社会平均必需的数量标准，才能形成定额。

尽管管理科学在不断发展，但它仍然离不开定额。没有定额提供可靠的基本管理数据，任何好的管理和手段都不能取得理想的结果。所以，定额虽然是科学管理发展初期的产物，但它在企业管理中一直占有主要的地位。定额是企业管理科学化的产物，也是科学管理的基础。

2. 定额的水平

定额水平是规定完成单位合格产品所需各种资源消耗的数量水平，它是一定时期社会生产力水平的反映，代表一定时期的施工机械化和构件工厂化程度，以及工艺、材料等建筑技术发展的水平。一定时期的定额水平，应是在相同的生产条件下，大多数人员经过努力可以达到而且可能超过的水平。定额水平并不是一成不变的，应随着社会生产力水平的提高而提高；但是在一定时期内必须是相对稳定的。

2.1.2 定额的产生和发展

定额产生于 19 世纪末资本主义企业管理科学的发展初期。其产生的原因是高速度的工业发展与低水平的劳动生产率相矛盾。

国际公认最早提出定额制度的是美国工程师泰勒，当时，美国正值工业的高速发展阶段，但当时由于工人的劳动生产率低下，造成机械的效率未能充分发挥。在这种情况下，泰勒提出了工时定额，以提高工人的劳动生产率。为了减少工时消耗，泰勒研究改进生产工具与设备，并提出一整套科学管理的方法，这就是著名的"泰勒制"。"泰勒制"给资本主义企业管理带来了根本性变革，对提高劳动效率作出了重要贡献。

虽然国际上认为是由美国工程师泰勒最早提出的定额制度，但实际上我国在很早以前就存在着定额的制度，不过没有明确定额的形式而已。在我国古代工程中，一直都很重视工料消耗计算，并形成了许多则例。这些则例可以看作是工料定额的原始形态。我国在北宋时期就由李诚编写了《营造式法》，清朝时工部编写了整套的《工程做法则例》。这些著作对工程的工料消耗量做了较为详细的描述，可以认为是我国定额的前身。由于消耗量存在较为稳定的性质，因此，这些著作中的很多消耗量标准在现今的《仿古建筑及园林定额》中仍具有重要的参考价值，这些著作也仍然是《仿古建筑及园林定额》的重要编制依据。

民国期间，由于国家一直处于混乱之中，定额在国民经济中未能发挥其重要作用。新中国成立后，第一个五年计划（1953—1957 年），在国家正确的经济政策的指导下，定额作用明显，当时执行劳动定额计件工资的工人占生产工人总数的 70%，这个时期，定额在我国经济发展以及施工管理方面取得了很大的成就。

1958 年，第二个五年计划，由于受到"左倾"思想的影响，撤销了一切定额机构。直到 1962 年，国家建筑工程部正式修订颁发《全国建筑安装工程统一劳动定额》，开始逐步恢复定额制度。但 1966 年"文化大革命"开始后，定额再次遭难，也导致了建筑业全面亏损。一直到 1979 年，国家才重新颁发《全国建筑安装工程统一劳动定额》，开始加强对劳动定额的管理。

1985 年，国家城乡建设环境保护部修订颁发了《全国建筑安装工程统一劳动定额》。1995 年，国家建设部又颁发了《全国统一建筑工程基础定额》，其中的基础定额是以保证工程质量为前提，完成按规定计量单位计量的分项工程的基本消耗量标准。在基础定额中，按照量、价分离，工程实体性消耗和措施性消耗分离的原则来确定定额的表现形式。

2.1.3 建设工程定额的作用

我国经济体制改革的目的是建立社会主义市场经济体制。定额既不是计划经济的产物，也不是与市场经济相悖的体制改革对象。定额管理的二重性决定了它在市场经济中仍具有重要的地位和作用。首先，定额与市场经济的共融性是与生俱来的。其次，定额不仅是市场供给主体加强竞争能力的手段，而且是国家加强宏观调控管理的手段。

（1）在工程建设中，定额仍然具有节约社会劳动和提高生产效率的作用。一方面，企业以定额作为促进工人节约社会劳动和提高劳动效率、加快工作速度的手段，以增加市场竞争能力，获取更多的利润；另一方面，作为工程造价计算依据的各类定额，又促进企业加强管理、把社会劳动的消耗控制在合理的限度内。再者，作为项目决策依据的定额指标，又在更高的层次上促使项目投资者合理而有效地利用和分配社会劳动。

（2）定额有利于建筑市场公平竞争。定额所提供的准确信息为市场需求主体和供给主体之间的竞争，以及供给主体和供给主体之间的公平竞争，提供了有利条件。

（3）定额是市场行为的规范。定额既是投资决策的依据，又是价格决策的依据。对投资者来说，他可以利用定额权衡自己的财务状况和支付能力、预测资金投入和预期回报，还可以充分利用有关定额的大量信息，有效地提高其项目决策的科学性，优化其投资行为。对于承包商来说，企业在投标报价时，一定要考虑定额的构成，作出正确的价格决策，才能获得更多的工程合同。

（4）建设工程定额是建设工程计价的依据。在编制设计概算、施工图预算、竣工决算时，无论是划分工程项目、计算工程量，还是计算人工、材料和施工机械台班的消耗量，都以建设工程定额作为标准依据。所以，定额既是建设工程的计划、设计、施工、竣工验收等各项工作取得最佳经济效益的有效工具和杠杆，又是考核和评价上述各阶段工作的经济尺度。

（5）建设工程定额是建筑施工企业实行科学管理的必要手段。使用定额提供的人工、材料、机械台班消耗标准，可以编制施工进度计划、施工作业计划，下达施工任务，合理组织调配资源，进行成本核算。在建筑企业中推行经济责任制、招标承包制，贯彻按劳分配的原则等，也以定额为依据。

（6）工程建设定额有利于完善市场的信息系统。定额管理是对大量市场信息的加工，对市场大量信息进行传递，同时也是市场信息的反馈。信息是市场体系中不可缺少的要素，它的指导性、标准性和灵敏性是市场成熟和市场效率的标志。

2.1.4 建设工程定额的特性

（1）真实性和科学性。定额是反映劳动生产率的标准，标准只有在反映真实的情况下才有存在的可能，真实的东西同时也是科学的。

（2）系统性和统一性。虽然按不同形式对定额有各种分类，但不管是土建装饰定额、安装定额、修缮定额、市政定额还是仿古建筑及园林定额，它们的基本原理和表现形式都是统一的，结构的组成也是一致的，因此，能了解一类定额的组成，就能明白所有定额的组成。

（3）稳定性和时效性。定额是对劳动生产率的反映，劳动生产率是会变化的，因而定额应有一定的时效性，但同时定额也应有一定的稳定性。如果定额失去了稳定性，如土建定额有 1990 年、1997 年、2001 年、2004 年定额，如果在大家刚刚熟悉 2004 年定额的情况下，2005 年定额出来了，可能有一部分人就不愿意使用了；如果紧接着，2006 年定额又出来了，一大部分人就会不愿意使用了；如果 2007 年定额又改版，可以想象到，可能大家都不用了。所以，稳定性是定额存在的前提，但同时定额肯定是有时效性的。

2.1.5 定额的分类

1. 按定额的适用范围分类

定额的适用范围分类如图 2.1 所示。

按定额的适用范围分 { 全国统一定额 地区统一定额 行业统一定额 企业定额 补充定额

图 2.1 定额的适用范围

（1）全国统一定额：定额反映的是劳动生产率的标准，根据其反映的不同部分群体的标准，制定不同适用范围的定额。全国统一定额是根据全国范围内社会平均劳动生产率的标准而制定的，在全国都具有参考价值。

（2）地区统一定额：我国幅员辽阔、人口众多，各地区的劳动生产率发展极不平衡。对于具体的地区而言，全国统一定额的针对性不强。因此，各地区在全国统一定额的基础上，制定自己的地区定额。地区定额的特点是在全国统一定额的基础上结合本地区的实际劳动生产率情况而制定的，在本地区的针对性很强，但也只能在本地区内使用。例如江苏省在 1985 年《全国统一劳动定额》的基础上制定了 1990 年《江苏省建筑工程综合预算定额》和《江苏省建筑工程单位估价表》（以下简称江苏省土建定额）；1995 年《全国统一基础定额》出版后，江苏省出版了 1997 年江苏省土建定额；2000 年《全国统一基础定额》改版后，2001 年江苏省土建定额随之改版；2003 年《全国统一基础定额》再次改版，2004 年江苏省土建定额随之再次改版。

（3）行业统一定额：针对某些特殊行业，在其行业内部制定的针对本行业实行的定额，如地铁定额。

（4）企业定额：在企业内部制定的本企业的劳动生产率状况标准的定额。前面 3 种定额都反映的是一定范围内的社会劳动生产率的标准（群体标准），是公开的信息；而企业定额反映的是企业内部劳动生产率的标准（个体标准），属于商业秘密。企业定额在我国目前还处于萌芽状态，但在不久的将来，它将成为市场经济的主流。

（5）补充定额：定额是一本书，一旦出版就固定下来，不易更改，但社会还在不断发展变化，一些新技术、新工艺和新方法还在不断涌现，为了新技术、新工艺和新方法的出现而再版定额肯定是不现实的，那么这些新技术、新工艺和新方法又如何计价呢？就需要做补充定额，以文件或小册子的形式发布，补充定额享有与正式定额同样的待遇。

2. 按物质消耗的性质分类

按物质消耗的性质分类如图 2.2 所示。

（1）人工消耗定额（劳动定额）：表示在正常施工技术条件下，完成规定计量单位合格产品所必须消耗的活劳动数量标准。

按物质消耗的性质分 { 人工消耗定额 材料消耗定额 机械消耗定额

图 2.2 物质消耗的性质

（2）材料消耗定额：表示在正常施工技术条件下，完成规定计量单位合格产品所必须消耗的材料数量标准。

（3）机械消耗定额：表示在正常施工技术条件下，完成规定计量单位合格产品所必须消耗的施工机械数量标准。

3. 按定额的作用分类

按定额的作用分类如图 2.3 所示。

（1）施工定额：表示在正常施工技术条件下，以建筑工程的施工过程为对象，完成规定计量单位合格产品所必须消耗的人工、材料和机械的数量标准。它由劳动定额、材料定额和机械台班定额 3 个相对独立的定额组成。施工定额是为施工生产而服务的定额，是工程建设定额中分项最细、定额子目最多的一种定额，也是工程建设定额中的基础性定额。施工定额中只有生产产品的消耗量而没有价格，反映的劳动生产率是社会平均先进水平。

（2）预算定额：为投标报价、结算而服务的定额，既有消耗量也有价格的定额，反映的是社会平均合理水平。

4. 按内容和用途分类

按内容和用途分类如图 2.4 所示。

按定额的作用分 { 生产性定额——施工定额 计价性定额——预算定额

图 2.3　定额的作用

按内容和用途分 { 建筑安装工程劳动定额 建筑工程预算定额 建筑工程概算定额 建筑工程概算指标 建筑工程估算指标

图 2.4　内容和用途

（1）建筑安装工程劳动定额：是所有定额的基础，它规定了生产各种产品所消耗的人工的数量（消耗量）。它也是定额的最初单元，预算定额、概算定额、概算指标等都是在劳动定额的基础上形成的，或者说后者的人工消耗量是在劳动定额的人工消耗量的基础上形成的。

（2）建筑工程预算定额：表示在正常施工技术的条件下，以建筑工程的分项工程为对象，完成规定计量单位合格产品所必须消耗的人工、材料和机械的数量和资金标准。与劳动定额不同，预算定额的消耗量不仅有人工，还有材料、机械；预算定额不仅有消耗量，而且有价格。

（3）建筑工程概算定额：表示在正常施工技术的条件下，以建筑工程的综合扩大分项工程为对象，完成规定计量单位合格产品所必须消耗的人工、材料和机械的数量及资金标准。与预算定额相似的是，概算定额也是既有消耗量也有价格；但与预算定额不同的是，概算定额较概括。

（4）建筑工程概算指标：表示在正常施工技术的条件下，以单项或单位建筑工程为对象，完成规定计量单位合格产品所必须消耗的人工、材料和机械的数量和资金标准。

（5）建筑工程估算指标：表示在正常施工技术的条件下，以建设项目或单项、单位建筑工程为对象，完成规定计量单位合格产品所必须消耗的资金标准。

5. 按定额专业分类

按定额专业分类如图 2.5 所示。

按定额专业分 { 土建与装饰工程定额 安装工程定额 房屋修缮工程定额 市政工程定额 仿古建筑及园林工程定额

图 2.5　定额专业

（1）土建与装饰工程定额：适用于一定范围内一般工业与民用建筑的新建、扩建、改建工程及单独装饰工程。

（2）安装工程定额：适用于新建、扩建项目中的机械、电气、热力设备安装，炉窑砌筑工程，静置设备与

37

工艺金属结构制作安装工程，工业管道工程，消防及安全防范设备安装工程，给排水工程，采暖工程，燃气工程，通风空调工程，自动化控制仪表安装工程，刷油、防腐蚀、绝热工程。

（3）房屋修缮工程定额：适用于房屋修缮工程中的电气照明，给排水、卫生器具、采暖、通风空调等的拆除和安装，大、中型维修以及建筑面积在 300m² 以内的翻建、搭接、增层工程。但不适用于新建、扩建工程及单独进行的抗震加固工程。

（4）市政工程定额：适用于城镇管辖范围内的新建、扩建及大中型市政工程。不适用于市政工程的小修保养。

（5）仿古建筑及园林工程定额：适用于新建、扩建的仿古建筑及园林绿化工程，不适用于修缮、改建和临时性工程。

2.1.6 工时研究及测定方法

1. 工时研究的含义

对产品计价是通过对生产产品所消耗的人工、材料和机械进行计价进而组成产品的价格。人工、材料和机械的价格分别用人工费、材料费和机械费来表达。

$$人工费＝人工消耗量×人工工日单价 \qquad (2-1)$$
$$材料费＝材料消耗量×材料预算价 \qquad (2-2)$$
$$机械费＝机械消耗量×机械台班价 \qquad (2-3)$$

人工和机械的消耗量是通过研究人工和机械的抽象劳动（时间）来确定的，对于人工和机械的具体劳动在计算其消耗量时定额是不做区分的，区分的只是其消耗的时间。因此，定额需要对工作的时间（即工时）进行研究。

工时研究是在一定的标准测定条件下，确定工人工作活动所需时间总量的一套程序和方法。其目的是要确定施工的时间标准（时间定额或产量定额）。

由于有了时间定额或产量定额这个时间标准，在编制施工作业计划、检查劳动（人）效率和定额执行情况、决定机械（机）操作人员组成、选择施工方法和机械设备、决定工人和机械的调配、组织生产、计算工人劳动报酬等方面，就有了依据和标准。

2. 施工过程研究

工时是在施工过程中消耗的工作时间，为了研究工时，首先要对施工过程进行研究。可将施工过程进行分类（见表 2-1）。

表 2-1 施工过程分类

依据	分类	依据	分类
按完成方法	手动过程	按劳动分工特点	个人完成
	机动过程		工人班组完成
	半机械化过程		施工队完成
按过程是否重复	循环施工	按组织程序	工序
	非循环施工		工作过程
			综合工作过程

施工过程的分类不同，直接决定了定额在计算消耗量时考虑的角度不同。

（1）按完成方法分类，纯手动过程只须计算人工消耗量；纯机动工程只计算机械消耗量；而半机械化过程则须同时考虑其中的人工和机械消耗量。

（2）按劳动分工特点分类，个人完成，消耗时间与个人产量挂钩计算消耗量；工人班组完成，消耗时间与班组产量挂钩计算消耗量；施工队完成，消耗时间与施工队产量挂钩计算消耗量。

（3）按过程是否重复分类，循环施工，研究其一个循环过程的消耗进而推出整个消耗；非循环施工，直接研究其整个过程消耗。

（4）按组织程序分类，可分为工序、工作过程和综合工作过程。

① 工序：是组织上分不开和技术上相同的施工过程，是工艺方面最简单的施工过程，也是测定劳动定额的最基本单位。工序可以由一个人、工人班组或施工队完成，也可以用手动、机动或半机械化完成。工序的特点是工人班组、工作地点、施工工具和材料均不发生变化，如人工挖土。

② 工作过程：是由同一名工人或同一个工人班组所完成的在技术操作上相互有机联系的工序的总和，即工作过程可以分解为若干工序。对工作过程的研究实际上是对组成工作过程工序的研究，由工序的结果组成工作过程的结果。工作过程的特点是人员编制不变、工作地点不变，而材料和工具可以变换，如砌墙和勾缝。

③ 综合工作过程：是同时进行的、在组织上有机地联系在一起的、最终能获得一种产品的工作过程的总和。综合工作过程的特点是人员、工作地点、材料和工具都可以变换。如现浇混凝土构件是由调制、运送、浇灌、捣实混凝土4个工作过程组成的。综合工作过程是预算定额计价的基本单位，一般对应于定额中的分项工程。

3. 工作时间消耗的分类

人工和机械是通过研究其消耗的时间来决定其价格，如果没有其他规定，可以想象得到，大家在施工中都会喜欢"磨洋工"——只见时间消耗而不见出产产品。如何避免这种情况的产生？这就需要定额了。定额在这方面相当于给了一个标准：对应于每一个产品，定额都给了相应的时间标准，完成了产品也就获得了对应定额标准的相关费用，效率高，一天可以获得两天的费用；效率低，一天就只能获得半天的费用。

既然定额给了一个计时的标准，就需要了解哪些时间可以计价，哪些时间不能计价；可以计价的时间哪些定额已计算了，哪些没有计算。对于那些可以计价而定额没有计算的时间，在实际的施工中发生的话要及时以索赔的形式获得补偿。

（1）工人工作时间消耗的分类。

① 有效工作时间：其中的基本工作时间是工人完成基本工作所消耗的时间（如砌墙）；辅助工作时间——磨刀不误砍柴工，为了砌墙，需要对工具进行修整所消耗的时间；准备与结束时间——工人工作就是上班，早上8点上班，不可能一上班就开始工作，首先要分配任务、领工具（准备时间），下午5点下班，不会等到5点才停止工作，一般不到5点就开始收拾工具（结束时间）。这些时间属于有效工作时间，这种时间消耗应该计价并在定额中已计算。

② 不可避免的中断时间：分为与工艺有关和与工艺无关两类。与工艺有关的中断时间，如配合搅拌机的上料工，在搅拌机工作时工人只能在一旁等待，出现了工作时间的中断，这种中断是由搅拌机的工作特点决定的，应该计价并已考虑进定额；与工艺无关的中

断时间，则不是工艺特点决定的，而是其他原因造成的，这部分时间在定额里没有考虑，没有考虑的原因是由于原因不明无法计算。中断时间可否计算要具体分析时间损失的原因，如时间损失是由施工方自身的原因造成的，不可计价；如时间损失与施工方无关，则可以以索赔形式计价。工人工作时间如图2.6所示。

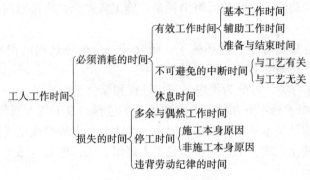

图2.6 工人工作时间

③ 休息时间：工作本身应是有张有弛的，因此，定额里考虑了适度的休息时间。

④ 多余与偶然工作时间：对产品计价有一个重要前提——合格产品，不合格产品是不计价的。例如工人砌筑 $1m^3$ 墙体，经检验质量不合格，推倒重砌，合格后虽然工人共完成了 $2m^3$ 的墙体，但只能计算 $1m^3$ 墙体的价格，不合格产品消耗的时间就是多余工作时间；偶然工作时间指的是零星的偶然发生的工作。如补墙洞，由于能产生产品，也应计价。

⑤ 停工时间：视停工的原因，如系施工本身原因，即施工方有过错，不计价；如非施工本身原因，应以索赔的形式计价。

⑥ 违背劳动纪律的时间：机械当然不可能违背劳动纪律，这种时间指的是操作机械的人违背劳动纪律，人违背了劳动纪律，机械也就停止了工作，这种时间的损失是不可以计价的。

⑦ 低负荷下的工作时间，是由于工人或技术人员的过错所造成的施工机械在降低负荷的情况下工作的时间。例如，工人装车的砂石数量不足、工人装入碎石机轧料口中的石块数量不够引起的汽车和碎石机在降低负荷的情况下工作所延续的时间。此项工作时间不能完全作为必需消耗时间。

(2) 机械工作时间消耗的分类如图2.7所示。

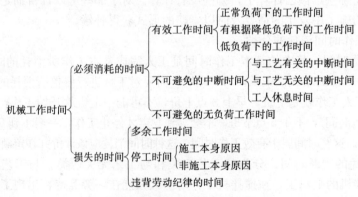

图2.7 机械工作时间的分类

① 有效工作时间：其中正常负荷下的工作时间，指的是机械在额定功率、额定吨位下的工作时间，应计入定额；有根据降低负荷下的工作时间——卡车有额定吨位，但由于卡车运送的是泡沫塑料，虽然卡车已装满但仍未达到额定吨位，这种时间消耗属于有根据降低负荷的工作时间，应计入定额；低负荷下的工作时间——少了"有根据"，也就是无根据，这种损失时间定额不考虑。

② 不可避免的中断时间：与工艺有关的不可避免的中断时间——由工艺特点所决定的中断时间，如搅拌机在工人上料和出料的时间，机械处于中断状态，由于这种中断是和搅拌机的工艺特点有关的，应计入定额；与工艺无关的不可避免的中断时间——不是由工艺特点决定的，而是其他原因造成的，不计入定额。能否计价要看原因是什么。对于自己无过错且造成损失的中断，可以以索赔形式计价，否则不能计价；工人休息时间——机械是人来操作的，工人休息，机械也就停止了工作，合理的休息时间应计入定额。

③ 不可避免的无负荷工作时间：例如汽车运输货物，汽车必须首先放空车过来装货，作为汽车放空车就是其在工作中出现的不可避免的无负荷时间。因此，该时间应计入定额时间。

④ 多余工作时间：搅拌机搅拌混凝土规定 90s 出料，由于工人责任心不足，搅拌了 120s 才出料，多搅拌的 30s 属于多余工作时间，不应计入定额。

⑤ 停工时间：若由施工本身原因造成的，即施工方有过错，不予计价；若由非施工本身原因造成的，即施工方无过错，可以计价(现场索赔)。

⑥ 违背劳动纪律的时间：机械当然不可能违背劳动纪律，这种时间指的是操作机械的人违背劳动纪律，人违背了劳动纪律，机械也就停止了工作，这种时间的损失是不可以计价的。

4. 建筑工程定额测定方法

对产品进行计价需要研究生产产品消耗的人工、材料、机械的量，测定人工、材料、机械的消耗量的标准就是测定定额。定额测定人工、材料、机械消耗量的方法各不相同，对于人工、机械，如前所述，研究的是其抽象劳动——时间。因此，人工、机械在我国测定定额的方法称为计时观察法。

1) 计时观察法

计时观察法是以工时消耗为对象，通过研究生产产品过程中所消耗的时间，建立起时间和产量的关系，从而得到时间定额或产量定额(消耗量标准)。

(1) 计时观察法的步骤。由于计时观察法是对生产产品的时间进行测定，而生产产品的过程也就是施工的过程，因此，计时观察法的步骤如下。

应确定计时观察法的施工过程，并将施工过程划分为定额测定的基本单位——工序。

选择正常施工条件和观测对象。

观测测时。

整理和分析观察资料，确定定额消耗量。

(2) 计时观察法的种类如图 2.8 所示。

$$\text{计时观察法} \begin{cases} \text{测时法} \\ \text{写实记录法} \\ \text{工作日写实法} \end{cases}$$

图 2.8 计时观察法

2) 测时法

测时法是一种精确度比较高的计时观察法，主要用于测定循环工作的工时消耗，而且测定的主要是"有效工作时间"中的"基本工作时间"。按照测时的具体方式分为选择法测时和连续法测时两种类型。

（1）选择法测时。选择施工中的某一工序进行测时，也称间隔法测时。即当某一工序开始时，观察者开动秒表，当该组成部分终止，则停止秒表，把秒表上指示的延续时间记录到选择法测时记录表上，并把秒表回归到零点。

当所测定的工序的延续时间较短时，连续测定比较困难，用选择法测时则方便而简单。这是在标定定额中常用的方法。

由选择法测时所获得的是必须消耗时间的有效工作时间中的基本工作时间，而且是选择的某一工序所测定的时间。最终要获得定额时间还需由工序的基本工作时间组成工序的有效工作时间，进而形成工序的定额时间。

【例 2.1】 某工地制作门框料，立边工序的基本工作时间为 5min，辅助工作时间、准备与结束时间、与工艺有关的不可避免的中断时间、休息时间各占基本工作时间的 12%、3%、5%、9%，计算该工序的定额时间。

解：　　有效工作时间＝基本工作时间＋辅助工作时间＋准备与结束时间

$$=5\times(1+0.12+0.03)=5.75min$$

不可避免的中断时间＝$5\times0.05=0.25min$

休息时间＝$5\times0.09=0.45min$

定额时间＝有效工作时间＋不可避免的中断时间＋休息时间

$$=5.75+0.25+0.45=6.45min$$

答： 该工序的定额时间为 6.45min。

（2）连续法测时。选择法测时只对某一工序进行测定，这种方法不能真实地反映整个施工过程的基本工作时间；连续法测时则是通过对施工过程中各个组成工序连续测定延续时间直接获得施工过程的基本工作时间，进而组成施工过程的定额时间。

连续法测时由于需要对各组成部分进行连续的时间测定，因此采用的是双针秒表。双针秒表的一个指针一直在转动计时，另一个指针（辅助指针）一开始与主指针同步工作，一旦要计时，按动秒表，辅助针停止在某一时间，计下时间，放开手，停止的指针立即跟上一直转动的那根指针；再次按动秒表，又可以计下下一次的时间。使用这种秒表，只需要记录下各次的终止时间，将两次终止时间相减，即可获得各工序的延续时间。

（3）写实记录法。测时法测定的是基本工作时间，对于定额时间采用的是按比例测算的方式，这种方式不可避免地存在着误差，为了尽量控制误差，可以将测定的时间拉长，测定的范围扩大。时间拉长到 1h 以上，范围将不仅包括基本工作时间，而且包括在此时间段内所消耗的所有定额时间。

与测时法相比，写实记录法较能真实地反映时间消耗的情况，但精确度不及测时法；写实记录法可以对多人进行测时，而测时法只能对单人进行测定。

写实记录法根据其记录成果的方式又可分为数示法、图示法和混合法。

① 数示法：数示法的特征是用数字记录工时消耗，精确度达 5s。具体操作方法同测时法，不过时间较长，范围较广。

② 图示法：数示法是对单个对象进行测定的，如要对两个或者三个对象进行测定，则要用到图示法。图示法是在规定格式的图表上用时间进度线条表示工时消耗量的一种记录方法，精确度为 0.5min。

③ 混合法：当一个施工过程需要由 3 人以上来完成，要对其进行工时的测定，如果用前面的数示法和图示法都达不到目的，而混合法混合了数示法和图示法的优点，采用图

表记录时间进度，同时在进度线上部以数字表示该段的工人数，用这种方法可以测定3人以上的施工过程的工时消耗。

（4）工作日写实法。写实记录法相比较测时法精确度下降，但准确度提升。虽然写实记录法已经较测时法准确地反映了一些定额考虑的辅助工作时间、休息时间等，但由于写实记录法历时还短了一些，不足以准确地反映定额的时间消耗。工作日写实法的特点就是时间要足够长——8h。采用的方法还是写实记录法中的方法，不过时间要用8h，也就是一个工作日。对施工过程用一个工作日的时间历程来进行测定，在一个工作日内对发生的所有时间进行记录，然后整理，分析出定额时间，进而建立起自己的施工过程时间消耗量。

由于工作日写实法所获得的时间最能反映施工的实际时间消耗情况，因此，工作日写实法是我国目前广为采用的基本定额测定方法。

2.2 施 工 定 额

2.2.1 施工定额概述

1. 施工定额的概念

施工定额是规定在正常的施工条件下，为完成一定计量单位的某一施工过程或工序所需人工、材料和机械台班消耗的数量标准，所以施工定额包括劳动定额、材料消耗定额和机械台班使用定额。其中，劳动定额目前实行全国统一指导并分级管理，如《全国建筑安装工程劳动定额》、《全国市政工程劳动定额》等，而材料消耗定额和机械台班使用定额则由各地方或企业根据需要进行编制和管理。

施工定额是直接用于建设工程施工管理中的定额，是建筑安装企业的生产定额。它是以同一性质的施工过程为标定对象，以工序定额为基础编制的。为了适应生产组织和管理的需要，施工定额划分得很细，是建设工程定额中分项最细、定额子目最多的一种定额，也是工程建设中的基础性定额。

2. 施工定额的作用

（1）施工单位编制施工组织设计和施工作业计划的依据。施工组织设计内容如图2.9所示。

施工定额规定了施工生产产品的人工、材料、机械等资源的需要量标准，利用施工定额即可算出所建工程的资源需要量。用总资源量除以单位时间的资源量获得所需时间，对单位时间的资源量进行调整即可获得资源的最佳时间安排。施工现场的平面规划将影响到相关资源的需要量，因此，对现场进行平面规划应在施工定额的指导下进行。施工作业计划内容如图2.10所示。

施工组织设计内容 { 所建工程的资源需要量 / 适用这些资源的最佳时间安排 / 施工现场平面规划

施工作业计划内容 { 本月（旬）应完成的任务 / 完成施工任务的资源需要量 / 提高劳动生产率和节约措施计划

图2.9 施工组织设计内容　　　　　　　图2.10 施工作业计划内容

施工组织设计是在施工之前对整个工程的全局计划，但在实际的施工中，由于各方面的原因，工程的发展不可能与计划完全相符，因此，在实际施工中，应根据工程的实际情况及时地调整计划——施工作业计划。施工作业计划是阶段性的施工组织设计。施工作业计划中完成任务和资源需要量是根据施工组织设计和施工定额计算而得到的。

（2）组织和指挥生产的有效工具。施工中，存在着对人工、材料和机械的管理问题。按照施工作业计划，要把任务安排下去，同时要对资源进行管理，这在施工中存在着下达施工任务书和限额领料单的制度。施工任务书列明应完成的施工任务，也记录班组完成实际任务的情况，并且进行班组工人的工资结算。任务单上的工程计量单位、产量定额和计件单位，均取自施工定额中的人工消耗量部分，工人的工资结算也以此为据。

限额领料单是施工队随施工任务单同时签发的领取材料的凭证，根据施工任务的材料定额填写。其中领料的数量，是班组为完成规定的工程任务消耗材料的最高限额。领料的最高限额是根据施工任务和施工定额计算而得的。

（3）编制施工预算、进行成本管理和经济核算的基础。施工定额中的消耗量直接反映了施工中所消耗的人工、材料和机械的情况，只须将有关的量与相应的单价相乘即可获得施工人工费、材料费和机械费，进而获得施工造价。利用施工定额进行核算，可以准确地反映工程的成本点。

3. 施工定额的编制原则

施工定额能否在施工管理中促进生产力水平和经济效益的提高，决定于定额本身的质量。所以，保证定额的编制质量十分重要。衡量定额质量的主要依据是定额水平及其表现形式，因此在定额编制中要贯彻以下原则。

（1）定额水平要符合平均先进原则。施工定额的水平应是平均先进水平。因为只有依据这样的标准进行管理，才能不断提高企业的劳动生产率水平，进而提高企业的经济效益。

（2）成果要符合质量要求的原则。完成后的施工过程质量，要符合国家颁发的施工及验收规范和现行《建筑安装工程质量检验评定标准》的要求。

（3）采用合理劳动组织原则。根据施工过程的技术复杂程度和工艺要求，合理组织劳动力，按照国家规定的《建筑安装工人技术等级标准》，配套安排适应技术等级的工人及合理数量。

（4）明确劳动手段与对象的原则。采用不同的劳动手段（设备、工具等）和劳动对象（材料、构件等）得到不同的生产率。因此，必须规定使用的设备、工具，明确材料与构件的规格、型号等。

（5）内容和形式的简明适用原则。内容和形式的简明适用首先表现为定额内容的简明适用，要求做到项目齐全，项目划分粗细适当，适应施工管理的要求，如符合编制施工作业计划、签发施工任务书、计算投标报价、企业内部考核的作用要求。要求步距合理，同时注意选择适当的计量单位，以准确反映产品的特性。结构形式要合理，要反映已成熟和推广的新结构、新材料、新技术、新机具的内容。

（6）以专业队伍和群众相结合的编制原则。施工定额的编制，应由有丰富经验的专门机构和人员组织，同时由有丰富专业技术经验的人员为主，由工人群众配合，共同编制。这样才能体现定额的科学性和群众性。

4. 施工定额的编制依据

（1）经济政策和劳动制度。经济政策和劳动制度具体包括建筑安装工人技术等级标准、建筑安装工人及管理人员工资标准、劳动保护制度、工资奖励制度、用工制度、利税制度、8小时工作日制度等。

（2）技术依据。技术依据具体包括现行建筑安装工程施工验收规范、建筑安装工程安全操作规程、建筑安装工程质量检验评定标准、生产要素消耗技术测定及统计数据、建筑工程标准图集或典型工程图纸。

（3）经济依据。具体包括建筑材料预算价格和现行定额。

5. 施工定额的编制方法与步骤

施工定额的编制方法与编制步骤主要包括以下3个方面。

1）施工定额项目的划分

为了满足简明适用原则的要求并具有一定的综合性，施工定额的项目划分应遵循三项具体要求：一是不能把隔日的工序综合到一起；二是不能把由不同专业的工人或不同小组完成的工序综合到一起；三是应具有可分可合的灵活性。

施工定额项目划分，按其具体内容和工效差别，一般可采用以下6种方法。

（1）按手工和机械施工方法的不同划分。由于手工和机械施工方法不同，使得工效差异很大，即对定额水平的影响很大，因此在项目划分上应加以区分，如钢筋、木模的制作可划分为机械制作、部分机械制作和手工制作项目。

（2）按构件类型及形体的复杂程度划分。同一类型的作业，如混凝土及钢筋混凝土构件的模板工程，由于构件类型及结构复杂程度不同，其表面形状及体积也不同，模板接触面积、支撑方式、支模方法及材料的消耗量也不同，它们对定额水平都有较大的影响，因此定额项目要分开。如基础工程中按满堂基础、独立基础、带形基础、桩承台、设备基础等分别列项；并且满堂基础按箱式和无梁式分别列项，独立基础按 $2m^3$ 以内、$5m^3$ 以内（含 $5m^3$）和 $5m^3$ 以外分别列项，设备基础按一般和复杂分别列项等。

（3）按建筑材料品种和规格的不同划分。建筑材料的品种和规格不同，对工人完成某种产品的工效影响很大。如水落管安装，要按铸铁、石棉、陶土管及不同管径进行划分。

（4）按构造做法及质量要求的不同划分。不同的构造做法和不同的质量要求，其单位产品的工时消耗、材料消耗都有很大的不同。如砖墙按双面清水、单面清水、混水内墙、混水外墙等分别列项，并在此基础上还按墙厚划分为1/2砖、3/4砖、1砖、1.5砖、2砖及2砖以上。又如墙面抹灰，按质量等级划分为高级抹灰、中级抹灰和普通抹灰项目。

（5）按施工作业面的高度划分。施工作业面的高度越高，工人操作及垂直运输就越困难，对安全要求也就越高，因此施工面高度对工时消耗有着较大的影响。一般地，采取增加工日或乘系数的方法计算，将不同高度对定额水平的影响程度加以区分。

（6）按技术要求与操作的难易程度划分。技术要求与操作的难易程度对工时消耗也有较大的影响，应分别列项。如人工挖土，按土壤类别分为四类，挖一、二类土就比挖三、四类土用工少，又如人工挖地槽土方，由于槽底宽、槽深各有不同，即应按槽底宽、槽深及土壤类别的不同分别列项。

2）定额项目计量单位的确定

一个定额项目，就是一项产品，其计量单位应能确切反映出该项产品的形态特征。为此，应遵循下列原则：①能确切、形象地反映产品的形态特征；②便于工程量与工料消耗的计算；③便于保证定额的精确度；④便于在组织施工、统计、核算和验收等工作中使用。

3) 定额册、章、节的编排

(1) 定额册的编排。定额册的编排一般按工种、专业和结构部位划分，以施工的先后顺序排列。如建筑工程施工定额可分为人工土石方、机械打桩、砖石、脚手架、混凝土及钢筋混凝土、金属构件制作、构件运输、木结构、楼地面、屋面等分册。各分册的编排和划分，要同施工企业劳动组织的实际情况相结合，以利于施工定额在基层的贯彻执行。

(2) 章的编排。章的编排和划分，通常有以下两种方法。

按同工种不同工作内容划分。如木结构分册分为门窗制作、门窗安装、木装修、木间壁墙裙和护壁、屋架及屋面木基层、天棚、地板、楼地面及木栏杆、扶手、楼梯等章。

按不同生产工艺划分。如混凝土及钢筋混凝土分册，按现浇混凝土工程和预制混凝土工程进行划分。

(3) 节的编排。为使定额层次分明，各分册或各章应设若干节。节的划分主要有以下两种方法。

按构件的不同类别划分。如"现浇混凝土工程"一章中，分为现浇基础、柱、梁、板、其他等多节。

按材料及施工操作方法的不同划分。如装饰分册分为白灰砂浆、水泥砂浆、混合砂浆、弹涂、干粘石、剁假石、木材面油漆、金属面油漆、水质涂料等节，各节内又设若干子项目。

(4) 定额表格的拟定。定额表格内容一般包括项目名称、工作内容、计量单位、定额编号、附注、人工消耗量指标、材料和机械台班消耗量指标等。表格编排形式可灵活处理，不强调统一，应视定额的具体内容而定。

6. 施工定额手册的内容构成

施工定额手册是施工定额的汇编，其内容主要包括以下 3 个部分。

(1) 文字说明。包括总说明、分册说明和分节说明。

① 总说明。一般包括定额的编制原则和依据、定额的用途及适用范围、工程质量及安全要求、劳动消耗指标及材料消耗指标的计算方法、有关全册的综合内容、有关规定及说明。

② 分册说明。主要对本分册定额有关编制和执行方面的问题与规定进行阐述，如分册中包括的定额项目和工作内容、施工方法说明、有关规定(如材料运距、土壤类别的规定等)的说明和工程量计算方法、质量及安全要求等。

③ 分节说明。主要内容包括具体的工作内容、施工方法、劳动小组成员等。

(2) 定额项目表。是定额手册的核心部分和主要内容，包括定额编号、计量单位、项目名称、工料消耗量及附注等。附注是定额项目的补充，主要说明没有列入定额项目的分项工程执行的定额、执行时应增(减)工料(有时乘系数)的具体数值等，它不仅是对定额使用的补充，也是对定额使用的限制。

(3) 附录。一般放在定额册的最后，主要内容包括名词解释及图解、先进经验及先进工具介绍、混凝土及砂浆配合比表、材料单位重量参考表等。

以上 3 个部分组成定额手册的全部内容。其中以定额项目表为核心，但同时必须了解另外两部分的内容，这样才能保证准确无误地使用施工定额。

2.2.2 劳动消耗定额

1. 劳动消耗定额的概念

劳动消耗定额指的是在正常的技术条件、合理的劳动组织下生产单位合格产品所消耗的合理活劳动时间，或者是活劳动一定的时间所生产的合理产品数量。也就是说经过了定额测定，将获得一个定额时间和一个定额时间内的产量，将这两者联系起来就获得了定额（标准）。根据联系的情况可分为时间定额和产量定额两种形式。

1）时间定额

时间定额指的是生产单位合格产品所消耗的工日数。对于人工而言，工分指 1min，工时指 1h，而工日则代表 1 天（以 8h 计）。也就是说时间定额规定了生产单位产品所需的工日标准。

时间定额的对象可以是一人也可以是多人。

【例 2.2】 对一名工人挖土的工作进行定额测定，该工人经过 3 天的工作（其中 4h 为损失的时间），挖了 25m³ 的土方，计算该工人的时间定额。

解： 消耗总工日数＝(3×8－4)h÷8h/工日＝2.5 工日

完成产量数＝25m³

时间定额＝2.5 工日÷25m³＝0.10 工日/m³

答： 该工人的时间定额为 0.10 工日/m³。

【例 2.3】 对一个 3 人小组进行砌墙施工过程的定额测定，3 人经过 3 天的工作，砌筑完成 8m³ 的合格墙体，计算该组工人的时间定额。

解： 消耗总工日数＝3 人×3 工日/人＝9 工日

完成产量数＝8m³

时间定额＝9 工日÷8m³＝1.125 工日/m³

答： 该组工人的时间定额为 1.125 工日/m³。

2）产量定额

产量定额与时间定额同为定额（标准），只不过角度不同。时间定额规定的是生产产品所需的时间，而产量定额正好相反，它规定的是单位时间生产的产品的数量。

【例 2.4】 对一名工人挖土的工作进行定额测定，该工人经过 3 天的工作（其中 4h 为损失的时间），挖了 25m³ 的土方，计算该工人的产量定额。

解： 消耗总工日数＝(3×8－4)h÷8h/工日＝2.5 工日

完成产量数＝25m³

产量定额＝25m³÷2.5 工日＝10m³/工日

答： 该工人的产量定额为 10m³/工日。

从时间定额和产量定额的定义可以看出，两者互为倒数关系。

当然，不管是时间定额还是产量定额，它都是给出了一个标准，而这个标准的应用是有前提的：正常的技术条件、合理的劳动组织、合格产品。没有了这些前提，这个标准将毫无意义；前提不同，使用这个结果也是不恰当的。所以后面就会明白为什么定额要换算，为什么有时候不能使用土建定额，而要使用装饰、修缮定额。

2. 劳动消耗定额的作用

(1) 劳动定额是计划管理的基础。企业编制施工进度计划、施工作业计划和签发施工任务书，都是以劳动定额作为依据。例如施工进度计划的编制，首先是根据施工图纸计算出分部分项工程量，再根据劳动定额计算出各分项工程所需的劳动量，然后再根据拥有的工种工人数量安排工期，组织工人进行生产活动。再如，各施工队可根据施工进度计划确定的各分部分项工程所需的劳动量和计划工期，编制劳动力计划和施工作业计划。通过施工任务书的形式，将施工任务和劳动定额下达到班组或工人，作为生产指令，组织工人达到或超过定额，按质按量地完成施工任务。所以，劳动定额在计划管理中具有重要的作用。

(2) 劳动定额是科学组织施工生产与合理组织劳动的依据。劳动定额为各工种和各类人员的配备比例提供了科学的数据，企业可据此编制出合理的定员标准并组织生产，以保证生产连续、均衡地进行。现代化施工企业的施工生产过程分工精细、协作紧密，为了保证施工生产过程的紧密衔接和均衡施工，企业需要在时间和空间上合理地组织劳动者协作配合。要达到技术要求，就要用劳动定额比较准确地计算出每个工人的任务量，规定不同工种工人之间的比例关系等。

(3) 劳动定额是衡量工人劳动生产率的尺度。由于劳动定额是完成单位产品的劳动消耗量的标准，与劳动生产率有着密切的关系，以劳动定额衡量、计算劳动生产率，从中可以发现问题，找出原因并对生产操作加以改进，以不断提高劳动生产率，推广先进的生产技术。

(4) 劳动定额是贯彻按劳分配原则的重要依据。作为劳动者付出劳动量和贡献大小的尺度，在贯彻按劳分配原则和实行计件工资时，都应以劳动定额为依据。

(5) 劳动定额是企业实行经济核算的重要依据。单位工程的用工及人工成本，是企业经济核算的重要内容。为了考核、计算和分析工人在生产中的劳动消耗和劳动成果，就必须以劳动定额为依据进行人工核算，以便控制和降低生产中的人工费用，达到经济核算的目的。

3. 劳动消耗定额的制定方法

1) 技术测定法

这是最基本的方法，也是目前一直介绍的方法，即通过测定定额的方法，可以用工作日写实法，也可以用测时法和写实记录法，形成定额时间，然后将这段时间内生产的产品进行记录，建立起时间定额或产量定额。

这种方法最直接，但问题是费时、费力、费钱。因此在最基本的技术测定法之外，还有一些较简便的定额测定法。

2) 比较类推法

对于一些类型相同的项目，可以采用比较类推法来测定定额。方法是取其中之一为基本项目，通过比较其他项目与基本项目的不同来推得其他项目的定额。但这种方法要注意基本项目一定要选择恰当，结果要进行一些微调。

【例 2.5】 人工挖地槽干土，已知作为基本项目的一类土在 1.5m、3m、4m 和 4m 以上4种情况的工时消耗,同时已获得几种不同土壤的耗工时比例(见表2-2)。用比较类推法计算其余状态下的工时消耗。

表2-2 基础数据 单位:工时/m³

土壤类别	耗工时比例 p	挖地槽干土深度/m			
		1.5	3	4	4以上
一类土(基本项目)	1.00	0.18	0.26	0.31	0.38
二类土	1.25				
三类土	1.96				
四类土	2.80				

解: 根据 $t = p \times t_0$、二类土 $p = 1.25$、三类土 $p = 1.96$ 和四类土 $p = 2.80$ 进行计算。

答: 计算结果见表2-3。

表2-3 计算结果 单位:工时/m³

土壤类别	耗工时比例 p	挖地槽干土深度/m			
		1.5	3	4	4以上
一类土(基本项目)	1.00	0.18	0.26	0.31	0.38
二类土	1.25	1.25×0.18	1.25×0.26	1.25×0.31	1.25×0.38
三类土	1.96	1.96×0.18	1.96×0.26	1.96×0.31	1.96×0.38
四类土	2.80	2.80×0.18	2.80×0.26	2.80×0.31	2.80×0.38

3) 统计分析法

统计分析法与技术测定法很相似,不同的是技术测定法有意识地在某一段时间内对工时消耗进行测定,一次性投入较大;而统计分析法采用的是细水长流的方法,让施工单位在其施工中建立起数据采集的制度,然后根据积累的数据获得工时消耗。

统计分析法的优点在于减少重复劳动,将定额的集中测定转化为分别测定,将专门的定额测定工作转化为施工中的一个工序。但采用这种方法的准确性不易保证,需要对施工单位和班组、原始数据的获得和统计分析做好事先控制、事后处理的工作。

4) 经验估计法

经验估计法在通常的定额测定中是不采用的,主要针对一些新技术、新工艺。新技术、新工艺在一开始出现的时候,拥有该技术的人或单位对该技术占据垄断地位,因此是不可能同意按照正常情况下的定额测定来计价的,换言之,即使你按正常情况测定了,也会处于有价无市的状况(没人做),更别谈拥有技术的人是不会让你来测定其施工技术的工时消耗了。因此,这种情况下就要用到经验估计法了。

经验估计法的特点是完全凭借个人的经验,邀请一些有丰富经验的技术专家、施工工人参加,通过对图纸的分析、现场的研究来确定工时消耗。

按照上述特点可以看出,经验估计法准确度较低(相对于价值而言,价格偏高)。因此采用经验估计法获得的定额必须及时通过实践检验,实践检验不合理的,应及时修订。

2.2.3 施工机械消耗定额

1. 施工机械消耗定额的概念

施工机械消耗定额是指在正常的技术条件、合理的劳动组织下生产单位合格产品所消耗的合理的机械工作时间，或者是机械工作一定的时间所生产的合理产品数量。同样，施工机械消耗定额也有时间定额和产量定额两种形式。

（1）时间定额。是指生产单位产品所消耗的机械台班数。对于机械而言，台班代表 1 天(以 8h 计)。

（2）产量定额。是指在正常的技术条件、合理的劳动组织下，每一个机械台班时间所生产的合格产品的数量。

2. 施工机械消耗定额的作用

（1）施工机械消耗定额是企业编制机械需要量计划的依据。

（2）施工机械消耗定额是考核机械生产率的尺度。

（3）施工机械消耗定额是推行经济责任制，实行计件工资、签发施工任务书的依据。

3. 施工机械消耗定额的编制方法

（1）循环动作机械消耗定额。

① 选择合理的施工单位、工人班组、工作地点及施工组织。

② 确定机械纯工作 1h 的正常生产率：

$$机械纯工作 1h 正常循环次数 = 3600s \div 一次循环的正常延续时间 \qquad (2-4)$$

$$机械纯工作 1h 正常生产率 = 机械纯工作 1h 正常循环次数$$
$$\times 一次循环生产的产品数量 \qquad (2-5)$$

③ 确定施工机械的正常利用系数。机械工作与工人工作相似，除了基本工作时间(纯工作时间)，还有准备与结束、辅助工作等定额包含的时间，考虑机械正常利用系数是将计算的纯工作时间转化为定额时间。

$$机械正常利用系数 = 机械在一个工作班内纯工作时间 \div 一个工作班延续时间(8h)$$
$$\qquad (2-6)$$

④ 施工机械消耗定额：

$$施工机械台班定额 = 机械纯工作 1h 正常生产率 \times 工作班纯工作时间$$
$$= 机械纯工作 1h 正常生产率 \times 工作班延续时间$$
$$\times 机械正常利用系数 \qquad (2-7)$$

【例 2.6】 一台混凝土搅拌机搅拌一次延续时间为 120s(包括上料、搅拌、出料时间)，一次生产混凝土 $0.2m^3$，一个工作班的纯工作时间为 4h，计算该搅拌机的正常利用系数和产量定额。

解： 机械纯工作 1h 正常循环次数 $= 3600s \div 120s/次 = 30$ 次

机械纯工作 1h 正常生产率 $= 30$ 次 $\times 0.2m^3/次 = 6m^3$

机械正常利用系数 $= 4h \div 8h = 0.5$

搅拌机的产量定额 $= 6m^3/h \times 8h/台班 \times 0.5 = 24m^3/台班$

答：该搅拌机的正常利用系数为 0.5，产量定额为 24m³/台班。

（2）非循环动作机械消耗定额。选择合理的施工单位、工人班组、工作地点及施工组织。

确定机械纯工作 1h 的正常生产率：

机械纯工作 1h 的正常生产率＝工作时间内完成的产品数量÷工作时间(h)　　(2-8)

确定施工机械的正常利用系数：

机械的正常利用系数＝机械在一个工作班内纯工作时间÷一个工作班延续时间(8h)

(2-9)

施工机械消耗定额：

$$施工机械消耗定额＝机械纯工作 1h 正常生产率×工作班纯工作时间$$
$$＝机械纯工作 1h 正常生产率×工作班延续时间$$
$$×机械正常利用系数　　　　　　　　　(2-10)$$

2.2.4　材料消耗定额

1. 材料消耗定额的概念

材料消耗定额指的是在正常的技术条件、合理的劳动组织下生产单位合格产品所消耗的合理的品种、规格的建筑材料(包括半成品、燃料、配件、水、电等)的数量。

材料消耗定额的作用是编制材料需用量计划、运输计划、供应计划以及计算仓库面积、签发限额领料单和经济核算的依据。

根据材料消耗的情况，可以将材料分为实体性消耗材料和周转性消耗材料(措施性材料)。这两种材料消耗量的计算方法是不同的，在计价中的地位也不一样。实体性消耗是不允许让利的，而措施性消耗可以让利。

2. 材料消耗定额的作用

（1）材料消耗定额是企业确定材料需要量和储备量的依据，是企业编制材料需要计划和材料供应计划不可缺少的条件。

（2）材料消耗定额是施工队向工人班组签发限额领料单，实行材料核算的标准。

（3）材料消耗定额是实行经济责任制，进行经济活动分析，促进材料合理使用的重要资料。

3. 实体性材料消耗定额

（1）实体性材料消耗的组成，如图 2.11 所示。

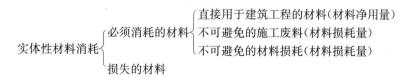

图 2.11　实体性材料消耗的组成

实体性材料消耗指的是在施工过程中一次性消耗掉的材料。

$$材料定额耗用量＝材料净用量＋材料损耗量 \qquad (2-11)$$
$$材料损耗量＝材料净用量×材料损耗率 \qquad (2-12)$$

直接用于建筑工程的材料：直接转化到产品中的材料，应计入定额。

不可避免的施工废料：如加工制作中的合理损耗。

不可避免的材料损耗：场内运输、场内堆放中的材料损耗，由于不可避免，应计入定额。

（2）实体性材料消耗定额的制定。

① 观测法。又称现场测定法，与劳动消耗定额中的技术测定法相似。采用现场测定生产产品所消耗的原材料的数量，将两者挂钩就获得了材料的消耗定额。

这种方法简便易行，在定额中常用来测定材料的净用量和损耗量。但要注意判断损耗量的性质——是属于不可避免的施工废料、材料损耗还是损失的材料，否则就可能造成数据不准确。

【例2.7】 一施工班组砌筑一砖内墙，经现场观测共使用砖 2660 块，M5 水泥砂浆 1.175m³，水 0.5m³，最终获得 5m³ 的砖墙。计算该砖墙的材料消耗量。

解：砖消耗量＝2660 块÷5m³＝532 块/m³

M5 水泥砂浆消耗量＝1.175m³/5m³＝0.235m³/m³

水消耗量＝0.5m³/5m³＝0.1m³/m³

答：该砖墙消耗砖 532 块/m³，M5 水泥砂浆 0.235m³/m³，水 0.1m³/m³。

② 试验法。对于某些配比材料（如水泥砂浆、混凝土等），由于其强度与各组成成分的性能有很大关系，就要采用试验法来获得材料的消耗量。用试验法主要是用来测定材料的净用量。

在施工课上大家都学过砂子的含泥率、含水率对混凝土的强度会有很大的影响，或者说同样的强度，砂子的状况不同，配比（即消耗量）就不同。对于这种材料，在定额里考虑的是理想状态，也就是在试验室中的消耗量。应注意的是，定额里的配比只是用于计价，绝对不能用来现场配置混凝土。

表 2-4 为定额中使用试验法获得消耗量的混凝土配比表。

表 2-4 现浇混凝土、现场预制混凝土配合比　　　　　单位：m³

代码编号				001002		001003	
项目	单位	单价		碎石最大粒径 16mm，坍落度 35～50mm			
				混凝土强度等级			
				C25			
				数量	合价	数量	合价
基价		元		190.80		190.09	
材料	水泥 32.5 级	kg	0.28	470.00	131.60		
	水泥 42.5 级	kg	0.33			366.00	127.38
	中砂	t	38.00	0.682	25.92	0.775	29.45
	碎石 5～16mm	t	27.80	1.176	32.69	1.175	32.67
	水	m³	2.80	0.21	0.59	0.21	0.29

③ 统计法。与劳动定额中的统计分析法类似，是通过大量的数据分析，从而获得材料的消耗量。统计法在定额中常用来测定材料的损耗率。

④ 理论计算法。对于某些块体类的材料，可以采用数学的计算方法计算出材料的消耗量。

【例2.8】 计算用黏土实心砖(240mm×115mm×53mm)砌筑 1m³ 一砖内墙(灰缝10mm)所需砖、砂浆定额用量(砖、砂浆损耗率按 1%计算)。

分析： 砖墙由砖和砂浆组成，砖和砂浆的体积之和等于砖墙的体积。如果没有砂浆，计算砖墙的净用量用砖墙体积除以一块砖的体积即可；有砂浆，可以考虑让一块砖的体积扩大，占据周围相应的灰缝体积，那么用砖墙体积除以扩大的一块砖体积即可获得砖的净用量。

$$
\begin{aligned}
\text{砖净用量(块)} &= \frac{\text{砖墙体积}}{(\text{砖长}+\text{灰缝})\times(\text{砖宽}+\text{灰缝}/2)\times(\text{砖厚}+\text{灰缝})} \\
&= \frac{1}{(0.24+0.01)\times(0.115+0.01/2)\times(0.053+0.01)} \\
&= 529.1 \text{ 块}
\end{aligned}
$$

$$
\begin{aligned}
\text{砂浆净用量} &= \text{砖墙体积}-\text{砖体积} \\
&= 1-0.24\times0.115\times0.053\times529.1 \\
&= 0.226\text{m}^3
\end{aligned}
$$

$$
\begin{aligned}
\text{砖用量(块)} &= \text{砖净用量}+\text{砖损耗量} \\
&= \text{砖净用量}\times(1+\text{损耗率}) \\
&= 529.1\times(1+1\%) \\
&= 535 \text{ 块}
\end{aligned}
$$

$$
\begin{aligned}
\text{砂浆用量} &= \text{砂浆净用量}\times(1+\text{损耗率}) \\
&= 0.226\times(1+1\%) \\
&= 0.228\text{m}^3
\end{aligned}
$$

答： 砌筑 1m³ 一砖墙定额用量为砖 535 块，砂浆 0.228m³。

【例2.9】 某办公室地面净面积 100m²，拟粘贴 300mm×300mm 的地砖(灰缝2mm)，计算地砖定额用量(地砖损耗率按 2%计算)。

分析： 地面面积由地砖和灰缝共同占据。没有灰缝，用地面面积直接除以一块地砖的面积即可获得地砖用量；有灰缝，可以用地面面积除以扩大的一块地砖面积获得地砖用量。

$$
\begin{aligned}
\text{地砖净用量(块)} &= \frac{\text{地面面积}}{(\text{地砖长}+\text{灰缝})\times(\text{地砖宽}+\text{灰缝})} \\
&= \frac{100}{(0.3+0.002)\times(0.3+0.002)} \\
&= 1096.4 \text{ 块}
\end{aligned}
$$

$$
\begin{aligned}
\text{地砖定额用量} &= \text{地砖净用量}\times(1+\text{损耗率}) \\
&= 1096.4\times(1+2\%) \\
&= 1118 \text{ 块}
\end{aligned}
$$

答： 地砖定额用量为 1118 块。

4. 周转性材料消耗定额

周转性材料指的是在施工过程中不是一次性消耗掉的材料，而是多次周转使用才逐渐消耗掉的材料。代表性的周转性材料：模板、脚手架、钢板桩等。周转性材料的计算按摊销量计算。按照周转材料的不同，摊销量的计算方法不一样，主要有周转摊销和平均摊销两种，对于易损耗材料(现浇构件木模板)采用周转摊销，而损耗小的材料(定型模板、钢材等)采用平均摊销。

现浇构件木模板消耗量计算。

(1) 材料一次使用量。是指周转性材料在不重复使用条件下的第一次投入量，相当于实体性消耗材料中的材料用量。通常按照施工图纸根据施工组织设计来计算。计算公式如下：

$$一次使用量＝材料净用量×(1＋损耗率)$$
$$＝混凝土模板的接触面积×每平方米接触面积需模量$$
$$×(1＋制作损耗率) \quad (2-13)$$

(2) 投入使用总量。由于现浇构件木模板的易耗性，在第一次投入使用结束后(拆模)，就会产生损耗，还能用于第二次的材料量小于第一次的材料量，为了便于计算，考虑每一次周转的量都与第一次量相同，这就需要在每一次周转时补损，补损的量为损耗掉的量，一直补损到第一次投入的材料消耗完为止。补损的次数与周转次数有关，应等于周转次数减去1。

周转次数是指周转材料从第一次使用起可重复使用的次数。计算公式如下：

$$投入使用总量＝一次使用量＋一次使用量×(周转次数-1)×损耗率$$

(3) 周转使用量。不考虑其余因素，按投入使用总量计算的每一次周转使用量。计算公式如下：

$$周转使用量＝投入使用总量÷周转次数$$
$$＝\frac{一次使用量＋一次使用量×(周转次数-1)×损耗率}{周转次数}$$
$$＝一次使用量×\frac{1＋(周转次数-1)×损耗率}{周转次数}$$
$$＝一次损耗率×k_1 \quad (2-14)$$
$$周转使用系数(k_1)＝\frac{1＋(周转次数-1)×损耗率}{周转次数} \quad (2-15)$$

(4) 周转回收量。周转使用量是在周转周期内全部投入材料的平均值，但在第一批材料的价值消耗殆尽的时候，后面补充的材料价值还有，计算消耗量时需要将其减去。这部分材料称为周转回收量。

周转回收量是指周转性材料在周转使用后还可以回收的材料数量，即除去损耗部分的剩余数量。计算公式如下：

$$周转回收量＝\frac{一次使用量}{周转次数}$$
$$＝\frac{一次使用量-(一次使用量×损耗率)}{周转次数}$$
$$＝一次使用量×\left(\frac{1-损耗率}{周转次数}\right)$$

$$=一次使用量×k_2 \tag{2-16}$$

$$周转回收系数\ k_2=\frac{1-损耗率}{周转次数} \tag{2-17}$$

（5）摊销量。指的是周转性材料在重复使用的条件下，一次消耗的材料数量。计算公式如下：

$$摊销量=周转使用量-周转回收量×回收折价率$$

$$=一次使用量×k_1-一次使用量×k_2×回收折价率$$

$$=一次使用量×(k_1-k_2×回收折价率)$$

$$=一次使用量×k_3 \tag{2-18}$$

$$摊销量系数(k_3)=k_1-k_2×回收折价率 \tag{2-19}$$

回收折价率一般取为50％。

【例2.10】 按某施工图计算一层现浇混凝土柱接触面积为160m²，混凝土构件体积为20m³，采用木模板，每平方米接触面积需模量1.1m²，模板施工制作损耗率为5％，周转损耗率为10％，周转次数8次，计算所需模板单位面积、单位体积摊销量。

解： 一次使用量＝混凝土模板的接触面积×每平方米接触面积需模量

$$×(1+制作损耗率)$$

$$=160×1.1×(1+5％)$$

$$=184.8m^2$$

投入使用总量＝一次使用量＋一次使用量×（周转次数-1）×损耗率

$$=184.8+184.8×(8-1)×10％$$

$$=314.16m^2$$

周转使用量＝投入使用总量÷周转次数

$$=314.16÷8$$

$$=39.27m^2$$

周转回收量＝一次使用量×$\left(\dfrac{1-损耗率}{周转次数}\right)$

$$=184.8×\frac{1-10％}{8}$$

$$=20.79m^2$$

摊销量＝周转使用量-周转回收量×回收折价率

$$=39.27-20.79×50％$$

$$=28.875m^2$$

模板单位面积摊销量＝摊销量÷模板接触面积

$$=28.875÷160$$

$$=0.18m^2/m^2$$

模板单位体积摊销量＝摊销量÷混凝土构件体积

$$=28.875÷20$$

$$=1.44m^2/m^3$$

答： 所需模板单位面积摊销量为0.18m²，单位体积摊销量为1.44m²。

模板及其他定型构件模板的消耗量计算方法与现浇构件木模板不同，前者不考虑每次周转的损耗(因为损耗率较小)，按一次使用量除以周转次数以平均摊销的形式计算。同时在定额中要比木模板多计算一项回库修理、保养费。

【例 2.11】 按某施工图计算一层现浇混凝土柱接触面积为 $160m^2$，采用组合钢模板，每平方米接触面积需模量 $1.1m^2$，模板施工制作损耗率为 5%，周转次数为 50 次，计算所需模板单位面积摊销量。

解： 一次使用量＝混凝土模板的接触面积×每平方米接触面积需模量

$$×(1＋制作损耗率)$$
$$=160×1.1×(1＋5\%)$$
$$=184.8m^2$$

摊销量＝一次使用量÷周转次数
$$=184.8÷50$$
$$=3.696m^2$$

模板单位面积摊销量＝$3.696÷160$
$$=0.0231m^2/m^2$$

答： 所需模板单位面积摊销量为 $0.0231m^2/m^2$。

2.3 预 算 定 额

2.3.1 预算定额的概述

1. 预算定额的概念

预算定额是指在正常合理的施工条件下完成一定计量单位的分部分项工程或结构构件和建筑配件所必须消耗的人工、材料和施工机械台班的数量标准。有些预算定额中不但规定了人、材、机消耗的数量标准，而且还规定了人、材、机消耗的货币标准和每个定额项目的预算定额单价，使其成为一种计价性定额。

预算定额反映了在一定的施工方案和一定的资源配置条件下施工企业在某个具体工程上的施工水平和管理水平，可作为施工中各项资源的直接消耗、编制施工计划和核算工程造价的依据。

2. 预算定额的作用

(1) 预算定额是编制施工图预算，确定工程预算造价的基本依据。

(2) 预算定额是进行工程结算的依据。

(3) 预算定额是在招投标承包制中，编制招标标底和投标报价的依据。

(4) 预算定额是施工企业编制施工组织设计、确定人工、材料、机具需要量计划的依据，也是施工企业进行经济核算和考核成本的依据。

(5) 预算定额是国家对工程进行投资控制，设计单位对设计方案进行经济评价，以及对新结构、新材料进行技术经济分析的依据。

(6) 预算定额是编制地区单位估价表、概算定额和概算指标的依据。

3. 预算定额与施工定额的关系

预算定额是在施工定额的基础上制定的，两者都是施工企业实现科学管理的工具，但是两者又有不同之处。

1）定额作用不同

施工定额是施工企业内部管理的依据，直接用于施工管理；是编制施工组织设计、施工作业计划及劳动力、材料、机械台班使用计划的依据；是编制单位工程施工预算，加强企业成本管理和经济核算的依据；是编制预算定额的基础。预算定额是一种计价性的定额，其主要作用表现在对工程造价的确定和计量方面，以及用于进行国家、建设单位和施工单位之间的拨款和结算。施工企业投标报价、建设单位编制标底也多以预算定额为依据。

2）定额水平不同

编制施工定额的目的在于提高施工企业管理水平，进而推动社会生产力向更高水平发展，因而作为管理依据和标准的施工定额中规定的活劳动和物化劳动消耗量标准，应是平均先进的水平标准。编制预算定额的目的主要在于确定建筑安装工程每一单位分项工程的预算基价，而任何产品的价格都是按照生产该产品所需要的社会必要劳动量来确定的，所以预算定额中规定的活劳动和物化劳动消耗量标准，应体现社会平均水平。这种水平的差异，主要体现在预算定额比施工定额考虑了更多的实际存在的可变因素，如工序衔接、机械停歇、质量检查等，为此，在施工定额的基础上增加一个附加额，即幅度差。

3）项目划分和定额内容不同

施工定额的编制主要以工序或工作过程为研究对象，所以定额项目划分详细，定额工作内容具体；预算定额是在施工定额的基础上经过综合扩大编制而成的，所以定额项目划分更加综合，每一个定额项目的工作内容包括了若干个施工定额的工作内容。

4. 预算定额的编制原则

预算定额的编制原则有以下 3 个方面。

（1）定额水平以社会平均水平为准。由于预算定额为计价性定额，所以应遵循社会平均的定额水平。

（2）简明适用、严谨准确。要求预算定额中对于主要的、常用的、价值量大的项目，其分项工程划分宜细；相反，对于次要的、不常用的、价值量较小的项目划分宜粗。要求定额项目齐全，计量单位设置合理。

（3）内容齐全原则。在确定预算定额消耗量标准时，要考虑施工现场为完成某一分项工程所必须发生的所有直接消耗。只有这样，才能保证在计算造价时包括施工中所有消耗。

5. 预算定额的编制依据

（1）国家及有关部门的政策和规定。

（2）现行的设计规范、国家工程建设标准强制性条文、施工技术规范和规程、质量评定标准和安全操作规程等建筑技术法规。

（3）通用的标准设计图纸、图集，有代表性的典型设计图纸、图集。

（4）有关的科学试验、技术测定、统计分析和经验数据等资料，成熟推广的新技术、新结构、新材料和先进管理经验的资料。

（5）现行的施工定额，国家和各省、市、自治区过去颁发或现行的预算定额及编制的基础资料。

(6) 现行的工资标准、材料市场价格与预算价格、施工机械台班预算价格。

2.3.2 预算定额中消耗量的制定

1. 人工工日消耗量的确定

预算定额中人工消耗量指标包括完成该分项工程的各种用工数量。它的确定有两种方法，一种是以施工定额为基础确定，另一种是以现场观察测定资料为基础计算。预算定额的人工消耗由下列 3 个部分组成。

1) 基本用工

基本用工是指完成该分项工程的主要用工量，例如在完成砌筑砖墙体工程中的砌砖、运砖、调制砂浆、运砂浆等所需的工日数量。预算定额是综合性的，包括的工程内容较多，例如包括在墙体工程中的除实砌墙外，还有附墙烟囱、通风道、垃圾道、预留抗震柱孔等内容，这些都比实砌墙用工量多，需要分别计算后加入基本用工中。

基本用工数量，按综合取定的工程量和劳动定额中相应的时间定额进行计算，计算公式如下：

$$基本用工＝\sum(综合取定的工程量×劳动定额) \tag{2-20}$$

2) 其他用工

(1) 超运距用工。在定额用工中已考虑将材料从仓库或集中堆放地搬运至操作现场的水平运输用工。劳动定额综合按 50m 运距考虑，而预算定额是按 150m 考虑的，增加的 100m 运距用工就是在预算定额中有而劳动定额没有的。计算公式如下：

$$超运距用工＝\sum(超运距材料数量×超运距劳动定额) \tag{2-21}$$

(2) 辅助用工。劳动定额中并没有考虑对原材料不合格的加工用工，而实际工作中，例如砂，市场上购买的砂往往不合要求，根据规定需对其进行筛砂处理，在预算定额中就增加了这类情况下的用工。计算公式如下：

$$辅助用工＝\sum(材料加工数量×相应的加工劳动定额) \tag{2-22}$$

3) 人工幅度差

人工幅度差主要是指预算定额和劳动定额由于定额水平不同而引起的水平差。另外，还包括在正常施工条件下，劳动定额中没有包含的而在一般正常施工情况下又不可避免的一些零星用工因素，这些因素不便计算出工程量，因此综合确定出一个合理的增加比例，即人工幅度差系数，纳入预算定额中。人工幅度差的内容包括：①在正常施工条件下，土建工程中各工种施工之间的搭接，以及土建工程与水、暖、风、电等工程之间交叉配合需要的停歇时间；②施工机械的临时维修和在单位工程之间转移时及水、电线路在施工过程中移动所发生的不可避免的工作停歇时间；③由于工程质量检查和隐蔽工程验收，导致工人操作时间的延长；④由于场内单位工程之间的地点转移，影响了工人的操作时间；⑤由于工种交叉作业，造成工程质量问题，对此所花费的用工。

计算公式如下：

$$人工幅度差＝(基本用工＋超运距用工＋辅助用工)×人工幅度差系数 \tag{2-23}$$

人工幅度差系数一般为 10%～15%。

2. 机械台班消耗量的确定

预算定额机械台班消耗量的确定方法与机械的类型有关，或者说与生产产品的方式有关。根据机械生产产品是单独机械生产还是按小组配用机械生产，可将台班计算分为理论计算和实际计算两种方式。

（1）理论预算定额机械台班量。一般是在施工定额的基础上，再考虑一定的机械幅度差进行计算的。

① 基本机械台班。是指完成定额计量单位的主要台班量。按工程量乘以相应机械台班定额计算。相当于施工定额中的机械台班消耗量。计算公式如下：

$$基本机械台班 = \sum(各工序实物工程量 \times 相应施工机械台班定额) \qquad (2-24)$$

② 机械台班幅度差。是指在基本机械台班中未包括而在正常施工情况下不可避免但又很难精确计算的台班用量，其主要内容包括：施工中机械转移工作面及配套机械相互影响所损失的时间；在正常施工情况下，机械施工中不可避免的工序间歇；检查工程质量影响机械操作的时间；因临时水电线路在施工过程中移动而发生的不可避免的机械操作间歇时间；冬季施工期内发动机械的时间；不同厂牌机械的工效差、临时维修、小修、停水停电等引起的机械间歇时间。计算公式如下：

$$预算定额机械台班量 = 基本机械台班 \times (1 + 机械幅度差系数) \qquad (2-25)$$

大型机械幅度差系数：土方机械 25%，打桩机械 33%，吊装机械 30%，钢筋加工、木材、水磨石等专用机械 10%。

（2）实际预算定额机械台班量。砂浆、混凝土搅拌机的预算定额机械台班量是以小组产量计算的，其基本机械台班就是预算定额机械台班量，不另外增加机械幅度差。

（3）停置台班量的确定。机械台班消耗量中已经考虑了施工中合理的机械停置时间和机械的技术中断时间，但特殊原因造成机械停置，可以计算停置台班。也就是说在计取了定额中的台班量之后，当发生某些特殊情况（例如图纸变更）造成机械停置后，施工方有权另外计算停置台班量。停置台班量按实际停置的天数计算。

★注意：台班是按 8h 计算的，一天有 24h，机械工作台班一天最多可以算 3 个，但停置台班一天只能算 1 个。

3. 材料消耗量的确定

预算定额中材料也分成实体性消耗材料和周转性消耗材料。

与施工定额相似，实体性材料消耗量也是净用量加损耗量，损耗量还是采用净用量乘以损耗率获得，计算的方式和施工定额完全相同，唯一可能存在差异的是损耗率的大小，施工定额是平均先进水平，损耗率应较低，预算定额是平均合理水平，损耗率较施工定额稍高；周转性消耗材料的计算方法也与施工定额相同，存在差异的一是损耗率（制作损耗率、周转损耗率），二是周转次数。也就是说施工定额和预算定额的材料消耗量的确定在实际工作中一般不做区分，也就是认为两种定额中材料的消耗量的确定方法是一样的。

2.3.3 预算定额（计价表）中基础单价的确定

基础单价包括人工工日单价、材料预算价格和机械台班单价 3 种单价。根据前面的介绍，预算定额是计价性定额，基础价格是通过消耗量乘以基础单价获得的，2.1 节介绍了消耗量的确定方式，下面介绍基础单价的确定方式。

1. 人工工日单价的确定

1) 人工工日单价的组成

(1) 生产工人基本工资。工人工作首先要满足其基本生活的要求，是指发放给生产工人的基本工资，包括基础工资、岗位(职级)工资、绩效工资等。

(2) 工资性(津)补贴。工资标准是和物价水平有关系的，基本工资和辅助工资解决的是某特定时间的生活水平，随着时间的推移，工资水准也需要调整。在调整工资之前，为了防止工人的生活由于物价、交通的因素而受到影响，需要在工资中加入补贴工资。工资性(津)补贴是指企业发放的各种性质的津贴、补贴，包括物价补贴、交通补贴、住房补贴、施工补贴、误餐补贴、带薪休假、节假日(夜间)加班费等。

(3) 生产工人辅助工资。是指生产工人年有效施工天数以外非作业天数的工资，包括职工学习、培训期间的工资、探亲、休假期间的工资，因气候影响的停工工资，女工哺乳时间的工资，病假时间的工资，病假在 6 个月以内的工资及产、婚、丧假期的工资。

(4) 职工福利费。是指按规定标准计提的职工福利费以及发放的各种带福利性质的物品，计划生育、独生子女补贴费等。按国家政策，职工福利费分成两部分：一部分给个人；另一部分给单位。个人这一部分，首先计入工资，然后再扣出来，与单位部分一起以福利的形式发放给大家。

(5) 生产工人劳动保护费。工人在工作时，单位应负责有一个安全、健康的工作环境，并提供劳动保护，该部分的费用称为劳动保护费。例如：劳保用品、劳动服装、高温补贴、特殊环境健康保护费用等。

2) 人工工日单价的确定

(1) 预算定额人工单价标准。以江苏省为例：2004 年以后的人工工日单价的确定方法与以前定额不同，工日单价开始与工人等级挂钩。一类工 28.00 元/工日、二类工 26.00元/工日、三类工 24.00 元/工日。

(2) 人工单价指导标准。以江苏省为例：人工工日单价自 2010 年 10 月 1 日进行了调整，根据苏建价(2012)633 号文件，人工单价指导标准如下。

包工包料工程建筑用工：一类工 84.00 元/工日、二类工 80.00 元/工日、三类工75.00 元/工日；单独装饰工程人工单价：84.00～108.00 元/工日。

包工不包料工程人工单价：105.00 元/工日；单独装饰工程 108.00～132.00 元/工日。

点工人工单价：87.00 元/工日；单独装饰工程 93.00 元/工日。

【例 2.12】 以 26 元/工日为例，介绍一下人工工日单价的组成。

解：(1) 年工作日计算。

$$365 \text{ 天} - 10 \text{ 天(法定假日)} - 52 \times 2 \text{ 天(双休日)} = 251 \text{ 天/年}$$

(2) 预算工资组成。

① 生产工人基本工资：280 元/月×12 月＝3360 元

② 生产工人工资性补贴：

工资性津贴：80 元/月×12 月＝960 元

房租补贴：(3360＋960)×7.5%＝324 元

流动施工津贴：3.5 元/天×251 天＝878.5 元

③ 职工福利费：(3360＋960＋324＋878.5)×14%＝773.15 元

④ 劳动保护费：0.92 元/天×251 天＝230.92 元

(3)工日单价计算。

$$(3360＋960＋324＋878.5＋773.15＋230.92)÷251＝26.00 元/工日$$

2. 材料预算价格的确定

1) 材料预算价格的组成

(1) 材料原价。是指材料的出厂价格或者是销售部门的批发牌价和市场采购价格。在预算定额中，材料的购买只有一种来源的，这种价格就是材料原价。材料的购买有几种来源的，按照不同来源加权平均后获得定额中的材料原价。计算公式如下：

$$材料原价总值＝\sum(各次购买量×各次购买价) \tag{2-26}$$
$$加权平均原价＝材料原价总值÷材料总量 \tag{2-27}$$

(2) 供销部门手续费。对于某些特殊材料，国家进行统管，不允许自由买卖，必须通过特定的部门进行买卖(如过去物资紧张的时候，建材须通过物资局进行买卖)。这些部门将在材料原价的基础上收取一定的费用，这种费用称为供销部门手续费。计算的方法是在材料原价的基础上乘以供销部门手续费率(一般为 1%～3%)。不经物资部门中转的材料，不计供销部门手续费。

★ 注意：对于建筑工程而言，使用的绝大部分材料都属于可以自由买卖的，也就是不需计算该项费用。

(3) 包装费。为了保护材料使其在运输工程中不致损坏，一般要对材料进行包装、绑扎，这部分的费用支出称为包装费。包装费的计取分成两种情况：一种是一次性投入，也就是随材料一起卖给购买者的，这部分的包装费实际已包含在材料原价之中；另一种是周转使用，即相当于包装是租给买家，这种情况的材料原价只包含材料的价格，未包含包装费。也就是在材料原价外还需计算包装费。包装费的计算方法与前面介绍的周转性材料的计算方法一样，按摊销量计算。

由于供销部门手续费和包装费在我国目前的建筑材料中出现得较少。所以经常将材料原价、供销部门手续费和包装费合称为材料原价。

(4) 运杂费。要了解运杂费，首先要了解材料预算价格所包含的内容。材料预算价格指的是从材料购买地开始一直到施工现场的集中堆放地或仓库之后出库的费用。材料原价只是材料的购买价，材料购买后需要装车运到施工现场，到现场之后需要下材料，堆放在某地点或仓库。从购买地到施工现场的费用为运输费，装车(上力)、下材料(下力)及运至集中地或仓库的费用为杂费。要注意的是，运杂费中应包含一定的场外运输损耗的费用。

(5) 采购及保管费。材料需要有专门的部门或人员进行采购。势必就会产生诸如工资、办公、差旅交通等方面的费用支出。由于这部分的费用是与材料采购有关的，也应计入材料预算价格内——采购费；由于材料预算价格反映的是材料入库后一直到出库时的价格，那么就必须有人来保管材料。同样地，保管部门或人员的费用支出以保管费的形式计入材料预算价格。材料保管费中还包含了材料储存期间的损耗。

采购费与保管费是按照材料到库价格(材料原价＋供销部门手续费＋包装费＋运杂费)的费率进行计算的。江苏省规定：采购、保管费费率各为 1%。

2）材料预算价格的取定

（1）原材料的价格取定。预算定额中原材料的价格取定由 5 个部分组成。

【例 2.13】 某施工队为某工程施工购买水泥，从甲单位购买水泥 200t，单价 280 元/t；从乙单位购买水泥 300t，单价 260 元/t；从丙单位第一次购买水泥 500t，单价 240 元/t；第二次购买水泥 500t，单价 235 元/t（这里的单价均指材料原价）。采用汽车运输，甲地距工地 40km，乙地距工地 60km，丙地距工地 80km。根据该地区公路运价标准：汽运货物运费为 0.4 元/(t·km)，装、卸费各为 10 元/t。求此水泥的预算价格。

分析： 由于该施工队在一项工程上所购买的水泥价格有几种，分开计算是很麻烦的，也无此必要。因此，常将其转化为一个价格来计算，采用的就是加权平均的方法。然后再根据预算价格的组成形成该水泥的预算价格。

解： 材料原价总值＝∑（各次购买量×各次购买价）

$$＝200×280+300×260+500×240+500×235$$
$$＝371500 元$$

材料总量＝200＋300＋500＋500＝1500t

加权平均原价＝材料原价总值÷材料总量＝371500÷1500＝247.67 元/t

手续费：不发生供销部门手续费。

包装费：水泥的包装属一次性投入，包装费已包含在材料原价中。

运杂费＝[0.4×(200×40+300×60+1000×80)+10×2×1500]÷1500
$$＝48.27 元/t$$

采购及保管费＝(247.67+48.27)×2%＝5.92 元/t

水泥预算价格＝247.67＋48.27＋5.92＝301.86 元/t

答： 此水泥的预算价格为 301.86 元/t。

（2）配比材料的价格取定。配比材料的预算价格等于各组成成分的预算价格乘以数量之和。计算公式如下：

$$预算价格＝∑定额配比材料用量×材料预算价格 \qquad (2-28)$$

通过表 2-5 介绍配比材料价格的取定（见定额附录）。

表 2-5　现浇混凝土、现场预制混凝土配合比　　　　　　　　单位：m³

代码编号			001002	
项目	单位	单价	碎石最大粒径 16mm，坍落度 35～50mm	
			混凝土强度等级	
			C25	
			数量	合价
基价		元	190.80	
材料 水泥 32.5 级	kg	0.28	470.00	131.60
水泥 42.5 级	kg	0.33		
中砂	t	38.00	0.682	25.92
碎石 5～16mm	t	27.80	1.176	32.69
水	m³	2.80	0.21	0.59

现浇混凝土是用水泥、砂、石子和水按一定比例拌和而成的，从市场上直接购买的是水泥、砂、石子和水这些原材料，有的也是这些原材料的预算价格。混凝土由原材料组成，混凝土的预算价格也由原材料的预算价格组成。

$$190.80 = 131.60 + 25.92 + 32.69 + 0.59$$
$$= 0.28 \times 470.00 + 38.00 \times 0.682 + 27.80 \times 1.176 + 2.80 \times 0.21$$

3. 施工机械台班单价的确定

1) 施工机械台班单价组成

① 折旧费。是指机械设备在规定的使用年限内，陆续收回其原值及所支付贷款利息的费用。计算公式如下：

$$台班折旧费 = \frac{机械预算价格 \times (1 - 残值率) \times 贷款利息系数}{耐用总台班} \qquad (2-29)$$

机械预算价格包含机械出厂价格以及从出厂时开始到使用单位验收入库期间的所有费用；按照机械报废规定，机械报废时可回收一部分价值，这部分价值是按照机械原值的一定比例进行取定的，这个比例称为残值率；单位的资金都是一部分自有资金，一部分贷款资金，购买机械设备的贷款资金要一并考虑利息支付；耐用总台班指机械在正常施工作业条件下，从投入使用起到报废止，按规定应达到的使用总台班数。计算公式如下：

$$耐用总台班 = 大修间隔台班 \times 大修周期 \qquad (2-30)$$

大修间隔台班指的是每两次大修之间应达到的使用台班数；大修周期是将耐用总台班按规定的大修理次数划分为若干个使用周期。

$$大修周期 = 寿命期大修理次数 + 1 \qquad (2-31)$$

② 大修理费。是指施工机械按规定的大修理间隔台班进行必要的大修理，以恢复其正常功能所需的费用。台班大修理费是将机械寿命周期内的大修理费用分摊到每一个台班中。计算公式如下：

$$台班大修理费 = \frac{一次大修理费 \times 寿命期内大修理次数}{耐用总台班} \qquad (2-32)$$

③ 经常修理费。是指施工机械除大修理以外的各级保养和临时故障排除所需的费用。包括为保障机械正常运转所需替换设备与随机配备工具附具的摊销和维护费用，机械运转及日常保养所需润滑与擦拭的材料费用及机械停滞期间的维护和保养费用等。台班经常修理费是将寿命周期内所有的经常修理费之和分摊到台班费中。计算公式如下：

$$台班经常修理费 = \frac{一次经常修理费 \times 寿命期内经常修理次数}{耐用总台班} \qquad (2-33)$$

④ 安拆及场外运费。安拆费是指机械在施工现场进行安装、拆卸所需的人工费、材料费、机械费、试运转费用以及安装所需的辅助设施的费用。包括：基础、底座、固定锚桩、行走轨道、枕木和大型履带吊、汽车吊工作时行走路线加固所用的路基箱等的折旧费及其搭设、拆除费用。但不包括固定式塔式起重机或自升式塔式起重机下现浇钢筋混凝土基础或轨道式基础等费用；场外运输费（进退场费）指机械整体或分体自停放场地运至施工现场或由一施工地点运至另一施工地点，在城市范围以内的机械进出场运输及转移费用（包括机械的装卸、运输及辅助材料费和机械在现场使用期需回基地大修理的因素等）。

机械在运输中交纳的过路、过桥、过隧道费按交通运输部门的规定另行计算费用。如遇道道桥梁限载、限高、公安交通管理部门保安护送所发生的费用计入独立费用。

远征工程在城市之间的机械调运费按公路、铁路、航运部门运输的标准计算,列入独立费。

有3种情况下的机械台班价中未包括安拆和场外运费这项费用:一是金属切削加工机械等安装在固定的车间房屋内,不应考虑本项费用;二是不需要拆卸安装自身能开行的机械(履带式除外),如自行式铲运机、平地机、轮胎式装载机及水平运输机械等,其场外运输费(含回程费)按1个台班费计算;三是不适于按台班摊销本项费用的大、特大型机械,可另外计算一次性场外运费和安拆费。

对于大、特大型机械可另外计算安拆和进退场费。但大型施工机械在一个工程地点只计算一次场外运费(进退场费)及安装、拆卸费。大型施工机械在施工现场内单位工程或栋号之间的拆、卸转移,其安装、拆卸费用按实际发生次数套安装、拆卸费计算。机械转移费按其场外运输费用的75%计算。

⑤ 燃料动力费。是指机械在运转施工中所耗用的电力、固体燃料(煤、木柴)、液体燃料(汽油、柴油)和水等费用。计算公式如下:

$$台班燃料动力费=台班燃料动力消耗量×各地规定的相应单价 \qquad (2-34)$$

⑥ 人工费。是指机上司机、司炉及其他操作人员的工作日以及上述人员在机械规定的年工作台班以外的费用。

⑦ 其他费用。是指施工机械按照国家和有关部门规定应交纳的养路费、车船使用税、保险费及年检费用等。按各省、自治区、直辖市规定标准计算后列入定额。

2) 自有施工机械台班单价的取定

施工机械台班单价是根据施工机械台班定额来取定的。表2-6、表2-7和表2-8摘录自《江苏省施工机械台班费用定额》(2004年)。

表2-6 《江苏省施工机械台班费用定额》(2004年)示例(一)

编码	机械名称	规格型号		机型	台班单价	费用组成						
						折旧费	大修理费	经常修理费	安拆费及场外运费	人工费	燃料动力费	其他费用
					元	元	元	元	元	元	元	元
01048	履带式单斗挖掘机	斗容量/m³	1	大	617.61	165.87	59.77	166.16		65.00	160.82	
01049			1.5	大	724.12	178.09	64.17	178.40		65.00	238.46	
04013	自卸汽车	装载重量/t	2	中	197.18	34.40	5.51	24.45		32.50	65.80	3452
04014			5	中	325.65	52.65	8.43	37.42		32.50	119.41	75.25
06016	灰浆搅拌机	拌筒容量/L	200	小	51.43	2.88	0.83	3.30		475	32.50	6.46
06017			400	小	55.11	3.57	0.44	1.76	5.47	32.50	11.38	

表2-7 《江苏省施工机械台班费用定额》(2004年)示例(二)

编码	机械名称	规格型号		机型	台班单价	人工及燃料动力用量						
						人工	汽油	柴油	电	煤	木炭	水
					元	工日	kg	kg	kW·h	kg	kg	m³
01048	履带式单斗挖掘机	斗容量/m³	1	大	617.61	2.5		49.03				
01049			1.5	大	724.12	2.5		72.70				

（续）

编码	机械名称	规格型号		机型	台班单价	人工及燃料动力用量						
						人工	汽油	柴油	电	煤	木炭	水
					元	工日	kg	kg	kW·h	kg	kg	m³
04013	自卸汽车	装载重量/t	2	中	197.18	1.25	12.27					
04014			5	中	325.65	1.25	31.34					
06016	灰浆搅拌机	拌筒容量/L	200	小	51.43	1.25	0.83		8.61			
06017			400	小	55.11	251.	0.44		15.17			

注：1. 定额中单价，人工 26 元/工日，汽油 3.81 元/kg，柴油 3.28 元/kg，煤 390.00 元/t，电 0.75 元/(kW·h)，水 2.80 元/m³，木柴 0.35 元/kg。

表 2 - 8 《江苏省特、大型机械场外运输及组装、拆卸费用定额》（2004 年）示例

编号			14042		14043	
项目			塔式起重机 150kN·m			
			场外运输费用		组装拆卸费	
台班单价			15360.69		19917.25	
名称	单位	单价	数量	合价	数量	合价
人工	工日	26.00	31.00	806.00	270.00	7020.00
镀锌铁丝 D4.0	kg	3.65	13.00	47.45	30.00	109.50
螺栓	个	0.30			84.00	25.20
草袋	片	1.00	26.00	26.00		
本机使用台班	台班				0.50	268.66
汽车起重机 5t	台班	410.48	2.00	820.96		
汽车起重机 20t	台班	895.46	4.00	3581.86	5.00	4477.32
汽车起重机 40t	台班	1453.31			5.00	7266.57
重汽车 8t	台班	373.87	4.00	1495.46		
载重汽车 15t	台班	715.01	4.00	2860.04		
平板拖车组 40t	台班	1325.39	2.00	2650.78		
回程	%		25.00	3072.14		
起重机械检测费	元					750.00

实际单价与取定单价不同，可按实调整价差。

在机械消耗量中提到了停置机械的台班量的计算，停置机械的台班价格的计算与工作机械的台班价格计算也是不同的。计算公式如下：

$$机械停置台班单价＝机械折旧费＋人工费＋其他费用 \qquad (2-35)$$

【例 2.14】 由于甲方出现变更，造成施工方两台斗容量为 1m³ 的履带式单斗挖掘机

各停置 3 天，计算由此产生的停置机械费用。

解：

$$停置台班量＝3 天×1 台班/(天·台)×2 台＝6 台班$$

$$停置台班价＝机械折旧费＋人工费＋其他费用(查表 2-6)$$

$$＝165.87＋65.00＋0.00$$

$$＝230.87 元/台班$$

$$停置机械费用＝停置台班量×停置台班价$$

$$＝6×230.87$$

$$＝1385.22 元$$

答：由此产生的停置机械费用为 1385.22 元。

3）租赁施工机械费计算

前面介绍的施工机械台班价格是按照自有机械来进行考虑的，在实际的施工工作中存在着大量的租赁机械，租赁机械的费用计算也可以参照自有机械进行。具体方式如下。

租赁双方可按施工机械台班定额中对应的机械台班单价乘以 0.8～1.2 的系数再乘以租赁时间计算。由施工方自行操作机械、运输机械、购买燃料的则应在机械台班单价中扣除相应费用后再乘以系数计算。系数由租赁双方合同约定。

2.3.4　预算定额(计价表)的组成及应用

为了贯彻执行建设部《建设工程工程量清单计价规范》，适应建设工程计价改革的需要，各地区均对预算定额进行了调整。预算定额在各地区的具体表现为计价表，因此本书中的计价表即预算定额。本书以《江苏省建筑与装饰工程计价表》为例。

1. 计价表的组成

1）章、节组成

计价表由 23 章及 9 个附录组成(见表 2-9)，其中：第 1～第 18 章为工程实体项目，第 19 章至第 23 章为工程措施项目，另有部分难以列出定额项目的措施费，应按照计价表费用计算规则中的规定进行计算。

表 2-9　计价表章、节、子目、页数一览表

章号	各章名称	节数	子目数	页数
	工程实体项目			
第 1 章	土(石)方工程	2	345	1～55 页
第 2 章	打桩及基础垫层	2	122	57～96 页
第 3 章	砌筑工程	3	83	97～126 页
第 4 章	钢筋工程	4	32	127～141 页
第 5 章	混凝土工程	3	423	143～257 页
第 6 章	金属工程	8	45	259～272 页
第 7 章	构件运输及安装工程	2	154	273～321 页
第 8 章	木结构工程	3	81	323～341 页

（续）

章号	各章名称	节数	子目数	页数
	工程实体项目			
第9章	屋、平、立面防水及保温隔热工程	5	242	343～405 页
第10章	防腐耐酸工程	5	195	407～448 页
第11章	厂区道路及排水工程	10	68	449～469 页
第12章	楼地面工程	6	177	471～526 页
第13章	墙柱面工程	4	244	527～598 页
第14章	天棚工程	5	123	599～631 页
第15章	门窗工程	5	384	633～750 页
第16章	油漆、涂料、裱糊工程	2	375	751～828 页
第17章	其他零星工程	14	139	829～878 页
第18章	建筑物超高增加费用	2	36	879～882 页
	工程措施项目			
第19章	脚手架	2	47	883～896 页
第20章	模板工程	4	254	897～976 页
第21章	施工排水、降水、深基坑支护	3	30	977～986 页
第22章	建筑工程垂直运输	4	57	987～997 页
第23章	场内二次搬运	2	136	999～1004 页
	附录	9	9	1005～1154 页

2）计价表中的单价组成

计价表的单价称为综合单价，由人工费、材料费、机械费、管理费、利润及一定的风险费用组成。表2-10以计价表中砖砌内墙定额子目为例介绍定额中综合单价的组成，其工作内容为：①清理地槽、递砖、调制砂浆、砌砖；②砖砌过梁、砖平拱、模板制作、安装、拆除；③安放预制过梁板、垫块、木砖。

表 2-10　砖砌内墙定额子目示例　　　　　　计量单位：m³

定额编号			3—33	
项目	单位	单价	一砖内墙	
			标准砖	
			数量	合价
综合单价	元		192.69	
其中	人工费	元	32.76	
	材料费	元	144.49	
	机械费	元	2.42	
	管理费	元	8.80	
	利润	元	4.22	

（续）

定额编号				3—33	
				一砖内墙	
项目		单位	单价	标准砖	
				数量	合价
二类工		工日	26.00	1.26	32.76
材料	201008	标准砖 240mm×115mm×53mm	百块	21.42	5.32	113.95
	613206	水	m³	2.80	0.106	0.30
	301023	水泥 32.5 级	kg	1.28	0.30	0.08
	401035	周转木材	m³	1249.00	0.0002	0.25
	511533	铁钉	kg	3.60	0.002	0.01
机械	06016	灰浆拌和机 200L	台班	51.43	0.047	2.42
	小计					149.77
(1)	012004	水泥砂浆 M10 合计	m³	132.86	(0.235) (180.99)	(31.22)
(2)	012003	水泥砂浆 M7.5 合计	m³	124.46	(0.235) (179.02)	(29.25)
(3)	012002	水泥砂浆 M5 合计	m³	122.78	(0.235) (178.62)	(28.85)
(4)	012008	混合砂浆 M10 合计	m³	137.50	(0.235) (182.08)	(32.31)
(5)	012007	混合砂浆 M7.5 合计	m³	131.82	(0.235) (180.75)	(30.98)
(6)	012006	混合砂浆 M5 合计	m³	127.22	0.235 179.67	29.90

注：计价表项目中带括号的材料价格供选用，不包括在综合单价内，见表 2—10。部分计价表项目在引用了其他项目综合单价时，引用的项目综合单价列入材料费一栏，但其 5 项费用数据汇总时已作拆解分析，见表 2—11。材料栏中列入了 6～40 综合子目，但实际上已将 6～40 综合子目中的 5 项费用拆分后列入了 8～61 的 5 项费用中。

表 2－11　方木梁定额示例　　　　　计量单位：m³ 竣工木料

定额编号				8—61	
				梁	
项目		单位	单价	方木	
				数量	合价
综合单价		元			1952.25
其中	人工费	元			89.15
	材料费	元			1809.88

（续）

定额编号				8—61	
项目		单位	单价	梁	
				方木	
				数量	合价
综合单价		元		1952.25	
其中	机械费	元		14.77	
	管理费	元		25.98	
	利润	元		12.47	
二类工		工日	26.00	2.93	76.18
材料	401029 普通成材	m³	1599.00	1.10	1758.90
	6～40 铁件	kg	6.32	13.80	87.22
	611001 防腐油	kg	1.71	0.60	1.03
	其他材料费	元			0.55

3）计价表中的定额子目

计价表中每一个子目有一个名字（编号），编号的前面一位数字代表的是章号，后面数字是子目编号，从 1 开始顺序编号。例如，3—33，代表第 3 章（砌筑工程）的第 33 个子目。查定额就可以获得 3—33 的进一步信息：砌筑 1m³ 一标准砖内墙综合单价为 192.69 元，其中人工费 32.76 元，材料费 144.49 元，机械费 2.42 元，管理费 8.80 元，利润 4.22 元……。

4）定额的使用

计价表是计价性定额，前面做过介绍，价格是不断变化的，定额规定的价格如果不符合实际，就不能照搬。

按照定额的使用情况，主要可分为以下 3 种形式。

（1）完全套用：只有实际施工做法、人工、材料、机械价格与定额水平完全一致，或虽有不同但不允许换算的情况才采用完全套用，也就是直接使用定额中的所有信息。

（2）换算套用：实际使用的频率最高。当实际施工做法、人工、材料、机械与定额有出入，又不属于不允许换算的情况，一般根据两者的不同来获得实际做法的综合单价。

手工换算的计算公式如下：

换算价格＝定额价格－换出价格＋换入价格

＝定额价格－换出部分工程量×单价＋换入部分工程量×单价 (2-36)

计算机软件换算：采用直接代换，将定额中需换算的部分直接用代换部分的数值代入即可。

（3）补充定额：对于一些新技术、新工艺、新方法，实际施工做法与定额无可比性，也就是定额中没有相近的子目可以套用，就需要作补充定额。补充定额就是采用前面介绍的定额测定的方法，测定出相关的人工、材料、机械的消耗量，进而获得人工费、材料费、机械费，在人工费、材料费和机械费的基础上组成综合单价。

【例 2.15】 某工程砌筑一砖内墙，砌筑砂浆采用水泥砂浆 M5，其余与定额规定相同，求其综合单价。

分析： 根据题意，实际施工采用的材料与定额选用材料不同，现在要计算实际情况下的综合单价，很显然要使用定额换算的方法。换算的是变化的部分，人工、材料、机械中只有材料发生变化，管理费、利润与材料无关(后面会介绍)，故只需换算材料一项。

解： 查计价表，相近子目编号为 3—33(见表 2 - 10)。

换算后综合单价＝原综合单价－原混合砂浆 M5 价格＋现水泥砂浆 M5 价格

$$=192.69-29.90+28.85$$

$$=191.64 \ 元/m^3$$

答： 换算后的综合单价为 191.64 元/m³。

2.4 概算定额、概算指标和估算指标

2.4.1 概算定额

1. 概算定额的概念及作用

1) 概算定额的概念

概算定额是在相应预算定额的基础上，根据有代表性的设计图纸和有关资料，经过适当综合、扩大以及合并而成的，介于预算定额和概算指标之间的一种定额。

概算定额规定了完成一定计量单位的建筑扩大结构构件、分部工程或扩大分项工程所需人工、材料、机械消耗和费用的数量标准。例如砖基础概算定额项目，就是以砖基础为主，综合了挖地槽、砌砖基础、铺设防潮层、回填土及运土等预算定额中的分项工程项目。

2) 概算定额的作用

概算定额是编制概算的依据。工程建设程序规定，采用两阶段设计时，其初步设计必须编制概算；采用三阶段设计时，其技术设计必须编制修正概算，对拟建项目进行总估价。概算定额是编制初步设计概算和技术设计修正概算的依据。

概算定额是设计方案比较的依据。设计方案比较，目的是选择出技术先进、经济合理的方案，在满足使用功能的条件下，降低造价和资源消耗。采用扩大综合后的概算定额为设计方案的比较提供了方便条件。

概算定额是编制概算指标和投资估算指标的依据。

实行工程总承包时，概算定额也可作为投标报价参考。

2. 概算定额的编制

1) 概算定额的编制原则

(1) 概算定额应该贯彻社会平均水平和简明适用的原则。

(2) 概算定额也是工程计价的依据，应符合价值规律和反映现阶段生产力水平。

(3) 在概算定额与综合预算定额水平之间应保留必要的幅度差，并在概算定额编制过程中严格控制。

（4）为满足事先确定概算造价、控制投资的要求，概算定额要尽量不留活口或少留活口。

2）概算定额的编制依据

概算定额的适用范围不同于预算定额，其编制依据也略有区别，一般有以下几种。

（1）现行的设计标准规范。

（2）现行建筑和安装工程预算定额。

（3）国务院各有关部门和各省、自治区、直辖市批准颁发的标准设计图集和有代表性的设计图纸等。

（4）现行的概算定额及其编制资料。

（5）编制期人工工资标准、材料预算价格、机械台班费用等。

3）概算定额基准价

概算定额基准价又称为扩大单价，是概算定额单位扩大分部分项工程或结构件等所需全部人工费、材料费、施工机械使用费之和，是概算定额价格表现的具体形式。计算公式为：

$$概算定额基准价＝概算定额单位人工费＋概算定额单位材料费$$
$$＋概算定额单位施工机械使用费＝人工概算定额消耗量$$
$$×人工工资单价＋\sum（材料概算定额消耗量$$
$$×材料预算价格）＋\sum（施工机械概算定额消耗量$$
$$×机械台班费用单价） \tag{2-37}$$

概算定额基准价的制定依据与综合预算定额基价相同，以省会城市的工资标准、材料预算价格和机械台班单价计算基准价。在概算定额表中一般应列出基准价所依据的单价，并在附录中列出材料预算价格取定表。

4）概算定额的内容

各地区概算定额的形式、内容各有特点，但一般包括下列主要内容。

（1）总说明。主要阐述概算定额的编制原则、编制依据、适用范围、有关规定、取费标准和概算造价计算方法等。

（2）分章说明。主要阐明本章所包括的定额项目及工程内容、规定的工程量计算规则等。

（3）定额项目表。这是概算定额的主要内容，它由若干分节定额表组成。各节定额表表头注有工作内容，定额表中列有计量单位、概算基价、各种资源消耗量指标，以及所综合的预算定额的项目与工程量等。某地区概算定额项目表(摘录)见表2-12。

表 2-12 砖墙工程概算定额表(摘录)

定额编号			2—1	2—2	2—3	2—4	2—5	2—6
项目		单位	红机砖					
			外墙			内墙		
			240	365	490	115	240	365
基价		元	60.15	91.08	121.99	23.92	53.04	81.22
其中	人工费	元	9.39	14.24	19.09	5.12	7.99	12.19
	材料费	元	49.99	75.67	101.35	18.54	44.40	67.99
	机械费	元	0.77	1.17	1.55	0.26	0.65	1.04

（续）

定额编号		2—1	2—2	2—3	2—4	2—5	2—6
项目	单位	红机砖					
		外墙			内墙		
		240	365	490	115	240	365
人工	工日	0.44	0.66	0.88	0.24	0.37	0.57
主要 砌体	m³	0.227	0.345	0.463	0.106	0.210	0.319
工程量 现浇混凝土		0.012	0.018	0.024		0.011	0.017
主要材料 钢筋	kg	2	3	4		1	2
模板	m³						
水泥	kg	15	23	31	4	14	21
过梁	m³	0.006	0.009	0.012	0.002	0.005	0.008
红机砖	块	116	176	236	57	107	163
石灰	kg	5	7	10	2	4	7
砂子	kg	105	160	214	38	97	148
石子	kg	15	23	31		14	22
钢模费	元	1.08	1.62	2.15		0.99	1.53
其他材料费	元	0.22	0.34	0.45	0.06	0.20	0.31

2.4.2 概算指标

1. 概算指标的概念及作用

1）概念

概算指标是比概算定额综合、扩大性更强的一种定额指标。它是以每 100m² 建筑面积或 1000m³ 建筑物体积、构筑物以座为计算单位规定出人工、材料、机械消耗量标准或定出每万元投资所需人工、材料、机械消耗数量及造价的数量标准。

2）概算指标的作用

概算指标和概算定额、预算定额一样，都是与各个设计阶段相适应的多次计价的产物，它主要用于投资估价、初步设计阶段，其作用如下。

概算指标是编制投资估价和控制初步设计概算、工程概算造价的依据。

概算指标是设计单位进行设计方案的技术经济分析、衡量设计水平、考核投资效果的标准。

概算指标是建设单位编制基本建设计划、申请投资贷款和主要材料计划的依据。

2. 概算指标的编制

1）概算指标的编制依据

（1）现行的设计标准规范。

（2）现行的概算定额及其他相关资料。

（3）国务院各有关部门和各省、自治区、直辖市批准颁发的标准设计图集和有代表性的设计。

(4) 编制其相应地区人工工资标准、材料价格、机械台班费用等。

2) 概算指标的内容与应用

概算指标在其表达形式上，可分为综合形式和单项形式。

(1) 综合形式的概算指标。概括性比较大，对于房屋来讲，只包括单位工程的单方造价、单项工程造价和每100m²土建工程的主要材料消耗量。表2-13~表2-15为各种建筑工程综合形式的概算指标参考示例。在综合形式的概算指标中，主要材料消耗是以每100m²(材料消耗量/100m²)为单位。

表2-13 某省住宅建筑工程综合形式概算指标示例

编号	工程名称	结构特征	适用范围/m²	每m²造价/%	其中/% 土建	其中/% 水暖	其中/% 电照	方案指数/%	主要材料消耗量/100m² 水泥/t	主要材料消耗量/100m² 钢材/t	主要材料消耗量/100m² 木材/m³	主要材料消耗量/100m² 红砖/1000块	主要材料消耗量/100m² 玻璃/m²
住-1	二层住宅	混合	600	100	83.52	10.34	6.15	100.00	14.19	1.24	3.13	28.38	26
住-2	三层住宅	混合	1080	100	84.22	9.89	5.88	104.47	14.30	1.84	3.30	30.40	29
住-3	四层住宅	混合	2540	100	84.55	10.73	4.71	106.70	15.75	1.28	4.32	31.80	32
住-4	五层住宅	混合	2000	100	84.80	9.07	6.13	113.97	14.50	1.48	3.93	30.10	40
住-5	六层住宅	混合	3200	100	82.32	11.62	6.05	115.36	16.35	2.28	3.75	29.28	39
住-6	七层住宅	混合	2600	100	83.42	10.40	6.19	112.85	16.15	1.75	3.71	28.71	36
住-7	七层住宅	轻板框架	3400	100	87.19	8.70	4.12	122.07	16.60	3.01	4.63	5.58	30
住-8	七层住宅	轻板框架	7000	100	85.81	9.77	4.42	120.11	17.83	3.03	2.61	9.64	29
住-9	七层住宅	轻板框架	3700	100	88.33	7.78	3.89	122.07	14.60	2.45	3.81	8.17	29
住-10	六层住宅	内浇外砌	4200	100	86.17	8.24	5.59	105.03	18.10	3.38	4.10	15.10	29

注: 造价比较指数是以编号1为基准。

表2-14 某省教学楼建筑工程综合形式概算指标示例

编号	工程名称	结构特征	适用范围/m²	每m²造价/%	其中/% 土建	其中/% 水暖	其中/% 电照	方案指数/%	主要材料消耗量/100m² 水泥/t	主要材料消耗量/100m² 钢材/t	主要材料消耗量/100m² 木材/m³	主要材料消耗量/100m² 红砖/1000块	主要材料消耗量/100m² 玻璃/m²
教-1	二层教学楼	混合	1500	100	86.10	7.52	6.38	100.00	18.10	1.84	4.60	30.90	46.00
教-2	二层培训楼	混合	1400	100	86.85	7.94	5.21	91.80	17.14	1.81	3.84	24.08	39.34
教-3	三层小学校	混合	3200	100	84.90	9.61	5.49	99.54	16.70	1.96	3.41	28.83	30.00
教-4	三层中学校	混合	3300	100	85.05	9.58	5.37	97.49	16.00	2.27	3.58	28.18	30.00
教-5	三层教学楼	混合	3500	100	86.45	8.13	5.42	92.42	16.70	1.82	2.90	28.00	50.00
教-6	三层教学楼	混合	2500	100	82.03	8.33	5.64	92.93	14.50	2.10	5.40	26.40	45.00
教-7	四层中学校	混合	3800	100	86.28	8.60	5.12	97.95	18.00	1.73	3.50	27.00	41.00
教-8	五层中学校	混合	4300	100	86.73	7.88	5.45	96.41	19.80	2.31	2.21	27.80	41.00
教-9	五层中学校	框架	4200	100	86.81	8.13	5.05	103.64	20.24	3.64	2.82	26.00	47.00
教-10	六层教务楼	混合	4200	100	87.14	7.54	5.32	102.73	19.60	2.78	6.06	27.00	40.00

表 2-15　某省办公楼建筑工程综合形式概算指标示例

编号	工程名称	结构特征	适用范围/m²	每m²造价/%	其中/% 土建	其中/% 水暖	其中/% 电照	方案指数/%	主要材料消耗量/100m² 水泥/t	主要材料消耗量/100m² 钢材/t	主要材料消耗量/100m² 木材/m³	主要材料消耗量/100m² 红砖/1000块	主要材料消耗量/100m² 玻璃/m²
办-1	一层办公房	混合	300	100	95.84		4.16	100.00	9.09	0.75	8.01	28.28	28.00
办-2	一层办公房	混合	500	100	94.43		5.57	87.37	11.87	0.92	2.04	28.19	36.00
办-3	二层办公楼	混合	750	100	86.57	8.33	5.09	105.62	18.68	1.23	3.10	33.50	33.00
办-4	二层办公楼	混合	500	100	88.34	7.62	4.04	109.05	24.20	2.32	3.68	28.89	30.00
办-5	三层办公楼	混合	800	100	86.58	9.09	4.33	112.96	11.53	2.30	5.10	32.40	30.00
办-6	三层办公楼	混合	1200	100	88.24	7.92	3.85	108.07	19.00	1.43	4.60	33.00	33.00
办-7	三层办公楼	混合	2000	100	84.62	9.86	5.53	101.71	13.30	1.20	6.42	34.00	39.00
办-8	五层办公楼	混合	1300	100	87.16	9.01	3.83	108.56	18.19	1.80	3.20	32.45	31.00
办-9	五层办公楼	框架	2800	100	87.21	7.08	5.71	107.09	15.02	1.80	3.50	34.70	32.00
办-10	五层办公楼	混合	1500	100	86.00	7.71	6.27	101.47	18.98	1.53	3.40	33.20	32.00

（2）单项形式的概算指标要比综合形式的概算指标详细。如某省的单项形式概算指标，就是以其现行的概预算定额和当时的材料价格为依据，收集了当地的许多典型工程竣工结算资料，经过整理和计算后编制而成的。

单项形式的概算指标通常包括 4 个方面的内容。

① 编制说明。它主要从总体上说明概算指标的作用、编制依据、适用范围和使用方法等。

② 工程简图。也称"示意图"，由立面图和平面图表示。根据工程的复杂程度，必要时还要画出剖面图。对于单层厂房，只需画出平面图和剖面图。

③ 经济指标。在建筑工程中，常用的经济指标有每 m² 的造价（单位：元/m²）和每 100m² 的造价（单位：元/100m²），该单项工程中土建、给排水、采暖、电照等单位工程的单价指标。造价指标中，包含了直接费、间接费、计划利润、其他费用和税金。

④ 构造内容及工程量指标。说明该工程项目的构造内容（可作为不同构造内容进行换算的依据）和相应计算单位的扩大分项工程的工程量指标，以及人工、主要材料消耗量指标，见表 2-16～表 2-19。

表 2-16　某学院学生宿舍建筑安装工程概算指标

结构类型：砖混结构			建筑面积：5 277.99m²				
基本特征	檐高/m	层数	层高/m	层高/m	层高/m	基础类型	利润率/%
			首层	标准层	顶层	桩承台	7.5
	20.55	6	3.45	3.3×4	3.45		

表 2-17　工程造价指标

工程造价/元		价格/m²	价格/m²	各项费用所占比例/%					
		元	%	人工费	材料费	机械费	管理费	利润	税金
4063999.52		769.99	100	18.20	52.41	5.84	13.25	7.00	3.30
其中	建筑工程	667.02	100	18.54	52.01	6.54	12.86	6.75	3.30
	给排水工程	25.96	100	14.25	60.90	1.75	12.66	7.13	3.31

（续）

工程造价/元		价格/m²		各项费用所占比例/%					
		元	%	人工费	材料费	机械费	管理费	利润	税金
其中	采暖工程	29.84	100	14.25	58.51	1.61	14.43	7.90	3.30
	照明工程	47.17	100	18.07	49.46	0.83	18.31	10.02	3.31

表 2-18 主要做法和工程量指标

项目名称				单位	数量		基价合计/元	
					合计	含量/m²	合计	含量/m²
土建工程	基础	土方		人工	m³				
				机械	m³	1442.99	0.273	21829	4.14
		砖基础			m³	40.90	0.008	9312	1.76
		混凝土基础			m³	315.33	0.06	230301	43.63
	主体	墙体		砌体	m³	1871.10	0.355	466258	88.34
				混凝土	m³				
		钢筋混凝土结构	柱	现浇	m³	52.80	0.01	46241	8.76
			梁	预制	m³				
				现浇	m³	143.81	0.027	162181	30.73
			板	预制	m³	269.53	0.051	182621	34.60
				现浇	m³	164.40	0.031	133964	25.38
	屋面	改性沥青卷材			m²				
		热作法沥青卷材			m²	958	0.182	121019	22.93
	门窗	木门窗			m²	522.89	0.099	89256	16.91
		钢门窗			m²	562	0.106	133646	25.32
		铝合金门窗			m²	120	0.023	39085	7.41
	地面	地面垫层			m³	36.48	0.007	12554	2.38
		面层	水泥		m²	2322	0.44	45195	8.56
			水磨石		m²	2216	0.42	148097	28.06
	墙面	内墙	水泥砂浆		m²	3406	0.645	51994	9.85
			混合砂浆		m²	17449	3.306	217864	41.28
			瓷砖		m²	876	0.166	63005	11.94
			涂料		m²	17455	3.307	57524	10.90
		外墙	水泥砂浆		m²	1327	0.251	19886	3.77
			涂料		m²	1327	0.251	12155	2.30
安装工程	照明	插座			个	587	0.11	5714.72	1.08
		PVC 塑料管			m	5054	0.96	28126.64	5.33
		钢管			m	584	0.11	11568.38	2.19
		绝缘线			m	25604	4.85	31152.93	5.90

（续）

项目名称			单位	数量		基价合计/元	
				合计	含量/m²	合计	含量/m²
安装工程	照明	灯具	套	421	0.08	40771.46	7.72
		开关	个	225	0.04	1521.40	0.29
	给排水	镀锌钢管	m	690	0.13	24196.51	4.58
		铸铁管	rn	520	0.10	39682.58	7.52
		地漏	个	54	0.01	1643.32	0.31
		阀门	个	76	0.01	5594.93	1.06
		洁具	套	84	0.02	17057.73	3.23
	采暖	焊接钢管	m	1517	0.29	28983.75	5.49
		阀门	个	277	0.05	7309.11	1.38
		散热器(柱型813)	片	2 712	0.51	60865.75	11.53

表 2－19 每 m² 建筑面积工料消耗指标

材料名称			单位	消耗量		主要部位用量/m²		
				合计	m²	基础	主体	装饰
土建工程		人工	工日	20729	3.93	0.34	1.54	1.609
	水泥	综合	kg	640973	121.44	19.51	51.69	40.63
	钢材	钢筋	t	89.84	0.017	0.0026	0.0126	
		钢材	t					
	木材	锯材	m³	7.988	0.0015			0.0015
		模板	m³	48.222	0.009	0.0007	0.008	
		玻璃	m²	781.65	0.148			0.148
		普通油毡	m²	3219	0.61		0.61	
		石油沥青	kg	13929	2.639		2.639	
	砖	机砖	千块	1010.51	0.192	0.004	0.187	
	砌块	加气混凝土块	m³					
		白灰	kg	165573	31.37	0.006	5.423	25.93
		砂子	t	2337.86	0.443	0.046	0.196	0.187
		石子	t	1136.43	0.215	0.079	0.122	
	装饰材料	106 涂料	kg		1272.6			6716.88
		无机涂料 JH－80－1	kg	1327	0.2514			0.2514
		面砖	千块					
		水磨石板	m²	292.27	0.055			0.055

材料消耗指标是概算指标中的基本指标。计算工程造价材料价格时要考虑有地区差价和时间差价，通常是根据材料消耗指标，按当时和当地的材料价格进行计算的。

3. 概算指标的内容

（1）总说明。它主要从总体上说明概算指标的作用、编制依据、适应范围和使用方法等。

（2）示意图。表明工程的结构形式。工业项目还表示出吊车及起重能力等。

（3）结构特征。主要对工程的结构形式、层高、层数和建筑面积进行说明，见表2-20。

表 2-20 内浇外砌住宅结构特征

结构类型	内浇外砌	层数	六层	层高	2.8m	檐高	17.7m	建筑面积	4206m²

经济指标。说明该项目每100m²的造价指标以及其中土建、水暖和电气照明等单位工程的相应造价，见表2-21。

表 2-21 内浇外砌住宅经济指标 100m² 建筑面积

造价分类 ＼ 造价构成		合计	其中				
			直接费	间接费	计划利润	其他	税金
单方造价		37745	21860	5576	1893	7323	1093
其中	土建	32424	18778	4790	1626	6291	939
	水暖	3182	1843	470	160	617	92
	电照	2139	1239	316	107	415	62

构造内容及工程量指标。说明该工程项目的构造内容和相应计算单位的工程量指标及人工、材料消耗指标，见表2-22、表2-23。

表 2-22 内浇外砌住宅构造内容及工程量指标 100m² 建筑面积

序号		构造特征	工程量	
			单位	数量
一	土建	灌注桩	m³	14.64
1	基础	2砖墙、清水墙勾缝、内墙抹灰刷白	m³	24.32
2	外墙	混凝土墙、1砖墙、抹灰刷白	m³	22.70
3	柱	混凝土柱	m³	0.70
4	地面	碎砖垫层、水泥砂浆面层	m²	13
5	楼面	120mm预制空心板、水泥砂浆面层	m²	65
6	门窗	木门窗	m²	62
7	屋面	预制空心板、水泥珍珠岩保温、三毡四油卷材防水	m²	21.7
8	脚手架	综合脚手架	m²	100
二	水暖			
1	采暖方式	集中采暖		
2	给水性质	生活给水明设		
3	排水性质	生活排水		
4	通风方式	自然通风		
三	电照			
1	配电方式	塑料管暗配电线		
2	灯具种类	日光灯		
3	电量 W/m³			

表 2-23　内浇外砌住宅人工及主要材料消耗指标　　　100m² 建筑面积

序号	名称及规格	单位	数量	序号	名称及数量	单位	数量
一	土建			1	人工	工日	39
1	人工	工日	506	2	钢管	t	0.18
2	钢筋	t	3.25	3	暖气片	m²	20
3	型钢	t	0.13	4	卫生器具	套	2.35
4	水泥	t	18.10	5	水表	个	1.84
5	白灰	t	2.10	三	电照		20
6	沥青	T	0.29	1	人工	工日	283
7	红砖	千块	15.10	2	电线	m	(0.04)
8	木材	m³	4.10	3	钢(塑)管	t	8.43
9	砂	m³	41	4	灯具	套	1.84
10	砾(碎)石	m³	30.5	5	电表	个	6.1
11	玻璃	m²	29.2	6	配电箱	套	7.5
12	卷材	m²	80.8	四	机械使用费	%	19.57
二	水暖			五	其他材料费	%	

4. 概算指标的应用

概算指标的应用比概算定额具有更大的灵活性,由于它是一种综合性很强的指标,不可能与拟建工程的建筑特征、结构特征、自然条件、施工条件完全一致。因此在选用概算指标时要十分慎重,选用的指标与设计对象在各个方面应尽量一致或接近,不一致的地方要进行换算,以提高准确性。

概算指标的应用一般有两种情况,第一种情况,如果设计对象的结构特征与概算指标一致时,可直接套用。第二种情况,如果设计对象的结构特征与概算指标的规定局部不同时,要对指标的局部内容调整后再套用。

2.5　投资估算指标

2.5.1　估算指标的概念及作用

1. 概念

工程造价估算指标是确定生产一定计量单位(如 m²、m³ 或幢、座等)建筑安装工程的造价和工料消耗的标准。主要是选择具有代表性的、符合技术发展方向的、数量足够的并具有重复使用可能的设计图纸及其工程量的工程造价实例,经筛选、统计分析后综合取定。

2. 估算指标的作用

(1) 工程造价估算指标的制定是建设项目管理的一项重要工作。

(2) 估算指标是编制项目建议书和可行性研究报告书投资估算的依据,是对建设项目全面的技术性与经济性论证的依据。

(3) 估算指标对提高投资估算的准确度、建设项目全面评估、正确决策具有重要意义。

2.5.2 估算指标的编制

1. 编制原则

估算指标编制必须适应今后一段时期编制建设项目建议书和可行性研究报告书的需要。

估算指标的分类、项目划分、项目内容、表现形式等必须结合工程专业特点，与编制建设项目建议书和可行性研究报告书深度相适应。

估算指标编制要符合国家有关的方针政策、近期技术发展方向，反映正常建设条件下的造价水平，并适当留有余地。

采用的依据和数据尽可能做到正确、准确和具有代表性。

估算指标力求满足各种用户使用的需要。

2. 编制依据

国家和建设行政主管部门制定的工期定额。

国家和地区建设行政主管部门制定的计价规范、专业工程概预算定额及收费标准。

编制基准期的人工单价、材料价格、施工机械台班价格。

3. 估算指标的表现形式(摘自 2002 年"江苏省建筑工程造价估算指标")

土建工程造价估算指标(居住建筑)(见表 2-24)。

表 2-24 土建工程造价估算指标

指标编号	项目	指标值 /(元/m²)	每 m² 主要工料消耗指标			
			人工/工日	钢材/kg	木材/m³	水泥/kg
1-1-1	多层砖混	554.67	4.22	26.38	0.011	179.49
1-1-2	多层框架	606.15	3.81	43.96	0.009	200.00
1-1-3	高层(14层以下)	692.70	3.85	53.19	0.014	206.85
1-1-4	高层(15~25层)	984.25	4.83	83.46	0.013	290.00

注：上述估算指标是按下列条件测算的。

1. 标准层高。多层砖混：2.8m；多层框架：2.9m；高层框架(14层以下)：2.9m；高层框剪(15~25层)：2.9m；

2. 单元组成。多层砖混：1梯2户；多层框架：1梯2户；高层框架(14层以下)：电梯1梯2户或1梯3户；高层框剪(15~25层)：2~3部电梯每层6~8户；

3. 建筑平面。多层为长条形或"L"形，高层为点式平面。

4. 结构特征。多层砖混：半地下室(低于2.2m)钢筋混凝土条形基础，多孔砖内墙、外墙，现浇钢筋混凝土楼地面，坡屋面。

多层框架。半地下室(低于2.2m)，钢筋混凝土整板基础或独立柱基础，多孔砖内墙、外墙，现浇板楼地面，坡屋面。

高层框架(14层以下)。桩承台、钢筋混凝土整板基础，多孔砖或砌块内墙、外墙，现浇板楼、屋面，一层地下室，无技术层；

高层框剪(15~25层)。桩承台、钢筋混凝土整板基础，外墙现浇混凝土和多孔砖，内墙现浇混凝土和多孔砖，现浇板楼、屋面，一层地下室，无技术层。

5. 建筑装饰：简单装饰。

① 说明：本土建工程造价估算指标是根据全省各市 1998 年到 2001 年的工程预结算资料综合测算的，并调整为南京市 2001 年年底的价格水平。

② 土建工程造价估算指标的表现形式：基础及上部建筑估算指标，按每 m² 建筑面积考虑；桩基估算指标，按每 m³ 桩基工程量考虑。

③ 本指标反映了单位工程的全部价格，即分部分项工程费、措施项目费、其他项目费及规费税金，其中材料暂估价、专业工程暂估价也包含在内。

④ 建筑装饰按简单装饰考虑。

简单装饰的考虑标准为：楼地面为水泥砂浆或普通水磨石，内墙面、天棚为涂料、砂浆，外墙面为普通面砖或普通乳胶漆、涂料，胶合板门、木门，塑钢窗、铝合金窗。

⑤ 混凝土按现场搅拌考虑，若使用商品混凝土，应按附录进行调整。

本 章 小 结

本章教学内容为：工程建设定额及体系；工作研究和施工定额；材料消耗定额的概念组成及计算；人工和机械台班消耗定额的组成及计算；预算定额的概念、分类和作用；预算定额中人工、材料、机械台班单价的确定；概算定额、概算指标、投资估算指标编制原则和作用；工程造价指数作用分类。

本章目的要求：了解工程预算定额的编制原理；掌握工程预算定额的使用；掌握定额单价形式、组成与人工、材料、机械台班价格的确定方法；熟悉工程费用定额、估算指标、概算指标与概算定额的内容与使用；了解工程造价指数编制与使用。

本章重点为：工程建设定额概念、分类；企业定额的概念、性质、区别；计价规范的内容。

本章难点为：定额编制原理与人工材料机械台班消耗量的确定。

习 题

1. 某工程砌 240 砖墙工程量为 2300m³，每天有 30 名工人负责施工，时间定额为 1.246 工日/m³，计算完成该分项工程的施工天数，并计算出该砖墙所用砖和砂浆的净用量。

2. 影响机械台班消耗量的因素有哪些？

3. 墙面瓷砖的规格为 200mm×300mm，其缝宽为 10mm，其损耗率为 3%，计算 100m² 需要的墙砖数量。

4. 斗容量为 0.75m³ 正铲挖掘机，挖三类土装车，挖土深度 1.8m，小组成员 2 人，每一台班产量为 4.41/100m³，计算挖 3000m³ 土，所消耗的工日和台班是多少？

5. 水泥、石灰、砂配合比为 1∶1∶3，砂孔隙率为 37%，水泥密度 1200kg/m³，砂损耗率为 2%，水泥、石灰的损耗率为 1%，计算 20m³ 砂浆需要的材料用量。

注：砂消耗量＝[砂比例数/(配合比总比例数－砂比例数×砂孔隙率)]/(1＋孔隙率)

水泥消耗量＝(水泥比例数×水泥密度/砂比例数)×砂用量×(1＋损耗率)

石灰膏消耗量＝(石灰膏比例数/砂比例数)×砂用量×(1＋损耗率)

6. 已知某现浇圈梁截面为 240mm×250mm，木模板安装如图 2.12 所示。模板周转次数 n＝6 次，每次损耗率为 12%，支撑周转次数为 3 次，每次损耗率为 15%；回收率为 20%，施工管理费为 11%，计算每 m³ 模板的摊销费用。

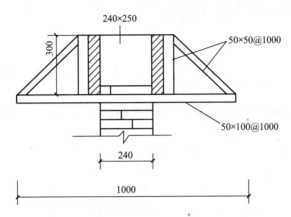

图 2.12　某现浇圈梁木模板安装示意图

7. 使用 400L 的混凝土搅拌机搅拌混凝土，每一次的搅拌时间为：上料 0.5min，出料 0.5min，搅拌 2min，共计 3min，机械正常时间利用系数为 0.87，每次搅拌产量为 0.25m³，需工人 12 人，计算该搅拌机台班产量定额和时间定额。

8. 某施工单位提出，甲方扣除电费是不合理的，因为在定额工料中不含电，问施工单位的提议是否正确？为什么？

9. 某施工单位在签证抽水机的机械工作台班时要求同时签证管理抽水机的人员工日，这种做法合理吗？为什么？如果施工单位要求签证的是停置台班，可否签证人员的工日？为什么？

10. 某工程混凝土级别为 C25，属于三类工程，其余条件与计价表 5－32 有梁板混凝土内容相同，计算该子目的综合单价。

第**3**章
工程造价的计价方法

教学目标

通过本章的学习，使学生掌握施工图预算书编制、工程量基数计算、工程量清单综合单价计算的方法。应达到以下目标。

（1）了解工程清单计价、定额计价的特点。

（2）熟悉工程计价程序；熟悉建设工程工程量清单计价规范的概念及作用；熟悉工期定额、工程类别的划分、建筑面积的计算规则。

（3）掌握工程造价的计价方法；掌握工程量清单编制的规定；掌握工程量清单计价的规定；掌握工程量清单计价表格的应用；掌握计价表的相关规定。

教学要求

知识要点	能力要求	相关知识
工程造价计价方法	了解工程造价的计价特点，熟悉工程计价程序，掌握工程造价计价方法	工程计价的特点、计价方法、工程计价程序、工程量清单计价的方法等
工程量清单计价	熟悉并会使用建设工程工程量清单计价规范	工程量清单的概念、作用；计价清单的构成和规定；工程量清单计价的规定；工程量清单计价表格
建筑面积计算	正确计算建筑面积	掌握建筑面积计算的规则
建筑与装饰工程计价表计价	熟悉工期定额的概念和相关规定；熟悉建筑面积计算规则；掌握建筑与装饰工程计价表的相关规定	工期定额的概念和相关规定；建筑面积计算规则；建筑与装饰工程取费标准及规定

基本概念

工程计价，工程量清单，建设工程工程量清单计价规范，工期定额，建筑面积。

引例

实行工程量清单计价是适应我国加入世界贸易组织（WTO），融入世界大市场的需要。随着我国改革开放的进一步加快，中国经济日益融入全球市场，特别是我国加入世界贸易组织后，建设市场进一步对外开放。国外的企业以及投资的项目越来越多地进入国内市场，我国企业走出国门在海外投资和经营的项目也在增加。为了适应这种对外开放建设市场的形式，就必须与国际通行的计价方法相适应，为建设市场主体创造一个与国际惯例接轨的市场竞争环境。工程量清单计价是国际通行的计价方法。在我国实行工程量清单计价，有利于提高国内建设各方主体参与国际化竞争的能力。

3.1 工程造价的计价概述

3.1.1 工程计价的特点

1. 多次性

工程计价是伴随着工程建设的进程而不断进行的。对于同一个工程，为了达到造价控制的目的，在工程建设的不同时期都要进行计价，这就是工程计价的多次性。

工程建设程序：项目建议书→可行性研究→初步设计→技术设计→施工图设计→建设准备→建设实施→生产准备→竣工验收→交付使用。

（1）项目建议书阶段，按照有关规定编制初步投资估算（利用估算指标），经有关部门批准，作为拟建项目列入国家中长期计划和开展前期工作的控制造价。

（2）可行性研究阶段，按照有关规定再次编制投资估算，即为该项目国家计划控制造价。

（3）初步设计阶段，按照有关规定编制初步设计总概算（利用概算指标或概算定额）。

（4）技术设计阶段，按照有关规定编制设计修正概算（利用概算定额），经相关部门批准，即为控制拟建项目工程造价的最高限额。

（5）施工图设计阶段，按照有关规定编制施工图预算。招投标中，施工单位的投标价、建设单位的标底价、中标价都属于施工图预算价。

（6）建设实施阶段，按照有关规定编制结算，结算价是在预算价的基础上考虑了工程变更因素所组成的价格，计价方式与预算基本一致。

（7）竣工验收阶段，按照有关规定编制决算价，结算是针对狭义的工程造价而言的，决算则是针对广义的工程造价。

综上所述，在工程建设的程序中，经历了估算→概算→修正概算→预算→结算→决算等多次计价。

2. 单件性

建筑工程的特点是先设计后施工，对于采用不同设计建造的建筑，必须单独计算造价，而不能像一般产品那样按品种、规格等批量定价。这就决定了建筑工程计价的单件性。

3. 组合性

建筑工程包含的内容很多，为了进行计价，首先需要将工程分解到计价的最小单元（分项工程），然后通过计算分项工程的价格汇总得到分部工程价格，分部工程价格汇总得到单位工程价格，最终由单位工程价格汇总得到单项工程的价格。这就是建筑工程计价的组合性。

3.1.2 工程造价的计价方法

1. 计价表计价方式

是按照各地的预算定额和费用定额，套用定额子目，计算出分部分项工程费、措施项目费、其他项目费、规费和税金的工程造价计价方式。其中人工、机械台班单价按省造价管理部门规定，材料按市造价管理部门发布的市场指导价取定。

这种计价方式与传统的计价方式相同的是：仍然采用套定额的模式，这就造成了一定的地域封闭性。与之不同的是：费用计取的方法不同，现在的定额计价已具有了市场化的特点。

计价表计价的编制步骤如下。

(1) 熟悉施工图纸。是计价表计价的根本。

(2) 熟悉现场情况和施工组织设计情况。由于计价表计价主要针对的是不采用招标投标的工程，因此计价采用的模式还是以往的套定额计价的方法，不需要甲方提供招标文件和工程量清单。

(3) 熟悉预算定额。计价表就是预算定额，使用计价表计价的首要工作就是要熟悉计价表(预算定额)。

(4) 列出工程项目。在熟悉图纸和预算定额的基础上，根据预算定额的工程项目划分，列出所需计算的分部分项工程。对于初学者，可以采用按定额顺序对号的方式列项，避免漏项或重项。

(5) 计算工程量。按照所列的项目在定额中对应的工程量计算规则计算工程量。

(6) 套定额。

(7) 计算工程造价。按照工程造价计价程序计算工程造价。

2. 工程量清单计价方式

根据"13规范"规定，建设项目采用工程量清单计价，建设工程造价由分部分项工程费、措施项目费、其他项目费、规费和税金组成。

分部分项工程量清单应采用综合单价计价。综合单价是指完成一个规定计量单位的分部分项工程量清单项目或措施清单项目所需的人工费、材料费、施工机械使用费和企业管理费与利润，以及一定范围内的风险费用。工程量清单编制程序如图 3.1 所示。

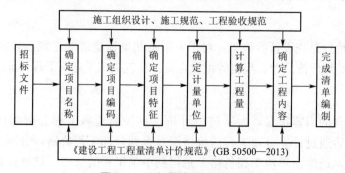

图 3.1 工程量清单编制程序

工程量清单的计价过程可以分为两个阶段：工程量清单编制和工程量清单应用。

工程量清单应用过程如图 3.2 所示。

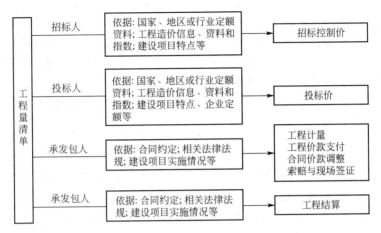

图 3.2　工程量清单计价应用过程

3.1.3　工程量清单计价的方法

1. 工程造价的计算

利用综合单价法计价，需分项计算清单项目，汇总得到工程总造价。

$$分部分项工程费 = \sum 分析分项工程 \times 分部分项工程综合造价 \qquad (3-1)$$
$$措施项目费 = \sum 措施项目工程量 \times 措施项目综合单价 + \sum 单项措施费 \qquad (3-2)$$
$$单位工程报价 = 分部分项工程费 + 措施项目费 + 其他项目费 + 规费 + 税金 \qquad (3-3)$$
$$单项工程报价 = \sum 单位工程报价 \qquad (3-4)$$
$$总造价 = \sum 单价工程报价 \qquad (3-5)$$

2. 分部分项工程费计算

（1）工程量的计算。招标文件中的工程量清单标明的工程量是投标人投标报价的共同基础，竣工决算的工程量按发、承包双方在合同中约定应予计量且实际完成的工程量确定。

清单工程量是按建筑物或构筑物的实体净量计算的，而实际施工作业量（预算工程量）是考虑了施工过程中因技术措施增加的工程量计算，因此两者在数量上会有一定的差异。按工程量清单计算直接工程费时，必须考虑施工方案等各种影响因素，以施工作业量为基数完成计价。

（2）人、料、机数量测算。企业可以按反映企业水平的企业定额或参照政府消耗量定额确定人工、材料、机械台班的耗用量。

（3）市场调查和询价。根据工程项目的具体情况，考虑市场资源的供求状况，采用市场价格作为参考，考虑一定的调价系数，确定人工工资单价、材料预算价格和施工机械台班单价。

（4）计算清单项目分项工程的直接工程费单价。按确定的分项工程人工、材料和机械的消耗量及询价获得的人工工资单价、材料预算单价、施工机械台班单价，计算出对应分项工程单位数量的人工费、材料费和机械费。

（5）计算综合单价。分部分项工程的综合单价由相应的直接工程费、企业管理费与利润，以及一定范围内的风险费用构成。企业管理费及利润通常根据各地区规定的费率乘以规定的计算基础得出。

3. 措施项目费计算

措施项目清单计价应根据建设工程的施工组织设计，可以计算工程量的措施项目，应按分部分项工程量清单的方式采用综合单价计价；其余的措施项目可以"项"为单位计价，应包括除规费、税金外的全部费用。

措施项目清单中的安全文明施工费应按照国家或省级、行业建设主管部门的规定计价，不得作为竞争性费用。

4. 其他项目费计算

其他项目费由暂列金额、暂估价、记日工、总承包服务费等内容构成。暂列金额和暂估价由招标人按估算金额确定。记日工和总承包服务费由承包人根据招标人提出的要求，按估算的费用确定。在编制招标控制价、投标报价、竣工结算时，其他项目费计价的要求不一样，详见"13规范"的4.4.1、4.4.2、4.4.3、4.4.4、4.4.5条。

5. 规费与税金的计算

规费是指政府和有关权力部门规定必须缴纳的费用。具体计算时，一般按国家及有关部门规定的计算公式和费率标准进行计算。

建筑安装工程税金是指国家税法规定的应计入建筑安装工程造价内的营业税、城市维护建设税及教育费附加。如国家税法发生变化或地方政府及税务部门依据职权对税种进行了调整，应对税金项目清单进行相应的调整。

规费和税金应按国家或省级、行业建设主管部门的规定计算，不得作为竞争性费用。

6. 风险费用

采用工程量清单计价的工程，应在招标文件或合同中明确风险内容及其范围（幅度）。风险是工程建设施工阶段发、承包双方在招投标活动和合同履约及施工中所面临涉及工程计价方面的风险。

【例3.1】 某多层砖混住宅土方工程，土壤类别为三类土；基础为砖大放脚带形基础；垫层宽度为920mm，挖土深度为1.8m，基础总长度为1590.6m。根据施工方案，土方开挖的工作面宽度各边0.25m，放坡系数为0.2。除沟边堆土1000m³ 外，现场堆土2170.5m³，运距60m，采用人工运输。其余土方需装载机装，自卸汽车运，运距4km。已知人工挖土单价为8.4元/m³，人工运土单价为7.38元/m³，装卸机装自卸汽车运土需使用的机械有装载机（280元/台班，0.00398台班/m³）、自卸汽车（340元/台班，0.04925台班/m³）、推土机（500元/台班，0.00296台班/m³）和洒水车（300元/台班，0.0006台班/m³）。另外，装卸机装自卸汽车运土需用工（25元/工日，0.012工日/m³）、用水（水1.8元/m³，每 m³ 土方需耗水0.012m³）。试根据建筑工程量清单计算规范计算土方工程的综合单价（不含措施费、规费和税金），其中管理费取直接工程费的14%，利润取直接工程费与管理费和的8%。

解：（1）业主根据清单规范计算的挖土方量为：

$$0.92m \times 1.8m \times 1590.6m = 2634.034m^3$$

（2）投标人根据地质资料和施工方案计算挖土方量和运土方量。

① 需挖土方量。工作面宽度各边为 0.25m，放坡系数为 0.2，则基础挖土方总量为：

$(0.92m+2\times0.25m+0.2\times1.8m)\times1.8m\times1590.6m=5096.282m^3$

② 运土方量。沟边堆土 $1000m^3$；现场堆土 $2170.5m^3$，运距 60m，采用人工运输；装载机装，自卸汽车运，运距 4km，运土方量为：

$$5096.282m^3-1000m^3-2170.5m^3=1925.782m^3$$

（3）人工挖土直接工程费。人工费：$5096.282m^3\times8.4$ 元$/m^3=42808.77$ 元

（4）人工运土（60m 内）直接工程费。人工费：$2170.5m^3\times7.38$ 元$/m^3=16018.29$ 元

（5）装卸机装自卸汽车运土（4km）直接工程费。

① 人工费。

25 元/工日$\times0.012$ 工日$/m^3\times1925.782m^3=0.3$ 元$/m^3\times1925.782m^3=577.73$ 元

② 材料费。

水：1.8 元$/m^3\times0.012m^3/m^3\times1925.782m^3=0.022$ 元$/m^3\times1925.782m^3=41.60$ 元

③ 机械费。

装载机：280 元/台班$\times0.00398$ 台班$/m^3\times1925.782m^3=2146.09$ 元

自卸汽车：340 元/台班$\times0.04925$ 台班$/m^3\times1925.782m^3=32247.22$ 元

推土机：500 元/台班$\times0.00296$ 台班$/m^3\times1925.782m^3=2850.16$ 元

洒水车：300 元/台班$\times0.0006$ 台班$/m^3\times1925.782m^3=346.64$ 元

机械费小计：37590.11 元

机械费单价$=280$ 元/台班$\times0.00398$ 台班$/m^3+340$ 元/台班$\times0.04925$ 台班$/m^3+$ 500 元/台班$\times0.00296$ 台班$/m^3+300$ 元/台班$\times0.0006$ 台班$/m^3=19.519$ 元$/m^3$

④ 机械运土直接工程费合计：38209.44 元。

（6）综合单价计算。

① 直接工程费合计。

$$42808.77+16018.29+38209.44=97036.50 元$$

② 管理费。

$$直接工程费\times14\%=97036.50\times14\%=13585.11 元$$

③ 利润。

$$（直接工程费+管理费）\times8\%=（97036.50+13585.11）\times8\%=8849.73 元$$

总计：$97036.50+13585.11+8849.73=119471.34$ 元。

④ 综合单价。

按业主提供的土方挖方总量折算为工程量清单综合单价：

$$119471.34 元/2634.034m^3=45.36 元/m^3$$

（7）综合单价分析。

① 人工挖土方。

$$单位清单工程量=5096.282/2634.034=1.9348m^3$$

$$管理费=8.40 元/m^3\times14\%=1.176 元/m^3$$

$$利润=（8.40 元/m^3+1.176 元/m^3）\times8\%=0.766 元/m^3$$

$$管理费及利润=1.176 元/m^3+0.766 元/m^3=1.942 元/m^3$$

② 人工运土方。

$$单位清单工程量=2170.5/2634.034=0.8240m^3$$

$$管理费＝7.38\ 元/m^3×14\%＝1.033\ 元/m^3$$

$$利润＝(7.38\ 元/m^3＋1.033\ 元/m^3)×8\%＝0.673\ 元/m^3$$

$$管理费及利润＝1.033\ 元/m^3＋0.673\ 元/m^3＝1.706\ 元/m^3$$

③ 装卸机自卸汽车运土方。

$$单位清单工程量＝1925.782/2634.034＝0.7311m^3$$

$$直接工程费用＝0.3\ 元/m^3＋0.022\ 元/m^3＋19.519\ 元/m^3＝19.841\ 元/m^3$$

$$管理费＝19.841\ 元/m^3×14\%＝2.778\ 元/m^3$$

$$利润＝(19.841\ 元/m^3＋2.778\ 元/m^3)×8\%＝1.8095\ 元/m^3$$

$$管理费及利润＝2.778\ 元/m^3＋1.8095\ 元/m^3＝4.588\ 元/m^3$$

表 3-1 为分部分项工程量清单与计价表，表 3-2 为工程量清单综合单价分析表。

表 3-1 分部分项工程量清单与计价表

工程名称：某多层砖混住宅工程　　　　　标段：　　　　　　　　　第 页 共 页

序号	项目编码	项目名称	项目特征描述	计量单位	工程量	金额/元		
						综合单价	合价	其中：暂估价
	010101004001	挖基础土方	土壤类别：三类土 基础类型：砖放大脚，带形基础 垫层宽度：920m 挖土深度：1.8m 弃土距离：4m	m³	2634.03	45.36	119471.3	
			本页小计					
			合计					

表 3-2 工程量清单综合单价分析表

工程名称：某多层砖混住宅工程　　　　　标段：　　　　　　　　　第 页 共 页

项目编码	010101004001			项目名称		挖基础土方		计量单位		m³

定额编号	定额名称	定额单位	数量	单价				合价			
				人工费	材料费	机械费	管理费和利润	人工费	材料费	机械费	管理费和利润
	人工挖土	m³	1.9348	8.40			1.942	15.25			3.76
	人工运土	m³	0.8420	7.38			1.706	6.08			1.41
	装卸机自卸汽车运土方	m³	0.7311	0.30	0.022	19.52	4.588	0.22	0.02	14.27	3.35
人工单价		小计						21.55	0.02	14.27	8.52
元/工日		未计价材料费									
清单项目综合单价								45.36			

材料费明细	主要材料名称、规格、型号	单位	数量	单价/元	合价/元	暂估单价/元	暂估合价/元
	水	m³	0.012	1.8	0.022		
	其他材料费			—		—	
	材料费小计			—	0.022	—	

3.1.4 工程计价程序

1. 计价表计价法的计算程序

(1) 建筑工程(包工包料)造价计价程序见表3-3。

表3-3 建筑工程(包工包料)造价计价程序

序号	费用名称		计算公式	备注
一	分部分项费用		工程量×综合单价	
	其中	①人工费	计价表人工消耗量×人工单价	
		②材料费	计价表材料消耗量×材料单价	
		③机械费	计价表机械消耗量×机械单价	
		④管理费	(①+③)×费率	
		⑤利 润	(①+③)×费率	
二	措施项目清单费用		分部分项工程费×费率或 综合单价×工程量	
三	其他项目费用			
四	规费			
	其中	工程排污费	(一+二+三)×费率	按规定计取
		建筑安全生产监督费		
		社会保障费		
		住房公积金		
五	税金		(一+二+三+四)×费率	按当地规定计取
六	工程造价		一+二+三+四+五	

(2) 建筑工程(包工不包料)造价计价程序见表3-4。

表3-4 建筑工程(包工不包料)造价计价程序

序号	费用名称		计算公式	备注
一	分部分项费用		计价表人工消耗量×人工单价	
二	措施项目清单费用		(一)×费率 或工程量×综合单价	
三	其他项目费用			
四	规费			
	其中	工程排污费	(一+二+三)×费率	按规定计取
		建筑安全生产监督费		
		社会保障费		
		住房公积金		
五	税金		(一+二+三+四)×费率	按当地规定计取
六	工程造价		一+二+三+四+五	

2．工程量清单计价法的计算程序

(1) 建筑工程(包工包料)造价计价程序见表3-5。

表3-5 建筑工程(包工包料)造价计价程序

序号	费用名称		计算公式	备注
一	分部分项工程量清单费用		工程量×综合单价	
	其中	①人工费	人工消耗量×人工单价	
		②材料费	材料消耗量×材料单价	
		③机械费	机械消耗量×机械单价	
		④企业管理费	(①+③)×费率	
		⑤利润	(①+③)×费率	
二	措施项目清单费用		分部分项工程费×费率或综合单价×工程量	按《计价表》计取
三	其他项目费用			双方约定
四	规费			
	其中	工程排污费		
		建筑安全生产监督费	(一+二+三)×费率	按规定计取
		社会保障费		
		住房公积金		
五	税金		(一+二+三+四)×费率	按当地规定计取
六	工程造价		一+二+三+四+五	

(2) 建筑工程(包工不包料)造价计价程序见表3-6。

表3-6 建筑工程(包工不包料)造价计价程序

序号	费用名称		计算公式	备注
一	分部分项工程量清单费用		人工消耗量×人工单价	
二	措施项目清单费用		(一)×费率或工程量×综合单价	
三	其他项目费用			
四	规费			
	其中	工程排污费		
		建筑安全生产监督费	(一+二+三)×费率	按规定计取
		社会保障费		
		住房公积金		
五	税金		(一+二+三+四)×费率	按当地规定计取
六	工程造价		一+二+三+四+五	

3.2 建设工程工程量清单计价规范

3.2.1 建设工程工程量清单计价规范概述

1. 工程量清单的概念

为了适应我国社会主义市场经济发展的需要，规范建设工程工程量清单计价行为，统一建设工程工程量的编制和计价方法，维护招标人和投标人的合法权益，根据《中华人民共和国建筑法》、《中华人民共和国合同法》、《中华人民共和国招标投标法》等法律法规，中华人民共和国住房与城乡建设部与国家质量监督检验检疫总局联合发布了国家标准《建设工程工程量清单计价规范》GB 50500—2013(以下简称"13规范")。

"13规范"适用于建设工程工程量清单计价活动，即涉及建设项目的工程量清单编制、工程量清单招标控制价编制、工程量清单投标报价编制、工程合同价款的约定、竣工结算的办理以及工程施工过程中工程计量与工程价款的支付、索赔与现场签证、工程价款的调整和工程计价争议处理等工程建设招投标与施工阶段全过程的活动。

"13规范"明确规定，全部使用国有资金投资或国有资金投资为主的工程建设项目，必须采用工程量清单计价。国有资金(含国家融资资金)为主的工程建设项目是指国有资金占投资总额的50%以上，或虽不足50%但国有投资者实质上拥有控股权的工程建设项目。

对于非国有资金投资的工程建设项目，是否采用工程量清单方式计价由项目业主自主确定。当确定采用工程量清单计价时，则应执行本规范；对于确定不采用工程量清单方式计价的，除不执行工程量清单计价的专门性规定外，仍应执行本规范规定的工程价款调整、工程计量和价款支付、索赔与现场签证、竣工结算以及工程造价争议处理等条文。

2. 工程量清单的作用

工程量清单的主要作用如下。

(1) 在招投标阶段，工程量清单为投标人的投标竞争提供了一个平等和共同的基础。工程量清单是由招标人编制的，将要求投标人完成的工程项目及其相应工程实体数量全部列出，为投标人提供拟建工程的基本内容、实体数量和质量要求等的基础信息。这样，在建设工程的招标投标中，投标人的竞争活动就有了一个共同基础，投标人机会均等。工程量清单使所有参加投标的投标人均是在拟完成相同的工程项目、相同的工程实体数量和质量要求的条件下进行公平竞争，每一个投标人所掌握的信息和受到的待遇是客观、公正和公平的。

(2) 工程量清单是建设工程计价的依据。在招标投标过程中，招标人根据工程量清单编制招标工程的招标控制价；投标人按照工程量清单所表述的内容，依据企业定额计算投标价格，自主填报工程量清单所列项目的单价与合价。

(3) 工程量清单是工程付款和结算的依据。发包人根据承包人是否完成工程量清单规定的内容以及投标时在工程量清单中所报的单价作为支付工程进度款和进行结算的依据。

(4) 工程量清单是调整工程量、进行工程索赔的依据。在发生工程变更、索赔、增加新的工程项目等情况时，可以选用或者参照工程量清单中的分部分项工程或计价项目与合同单价来确定变更项目或索赔项目的单价和相关费用。

　　3. 计价规范的构成和规定

　　1）计价规范的构成

　　"13 规范"包括《建设工程工程量清单计价规范》（GB 50300—2013）以及九部专业规范，九个专业分别为房屋建筑与装饰工程，仿古建筑工程，通用安装工程，市政工程，园林绿化工程，矿山工程，构筑物工程，城市轨道交通工程，爆破工程。

　　《建设工程工程量清单计价规范》（GB 50300—2013）条文共 15 章，分为：第一章"总则"，第二章"术语"，第三章"一般规定"，第四章"招标工程量清单"，第五章"招标控制价"，第六章"投标报价"，第七章"合同价款约定"，第八章"工程计量"，第九章"合同价款调整"，第十章"合同价款中期支付"，第十一章"竣工结算与支付"，第十二章"合同解除的价款结算与支付"，第十三章"合同价款争议的解决"，第十四章"工程计价资料与档案"，第十五章"计价表格"。就适用范围、遵循的原则、工程量清单编制的规则、工程量清单计价的规则、工程量清单计价格式及编制人员资格等作了明确规定。

　　九部专业规范为《房屋建筑与装饰工程计量规范》（GB 500854—2013）、《通用安装工程计量规范》（GB 500856—2013）、《市政工程计量规范》（GB 500857—2013）、《园林绿化工程工程量计算规范》（GB 500858—2013）、《仿古建筑计量规范》（GB 500855—2013）等。

　　《房屋建筑与装饰工程计量规范》（GB 500854—2013）的内容包括 17 个附录：附录 A 土石方工程，附录 B 地基处理与边坡支护工程，附录 C 桩基工程，附录 D 砌筑工程、附录 E 混凝土及钢筋混凝土工程，附录 F 金属结构工程，附录 G 木结构工程，附录 H 门窗工程，附录 I 屋面及防水工程，附录 J 防腐隔热、保温工程，附录 K 楼地面装饰工程，附录 L 墙、柱面装饰与隔断、幕墙工程，附录 M 天棚工程，附录 N 油漆、涂料、裱糊工程，附录 O 其他装饰工程，附录 P 拆除工程，附录 Q 措施项目。适用于房屋建筑与装饰工程施工发承包计价活动中的工程量清单编制和工程量计算。

　　《通用安装工程计量规范》（GB 500856—2013）的内容包括从附录 A 到附录 M 共 13 个附录。

　　《市政工程计量规范》（GB 500857—2013）的内容包括从附录 A 到附录 K 共 11 个附录。

　　2）一般规定

　　3.1.1　建设工程施工发承包造价由分部分项工程费、措施项目费、其他项目费、规费和税金组成。

　　3.1.2　分部分项工程和措施项目清单应采用综合单价计价。

　　3.1.3　招标工程量清单标明的工程量是投标人投标报价的共同基础，竣工结算的工程量按发、承包双方在合同中约定应予计量且实际完成的工程量确定。

　　3.1.4　措施项目清单中的安全文明施工费应按照国家或省级、行业建设主管部门的规定计价，不得作为竞争性费用。

　　3.1.5　规费和税金应按国家或省级、行业建设主管部门的规定计算，不得作为竞争性费用。

　　3.2.1　采用工程量清单计价的工程，应在招标文件或合同中明确计价中的风险内容及其范围(幅度),不得采用无限风险、所有风险或类似语句规定计价中的风险内容及其范围(幅度)。

3.2.2 下列影响合同价款的因素出现,应由发包人承担。

(1) 国家法律、法规、规章和政策变化。

(2) 省级或行业建设主管部门发布的人工费调整。

3.2.3 由于市场物价波动影响合同价款,应由发承包双方合理分摊并在合同中约定。合同中没有约定,发、承包双方发生争议时,按下列规定实施。

(1) 材料、工程设备的涨幅超过招标时基准价格5%以上由发包人承担。

(2) 施工机械使用费涨幅超过招标时的基准价格10%以上由发包人承担。

3.2.4 由于承包人使用机械设备、施工技术以及组织管理水平等自身原因造成施工费用增加的,应由承包人全部承担。

3.2.5 不可抗力发生时,影响合同价款的,按本规范第9.11条的规定执行。

3.2.2 工程量清单编制规定

1. 一般规定

(1) 工程量清单应由具有编制能力的招标人或受其委托,具有相应资质的工程造价咨询人编制。

(2) 采用工程量清单方式招标,工程量清单必须作为招标文件的组成部分,其准确性和完整性由招标人负责。

(3) 工程量清单是工程量清单计价的基础,应作为编制招标控制价、投标报价、计算工程量、支付工程款、调整合同价款、办理竣工结算以及工程索赔等的依据之一。

(4) 工程量清单应由分部分项工程量清单、措施项目清单、其他项目清单、规费项目清单、税金项目清单组成。

(5) 编制工程量清单的依据如下。

《建设工程工程量清单计价规范》。

国家或省级、行业建设主管部门颁发的计价依据和办法。

建设工程设计文件。

与建设工程项目有关的标准、规范、技术资料。

招标文件及其补充通知、答疑纪要。

施工现场情况、工程特点及常规施工方案。

其他相关资料。

2. 分部分项工程量清单的规定

分部分项工程量清单为不可调整的闭口清单,在投标阶段,投标人对招标文件提供的分部分项工程量清单必须逐一计价,对清单所列内容不允许任何更改变动。投标人如果认为清单内容有不妥或遗漏,只能通过质疑的方式由清单编制人作统一的修改更正,并将修正后的工程量清单发往所有投标人。

(1) 分部分项工程量清单应包括项目编码、项目名称、项目特征、计量单位和工程量。

(2) 分部分项工程量清单应根据附录规定的项目编码、项目名称、项目特征、计量单位和工程量计算规则进行编制。

（3）工程量清单编码的表示方式：十二位阿拉伯数字及其设置规定。

各位数字的含义如下。

一、二位为专业工程代码（01—房屋建筑与装饰工程；02—仿古建筑工程；03—通用安装工程；04—市政工程；05—园林绿化工程；06—矿山工程；07—构筑物工程；08—城市轨道交通工程；09—爆破工程。以后进入国标的专业工程代码以此类推）。

三、四位为附录分类顺序码。

五、六位为分部工程顺序码。

七、八、九位为分项工程项目名称顺序码。

十至十二位为清单项目名称顺序码。

当同一标段（或合同段）的一份工程量清单中含有多个单位工程且工程量清单是以单位工程为编制对象时，在编制工程量清单时应特别注意对项目编码十至十二位的设置不得有重码的规定。例如一个标段（或合同段）的工程量清单中含有三个单位工程，每一单位工程中都有项目特征相同的实心砖墙砌体，在工程量清单中又需反映三个不同单位工程的实心砖墙砌体工程量时，则第一个单位工程的实心砖墙的项目编码应为010401003001，第二个单位工程的实心砖墙的项目编码应为010401003002，第三个单位工程的实心砖墙的项目编码应为010401003003，并分别列出各单位工程实心砖墙的工程量。

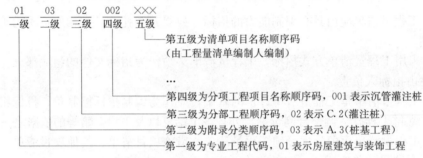

图 3.3 工程量清单项目编码结构

（4）分部分项工程量清单的项目名称应按附录的项目名称结合拟建工程的实际确定。分项工程项目名称一般以工程实体命名，项目名称如有缺项，招标人可按相应的原则进行补充，并报当地工程造价管理部门备案。补充项目的编码由附录的顺序码与 B 和 3 位阿拉伯数字组成，并应从 XB001 起顺序编制，同一招标工程的项目不得重码。工程量清单中需附有补充项目的名称、项目特征、计量单位、工程量计算规则、工程内容。

（5）分部分项工程量清单中所列工程量应按附录中规定的工程量计算规则计算。"13规范"明确了清单项目的工程量计算规则，其工程量是以形成工程实体为准，并以完成后的净值来计算的。这一计算方法避免了因施工方案不同而造成计算的工程量大小各异的情况，为各投标人提供了一个公平的平台。

（6）分部分项工程量清单的计量单位应按附录中规定的计量单位确定。

以吨（t）为单位，应保留小数点后 3 位数字，第四位四舍五入。

以"立方米（m^3）"、"平方米（m^2）"、"米（m）"为单位，应保留小数点后两位数字，第三位四舍五入。

以"个"、"项"等为单位，应取整数。

（7）分部分项工程量清单项目特征应按附录中规定的项目特征，结合拟建工程项目的实际予以描述。

　　清单项目特征的描述，应根据计价规范附录中有关项目特征的要求，结合技术规范、标准图集、施工图纸，按照工程结构、使用材质及规格或安装位置等，予以详细而准确的表述和说明。但由于种种原因，对同一个清单项目，由不同的人进行编制，对项目特征会有不同的描述，因此，体现项目本质区别的项目特征和对报价有实质影响的工作内容也必须描述，但项目特征和工作内容有本质的区别。一般来说，"项目特征"描述的是工程实体特征，体现该实体的构成要素，而"工作内容"描述的是形成工程实体的操作程序。

　　例如计价规范在"实心砖墙"的"项目特征"及"工程内容"栏内均包含有勾缝，但两者的性质完全不同。"项目特征"栏的勾缝体现的是用什么材料勾缝，而"工程内容"栏内的勾缝表述的是勾缝如何完成。因此，如果需要勾缝，就必须在项目特征中描述，而不能以工程内容中有而不描述，否则，将视为清单项目漏项。

　　但有的项目特征用文字往往又难以准确和全面地描述清楚，因此，为满足规范、简捷、准确、全面描述项目特征的要求，在描述工程量清单项目特征时应按以下原则进行：项目特征描述的内容按规范附录规定的内容，项目特征的表述按拟建工程的实际要求，以能满足确定综合单价的需要为前提。

　　对采用标准图集或施工图纸能够全部或部分满足项目特征描述要求的，项目特征描述可直接采用详见××图集或××图号的方式。但对不能满足项目特征描述要求的部分，仍应用文字描述进行补充。

　　3. 措施项目清单的规定

　　措施项目是指为完成工程项目施工，发生于该工程施工准备和施工过程中的技术、生活、安全、环境保护等方面的非工程实体项目。

　　措施项目清单应根据拟建工程的实际情况列项。根据"13规范"，措施项目可分为通用措施项目与专业措施项目。通用措施项目是指各专业工程的"措施项目清单"中均可列的措施项目，可根据工程实际按表3-7选择列项。各专业工程的专用措施项目应按附录中各专业工程中的措施项目并根据工程实际进行选择列项。若出现本规范未列的项目，可根据工程实际情况补充。

表3-7　通用措施项目一览表

序号	项目名称
1	安全文明施工(含环境保护、文明施工、安全施工、临时设施)
2	夜间施工
3	非夜间施工照明
4	二次搬运
5	冬雨季施工
6	大型机械设备进出场及安拆
7	施工排水
8	施工降水
9	地上、地下设施，建筑物的临时保护设施
10	已完工程及设备保护

措施项目中可以计算工程量的项目清单宜采用分部分项工程量清单的方式编制，列出项目编码、项目名称、项目特征、计量单位和按计算规则计算的工程量，不能计算工程量的措施项目清单，以"项"为计量单位列项。

措施项目清单为可调整清单，投标人对招标文件中所列项目，可根据企业自身特点做适当的变更增减。投标人要对拟建工程可能发生的措施项目和措施费用作通盘考虑，清单一经报出，即被认为是包括了所有应该发生的措施项目的全部费用。如果报出的清单中没有列项，且施工中又必须发生的项目，业主有权认为，其已经综合在分部分项工程量清单的综合单价中。将来措施项目发生时投标人不得以任何借口提出索赔与调整。

4. 其他项目清单的规定

其他项目清单是指因招标人的特殊要求而发生的与拟建工程有关的其他费用项目和相应数量的清单。其他项目清单应根据拟建工程的具体情况，参照下列内容列项。

1) 暂列金额

由于工程建设自身的规律，在工程实施中，可能有设计变更、业主要求的变更及其他诸多不确定性因素。这将导致合同价格的调整，暂列金额正是因这类不可避免的价格调整而设立的，以便合理确定工程造价的控制目标。

中标人只有按照合同约定程序，实际发生了暂列金额所包含的工作，才能将得到的相应金额纳入合同结算价款中。扣除实际发生金额后的暂列金额余额仍属于招标人所有。

2) 暂估价

暂估价是指招标人在招标文件中提供的用于支付必然要发生但暂时不能确定价格的材料以及需另行发包的专业工程金额。暂估价包括材料暂估价和专业工程暂估价。

一般而言，为方便合同管理和计价，需要纳入分部分项工程量清单项目综合单价中的暂估价最好只是材料费，以方便投标人组价。以"项"为计量单位给出的专业工程暂估价一般应是综合暂估价，应当包括除规费、税金以外的管理费、利润等。

3) 计日工

计日工是为了解决现场发生的零星工作的计价而设立的。

计日工适用的零星工作一般是指合同约定之外的或者因变更而产生的、工程量清单中没有相应项目的额外工作，尤其是那些时间不允许事先商定价格的额外工作。为了获得合理的计日工单价，计日工表中一定要尽可能把项目列全，并给出一个比较贴近实际的暂定数量。

4) 总承包服务费

总承包服务费是为了解决招标人在法律、法规允许的条件下进行专业工程发包以及自行采购供应材料、设备时，要求总承包人对发包的专业工程提供协调和配合服务（如分包人使用总包人的脚手架、水电接剥等）；对供应的材料、设备提供收、发和保管服务以及对施工现场进行统一管理；对竣工资料进行统一汇总整理等发生并向总承包人支付的费用。招标人应当预计该项费用并按投标人的投标报价向投标人支付该项费用。

5) 其他项目出现上述4条未列的项目，可根据工程实际情况补充。

5. 规费项目清单

(1) 规费项目清单应按照下列内容列项。

① 工程排污费。

② 工程定额测定费。

③ 社会保障费：包括养老保险费、失业保险费、医疗保险费。

④ 住房公积金。

⑤ 危险作业意外伤害保险。

（2）出现上述 5 条未列的项目，应根据省级政府或省级有关权力部门的规定列项。

6. 税金项目清单的规定

（1）税金项目清单应包括下列内容。

营业税；城市维护建设税；教育费附加。

（2）出现上述 3 条未列的项目，应根据税务部门的规定列项。

3.2.3　工程量清单计价的规定

1. 一般规定

"13 规范"作如下规定：

4.1.1　招标工程量清单应由具有编制能力的招标人或受其委托，具有相应资质的工程造价咨询人或招标代理人编制。

4.1.2　招标工程量清单必须作为招标文件的组成部分，其准确性和完整性由招标人负责。

4.1.3　招标工程量清单是工程量清单计价的基础，应作为编制招标控制价、投标报价、计算工程量、工程索赔等的依据之一。

4.1.4　工程量清单应由分部分项工程量清单、措施项目清单、其他项目清单、规费项目清单、税金项目清单组成。

4.1.5　编制工程量清单应依据：

（1）本规范和相关工程的国家计量规范；

（2）国家或省级、行业建设主管部门颁发的计价依据和办法；

（3）建设工程设计文件；

（4）与建设工程有关的标准、规范、技术资料；

（5）拟定的招标文件；

（6）施工现场情况、工程特点及常规施工方案；

（7）其他相关资料。

2. 招标控制价的规定

"13 规范"作如下规定。

5.1.1　国有资金投资的工程建设项目应实行工程量清单招标，招标人应编制招标控制价。

5.1.2　招标控制价超过批准的概算时，招标人应将其报原概算审批部门审核。

5.1.3　投标人的投标报价高于招标控制价的，其投标应予以拒绝。

5.1.4　招标控制价应由具有编制能力的招标人或受其委托具有相应资质的工程造价咨询人编制和复核。

5.1.5　招标控制价应在招标时公布，不应上调或下浮，招标人应将招标控制价及有关资料报送工程所在地工程造价管理机构备查。

5.2.1 招标控制价应根据下列依据编制与复核。

(1) 本规范。

(2) 国家或省级、行业建设主管部门颁发的计价定额和计价办法。

(3) 建设工程设计文件及相关资料。

(4) 拟定的招标文件及招标工程量清单。

(5) 与建设项目相关的标准、规范、技术资料。

(6) 施工现场情况、工程特点及常规施工方案。

(7) 工程造价管理机构发布的工程造价信息；工程造价信息没有发布的，参照市场价。

(8) 其他的相关资料。

5.2.2 分部分项工程费应根据拟定的招标文件中的分部分项工程量清单项目的特征描述及有关要求计价，并应符合下列规定。

(1) 综合单价中应包括拟定的招标文件中要求投标人承担的风险费用。拟定的招标文件没有明确的，应提请招标人明确。

(2) 拟定的招标文件提供了暂估单价的材料和工程设备，按暂估的单价计入综合单价。

5.2.3 措施项目费应根据拟定的招标文件中的措施项目清单按本规范第 3.1.2 和第 3.1.4 条的规定计价。

5.2.4 其他项目费应按下列规定计价。

(1) 暂列金额应按招标工程量清单中列出的金额填写。

(2) 暂估价中的材料、工程设备单价应按招标工程量清单中列出的单价计入综合单价。

(3) 暂估价中的专业工程金额应按招标工程量清单中列出的金额填写。

(4) 计日工应按招标工程量清单中列出的项目根据工程特点和有关计价依据确定综合单价计算。

(5) 总承包服务费应根据招标工程量清单列出的内容和要求估算。

5.2.5 规费和税金应按本规范第 3.1.5 条的规定计算。

5.3.1 投标人经复核认为招标人公布的招标控制价未按照本规范的规定进行编制的，应当在招标控制价公布后 5 天内向招投标监督机构和工程造价管理机构投诉。

5.3.2 投诉人投诉时，应当提交书面投诉书，包括以下内容。

(1) 投诉人与被投诉人的名称、地址及有效联系方式。

(2) 投诉的招标工程名称、具体事项及理由。

(3) 相关请求和主张及证明材料。

投诉书必须由单位盖章和法定代表人或其委托人的签名或盖章。

5.3.3 投诉人不得进行虚假、恶意投诉，阻碍投标活动的正常进行。

5.3.4 工程造价管理机构在接到投诉书后应在二个工作日内进行审查，对有下列情况之一的，不予受理。

(1) 投诉人不是所投诉招标工程的投标人。

(2) 投诉书提交的时间不符合本规范第 5.3.1 条规定的。

(3) 投诉书不符合本规范第 3.5.2 条规定的。

5.3.5 工程造价管理机构决定受理投诉后，应在不迟于次日将受理情况书面通知投诉人、被投诉人以及负责该工程招投标监督的招投标管理机构。

5.3.6 工程造价管理机构受理投诉后，应立即对招标控制价进行复查，组织投诉人、被投诉人或其委托的招标控制价编制人等单位人员对投诉问题逐一核对。有关当事人应当予以配合，并保证所提供资料的真实性。

5.3.7 工程造价管理机构应当在受理投诉的十天内完成复查(特殊情况下可适当延长)，并作出书面结论通知投诉人、被投诉人及负责该工程招投标监督的招投标管理机构。

5.3.8 当招标控制价复查结论与原公布的招标控制价误差＞±3％的，应当责成招标人改正。

5.3.9 招标人根据招标控制价复查结论，需要修改公布的招标控制价的，且最终招标控制价的发布时间至投标截止时间不足十五天的，应当延长投标文件的截止时间。

3. 投标价的规定

"13规范"作如下规定。

6.1.1 投标价应由投标人或受其委托具有相应资质的工程造价咨询人编制。

6.1.2 除本规范强制性规定外，投标人应依据招标文件及其招标工程量清单自主确定报价成本。

6.1.3 投标报价不得低于工程成本。

6.1.4 投标人应按招标工程量清单填报价格。项目编码、项目名称、项目特征、计量单位、工程量必须与招标工程量清单一致。

6.1.5 投标人可根据工程实际情况结合施工组织设计，对招标人所列的措施项目进行增补。

6.2.1 投标报价应根据下列依据编制和复核。

(1) 本规范。

(2) 国家或省级、行业建设主管部门颁发的计价办法。

(3) 企业定额，国家或省级、行业建设主管部门颁发的计价定额。

(4) 招标文件、工程量清单及其补充通知、答疑纪要。

(5) 建设工程设计文件及相关资料。

(6) 施工现场情况、工程特点及拟定的投标施工组织设计或施工方案。

(7) 与建设项目相关的标准、规范等技术资料。

(8) 市场价格信息或工程造价管理机构发布的工程造价信息。

(9) 其他的相关资料。

6.2.2 分部分项工程费应依据招标文件及其招标工程量清单中分部分项工程量清单项目的特征描述确定综合单价计算，并应符合下列规定。

(1) 综合单价中应考虑招标文件中要求投标人承担的风险费用。

(2) 招标工程量清单中提供了暂估单价的材料和工程设备，按暂估的单价计入综合单价。

6.2.3 措施项目费应根据招标文件中的措施项目清单及投标时拟定的施工组织设计或施工方案按本规范第3.1.2条的规定自主确定。其中安全文明施工费应按照本规范第3.1.4条的规定确定。

6.2.4 其他项目费应按下列规定报价。

（1）暂列金额应按招标工程量清单中列出的金额填写。

（2）材料、工程设备暂估价应按招标工程量清单中列出的单价计入综合单价。

（3）专业工程暂估价应按招标工程量清单中列出的金额填写。

（4）计日工应按招标工程量清单中列出的项目和数量，自主确定综合单价并计算计日工总额。

（5）总承包服务费应根据招标工程量清单中列出的内容和提出的要求自主确定。

6.2.5　规费和税金应按本规范第3.1.5条的规定确定。

6.2.6　招标工程量清单与计价表中列明的所有需要填写的单价和合价的项目，投标人均应填写且只允许有一个报价。未填写单价和合价的项目，视为此项费用已包含在已标价工程量清单中其他项目的单价和合价之中。竣工结算时，此项目不得重新组价予以调整。

6.2.7　投标总价应当与分部分项工程费、措施项目费、其他项目费和规费、税金的合计金额一致。

3.2.4　工程量清单计价表格

1. 工程量清单格式

15.1.1　封面。

（1）工程量清单：封—1。

（2）招标控制价：封—2。

（3）投标总价：封—3。

（4）竣工结算总价：封—4。

15.1.2　总说明：表—1。

15.1.3　汇总表。

（1）工程项目招标控制价（投标报价）汇总表：表—2。

（2）单项工程招标控制价（投标报价）汇总表：表—3。

（3）单位工程招标控制价（投标报价）汇总表：表—4。

（4）工程项目竣工结算汇总表：表—5。

（5）单项工程竣工结算汇总表：表—6。

（6）单位工程竣工结算汇总表：表—7。

15.1.4　分部分项工程量清单表。

（1）分部分项工程量清单与计价表：表—8。

（2）工程量清单综合单价分析表：表—9。

15.1.5　措施项目清单表。

（1）措施项目清单与计价表（一）：表—10。

（2）措施项目清单与计价表（二）：表—11。

15.1.6　其他项目清单表。

（1）其他项目清单与计价汇总表：表—12。

（2）暂列金额明细表：表—12—1。

（3）材料（工程设备）暂估单价表：表—12—2。

（4）专业工程暂估价表：表—12—3。

（5）计日工表：表—12—4。

（6）总承包服务费计价表：表—12—5。

（7）索赔与现场签证计价汇总表：表—12—6。

（8）费用索赔申请（核准）表：表—12—7。

（9）现场签证表：表—12—8。

15.1.7 规费、税金项目清单与计价表：表—13。

15.1.8 工程款支付申请（核准）表：表—14。

2. 计价表格使用规定

15.2.1 工程量清单与计价宜采用统一格式。各省、自治区、直辖市建设行政主管部门和行业建设主管部门可根据本地区、本行业的实际情况，在本规范计价表格的基础上补充完善。

15.2.2 工程量清单的编制应符合下列规定。

（1）工程量清单编制使用表格包括：封—1、表—1、表—8、表—10、表—11、表—12（不含表—12—6～8）、表—13。

（2）封面应按规定的内容填写、签字、盖章，造价员编制的工程量清单应有负责审核的造价工程师签字、盖章。

（3）总说明应按下列内容填写。

① 工程概况：建设规模、工程特征、计划工期、施工现场实际情况、自然地理条件、环境保护要求等。

② 工程招标和分包范围。

③ 工程量清单编制依据。

④ 工程质量、材料、施工等的特殊要求。

⑤ 其他需要说明的问题。

15.2.3 招标控制价、投标报价、竣工结算的编制应符合下列规定。

（1）使用表格。

① 招标控制价使用表格包括：封—2、表—1、表—2、表—3、表—4、表—8、表—9、表—10、表—11、表—12（不含表—12—6～8）、表—13。

② 投标报价使用的表格包括：封—3、表—1、表—2、表—3、表—4、表—8、表—9、表—10、表—11、表—12（不含表—12—6～8）、表—13。

③ 竣工结算使用的表格包括：封—4、表—1、表—5、表—6、表—7、表—8、表—9、表—10、表—11、表—12、表—13、表—14。

（2）封面应按规定的内容填写、签字、盖章，除承包人自行编制的投标报价和竣工结算外，受委托编制的招标控制价、投标报价、竣工结算若为造价员编制的应有负责审核的造价工程师签字、盖章以及工程造价咨询人盖章。

（3）总说明应按下列内容填写。

① 工程概况：建设规模、工程特征、计划工期、合同工期、实际工期、施工现场及变化情况、施工组织设计的特点、自然地理条件、环境保护要求等。

② 编制依据等。

15.2.4 投标人应按招标文件的要求，附工程量清单综合单价分析表。

3. 工程量清单计价表格样式

封—2

＿＿＿＿＿＿＿＿工程

招标控制价

招标控制价（小写）：＿＿＿＿＿＿＿＿

（大写）：＿＿＿＿＿＿＿＿

招标人：＿＿＿＿＿＿＿＿　　　　工程造价　＿＿＿＿＿＿＿＿
　　　　（单位盖章）　　　　　　咨询人：（单位资质专用章）

法定代表人　＿＿＿＿＿＿＿＿　　法定代表人　＿＿＿＿＿＿＿＿
或其授权人：（签字或盖章）　　　或其授权人：（签字或盖章）

编制人：＿＿＿＿＿＿＿＿　　　　复核人：＿＿＿＿＿＿＿＿
　　　　（造价人员签字盖专用章）　　　　（造价工程师签字盖专用章）

编制时间：　年　月　日　　　　　复核时间：　年　月　日

封—1

＿＿＿＿＿＿＿＿工程

工程量清单

招标人：＿＿＿＿＿＿＿＿　　　　工程造价　＿＿＿＿＿＿＿＿
　　　　（单位盖章）　　　　　　咨询人：（单位资质专用章）

法定代表人　＿＿＿＿＿＿＿＿　　法定代表人　＿＿＿＿＿＿＿＿
或其授权人：（签字或盖章）　　　或其授权人：（签字或盖章）

编制人：＿＿＿＿＿＿＿＿　　　　复核人：＿＿＿＿＿＿＿＿
　　　　（造价人员签字盖专用章）　　　　（造价工程师签字盖专用章）

编制时间：　年　月　日　　　　　复核时间：　年　月　日

封—4

_____工程

竣工结算总价

中标价（小写）：_____ （大写）：_____

结算价（小写）：_____ （大写）：_____

工程造价

咨询人：_____（单位资质专用章）

发包人：_____ 承包人：_____

（单位盖章） （单位盖章）

法定代表人 法定代表人

或其授权人：_____ 或其授权人：_____

（签字或盖章） （签字或盖章）

编制人：_____ 复核人：_____

（造价人员签字盖专用章） （造价工程师签字盖专用章）

编制时间： 年 月 日 复核时间： 年 月 日

封—3

投 标 总 价

招标人：_____

工程名称：_____

投标总价(小写)：_____

（大写）：_____

投标人：_____

（单位盖章）

法定代表人

或其授权人：_____

（签字或盖章）

编制人：_____

（造价人员签字盖专用章）

编制时间： 年 月 日

表—1

总 说 明

工程名称：   第 页 共 页

表—2

工程项目招标控制价/投标报价汇总表

工程名称：   第 页 共 页

序号	单项工程名称	金额/元	其　　中		
			暂估价/元	安全文明施工费/元	规费/元
合　　计					

注：本表适用于工程项目招标控制价或投标报价的汇总。

表—3

单项工程招标控制价/投标报价汇总表

工程名称：   第 页 共 页

序号	单位工程名称	金额/元	其　　中		
			暂估价/元	安全文明施工费/元	规费/元
合　　计					

注：本表适用于单项工程招标控制或投标报价的汇总。暂估价包括分部分项工程中的暂估价和专业
工程暂估价。

表—4

单位工程招标控制价/投标报价汇总表

工程名称：   第 页 共 页

序号	汇 总 内 容	金额/元	其中：暂估价/元
1	分部分项工程		
1.1			
1.2			
1.3			
1.4			
1.5			
2	措施项目		
2.1	安全文明施工费		
3	其他项目		
3.1	暂列金额		
3.2	专业工程暂估价		
3.3	计日工		
3.4	总承包服务费		
4	规费		
5	税金		
6	小计＝1＋2＋3＋4＋5		
	建设工程招标价调整系数		
7	招标控制价＝小计×(1－调整系数)		

注：本表适用于单项工程招标控制价或投标报价的汇总。

表—5

工程项目竣工结算汇总表

工程名称：   第 页 共 页

序号	单项工程名称	金额/元	其中/元	
			安全文明施工费	规费
	合 计			

表—6

单项工程竣工结算汇总表

工程名称： 　　　　　　　　　　　　　　　　　　　　　　第　页　共　页

序号	单项工程名称	金额/元	其中/元	
			安全文明施工费	规费
	合　　计			

表—7

单位工程竣工结算汇总表

工程名称： 　　　　　　　　　标段： 　　　　　　　　第　页　共　页

序号	汇　总　内　容	金额/元
1	分部分项工程	
1.1		
1.2		
1.3		
1.4		
1.5		
2	措施项目	
2.1	安全文明施工费	
3	其他项目	
3.1	暂列金额	
3.2	专业工程暂估价	
3.3	计日工	
3.4	总承包服务费	
4	规费	
5	税金	
	竣工结算总价合计＝1＋2＋3＋4＋5	

表—8

分部分项工程量清单与计价表

工程名称：　　　　　　　　　　　　标段：　　　　　　　　第 页 共 页

序号	项目编码	项目名称	项目特征描述	计量单位	工程量	金额/元		
						综合单价	合价	其中：暂估价
本页小计								
合　计								

注：根据原建设部、财政部发布的《建筑安装工程费用组成》(建标[2003]206 号)的规定，为计取
　　规费等的使用，可在表中增设"直接费"、"人工费"或"人工费＋机械费"。

表—9

工程量清单综合单价分析表

工程名称：　　　　　　　　　　　　标段：　　　　　　　　第 页 共 页

项目编码				项目名称			计量单位		
清单综合单价组成明细									
定额编号	定额名称	定额单位	数量	单价					
				人工费	材料费	机械费	管理费	利润	

				单价					合价				
定额编号	定额名称	定额单位	数量	人工费	材料费	机械费	管理费	利润	人工费	材料费	机械费	管理费	利润
综合人工工日		小计											
工日		未计价材料费											
清单项目综合单价													

材料费明细	主要材料名称、规格、型号	单位	数量	单价/元	合价/元	暂估单价/元	暂估合价/元
	其他材料费			—		—	
	材料费小计			—		—	

注：1. 如不使用省级或行业建设主管部门发布的计价依据，可不填定额项目、编号等。
　　2. 招标文件提供了暂估单价的材料，按暂估的单价填入表内"暂估单价"栏及"暂估合
　　　价"栏。

表—10

措施项目清单与计价表(一)

工程名称： 标段： 第 页 共 页

序号	项目名称	计算基础	费率/％	金额/元
1	安全文明施工费			
2	夜间施工费			
3	二次搬运费			
4	冬雨季施工			
5	大型机械设备进出场及安拆费			
6	施工排水			
7	施工降水			
8	地上、地下设施、建筑物的临时保护设施			
9	已完工程及设备保护			
10	各专业工程的措施项目			
11				
12				
	合　　计			

注：1. 本表适用于以"项"计价的措施项目。

2. 根据原建设部、财政部发布的《建筑安装工程费用组成》(建标[2003]206号)的规定，"计算基础"可为"直接费"、"人工费"或"人工费＋机械费"。

表—11

措施项目清单与计价表(二)

工程名称： 标段： 第 页 共 页

序号	项目编码	项目名称	项目特征描述	计量单位	工程量	金额/元	
						综合单价	合价
	本页小计						
	合　　计						

注：本表适用于以综合单价形式计价的措施项目。

表—12

其他项目清单与计价汇总表

工程名称：　　　　　　　　　　　　标段：　　　　　　　　　　　第　页　共　页

序号	项目名称	计量单位	金额/元	备注
1	暂列金额			明细详见表—12—1
2	暂估价			
2.1	材料暂估价			明细详见表—12—2
2.2	专业工程暂估价			明细详见表—12—3
3	计日工			明细详见表—12—4
4	总承包服务费			明细详见表—12—5
5				
合　计				

注：材料暂估单价进入清单综合单价，此处不汇总。

表—12—1

暂列金额明细表

工程名称：　　　　　　　　　　　　标段：　　　　　　　　　　　第　页　共　页

序号	项 目 名 称	计量单位	暂定金额/元	备注
1				
2				
3				
4				
5				
合　计				—

注：此表由招标人填写，如不能详列，也可只列暂定金额，投标人应将上述暂列金额计入投标总
价中。

表—12—2

材料暂估单价表

工程名称：　　　　　　　　　　　　标段：　　　　　　　　　　　第　页　共　页

序号	材料名称、规格、型号	计量单位	单价/元	备注

注：1. 此表由招标人填写，并在备注栏说明暂估价的材料拟用在哪些清单项目上，投标人应将上述
材料暂估单价计入工程量清单综合单价报价中。
2. 材料包括原材料、燃料、构配件以及按规定应计入建筑安装工程造价的设备。

表—12—3

专业工程暂估价表

工程名称： 标段： 第 页 共 页

序号	工 程 名 称	工程内容	金额/元	备注
合　计				—

注：此表由招标人填写，投标人应将上述专业工程暂估价计入投标总价中。

表—12—4

计 日 工 表

工程名称： 标段： 第 页 共 页

编号	项 目 名 称	单位	暂定数量	综合单价	合价
一	人工				
1					
2					
3					
4					
	人工小计				
二	材料				
1					
2					
3					
4					
5					
6					
	材料小计				
三	施工机械				
1					
2					
3					
4					
	施工机械小计				
合　计					

注：此表项目名称、数量由招标人填写，编制招标控制价时，单价由招标人按有关计价规定确定；
招标时，单价由投标人自主报价，计入投标总价中。

110

表—12—5

总承包服务费计价表

工程名称：　　　　　　　　　　　　　　　　标段：　　　　　　　　　　　第 页 共 页

序号	工程名称	项目价值/元	服务内容	费率/%	金额/元
1	发包人发包专业工程				
2	发包人供应材料				
合　　计					

表—12—6

索赔与现场签证计价汇总表

工程名称：　　　　　　　　　　　　　　　　标段：　　　　　　　　　　　第 页 共 页

序号	签证及索赔项目名称	计量单位	数量	单价/元	合价/元	索赔及签证依据
	本页小计					—
	合　　计					—

注：签证及索赔依据是指经双方认可的签证单和索赔依据的编号。

表—12—7

费用索赔申请(核准)表

工程名称：　　　　　　　　　　　　标段：　　　　　　　　　　第　页　共　页

<table>
<tr><td colspan="2">
致：_____（发包人全称）
　　根据施工合同条款第_____条的约定，由于_____原因，我方要求索赔金额(大写)_____元，
(小写)_____元，请予核准。
　　附：1. 费用索赔的详细理由和依据：
　　　　2. 索赔金额的计算：
　　　　3. 证明材料：

承包人(章)
承包人代表_____
日　　期_____
</td></tr>
<tr>
<td>
复核意见：
　　根据施工合同条款第_____条的约定，你方提出的费用索赔申请经复核：
　　□不同意此项索赔，具体意见见附件。
　　□同意此项索赔，索赔金额的计算，由造价工程师复核。

监理工程师_____
日　　期_____
</td>
<td>
复核意见：
　　根据施工合同条款第_____条的约定，你方提出的费用索赔申请经复核，索赔金额为(大写)_____元，(小写)_____元。

造价工程师_____
日　　期_____
</td>
</tr>
<tr><td colspan="2">
审核意见：
　□不同意此项索赔。
　□同意此项索赔，与本期进度款同期支付。

发包人(章)
发包人代表_____
日　　期_____
</td></tr>
</table>

　　注：1. 在选择栏中的"□"内作标识"√"。

　　　　2. 本表一式四份，由承包人填报，发包人、监理人、造价咨询人、承包人各存一份。

表—12—8

现场签证表

工程名称：　　　　　　　　　　标段：　　　　　　　　第　页　共　页

施工部位		日期	

致：_____（发包人全称）

　　根据施_____（指令人姓名）___年__月__日的口头指令或你方_____（或监理人）___年__月__日的书面通知，我方要求完成此项工作应支付价款金额为（大写）_____元，（小写）_____元，请予核准。

　　附：1. 签证事由及原因：

　　　　2. 附图及计算式：

承包人（章）

承包人代表_____

日　　　期_____

复核意见： 你方提出的此项签证申请经复核： □不同意此项签证，具体意见见附件。 □同意此项签证，签证金额的计算，由造价工程师复核。 监理工程师 _____ 日　　　期 _____	复核意见： 　　□此项签证按承包人中标的计日工单价计算，金额为（大写）_____元，（小写）_____元。 　　□此项签证因无计日工单价，金额为（大写）_____元，（小写）_____元。 造价工程师 _____ 日　　　期 _____

审核意见：

□不同意此项签证。

□同意此项签证，价款与本期进度款同期支付。

发包人（章）

发包人代表_____

日　　　期_____

注：1. 在选择栏中的"□"内作标识"√"。

　　2. 本表一式四份，由承包人在收到发包人（监理人）的口头或书面通知后填写，发包人、监理人、造价咨询人、承包人各存一份。

表—13

规费、税金项目清单与计价表

工程名称：　　　　　　　　　　　标段：　　　　　　　　　　　第　页　共　页

序号	项目名称	计算基础	费率/%	金额/元
1	规费			
1.1	工程排污费			
1.2	社会保障费			
(1)	养老保险费			
(2)	失业保险费			
(3)	医疗保险费			
1.3	住房公积金			
1.4	危险作业意外伤害保险			
1.5	工程定额测定费			
2	税金	分部分项工程费＋措施项目费＋其他项目费＋规费		
合　计				

注：根据原建设部、财政部发布的《建筑安装工程费用组成》（建标［2003］206号）的规定，"计算基础"可为"直接费"、"人工费"或"人工费＋机械费"。

表—14

工程款支付申请(核准)表

工程名称： 标段： 编号：

致：_____（发包人全称）

我方于_____至_____期间已完成了_____工作，根据施工合同的约定，现申请支付本期的工程款额为(大写)_____元，(小写)_____元，请予核准。

序号	名称	金额/元	备注
1	累计已完成的工程价款		
2	累计已实际支付的工程价款		
3	本周期已完成的工程价款		
4	本周期完成的计日工金额		
5	本周期应增加或扣减的变更金额		
6	本周期应增加或扣减的索赔金额		
7	本周期应抵扣的预付款		
8	本周期应扣减的质保金		
9	本周期应增加或扣减的其他金额		
10	本周期应实际支付的工程价款		

承包人(章)

承包人代表_____

日　　期_____

复核意见：

□与实际施工情况不相符，修改意见见附件。

□与实际施工情况相符，具体金额由造价工程师复核。

监理工程师_____

日　　期_____

复核意见：

你方提出的支付申请经复核，本期间已完工程款额为(大写)_____元，(小写)_____元，本期间应支付金额为(大写)_____元，(小写)_____元。

造价工程师_____

日　　期_____

审核意见：

□不同意。

□同意，支付时间为本表签发后的15天内。

发包人(章)

发包人代表_____

日　　期_____

注：1. 在选择栏中的"□"内作标识"√"。

　　2. 本表一式四份，由承包人填报，发包人、监理人、造价咨询人、承包人各存一份。

3.3 建筑与装饰工程计价表概述

3.3.1 工期定额

1. 工期定额的含义和作用

工期定额是指在一定的经济和社会条件下，在一定时期内由建设行政主管部门制定并发布的工程项目建设消耗时间标准。

2000 年 2 月 16 日颁布的《全国统一建筑安装工程工期定额》是在原城乡建设环境保护部 1985 年制定的《建筑安装工程工期定额》基础上，依据国家建筑安装工程质量检验评定标准、施工及验收规范等有关规定，按正常施工条件、合理的劳动组织，以施工企业技术装备和管理的平均水平为基础，结合各地区工期定额执行情况，在广泛调查研究的基础上修编而成。

工期定额具有一定的法规性，是编制招标文件的依据，是签订建筑安装工程施工合同、确定合理工期及施工索赔的基础，也是施工企业编制施工组织设计、确定投标工期、安排施工进度的参考，同时还是预算定额中计算垂直运输费的重要依据。

2. 工期定额的有关规定

1) 工期定额的适用范围

由于我国幅员辽阔、各地气候条件差别较大，故将全国划分为Ⅰ、Ⅱ、Ⅲ类地区，分别制定工期定额。

Ⅰ类地区：上海、江苏、浙江、安徽、福建、江西、湖北、湖南、广东、广西、四川、贵州、云南、重庆、海南。

Ⅱ类地区：北京、天津、河北、山西、山东、河南、陕西、甘肃、宁夏。

Ⅲ类地区：内蒙古、辽宁、吉林、黑龙江、西藏、青海、新疆。

同一省、自治区内由于气候条件不同，也可按工期定额地区类别划分原则，由省、自治区建设行政主管部门在本区域内再划分类区，报建设部批准后执行。

本定额是按各类地区情况综合考虑的，由于各地施工条件不同，允许各地有 15％以内的定额水平调整幅度，各省、自治区、直辖市建设行政主管部门可按上述规定，制定实施细则，报建设部备案。

2) 工期定额的内容

工期定额包括民用建筑工程(单项工程、单位工程)、工业及其他建筑工程(工业建筑工程、其他建筑工程)、专业工程(设备安装工程、机械施工工程)3 个部分内容。

单项工程。包括±0.00 以下工程(无地下室工程、有地下室工程)、±0.00 以上工程(①住宅工程；②宾馆、饭店工程；③综合楼工程；④办公、教学楼工程；⑤医疗、门诊楼工程；⑥图书馆工程)、影剧院、体育馆工程(影剧院工程、体育馆工程)。

单位工程。包括结构工程(±0.00 以下结构工程、±0.00 以上结构工程)、装修工程(宾馆、饭店工程、其他建筑工程)。

工业建筑工程。包括单层厂房(一类)工程、单层厂房(二类)工程、多层厂房(一类)工程、多层厂房(二类)工程、降压站工程、冷冻机房工程、冷库冷藏间工程、变电室工程、开闭所工程、锅炉房工程。

其他建筑工程。包括地下汽车库工程、汽车库工程、仓库工程、独立地下工程、服务用房工程、停车场工程、园林庭院工程、构筑物工程。

设备安装工程。包括电梯安装、起重机安装、锅炉安装、供热交换(热力点)设备安装、空调设备安装、通风空调安装、变电室安装、开闭所安装、降压站安装、发电机房安装、肉联厂屠宰间安装、冷冻机房安装、冷库冷藏间安装、空压站安装、自动电话交换机安装、金属容器安装、锅炉砌筑。

机械施工工程。包括构件吊装工程、网架吊装工程、机械土方工程、机械打桩工程、钻孔灌注桩工程、人工挖孔桩工程。

3) 工期定额说明

单项工程工期是指单项工程从基础破土开工(或原桩位打基础桩)起至完成建筑安装工程施工全部内容,并达到国家验收标准之日止的全过程所需的日历天数。

本定额工期以日历天数为单位。对不可抗力的因素造成工程停工,经承发包双方确认,可顺延工期。

因重大设计变更或发包方原因造成停工,经承发包双方确认后,可顺延工期。因承包方原因造成停工,不得增加工期。

施工技术规范或设计要求冬季不能施工而造成工程主导工序连续停工,经承发包双方确认后,可顺延工期。

本定额项目包括民用建筑和一般通用工业建筑。凡定额中未包括的项目,各省、自治区、直辖市建设行政主管部门可制定补充工期定额,并报建设部备案。

相关规定如下。

(1) 单项、单位工程中层高在 2.2m 以内的技术层不计算建筑面积,但计算层数。

(2) 出屋面的楼(电)梯间、水箱间不计算层数。

(3) 单项、单位工程层数超出本定额时,工期可按定额中最高相邻层数的工期差值增加。

(4) 一个承包方同时承包 2 个以上(含 2 个)单项、单位工程时,工期的计算以一个单项、单位工程的最大工期为基数,另加其他单项、单位工程工期综合乘以相应系数计算,如加 1 个乘以系数 0.35;加 2 个乘以系数 0.2;加 3 个乘以系数 0.15;4 个以上的单项、单位工程不另增加工期。

(5) 坑底打基础桩,另增加工期。

(6) 开挖一层土方后,再打护坡桩的工程,护坡桩施工的工期承发包双方可按施工方案确定增加天数,但最多不超过 50 天。

(7) 基础施工遇到障碍物或古墓、文物、流沙、溶洞、暗浜、淤泥、石方、地下水等需要进行基础处理时,由承发包双方确定增加工期。

(8) 单项工程的室外管线(不包括直埋管道)累计长度在 100m 以上,增加工期 10 天;道路及停车场的面积在 500m² 以上 1000m² 以下的增加工期 10 天;在 5000m² 以内的增加工期 20 天;围墙工程不另增加工期。

4) 工期定额示例

【例 3.2】 ±0.00 以下有地下室单项工程工期定额示例(见表 3-8)。

表 3-8　±0.00 以下有地下室单项工程工期定额示例

编号	层数	建筑面积	工期天数/d		
			Ⅰ类	Ⅱ类	Ⅲ类
1—1010	6 层以下	3000m² 以内	220	230	260
1—1011	6 层以下	5000m² 以内	235	245	275
1—1012	6 层以下	7000m² 以内	250	260	290
1—1013	6 层以下	7000m² 以外	270	280	310
1—1014	8 层以下	5000m² 以内	295	305	335
1—1015	8 层以下	7000m² 以内	305	320	350
1—1016	8 层以下	10000m² 以内	325	340	370
1—1017	8 层以下	15000m² 以内	350	365	395
1—1018	8 层以下	15000m² 以外	380	395	425

3.3.2　建筑工程及装饰工程的类别划分

1. 类别划分说明

1) 建筑工程类别划分说明

工程类别划分是根据不同的单位工程按施工难度程度，结合我省建筑工程项目管理水平确定的。

不同层数组成的单位工程，当高层部分屋面的水平投影面积占总水平投影面积的 30% 或以上时，按高层的指标确定工程类别，不足 30% 的按低层指标确定工程类别。

单独承包地下室工程的按二类标准取费，如地下室建筑面积大于等于 10000m² 则按一类标准取费。

建筑物、构筑物高度系指设计室外地面标高至檐口顶标高(不包括女儿墙，高出屋面电梯间、楼梯间、水箱间等的高度)，跨度系指轴线之间的宽度。

工业建筑工程：指从事物质生产和直接为生产服务的建筑工程，主要包括生产(加工)车间、实验车间、仓库、独立实验室、化验室、民用锅炉房、变电所和其他生产用建筑工程。

民用建筑工程：指直接用于满足人们的物质和文化生活需要的非生产性建筑，主要包括商住楼、综合楼、办公楼、教学楼、宾馆、宿舍及其他民用建筑工程。

构筑物工程：指与工业与民用建筑工程相配套且独立于工业与民用建筑的工程，主要包括烟囱、水塔、仓类、池类、栈桥等。

桩基础工程：指天然地基上的浅基础不能满足建筑物、构筑物和稳定要求而采用的一种深基础，主要包括各种现浇和预制桩。

强夯法加固地基、基础钢管支撑均按建筑工程二类标准执行。深层搅拌桩、粉喷桩、基坑锚喷护壁按制作兼打桩三类标准执行。专业预应力张拉施工如主体为一类工程按一类工程取费；主体为二、三类工程均按二类工程取费。

轻钢结构的单层厂房按单层厂房的类别降低一类标准计算，但不得低于最低类别标准。

预制构件制作工程类别划分按相应的建筑工程类别划分标准执行。

与建筑物配套的零星项目，如化粪池、检查井、分户围墙按相应的主体建筑工程类别标准确定外，其余如厂区围墙、道路、下水道、挡土墙等零星项目，均按三类标准执行。

建筑物加层扩建时要与原建筑物一并考虑套用类别标准。

确定类别时，地下室、半地下室和层高小于2.2m的均不计算层数。

凡工程类别标准中，有两个指标控制的，只要满足其中一个指标即可按指标确定工程类别。

在确定工程类别时，对于工程施工难度很大的（如建筑造型复杂、有地下室、基础要求高、有地下室采用新的施工工艺的工程等），以及工程类别标准中未包括的特殊工程，如展览中心、影剧院、体育馆、游泳馆、别墅、别墅群等，由当地工程造价管理部门根据具体情况确定，报上级造价管理部门备案。

2）装饰工程类别划分说明

单独装饰工程不分工程类别。

2. 工程类别划分

建筑工程的管理费和利润是以人工费和机械费之和为计算基础计取一定的费率而得的，而取费的费率在建筑工程中是与工程类别挂钩的，建筑工程工程类别划分见表3-9。

表3-9 建筑工程类别划分表

项目		类别	单位	一类	二类	三类
工业建筑	单层	檐口高度	m	≥20	≥16	<16
		跨度	m	≥24	≥18	<18
	多层	檐口高度	m	≥30	≥18	<18
民用建筑	住宅	檐口高度	m	≥62	≥34	<34
		层数	层	≥22	≥12	<12
	公共建筑	檐口高度	m	≥56	≥30	<30
		层数	层	≥18	≥10	<10
构筑物	烟囱	混凝土结构高度	m	≥100	≥50	<50
		砖结构高度	m	≥50	≥30	<30
	水塔	高度	m²	≥40	≥30	<30
	筒仓	高度	m	≥30	≥20	<20
	储池	容积（单体）	m³	≥2000	≥1000	<1000
	栈桥	高度	m	—	≥30	<30
		跨度	m	—	≥30	<30

（续）

项目	类别	单位	一类	二类	三类
大型机械吊装工程	檐口高度	m	≥20	≥16	<16
	跨度	m	≥24	≥18	<18
桩基础工程	预制混凝土（钢板）桩长	m	≥30	≥20	<20
	灌注混凝土桩长	m	≥50	≥30	<30

3.3.3 建筑面积计算规则

建筑面积是表示建筑物平面特征的重要几何参数，它是指建筑物各层水平平面面积之和，包括使用面积、交通面积和结构面积。它在建筑工程预算中的主要作用是：建筑面积是确定建筑工程技术经济指标的重要依据，是计算建筑工程及相关分部分项工程的依据，如楼地面、屋面的工程量大小均与建筑面积有一定的关联。

下面以建设部和国家质量监督检验检疫总局联合发布的《建筑工程建筑面积计算规范》（GB/T 50353—2005）（以下简称为本规范）中的建筑面积计算规则为例说明建筑面积的计算方法（本规范自 2006 年 1 月 1 日起贯彻施行）。

1. 计算建筑面积的范围和方法

（1）单层建筑物的建筑面积按建筑物外墙勒脚以上结构的外围水平面积计算（勒脚是墙根部很矮的一部分墙体加厚，不能代表整个外墙结构，因此要扣除勒脚墙体加厚的部分）。单层建筑物高度在 2.20m 及以上者应计算全面积；高度不足 2.20m 者应计算 1/2 面积。高度是指室内地面标高至屋面板板面结构标高之间的垂直距离。遇有以屋面板找坡的平屋顶单层建筑物，其高度是指室内地面标高至屋面板最低处板面结构标高之间的垂直距离。

【例 3.3】 已知某单层房屋平面和剖面图（见图 3.4），计算高度为 3.2m 和 2.0m 两种情况下该房屋的建筑面积。

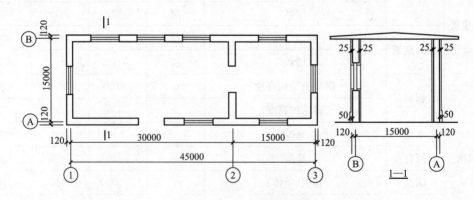

图 3.4 单层房屋平面和剖面图

分析：单层建筑物高度在 2.20m 及以上者应计算全面积；高度不足 2.20m 者应计算 1/2 面积。计算的尺寸应是结构外围尺寸。

解： 建筑面积 S_1(3.2m 高度)=(45.00+0.24)×(15.00+0.24)=689.46m²

建筑面积 S_2(2.0m 高度)=(45.00+0.24)×(15.00+0.24)÷2=344.73m²

答： 该房屋高度为 3.2m 时建筑面积为 689.46m²，高度为 2.0m 时建筑面积为 344.73m²。

（2）单层建筑物内设有局部楼层者，局部楼层的二层及以上楼层，有围护结构的应按其围护结构外围水平面积计算，无围护结构的应按其结构底板水平面积计算。层高在 2.20m 及以上者应计算全面积；层高不足 2.20m 者应计算 1/2 面积。

【例 3.4】 已知某房屋平面和剖面图（见图 3.5），计算该房屋的建筑面积。

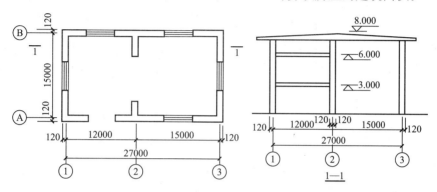

图 3.5 房屋平面和剖面图

分析： 该房屋为建筑物内部存在多层结构的，按第（2）条规则计算，同时要注意：内部层高未达到 2.2m 的应计算 1/2 面积（如内部第三层）。

解： 建筑面积 S =(27.00+0.24)×(15.00+0.24)+(12.00+0.24)

  ×(15.00+0.24)+12.24×15.24÷2

  =694.94m²

答： 该房屋的建筑面积为 694.94m²。

（3）多层建筑物建筑面积按各层建筑面积之和计算，首层建筑面积按外墙勒脚以上结构的外围水平面积计算，二层及二层以上按外墙结构的外围水平面积计算。层高在 2.20m 及以上者应计算全面积；层高不足 2.20m 者应计算 1/2 面积。

（4）高低连跨的建筑物，需分别计算建筑面积时，应以高跨结构外边线（有墙以墙、无墙以柱）为界分别计算。其高低内部连通时，其变形缝应计算在低跨面积内。

【例 3.5】 已知某连跨房屋平面和剖面图（见图 3.6），分别计算该房屋高跨和低跨的建筑面积。

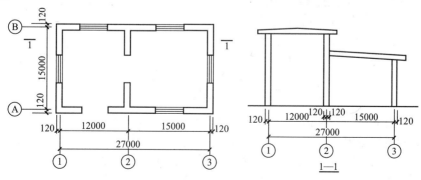

图 3.6 连跨房屋平面和剖面图

解：高跨建筑面积：$S_1 = (12.00+0.24) \times (15.00+0.24) = 186.54\text{m}^2$

低跨建筑面积：$S_2 = 15.00 \times (15.00+0.24) = 228.60\text{m}^2$

答：该房屋高跨建筑面积为 186.54m²，低跨建筑面积为 228.60m²。

（5）设有围护结构不垂直于水平面而超出底板外沿的建筑物，应按其底板面的外围水平面积计算。层高在 2.20m 及以上者应计算全面积；层高不足 2.20m 者应计算 1/2 面积。

【例 3.6】 已知某房屋平面和剖面图（见图 3.7），两层层高均为 3.0m，计算该房屋的建筑面积。

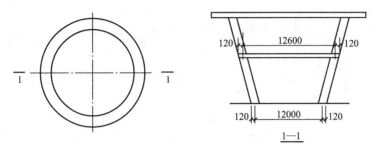

图 3.7 某房屋平面和剖面图

解：建筑面积：$S = 3.14 \times (6.00+0.12)^2 + 3.14 \times (6.30+0.12)^2 = 247.03\text{m}^2$

答：该房屋的建筑面积为 247.03m²。

（6）地下室、半地下室（车间、商店、车站、车库和仓库等），包括相应的有永久性顶盖的出入口，应按其外墙上口（不包括采光井、外墙防潮层及其保护墙）外边线所围水平面积计算。层高在 2.20m 及以上者应计算全面积；层高不足 2.20m 者应计算 1/2 面积。

【例 3.7】 已知某房屋和通向半地下室的带有永久性顶盖的坡道平面和剖面图（见图 3.8），计算该房屋的建筑总面积。

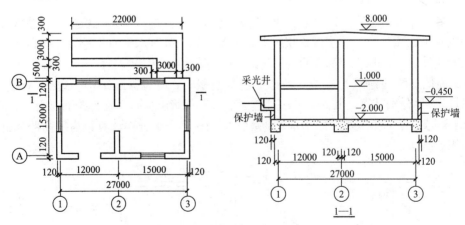

图 3.8 带有永久性顶盖的坡道平面和剖面图

分析：半地下室层高 3.0m，应计算建筑面积，但范围不包括采光井和保护墙。

解：房屋建筑面积：

$S_1 = (27.00+0.24) \times (15.00+0.24) + (12.00+0.24) \times (15.00+0.24)$

$\quad = 601.675\text{m}^2$

坡道建筑面积：
$$S_2 = 22.00 \times (3.00 + 0.30 + 0.30) + 0.50 \times (3.00 + 0.30 + 0.30)$$
$$= 81.000 m^2$$

总建筑面积：$S = S_1 + S_2 = 682.68 m^2$

答：该房屋的建筑总面积为 $682.68 m^2$。

(7) 多层建筑坡屋顶内和场馆看台下，当设计加以利用时净高超过 $2.10m$ 的部位应计算全面积；净高在 $1.20 \sim 2.10m$ 的部位应计算 1/2 面积；当设计不利用或室内净高不足 $1.20m$ 时不应计算面积。

【例3.8】 某砖混结构住宅楼，屋面采用双坡屋面，并利用坡屋顶的空间做阁楼层，屋盖结构层厚度 $10cm$，层高、层数等如图 3.9 所示。试计算该住宅的建筑面积。

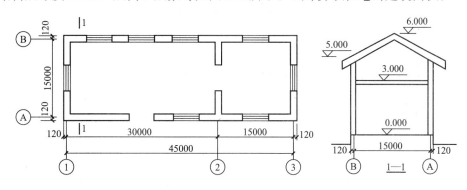

图 3.9　双坡屋面及阁楼层

解：达到 1.2m 但未达到 2.1m 净高的房屋宽度 $= \dfrac{(2.10 - 1.90)}{(5.90 - 4.90)} \times 7.50 \times 2 + 0.24$
$$= 3.24 m$$

达到 2.1m 净高的房屋宽度 $= 15.00 - 3.0 = 12.00 m$

阁楼部分建筑面积：$S_1 = 12.00 \times (45.00 + 0.24) + 45.24 \times 3.24 \div 2 = 616.169 m^2$

一层建筑面积：$S_2 = (45.00 + 0.24) \times (15.00 + 0.24) = 689.458 m^2$

总建筑面积：$S = S_1 + S_2 = 1305.63 m^2$

答：该住宅的建筑面积为 $1305.63 m^2$。

(8) 建筑物的门厅、大厅按一层计算建筑面积。门厅、大厅内设有回廊时，应按其结构底板水平面积计算。回廊层高在 $2.20m$ 及以上者应计算全面积；层高不足 $2.20m$ 者应计算 1/2 面积。

【例3.9】 某带回廊的建筑物平面图和剖面图如图 3.10 所示，求该建筑物的建筑面积。

分析：回廊是指在建筑物门厅、大厅内设置在二层或二层以上的回形走廊。图 3.10 所示的结构楼层共两层，其中一层夹了回廊。建筑物面积等于基本的两层面积加上回廊的面积。

解：楼层建筑面积：
$$S_1 = (27.00 + 0.24) \times (15.00 + 0.24) \times 2 = 830.275 m^2$$

回廊建筑面积：
$$S_2 = 3.00 \times (27.00 + 0.24 - 3.00 + 15.00 + 0.24 - 3.00) \times 2 = 218.880 m^2$$

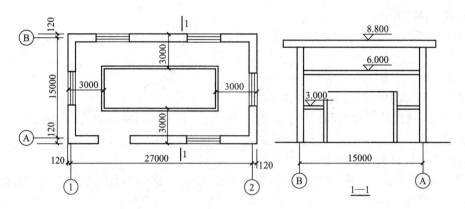

图 3.10　带回廊的建筑物平面图和剖面图

总建筑面积：$S = S_1 + S_2 = 1049.16\text{m}^2$

答：该建筑物的建筑面积为 1049.16m^2。

（9）建筑物内的室内楼梯间、电梯井、观光电梯井、提物井、管道井、通风排气竖井、垃圾道、附墙烟囱应按建筑物的自然层计算。有永久性顶盖的室外楼梯，应按建筑物自然层的水平投影面积的 1/2 计算；室外楼梯，最上层楼梯无永久性顶盖，或不能完全遮盖楼梯的雨篷，上层楼梯不计算面积，上层楼梯可视为下层楼梯的永久性顶盖，下层楼梯应计算面积。

室内楼梯间的面积计算，应按楼梯依附的建筑物的自然层数计算并在建筑物面积内。遇跃层建筑，其共用的室内楼梯应按自然层计算面积；上下两错层户室共用的室内楼梯，应选上一层的自然层计算面积。

（10）建筑物顶部有围护结构的楼梯间、水箱间、电梯机房等，层高在 2.20m 及以上者应计算全面积；层高不足 2.20m 者应计算 1/2 面积。

【例 3.10】　某电梯井平面外包尺寸 $4.50\text{m} \times 4.50\text{m}$，该建筑共 12 层，11 层层高均为 3.00m，1 层为技术层，层高 2.00m。屋顶电梯机房外包尺寸 $6.00\text{m} \times 8.00\text{m}$，层高 4.50m，求该电梯井与电梯机房总建筑面积。

解：电梯井建筑面积：$S_1 = 4.50 \times 4.50 \times 11 + 4.50 \times 4.50 \div 2 = 232.875\text{m}^2$

电梯机房建筑面积：$S_2 = 6.00 \times 8.00 = 48.000\text{m}^2$

总建筑面积：$S = S_1 + S_2 = 280.88\text{m}^2$

答：该电梯井与电梯机房总建筑面积为 280.88m^2。

（11）雨篷以其宽度超过 2.10m 或不超过 2.10m 衡量，超过 2.10m 者应按雨篷的结构板水平投影面积的 1/2 计算，不超过者不计算建筑面积。有柱雨篷和无柱雨篷计算应一致。

（12）立体书库、立体仓库、立体车库不论其有无围护结构，按结构层考虑。无结构层的应按一层计算，有结构层的应按其结构层面积分别计算。层高在 2.20m 及以上者应计算全面积；层高不足 2.20m 者应计算 1/2 面积。

（13）有围护结构的舞台灯光控制室，应按其围护结构外围水平面积计算。层高在 2.20m 及以上者应计算全面积；层高不足 2.20m 者应计算 1/2 面积。

（14）建筑物的阳台，无论是凹阳台、挑阳台、封闭阳台还是不封闭阳台均按其水平投影面积的一半计算。

【例3.11】 求如图3.11所示的3种封闭阳台一层(层高3.00m)的建筑面积。

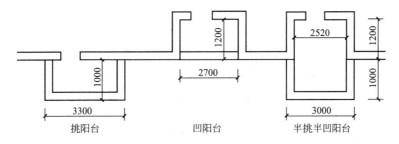

图3.11 3种封闭阳台

分析： 分清凹阳台、挑阳台、半挑半凹阳台的区别，注意不同阳台尺寸的区别。

解： 挑阳台建筑面积：$S_1 = 3.3 \times 1 \div 2 = 1.65 \text{m}^2$

凹阳台建筑面积：$S_2 = 2.7 \times 1.2 \div 2 = 1.62 \text{m}^2$

半挑半凹阳台建筑面积：$S_3 = (3.00 \times 1.00 + 2.52 \times 1.2) \div 2 = 3.01 \text{m}^2$

答： 该封闭挑阳台的建筑面积为1.65m^2，凹阳台的建筑面积为1.62m^2，半挑半凹阳台的建筑面积为3.01m^2。

(15) 建筑物外有围护结构的落地橱窗、门斗、挑廊、走廊、檐廊，应按其围护结构外围水平面积计算。层高在2.20m及以上者应计算全面积；层高不足2.20m者应计算1/2面积。有永久性顶盖无围护结构的应按其结构底板水平面积的1/2计算。

【例3.12】 求如图3.12所示的有柱和无柱两种挑廊的建筑面积(楼层层高均为3.00m)。

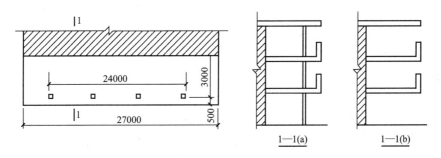

图3.12 有柱、无柱挑廊

分析： 楼层部位无论有柱、无柱均按其围护结构外围水平面积计算，底层因有永久性顶盖，按其结构底板水平面积的1/2计算。

解： 楼层面积：$S_1 = 27.00 \times (3.00 + 0.5) \times 2 = 189.00 \text{m}^2$

底层面积：$S_2 = 27.00 \times 3.50 \div 2 = 47.25 \text{m}^2$

总面积：$S = S_1 + S_2 = 236.25 \text{m}^2$

答： 两种挑廊的建筑面积均为236.25m^2。

(16) 建筑物间有围护结构的架空走廊，应按其围护结构外围水平面积计算，层高在2.20m及以上者应计算全面积；层高不足2.20m者应计算1/2面积。有永久性顶盖无围护结构的应按其结构底板水平面积的1/2计算。

【例3.13】 如图3.13所示为A、B两栋楼，层高均为2.80m，中间为三层联系走廊，走廊的水平投影面积为120m^2，计算走廊的建筑面积。

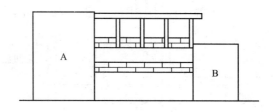

图 3.13　联系走廊

分析： 一层走廊无柱无围护，但二层走廊可作为其永久性顶盖，按结构底板水平面积的 1/2 计算；二、三层走廊有围护，按水平投影面积计算建筑面积。

解： 走廊的建筑面积：

$$S=120+120+60=300\mathrm{m}^2$$

答： 该走廊的建筑面积为 $300\mathrm{m}^2$。

（17）有永久性顶盖无围护结构的车棚、货棚、站台、加油站、收费站等，应按其顶盖水平投影面积的 1/2 计算。

【例 3.14】 求如图 3.14 所示的车棚建筑面积。

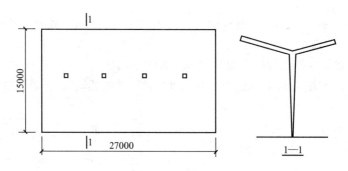

图 3.14　车棚

解： 车棚建筑面积：$S=0.5\times27.00\times15.00=202.50\mathrm{m}^2$

答： 该车棚的建筑面积为 $202.50\mathrm{m}^2$。

（18）有永久性顶盖无围护结构的场馆看台应按其顶盖水平投影面积的 1/2 计算。

（19）以幕墙作为围护结构的建筑物，应按幕墙外边线计算建筑面积。

注意： 幕墙如果作为装饰构件，或者说幕墙里面还有砖墙或其他围护结构，计算建筑面积应算至围护结构外围（玻璃幕墙的内口）。只有在幕墙内部没有其余的围护结构的情况下，建筑面积才算至幕墙的外口。

（20）建筑物外墙外侧有保温隔热层的，应按保温隔热层外边线计算建筑面积。

（21）建筑物内的变形缝，应按其自然层合并在建筑物面积内计算。本规范所指建筑物内的变形缝是与建筑物相连通的变形缝，即在建筑物内可以看得见的变形缝。

2. 不计算建筑面积的范围

（1）建筑物通道（骑楼、过街楼的底层）。

（2）建筑物内的设备管道夹层。

（3）建筑物内分隔的单层房间，舞台及后台悬挂幕布、布景的天桥、挑台等。

（4）屋顶水箱、花架、凉棚、露台、露天游泳池。

（5）建筑物内的操作平台、上料平台、安装箱和罐体的平台。

（6）勒脚、附墙柱、垛、台阶、墙面抹灰、装饰面、镶贴块料面层、装饰性幕墙、空调室外机搁板（箱）、飘窗、构件、配件、宽度在 2.10m 及以内的雨篷以及与建筑物内不相连通的装饰性阳台、挑廊。

（7）无永久性顶盖的架空走廊、室外楼梯和用于检修、消防等的室外钢楼梯、爬梯。

（8）自动扶梯、自动人行道。

（9）独立烟囱、烟道、地沟、油（水）罐、气柜、水塔、储油（水）池、储仓、栈桥、地下人防通道、地铁隧道。

3. 建筑面积计算中的有关术语

（1）层高：上下两层楼面或楼面与地面之间的垂直距离。

（2）自然层：按楼板、地板结构分层的楼层。

（3）架空层：建筑物深基础或坡地建筑吊脚架空部位不回填土石方形成的建筑空间。

（4）走廊：建筑物的水平交通空间。

（5）挑廊：挑出建筑物外墙的水平交通空间。

（6）檐廊：设置在建筑物底层出檐下的水平交通空间。

（7）回廊：在建筑物门厅、大厅内设置在二层或二层以上的回形走廊。

（8）门斗：在建筑物出入口设置的起分隔、挡风、御寒等作用的建筑过渡空间。

（9）建筑物通道：为道路穿过建筑物而设置的建筑空间。

（10）架空走廊：建筑物与建筑物之间，在二层或二层以上专门为水平交通设置的走廊。

（11）勒脚：墙根部很矮的一部分墙体加厚。

（12）围护结构：围合建筑空间四周的墙体、门、窗等。

（13）围护性幕墙：直接作为外墙起围护作用的幕墙。

（14）装饰性幕墙：设置在建筑物墙体外起装饰作用的幕墙。

（15）落地橱窗：突出外墙面根基落地的橱窗。

（16）阳台：供使用者进行活动和晾晒衣物的建筑空间。

（17）眺望间：设置在建筑物顶层或挑出房间的供人们远眺或观察周围情况的建筑空间。

（18）雨篷：设置在建筑物进出口上部的遮雨、遮阳篷。

（19）地下室：房间地平面低于室外地平面的高度超过该房间净高的 1/2 者为地下室。

（20）半地下室：房间地平面低于室外地平面的高度超过该房间净高的 1/3，但不超过 1/2 者为半地下室。

（21）变形缝：伸缩缝（温度缝）、沉降缝和抗震缝的总称。

（22）永久性顶盖：经规划批准设计的永久使用的顶盖。

（23）飘窗：为房间采光和美化造型而设置的突出外墙的窗。

（24）骑楼：楼层部分跨在人行道上的临街楼房。

（25）过街楼：有道路穿过建筑空间的楼房。

3.3.4　计价表的总说明

计价表的有关规定。

（1）计价表中规定的工作内容，均包括完成该项目过程的全部工序以及施工过程中所需的人工、材料、半成品和机械台班数量。除计价表中有规定允许调整外，其余不得因具体工程的施工组织设计、施工方法和工、料、机等耗用与计价表有出入而调整计价表用量。

（2）计价表中的檐高是指设计室外地面至檐口的高度。檐口高度按以下情况确定（见图 3.15）。

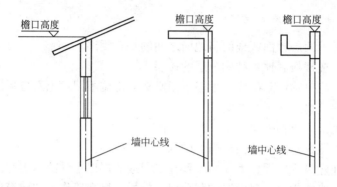

图 3.15　檐口高度确定

① 坡（瓦）屋面按檐墙中心线处屋面板面或椽子上表面的高度计算。

② 平屋面以檐墙中心线处平屋面的板面高度计算。

③ 屋面女儿墙、电梯间、楼梯间、水箱等高度不计入。

（3）计价表人工工资分别按一类工 28.00 元/工日，二类工 26.00 元/工日，三类工 24.00 元/工日计算。每工日按 8h 工作制计算。工日中包括基本用工、材料场内运输用工、部分项目的材料加工及人工幅度差。

（4）材料消耗量及有关规定包括以下各项内容。

① 计价表中材料预算价格的组成：

材料预算价格＝［采购原价（包括供销部门手续费和包装费）＋场外运杂费］
×1.02（采购保管费）

② 计价表项目中的主要材料、成品、半成品均按合格的品种、规格加附录中的操作损耗以数量列入定额，次要材料以"其他材料费"按"元"列入。

③ 周转性材料已按"规范"及"操作规程"的要求以摊销量列入相应项目。

④ 计价表中，混凝土以现场搅拌常用的强度等级列入项目，实际使用现场集中搅拌混凝土时综合单价应调整。计价表按 C25 以下的混凝土以 32.5 级水泥，C25 以上的混凝土以 42.5 级水泥，砌筑砂浆与抹灰砂浆以 32.5 级水泥的配合比列入综合单价；混凝土实际使用水泥级别与计价表取定不符，竣工结算时以实际使用的水泥级别按配合比的规定进行调整；砌筑、抹灰砂浆使用水泥级别与计价表取定不符，水泥用量不调整，价差应调整。本计价表各章项目综合单价取定的混凝土、砂浆强度等级，设计与计价表不符时可以调整。抹灰砂浆厚度、配合比与计价表取定不符，除各章已有规定外均不调整。

⑤ 计价表项目中的黏土材料，如就地取土者，应扣除黏土价格，另增挖、运土方人工费用。

⑥ 现浇、预制混凝土构件内的预埋铁件，应另列预埋铁件制作、安装等项目进行计算。

⑦ 计价表中，凡注明规格的木材及周转木材单价中，均已包括方板材改制成定额规格木材或周转木材的加工费。方板材改制成定额规格木材或周转木材的出材率按91％计算（所购置方板材＝定额用量×1.0989），圆木改制成方板材的出材率及加工费按各地造价处（站）规定执行。

⑧ 凡建设单位供应的材料，其税金的计算基础按税务部门规定执行。建设单位完成了采购和运输并将材料运至施工工地仓库交施工单位保管，施工单位退价时应按附录中材料预算价格除以1.01退给建设单位（1％作为施工单位的现场保管费）；凡甲供木材中板材（25mm厚以内）到现场退价时，按计价表分析用量和每立方米预算价格除以1.01再减49元后的单价退给甲方。

【例3.15】 某工程施工招标中甲方确定钢筋为甲供材，以3000元/t计入工程造价，实际按甲方钢筋购买价组成预算价格为4000元/t，结算中定额钢筋含量为200t，施工方从甲方领钢筋197t，现场甲方签证每吨钢筋下力费10元，计算施工单位应退价的数额。

分析：甲供材退价，数量应按实领数量；只要未超过定额数量，单价应按照怎么进工程造价，怎么退的原则扣除；退价时要注意保留材料预算价格中的杂费和下力费。

解：应退价的数量＝实领数量＝197t

$$应退价的单价＝3000÷1.01－10＝2960.30 元$$
$$应退价＝197×2960.30＝583179.10 元$$

答：施工单位应退价583179.10元。

【例3.16】 【例3.15】中如施工单位实际领钢筋220t，计算施工单位应退价的数额。

分析：施工方领料超过定额含量（甲方超供），超出部分材料按市场价退价；下力费甲方只承担定额含量类的部分，超出定额含量部分的下力费由施工方负责。

解：应退价的数量＝实领数量＝220t

应退价的单价：

$$定额含量内单价＝3000÷1.01＝2970.30 元$$
$$超供部分单价＝4000÷10.01＝3960.40 元$$
$$施工方保留下力费＝200×10＝2000 元$$
$$应退价＝200×2970.30＋20×3960.40－2000＝671268.00 元$$

答：施工单位应退价671268.00元。

【例3.17】 某工程施工招标中甲方确定木材为甲供材，以2000元/m³计入工程造价，实际按甲方木材购买价组成预算价格为2500元/m³，结算中定额木材含量为200m³，施工方从甲方领方板材205m³，现场甲方签证每m³方板材下力费10元，问施工单位应退价的数额。

分析：定额中的木材是按规格木材或周转木材考虑消耗量和单价的，而在实际工程中市场上购买的木材为方板材，在定额中的木材单价已考虑了有关方板材改制成规格木材或周转木材的加工费，因此，当木材为甲供时，退价的方式与其余材料有很大的不同。应采用对应退价的原则，即计价表分析用量（定额用量）和定额价扣除保管费、下力费、加工费后的单价退价给甲方。如出现超供，超供部分按市场价扣除。

解： 方板材定额量＝200(规格材)×1.0989＝219.78m³＞205m³

应退价的数量＝定额数量＝200m³

应退价的单价＝2000÷1.01－49(加工费)＝1931.20元

保留下力费＝205×10＝2050.00元

应退价＝200×1931.20－2050＝384190.00元

答： 施工单位应退价384190.00元。

(5) 计价表的垂直运输机械费已包含了单位工程在经江苏省调整后的国家定额工期内完成全部工程项目所需要的垂直运输台班费用。凡檐高在3.6m内的平房、围墙，层高在3.6m以内单独施工的一层地下室工程，不得计取垂直运输机械费。

(6) 计价表的机械台班单价是按《全国统一施工机械台班费用编制规则江苏地区预算价格》(2004年)取定；其中人工工资单价为26.00元/工日；汽油3.81元/kg；柴油3.28元/kg；煤0.39元/kg；电0.75元/(kW·h)；水2.80元/m³。工程实际发生的燃料动力价差可按实调整。

(7) 计价表中，除脚手架、垂直运输费用定额已注明其适用高度外，其余章节均按檐口高度在20m以内编制的。超过20m时，建筑工程另按建筑物超高增加费用定额计算超高增加费，单独装饰工程则另外计取超高人工降效费。

计价表已将2001年江苏省土建定额中的建筑物超高增加费分解为：垂直运输机械台班单价费用表、多层建筑用高层机械差价分摊费、机械降效、外脚手架垂直运输费、上下通信联络费用归入第22章(垂直运输机械费)；人工降效、高压水泵摊销费、垃圾管道摊销费归入第18章(高层施工增加费)；脚手架加固、脚手架材料周期延长摊销费归入第19章(脚手架工程)；脚手架挂安全网及铺安全竹笆片、洞口五临边电梯井护栏费用、电气保护安全照明设施费、消防设施及各类标牌摊销费归入安全措施费用中。

(8) 计价表中的塔吊、施工电梯基础、塔吊电梯与建筑物连接件项目，供编制施工图预算、标底及投标报价之用，竣工结算时按其规定可作部分调整。大型机械进退场费按附录二中的有关子目执行。

(9) 为方便发承包双方的工程量计算，计价表在附录一中列出了混凝土构件的模板、钢筋含量表，供参考使用。按设计图纸计算模板接触面积或使用混凝土含模量折算模板面积，同一工程两种方法仅能使用其中一种，不得混用。竣工结算时，使用含模量者，模板面积不得调整；使用含钢量者，钢筋应按设计图纸计算的重量进行调整。表3-10为混凝土及钢筋混凝土构件模板、钢筋含量表示例。

表3-10　混凝土及钢筋混凝土构件模板、钢筋含量表示例

分类	项目名称	混凝土计量单位	含模量/m²	含钢量/(t/m³)	
				钢筋φ12以内	钢筋φ12以外
现浇构件					
满堂基础	垫层	m³	0.20		
	无梁式	m³	0.52	0.024	0.056
	有梁式	m³	1.52	0.034	0.079

【例 3.18】 某钢筋混凝土现浇单梁，截面尺寸 $b \times h = 300mm \times 400mm$，梁长 3m，计算该梁的含模量。

分析：钢筋混凝土单梁采用左、下、右三面支模。

$$含模量 = \frac{构件模板接触面积}{构建混凝土体积}$$
$$= \frac{3 \times (0.4 + 0.3 + 0.40)}{0.3 \times 0.4 \times 3}$$
$$= 9.17 m^2/m^3$$

答：该梁的含模量为 $9.17 m^2/m^3$。

(10) 钢材理论重量与实际重量不符时，钢材数量可以调整；调整系数由施工单位提供资料与建设单位、设计单位共同研究确定。

(11) 市区沿街建筑在现场堆放材料有困难，汽车不能将材料运入巷内的建筑，材料不能直接运到单位工程周边需再次中转，建设单位不能按正常合理的施工组织设计提供材料、构件堆放场地和临时设施用地的工程而发生的二次搬运费用，按计价表 23 章子目执行。

(12) 工程施工用水、电，应由建设单位在现场装置水、电表，交施工单位保管使用，施工单位按电表读数乘以预算单价付给建设单位；如无条件装表计量，由建设单位直接提供水电，在竣工结算时按定额含量乘以预算价格单价付给建设单位。生活用电按实际发生金额支付。

注意：由于在现场未能装表计量的，定额规定应按定额含量来扣除水、电费，而电费是含在机械费中的，除非对定额中的机械费进行二次工料分析，否则直接进行定额的工料分析无法获得电的消耗量，目前开发的预算软件还未能支持机械费的二次分析。同时若无表计量，生活用电往往难以扣除。因此，现场管理人员为免于工程纠纷，最好在现场装表计量。

(13) 同时使用两个或两个以上系数时，采用连乘方法计算。

(14) 计价表中的缺项项目，由施工单位提出实际耗用的人工、材料、机械含量测算资料，经工程所在市工程造价管理处（定额站）批准并报省定额总站备案后方可执行。

(15) 计价表中凡注有"×××以内"均包括×××本身，"×××以上"均不包括×××本身。

(16) 计价表由江苏省工程建设标准定额总站负责解释。

本 章 小 结

本章教学内容：工程量清单计价的基本概念、意义、作用、一般规定、组成及格式、分部分项工程量清单编制依据、措施项目清单的组成及格式、其他项目、规费、税金清单的组成及格式、工程量清单计价的一般规定；建筑与装饰工程计价表的构成及使用、工期定额的应用；建筑面积的计算。

本章目的要求：了解工程量清单计价的方式、编制依据、方法和步骤，熟悉计价表的构成及应用，掌握建筑面积的计算方法。

本章重点：工程量清单及清单计价的编制方法和步骤、建筑面积的计算规则。

本章难点：分部分项工程量清单及清单计价的编制程序和方法，建筑面积计算中按全算、一半、不算的交叉条款。定额套用方法和清单综合单价的计算。

习　题

1. 某二类工程计算得其分部分项工程费为 416842.56 元，已知：现场安全文明施工措施费为 2%，临时设施费为 1%，检验试验费为 0.4%，工程定额测定费为 1‰，安全生产监督费为 0.6‰，建筑管理费为 3‰，税金为 3.44%。试计算该工程的工程造价。

2. 某砖混结构住宅楼，结构外围平面尺寸为 40m×12m，并利用坡屋顶的空间做阁楼层，层高、层数等如图 3.16 所示，屋顶结构层厚 100mm。试按计价表的规定计算该住宅的建筑面积。

3. A、B 两楼中间为三层联系走廊，走廊的水平投影面积为 120m²，层高为 3m，如图 3.17 所示，计算走廊的建筑面积。

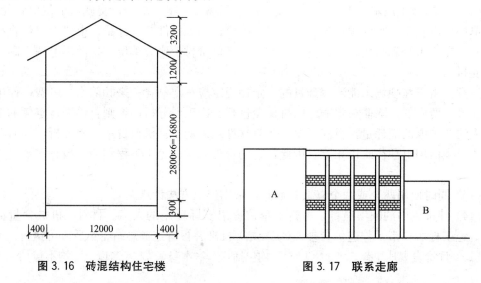

图 3.16　砖混结构住宅楼　　　　　　　图 3.17　联系走廊

4. 某工程施工招标中甲方确定水泥为甲供材，以 250 元/t 计入工程造价，实际按甲方水泥购买价组成预算价格为 280 元/t，结算中定额水泥含量为 500t，施工方从甲方领水泥 480t，现场甲方签证每吨水泥下力费 10 元，问施工单位应退价的数额。

5. 上题中施工方从甲方领水泥 600t，其余条件完全一样，问施工单位应退价的数额。

6. 某工程施工招标中甲方确定木材为甲供材，以 1500 元/m³ 计入工程造价，实际按甲方木材板材(25mm 厚以内)购买价组成预算价格为 1800 元/m³，结算中定额周转木材含量为 200m³，施工方从甲方领木材 215m³，现场甲方签证每 m³ 木材下力费 10 元，问施工单位应退价的数额。

7. 题 6 中施工方从甲方领取木材 240m³，其余条件完全一样，求施工单位应退价的数额。

第4章
实体项目计量与计价

本章主要阐述以下内容：土(石)方工程、桩与地基基础工程、砌筑工程、混凝土及钢筋混凝土工程、木结构工程、厂库房大门、特种门、木结构工程、金属结构工程、屋面及防水工程、防腐、隔热、保温工程、其他工程的计量与计价，通过本章的学习，应达到以下目标。

(1) 熟悉各主要分项工程的项目编码、项目名称、项目特征、计量单位、工程量计算规则以及工程内容。

(2) 掌握各主要分项工程的计量与计价方法。

(3) 掌握各主要分项工程工程量清单的编制，以及工程量清单计价单价分析。

教学要求

知识要点	能力要求	相关知识
工程量计算	掌握工程量计算原理及方法	三线、一面、一册；工程量计算方法
土(石)方工程	(1) 土石方工程量的计量与计价方法 (2) 掌握土石方工程量清单的编制 (3) 工程量清单计价单价分析	(1) 土石方工程工程量计算规则及工程内容 (2) 土石方工程量的计量与计价方法 (3) 土石方工程量清单综合单价的编制
桩与地基基础工程	(1) 掌握工程量的计量与计价方法 (2) 工程量清单编制、确定综合单价 (3) 工程量清单计价单价分析	(1) 工程量计算规则及工程内容 (2) 计量与计价方法 (3) 工程量清单编制时准确描述项目特征
砌筑工程	砌筑基础、墙体、柱、零星砖砌体、砖构筑物、砖散水、地坪、地沟的计量与计价	(1) 工程量计算规则及工程内容 (2) 工程量清单的编制及综合单价的计算 (3) 工程量清单计价单价分析
混凝土及钢筋混凝土工程	(1) 现浇混凝土项目的计量与计价 (2) 预制构件及构筑物的计量与计价 (3) 钢筋工程量的计算方法	(1) 现浇、预制构件工程量计算规则及工程内容 (2) 混凝土、钢筋工程量的计量与计价方法 (3) 混凝土、钢筋混凝土工程量清单的编制
厂库房大门、特种门、木结构工程	厂库房大门、特种门的适用范围、计量和计价	(1) 工程量计算规则及工程内容 (2) 工程量的计量与计价方法 (3) 工程量清单的编制
金属结构工程	金属结构工程的项目组成及工程量计算	(1) 工程量计算原理及方法 (2) 计价表计价及清单计价、编制方法
屋面及防水工程	瓦、型材屋面，屋面防水、墙、地面防水的计量与计价	(1) 屋面及防水工程工程量计算规则及工程内容 (2) 屋面及防水工程量的计量与计价方法 (3) 屋面及防水工程工程量清单的编制
防腐、隔热、保温工程	防腐、隔热、保温工程计量与计价	(1) 工程量计算规则及工程内容 (2) 计价表计价及清单计价、编制方法
其他工程	构件运输及安装工程，建筑物超高增加费用的计量与计价	(1) 构件运输及安装工程计价表计价 (2) 建筑物超高增加费用计价表计价

基本概念

实体项目，分部分项费用，分部分项工程清单价，计价依据，计价格式，土(石)方工程，地基与桩基础工程，砌筑工程，混凝土及钢筋混凝土工程，厂库房大门、特种门、木结构工程，金属结构工程，屋面及防水工程，防腐、隔热、保温工程。

引例

定额计价与工程量清单计价的主要区别如下。

1) 计价依据存在的区别

传统的定额计价模式是定额加费用的指令性计价模式，它是依据政府统一发布的预算定额、单位估价表确定人工、材料、机械费，再以当地造价部门发布的市场信息对材料价格补差，最后按统一发布的收费标准计算各种费用，最后形成工程造价。这种计价模式的价格都是指令性价格，不能真实反映投标企业的实际消耗量和单价、费用发生的真实情况。

工程量清单计价采用的是市场计价模式，由企业自主定价，实行市场调节的"量价分离"的计价模式。它是根据招标文件统一提供的工程量清单，将实体项目与非实体项目分开计价。实体性项目采用相同的工程量，由投标企业根据自身的特点及综合实力自主填报单价。而非实体项目则由施工企业自行确定。采用的价格完全由市场决定能够结合施工企业的实际情况，与市场经济相适应。

2) 单价构成的区别

定额计价采用的单价为定额基价，它只包含完成定额子目的工程内容所需的人工费、材料费及机械费，不包括间接费、计划利润、独立费及风险，其单价构成是不完整的，不能真实反映建筑产品的真实价格，与市场价格缺乏可比性。

工程量清单计价采用的单价为综合单价，它包含了完成规定的计量单位项目所需的人工费、材料费、机械费、管理费、计划利润，以及合同中明示或暗示的所有责任及一般风险，其价格构成完整，与市场价格十分接近，具有可比性，而且直观，简单明了。

3) 费用划分存在区别

定额计价将工程费用划分为定额直接费、其他直接费、间接费、计划利润、独立费用、税金。而清单计价则将工程费用划分为分部分项工程量清单、措施项目清单、规费、税金。两种计价模式的费用表现形式不同，但反映的工程造价内涵是一致的。

4) 子目设置的区别

定额计价的子目一般按施工工序进行设置，所包含的工程内容较为单一、细化。而工程量清单的子目划分则是按一个"综合实体"考虑的，一般包括多项工作内容，它将计量单位子目相近、施工工序相关联的若干定额子目，组成一个工程量清单子目，也就是全国统一的预算定额子目的基础上加以扩大和综合。

5) 计价规则的区别

工程量清单的工程量一般指净用量，它是按照国家统一颁布的计算规则，根据设计图纸计算得出的工程净用量。它不包含施工过程中的操作损耗量和采取技术措施的增加量，其目的在于将投标价格中的工程量部分固定不变，由投标单位自报单价，这样所有参与投标的单位均可在同一条起跑线和同一目标下开展工作，可减少工程量计算失误，节约投标时间。

定额计价的工程量不仅包含净用量，还包含施工操作的损耗量和采取技术措施的增加量，计算工程量时，要根据不同的损耗系数和各种施工措施分别计量，得出的工程量都不一样，容易引起不必要的争议。而清单工作量计算就简单得多，只计算净用量，不必考虑损耗量和措施增加用量，计算结果是一致的。

此外定额计价的工程量计算规则全国各地都不相同，差别较大。而工程量清单的计算规则是全国统一的，确定工程量时不存在地域上的差别，给招投标工作带来很大便利。

6）计算程序存在区别

定额计价法：首先按施工图计算单位工程的分部分项工程量，并乘以相应的人工、材料、机械台班单价，再汇总相加得到单位工程的人工、材料和机械使用费之和，然后在此使用费之和的基础上按规定的计费程序和指导费率计算其他直接费、间接费、计划利润、独立费和税金，最终形成单位工程造价。

工程量清单的计算程序是：首先计算工程量清单，其次是编制综合单价，再将清单各分项的工程量与综合单价相乘，得到各分项工程造价，最后汇总分项造价，形成单位工程造价。相比之下，工程量清单的计算程序显得简单明了，更适合工程招标采用，特别便于评标时对报价的拆分及对比。

7）招标评标办法存在区别

采用定额计价招标，标底的计算与投标报价的计算是按同一定额，同一工程量，同一计算程序进行计价，因而评标时对人工、材料、机械消耗量和价格的比较是静态的，是工程造价计算准确度的比较，而非投标企业的施工技术、管理水平、企业优势等综合实力的比较。

工程量清单报价采用的是市场计价模式，投标单位根据招标人统一给出的工程量清单，按国家统一发布的实物消耗量定额，结合企业本身的实际消耗定额进行调整，以市场价格进行计价，完全由施工单位自行定价，充分实现投标报价与工程实际和市场价格相吻合，做到科学、合理地反映工程造价。评标时对报价的评定，不再以接近标底为最优，而是以"合理低价标价，不低于企业成本价"的标准进行评定。评标的重点是对报价的合理性进行判断，找出不低于企业成本的合理低标价，将合同授予合理低标者。这样一来，可促使投标单位把投标的重点转移到如何合理地确定企业的标价上来，有利于招投标的公平竞争、优胜劣汰。

前者是按国家规定的定额计算，后者是按企业实际情况计算的。定额计价模式下：投标人拿到图纸自己算工程量，必须套用地区统一定额报价；清单计价模式：招标人提供工程量清单（已经算好工程量），投标人投标时不得更改工程量，根据自己企业的实际情况自主报价。

根据前文介绍，分部分项工程费等于工程量乘以综合单价，而分部分项工程费又是获得工程造价的基础。

计算分部分项工程量和计算综合单价都是与定额分不开的，定额中有关于工程量的计算规则和说明，这些计算规则和说明直接决定了如何使用定额（使用定额时需要使用者根据定额的说明和计算规则来理解运用，所以定额说明就如同购买产品时，所附的使用说明一样）。因此，要使用定额首先要正确理解工程量计算规则和说明。

建筑工程工程量清单计价根据工程的情况，主要可分为：①土（石）方工程；②地基与桩基础工程；③砌筑工程；④混凝土及钢筋混凝土工程；⑤厂库房大门、特种门、木结构工程；⑥金属结构工程；⑦屋面及防水工程；⑧防腐、隔热、保温工程。

4.1 工程量计算原理及方法

4.1.1 统筹法计算工程量

1. 利用基本数据简化计算

建筑工程中有一些数据，在计算工程量时经常要用到，可以采取先将基本数据计算出来，在计算与基本数据相关的工程量时，可以在基本数据的基础上计算，达到简化计算的目的。通过对工程的归纳，基本数据主要为三线一面一册。

（1）外墙外边线。

$$外墙外边线 L_外＝建筑平面图的外围周长之和 \qquad (4-1)$$

有了 $L_外$ 可以在计算勒脚、腰线、勾缝、外墙抹灰、散水、明沟等分项工程时减少重复计算工程量。

（2）外墙中心线。

$$外墙中心线 L_中＝L_外－墙厚×4 \qquad (4-2)$$

$L_中$ 可以用来计算外墙挖地槽（$L_中×断面$）、基础垫层（$L_中×断面$）、砌筑基础（$L_中×断面$）、砌筑墙身（$L_中×断面$）、防潮层（$L_中×防潮层宽度$）、基础梁（$L_中×断面$）、圈梁（$L_中×断面$）等分项工程工程量。

（3）内墙净长线。

$$内墙净长线 L_内＝建筑平面图中所有内墙净长度之和 \qquad (4-3)$$

$L_内$ 可以用来计算内墙挖地槽、基础垫层、砌筑基础、砌筑墙身、防潮层、基础梁、圈梁等分项工程的工程量。

（4）底层建筑面积。

$$底层建筑面积 S＝建筑物底层平面图勒脚以上结构的外围水平投影面积 \qquad (4-4)$$

S 可以用来计算平整场地、地面、楼面、屋面和天棚等分项工程的工程量。

（5）对于一些标准构件，可以采用组织力量一次计算，编制成册，在下次使用时直接查用手册的方法，这样既可以减少每次的计算量，又保证了准确性。

2. 合理安排计算顺序

工程量计算顺序的安排是否合理，直接关系到预算工作效率的高低。按照通常的习惯，工程量的计算一般是根据施工顺序或定额顺序进行的，在熟练的基础上，也可以根据计算方便的顺序进行工程量计算。例如，如果存在一些分项工程的工程量紧密相关，有的要算体积，有的要算面积，有的要算长度的情况下，应按照长度→面积→体积的顺序计算，可避免重复计算和反复计算中可能导致的计算错误。

例如室内地面工程，存在挖土（体积）、垫层（体积）、找平层（面积）、面层（面积）4道工序。如果按照施工顺序，将先算体积，后算面积，体积的数据对面积无借鉴作用，反之，先算面层、找平层得到面积，可以采用面积×厚度的方法计算垫层和挖土的体积。

3. 结合工程实际灵活计算

用"线"、"面"、"册"只是一般常用的工程量计算方法，实际工程运用中不能生搬硬套，需要根据工程实际情况灵活处理。

（1）如果有关的构件断面形状不唯一，对应的基础"线"也就不能只算一个，需要根据图形分段计算"线"。

（2）基础数据对于许多分项工程有借鉴的作用，但有些不能直接借鉴，需要对基础数据进行调整。例如，$L_内$ 用于内墙地槽，由于地槽长度是地槽间净长，而 $L_内$ 是墙身间净长，需要在 $L_内$ 的基础上减去地槽与墙身的厚度差才能用于地槽的工程量计算。

4.1.2 工程量计算的方法

1. 计算顺序

（1）单位工程的计算顺序。

① 按照施工顺序的先后来计算工程量。例如民用建筑，按照土方、基础、墙体、混凝土、钢筋、地面、楼面、屋面、门窗安装、外抹灰、内抹灰、油漆涂料、玻璃等顺序进行计算。

② 按定额顺序计算。按照定额上的分章或分部分项工程的顺序进行计算，这种方法对初学者尤其适合。

（2）分项工程的计算顺序。

① 按照图纸的"先横后竖、先下后上、先左后右"顺序计算。例如计算基础相关工程量可以采用这种方法。

② 按照图纸的顺时针方向计算。例如，计算楼地面、屋面等分项工程可以采用这种计算方法。

③ 按图纸分项编号顺序计算。例如，计算混凝土构件、门窗构件等可以采用这种计算方法。

2. 计算工程量的步骤

（1）列出计算式。

（2）演算计算式。

（3）调整计量单位。

3. 注意事项

（1）工程量的计算必须与项目对应，按照项目的工程量计算规则进行计算。

（2）工程量必须分层分段、按一定的顺序计算，尽量采用统筹法进行计算。

（3）按图纸进行计算，列出工程量计算式。

（4）计算结束注意自我检查。

4.2 土(石)方工程计量与计价

4.2.1 土(石)方工程工程量清单的编制

1. 本节内容

本节主要内容包括：《房屋建筑与装饰工程计量规范》（GB 500854—2013)附录 A(土石方工程)的内容，即：①土方工程；②石方工程；③土(石)方回填。

2. 有关规定

1）土方工程规定

（1）挖土应按自然地面测量标高至设计地坪标高的平均厚度确定。竖向土方、山坡切土开挖深度应按基础垫层底表面标高至交付施工现场地标高确定，无交付施工场地标高时，应按自然地面标高确定。

（2）建筑物场地厚度≤±300mm 的挖、填、运、找平，应按本表中平整场地项目编码列项。厚度>±300mm 的竖向布置挖土或山坡切土应按本表中挖一般土方项目编码列项。

（3）沟槽、基坑、一般土方的划分为：底宽≤7m，底长>3 倍底宽为沟槽；底长≤3 倍底宽、底面积≤150m² 为基坑；超出上述范围则为一般土方。

（4）挖土方如需截桩头时，应按桩基工程相关项目编码列项。

（5）弃、取土运距可以不描述，但应注明由投标人根据施工现场实际情况自行考虑，决定报价。

（6）土壤的分类应按表 A.1-1 确定，如土壤类别不能准确划分时，招标人可注明为综合，由投标人根据地勘报告决定报价。

（7）土方体积应按挖掘前的天然密实体积计算。如需按天然密实体积折算时，应按表 A.1-2 系数计算。

（8）挖沟槽、基坑、一般土方因工作面和放坡增加的工程量（管沟工作面增加的工程量），是否并入各土方工程量中，按各省、自治区、直辖市或行业建设主管部门的规定实施，如并入各土方工程量中，办理工程结算时，按经发包人认可的施工组织设计规定计算，编制工程量清单时，可按表 A.1-3、A.1-4、A.1-5 规定计算。

（9）挖方出现流砂、淤泥时，应根据实际情况由发包人与承包人双方现场签证确认工程量。

（10）管沟土方项目适用于管道（给排水、工业、电力、通信）、光（电）缆沟（包括：人孔桩、接口坑）及连接井（检查井）等。

2）石方工程规定

（1）挖石应按自然地面测量标高至设计地坪标高的平均厚度确定。基础石方开挖深度应按基础垫层底表面标高至交付施工现场地标高确定，无交付施工场地标高时，应按自然地面标高确定。

（2）厚度>±300mm 的竖向布置挖石或山坡凿石应按本表中挖一般石方项目编码列项。

（3）沟槽、基坑、一般石方的划分为：底宽≤7m，底长>3 倍底宽为沟槽；底长≤3 倍底宽、底面积≤150m² 为基坑；超出上述范围则为一般石方。

（4）弃碴运距可以不描述，但应注明由投标人根据施工现场实际情况自行考虑，决定报价。

（5）岩石的分类应按表 A.2-1 确定。

（6）石方体积应按挖掘前的天然密实体积计算。如需按天然密实体积折算时，应按规范表A.2-2系数计算。

（7）管沟石方项目适用于管道（给排水、工业、电力、通信）、电缆沟及连接井（检查井）等。

3. 工程量计算规则

1）土方工程（附录A.1，编码：010101）

平整场地（010101001）按设计图示尺寸以建筑物首层建筑面积计算。

挖一般土方（010101002）按设计图示尺寸以体积计算。

挖沟槽土方（010101003）、挖基坑土方（010101004）房屋建筑按设计图示尺寸以基础垫层底面积乘以挖土深度计算；构筑物按最大水平投影面积乘以挖土深度（原地面平均标高至坑底高度）以体积计算。

冻土开挖（010101005）按设计图示尺寸开挖面积乘以厚度以体积计算。

挖淤泥、流沙（010101006）按设计图示位置、界限以体积计算。

管沟土方（010101007）以 m 计量，按设计图示以管道中心线长度计算；或以 m^3 计量，按设计图示管底垫层面积乘以挖土深度计算，无管底垫层按管外径的水平投影面积乘以挖土深度计算。

2）石方工程（附录A.2，编码：010102）

挖一般石方（010102001）按设计图示尺寸以体积计算。

挖沟槽石方（010102002）按设计图示尺寸沟槽底面积乘以挖石深度以体积计算。

挖基坑石方（010102003）按设计图示尺寸基坑底面积乘以挖石深度以体积计算。

基底摊座（010102004）按设计图示尺寸以展开面积计算。

管沟石方（010102005）按设计图示以管道中心线长度计算。以 m 计量，按设计图示以管道中心线长度计算；或以 m^3 计量，按设计图示截面积乘以长度计算。

3）回填（附录A.3，编码：010103）

回填方（010103001）按设计图示尺寸以体积计算。

余方弃置（010103002）按挖方清单项目工程量减利用回填方体积（正数）计算。

缺方内运（010103003）按挖方清单项目工程量减利用回填方体积（负数）计算。

4. 土（石）方工程清单编制示例

【例4.1】 图4.1为某建筑物的基础图，图中轴线为墙中心线，墙体为普通黏土实心一砖墙，室外地面标高为-0.2m，室外地坪以下埋设的基础体积为 $22.23m^3$。计算土（石）方工程的工程量清单。

解：（1）列项目010101004001，010103001001。

（2）计算工程量。

010101004 挖基础土方：$0.7 \times 2.3 \times (6 \times 2 + 8 \times 2 - 6 - 0.7) = 34.29m^3$

010103001 基础土方回填：$34.29 - 22.23 = 12.06m^3$

（3）工程量清单，见表4-1。

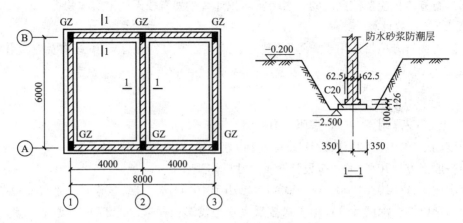

图 4.1 条形基础平面图

表 4-1 工程量清单

序号	项目编码	项目名称	项目特征	计量单位	工程数量
1	010101004001	挖基础土方	(1) 土壤类别：三类干土 (2) 基础类型：条形基础 (3) 基础垫层宽度：0.7m (4) 挖土深度：2.3m (5) 弃土距离：150m	m³	53.61
2	010103001001	基础土方回填	(1) 土壤类别：一类干土 (2) 回填土运距：150m (3) 回填要求：人工夯填	m³	31.38

4.2.2　土(石)方工程分部分项费用计算

土(石)方工程是指采用人工或机械的方法，对天然土(石)体进行挖、运、回填等工作。

1. 本节内容

本节主要包括人工土(石)方和机械土(石)方两部分。

人工土(石)方包括：①人工挖土方；②人工挖地槽、地沟；③人工挖地坑；④山坡切土、挖淤泥、流沙、支挡土板；⑤人工、人力车运土(石)方；⑥平整场地、回填土、打夯；⑦人工挖石方。

机械土(石)方包括：①推土机推土；②铲运机铲土；③挖掘机挖土；④装载机铲松散土、自装自运土；⑤自卸汽车运土；⑥强夯法加固地基；⑦平整场地、碾压；⑧机械打眼爆破石方；⑨推土机推渣；⑩挖掘机挖渣；⑪自卸汽车运渣。

2. 人工土(石)方的有关规定

1) 人工挖土方

(1) 人工挖土方是指凡槽底宽大于3m,或基坑底面积大于20m²,或平整场地设计室外标高以下深度超过30cm的土方工程。

槽、坑尺寸以图示为准,建筑场地以设计室外标高为准。

挖土方工作内容包括:挖土、抛土或装筐,修整底边。

(2) 人工挖沟槽、地沟。

沟槽又称基槽,指图示槽底宽(含工作面)在3m以内,且槽底长大于槽宽3倍以上的挖土工程。

地沟又称管道沟,是为埋设室外管道所挖的土方工程。

(3) 人工挖基坑又称地坑,指图示坑底面积(含工作面)小于20m²,坑底的长与宽之比小于3的挖土工程。对于大开挖后的桩间挖土也套用人工挖地坑定额。

挖沟槽、基坑土方,工作内容包括:挖土、抛土于槽、沟边1m以外或装筐、整修底边。土壤划分见表4-2。

表4-2 土壤划分

土壤划分	土壤名称	工具鉴别方法	紧固系数 f
一类土	①砂;②略有黏性的砂土;③腐植物及种植物土;④泥炭	用锹或锄挖掘	0.5~0.6
二类土	①潮湿的黏土和黄土;②软的碱土或盐土;③含有碎石、卵石或建筑材料碎屑的堆积土和种植土	主要用锹或锄挖掘,部分用镐刨	0.61~0.8
三类土	①中等密实的黏性土或黄土;②含有卵石、碎石或建筑材料碎屑的潮湿的黏性土和种植土	主要用镐刨,少许用锹或锄挖掘	0.81~1.0
四类土	①坚硬密实的黏性土或黄土;②硬化的重盐土;③含有10%~30%的重量在25kg以下的石块中等密实黏性土或黄土	全部用镐刨,少许用撬棍挖掘	1.01~1.5

(4) 土方、地槽、地坑分为干土、湿土两大类。干土、湿土中又分为一类、二类、三类、四类4种,土壤的划分见表4-2。干土、湿上的划分,应以地质勘察资料为准;如无资料时以地下常水位为准,常水位以上为干土,常水位以下为湿土。采用人工降低地下水位时,干、湿土的划分仍以常水位为准。

(5) 山坡切土仅指山脚边切去一部分土方。

山坡切土的工作内容包括:挖土、抛土或装筐。

(6) 挡土板是挖土时对沟槽、基坑侧壁土方的一种支护措施。施工中根据挡土板的情况可以采用密撑或疏撑,在定额中无论是密撑还是疏撑一概不调整,施工中挡土板的材料不同也不调整。

支挡土板的工作内容包括:制作、安装、拆除挡土板、堆放至指定地点。

2）人工运土（石）方

人工运土（石）方包括运、卸土（石）方，不包括装土。运剩余的松土或堆积期在 1 年以内的堆积土，除按运土方定额执行外，另增加挖一类土的定额项目。取自然土回填时，按土壤类别执行挖土定额。

3）回填土方

原土打夯指对原土进行打夯，可提高密实度，其中，"原土"是指自然状态下的地表面或开挖出的槽（坑）底部原状土。原土打夯一般用于基底浇筑垫层前或室内回填前，对原土地基进行加固。

原土打夯的工作内容主要是一夯压半夯（两遍为准）。

回填土指将符合要求的土料填充到需要的部分。根据不同部位对回填土的密实度要求不同，可分为松填和夯填。松填是指将回填土自然堆积或摊平。夯填是指松土分层铺摊，每层厚度 20～30cm，初步平整后，用人工或电动夯实机密实，但没有密实度要求。一般槽（坑）和室内回填土采用夯填。

回填土的工作内容包括：夯填为 5m 内取土、碎土、平土、找平、泼水和夯实（一夯压半夯，两遍为准）；松填为 5m 内取土、碎土、找平。

余土外运、缺土内运是指当挖出的土方大于回填土方时，用于回填后剩下的土称余土，将该部分土运出工地现场称余土外运；当挖出的土方小于回填所需的土方时，所缺少的土需要从外边取土满足回填土要求称缺土内运。

平整场地是指对建筑场地自然地坪与设计室外标高高差±30cm 内的人工就地挖、填、找平，便于进行施工放线，如图 4.2 所示。围墙、挡土墙、窨井、化粪池等不计算平整场地。

平整场地的工作内容包括：厚度在 300mm 以内的挖、填、找平。

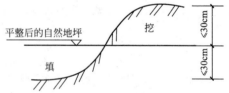

图 4.2 场地平整示意图

4）人工挖石方

人工挖石方根据具体情况也分成地面挖石、沟槽挖石和基坑挖石，这 3 种情况的区分与人工挖土的人工土方、沟槽土方和基坑土方相同。人工挖石方根据石头的情况可分为松石、次坚石、普坚石、特坚石（见表 4-3）。

人工挖石方、沟槽的挖方人工中包括对底部进行局部剔打，使之达到设计标高。

表 4-3 岩石划分

岩石分类	岩石名称	用轻钻机钻进 1m 耗时/min	开挖方法及工具	紧固系数 f
松石	①含有重量在 50kg 以内的巨砾（占体积 10% 以上）的冰渍石；②砂藻岩和软白里岩；③胶结力弱的砾岩；④各种不坚实的片岩	小于 3.5	部分用手凿工具，部分用爆破开挖	1.51～2.0
次坚石	①凝灰岩和浮石；②中等硬度的片岩；③石灰岩；④坚实的泥板岩；⑤砾质花岗岩；⑥砂质云片岩；⑦硬石膏	3.5～8.5	用风镐和爆破开挖	2.01～8.0

（续）

岩石分类	岩石名称	用轻钻机钻进1m耗时/min	开挖方法及工具	紧固系数 f
普坚石	①严重风化的软质的花岗岩、片麻岩石和正长岩；②致密的石灰岩；③含有卵石沉积的渣质胶结的卵石；④白云岩；⑤坚固的石灰岩	8.5~18.5	用爆破方法开挖	8.01~12.0
特坚石	①粗花岗岩；②非常坚硬的白云岩；③具有风化痕迹的安山岩和玄武岩；④中粒花岗岩；⑤坚固的石英岩；⑥拉长玄武岩和橄榄石	18.5以上	用爆破方法开挖	12.01~25.0

3. 人工土(石)方的工程量计算规则

1）平整场地

平整场地工程量是按建筑物外墙外边线每边各加2m，以平方米(m²)计算。

【例4.2】 已知某建筑物一层建筑平面图(图4.3)，计算该建筑物平整场地工程量。

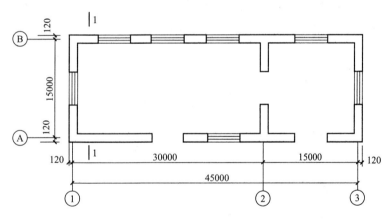

图4.3 建筑平面图

解： 平整场地工程量＝$S_底$＋$2L_外$＋16

底层建筑面积 $S_底$＝15.24×45.24＝689.46m²

建筑外墙外边线周长 $L_外$＝2×(15.24＋45.24)＝120.96m

平整场地工程量＝689.46＋2×120.96＋16＝947.38m²

答： 该建筑物平整场地工程量为947.38m²。

2）人工挖土(石)方

(1) 土方体积。以挖凿前的天然密实体积(m³)为准，若虚方计算，按表4-4进行折算。

表 4-4　土方体积折算系数表

虚方体积	天然密实体积	夯实后体积	松填体积
1.00	0.77	0.67	0.83
1.30	1.00	0.87	1.08
1.50	1.15	1.00	1.25
1.20	0.92	0.80	1.00

（2）基础施工开挖断面尺寸的计算。

① 工作面。工作面是指人工操作或支撑模板所需要的断面宽度，与基础材料和施工工序有关。基础施工所需工作面宽度按表 4-5 进行计算。

表 4-5　基础施工所需工作面宽度表　　　　　单位：mm

基础材料	每边各增加工作面宽度
砖基础	以最下一层大放脚边至地槽(坑)边200
浆砌毛石、条石基础	以基础边至地槽(坑)边150
混凝土基础支模板	以基础边至地槽(坑)边300
基础垂直面做防水层	以防水层面的外表面至地槽(坑)边800

② 开挖断面尺寸。开挖断面宽度是由基础底(垫层)设计宽度、开挖方式、基础材料及做法所决定的。开挖断面是计算土方工程量的一个基本参数。开挖断面通常包括以下几种情况，如图4.4所示。

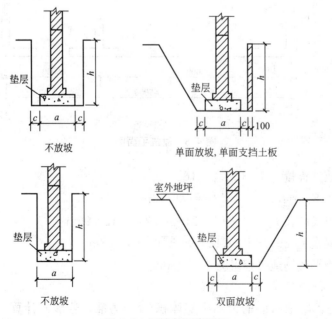

图 4.4　开挖断面类型图

不放坡、不支撑留工作面。当基础垫层混凝土原槽浇筑时，可以利用垫层顶面宽作为工作面，因此开挖断面宽度 B（放线宽）即等于垫层宽 a（基础垫层宽）。

当基础垫层支模板浇筑时，必须留工作面，则 $B=a+2c$（c 为工作面每边宽）。

放坡留工作面。土方开挖时，为了防止塌方，保证施工顺利进行，其边壁应采取稳定措施，常用方法是放坡和支撑。

在场地比较开阔的情况下开挖土方时，可以优先采用放坡的方式保持边坡的稳定。放坡的坡度以挖土深度与放坡宽度之比表示，放坡系数为放坡坡度的倒数。放坡坡度根据开挖深度、土壤类别以及施工方法（人工或机械）决定。

挖沟槽、基坑、土方需放坡时，以施工组织设计规定计算，施工组织设计无明确规定时，放坡高度、比例按表 4-6 进行计算。

表 4-6 放坡高度、比例确定表

土壤类别	放坡深度规定/m	高与宽之比		
		人工挖土	机械挖土	
			坑内作业	坑上作业
一、二类土	超过 1.20	1 : 0.5	1 : 0.33	1 : 0.75
三类土	超过 1.50	1 : 0.33	1 : 0.25	1 : 0.67
四类土	超过 2.00	1 : 0.25	1 : 0.10	1 : 0.33

注：1. 沟槽、基坑中土壤类别不同时，分别按其土壤类别、放坡比例以不同土壤厚度分别计算。
　　2. 计算放坡工程量时交接处的重复工程量不扣除，符合放坡深度规定时才能放坡，放坡高度应自垫层下表面至设计室外地坪标高计算。

设坡度系数为 k，则开挖断面宽度 $B=a+2c+2kh$。

双面支挡土板（不放坡），留工作面。每一侧支挡土板的宽按 100mm 计算，则 $B=a+2c+200$（c 为工作面宽）。

如果单面支挡土板，另一面不放坡，则 $B=a+2c+100$。

单面支挡土板，留工作面。除上述情况外，在某些特殊的场地条件下，还可能一边支挡土板，另一边放坡，则放线宽 $B=a+2c+kh+100$。

③ 土方体积的计算。

沟槽体积按照沟槽长度（m）乘以沟槽截面积（m²）计算。沟槽长度中，外墙按图示基础中心线长度计算；内墙按图示基础底宽加工作宽度之间净长度计算。挖土深度一律以设计室外标高为起点，如实际自然地面标高与设计地面标高不同时，其工程量在竣工结算时调整。

在同一槽、坑内或沟内有干、湿土时应分别计算，但使用定额时，按槽、坑或沟的全深计算。

基坑体积按照基坑的常见形状分为长方体、倒棱台和倒圆台 3 种，形状如图 4.5 所示。

$$长方体\ V=abh \tag{4-5}$$

$$倒棱台\ V=\frac{h}{6}[AB+(A+a)(B+b)+ab] \tag{4-6}$$

长方体

倒棱台

倒圆台

图 4.5　基坑体积常见形状

$$倒圆台 \quad V = \frac{\pi h}{3}(R^2 + r^2 + rR) \tag{4-7}$$

管道沟槽体积计算与沟槽相似。管道沟槽长度按图示中心线长度计算。管沟深度自垫层底面算至室外地坪。沟底宽度设计有规定的，按设计规定；设计未规定的，按表4-7进行宽度计算。

表 4-7　管道地沟底宽取定表　　　　　　　　　单位：mm

管径	铸铁管、钢管、石棉水泥管	混凝土、钢筋混凝土、预应力混凝土管
50～70	600	800
100～200	700	900
250～350	800	1000
400～450	1000	1300
500～600	1300	1500
700～800	1600	1800
900～1000	1800	2000
1100～1200	2000	2300
1300～1400	2200	2600

注：1. 按表4-7计算管道沟土方工程量时，各种井类及管道接口等处需加宽增加的工程量，不另行计算。

2. 底面积大于20m² 的井类，增加的土方量并入管沟土方内计算。

（3）挡土板面积的计算。沟槽、基坑需支挡土板，挡土板面积按槽、坑边实际支挡板面积计算（每块挡板的最长边×挡板的最宽边）。

（4）岩石开凿及爆破工程量的计算。人工凿石、爆破岩石按图示尺寸以立方米（m³）计算。基槽、坑深度允许超挖，普坚石、次坚石为200mm；特坚石为150mm。超挖部分岩石并入相应工程量内。爆破后的清理、修整执行人工清理定额。

3）回填土

基槽、坑回填土体积=挖土体积－设计室外地坪以下埋设的体积（包括基础垫层、柱、墙基础及柱等）。

室内回填土体积=主墙间净面积×填土厚度，不扣除附垛及附墙烟囱等体积。

管道沟槽回填=挖方体积－管外径所占体积。管外径不大于500mm 时，不扣除管道所占体积。管径超过500mm 以上时，按表4-8规定扣除。

表 4-8　每米管长扣除土方体积　　　　　　　　单位：m³

管道名称	管道直径/mm				
	501～600	601～800	801～1000	1001～1200	1201～1400
钢管	0.21	0.44	0.71		
铸铁管、石棉水泥管	0.24	0.49	0.77		
混凝土、钢筋混凝土、预应力混凝土管	0.33	0.60	0.92	1.15	1.35

4) 余土外运、缺土内运工程量

根据公式：运土工程量＝挖土工程量－回填土工程量进行计算，计算结果若为正值，为余土外运；结果若为负值，为缺土内运。

【例 4.3】 根据【例 4.1】题意，求该基础挖地槽、回填土的计价表工程量（三类干土，考虑放坡）。

解：（1）列项目：1—1，1—24，1—92，1—94，1—95，1—104。

（2）计算工程量：按轴线从左向右，从下向上计算工程量。

查表 4-5、表 4-6 得：工作面 $c=300$mm，放坡系数 $k=0.33$。

$$开挖断面宽度 B = a+2c+2kh$$
$$=0.7+2\times0.3+2\times0.33\times(2.5-0.2)$$
$$=2.818m$$

$$基底槽宽 B_1 = a+2c=0.7+2\times0.3=1.3m$$

$$沟槽断面面积 S = (B+B_1)\times h\div2$$
$$=(2.818+1.3)\times2.3\div2$$
$$=4.736m^2$$

①、③、④、⑧轴沟槽长度＝$(8+6)\times2=28$m

②轴沟槽长度＝$6-1.3=4.7$m

挖土体积 $V=(28+4.7)\times4.736=154.87$m³

回填土体积＝挖土体积－基础体积＝$154.87-22.23=132.64$m³

答： 该基础挖地槽土为 154.87m³，回填土为 132.64m³。

【例 4.4】 上例基础回填后（不考虑其他回填土），采用 4m³/车的运土车，问该工程需外运土还是内运土，需运多少车土？

解： 天然土换算成松散土体积 $V_1=154.87\times1.3=201.33$m³

回填土换算成松散土体积 $V_2=132.55\times1.5=198.83$m³

剩余松散土体积 $V=V_1-V_2=201.33-198.83=2.5$m³$>0$

需车数＝$2.5\div4=0.625$ 车，取 1 车。

答： 该工程土方需外运，要外运 1 车土。

【例 4.5】 图 4.6 为某建筑物的基础图，图中轴线为墙中心线，墙体为普通黏土实心一砖墙，室外地面标高为－0.3m。求该基础人工挖土的计价表工程量（三类干土，考虑放坡）。

分析： 首先要了解该建筑物存在几种挖土。根据有关规定，该题存在人工挖沟槽和人工挖基坑两种情况，这两种情况的工程量应分别计算。在本图中独立基础的挖土属于基坑挖土，砖墙下条形基础的挖土是沟槽挖土。注意：沟槽挖土在这里外墙的长度应按净长计算。

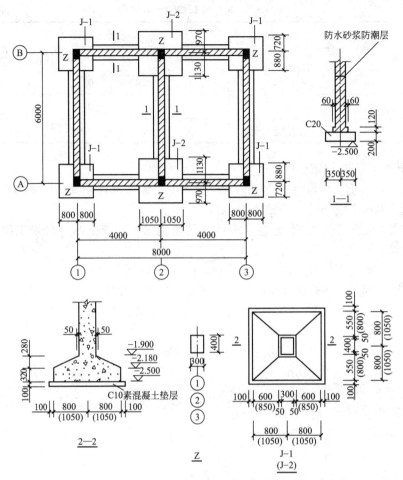

图 4.6　基础图

解：（1）基坑挖土计算。

按规定查表 4 - 5、表 4 - 6 得：工作面 $c=300$mm，放坡系数 $k=0.33$。

J - 1 开挖断面宽度 $B = a + 2c + 2kh$

$$= 1.8 + 2 \times 0.3 + 2 \times 0.33 \times (2.6 - 0.3)$$

$$= 3.918\text{m}$$

基底槽宽 $B_1 = a + 2c = 1.8 + 2 \times 0.3 = 2.4$m

J - 1 基坑挖土 $V_1 = \dfrac{h}{6}[AB + (A + A_1)(B + B_1) + A_1 B_1]$

$$= \dfrac{h}{6}[B^2 + (B + B_1)^2 + B_1^2]$$

$$= \dfrac{2.3}{6}[3.918^2 + (3.918 + 2.4)^2 + 2.4^2]$$

$$= 23.394\text{m}^3$$

J - 2 开挖断面宽度 $B = a + 2c + 2kh$

$$= 2.3 + 2 \times 0.3 + 2 \times 0.33 \times (2.6 - 0.3)$$

$$= 4.418\text{m}$$

基底槽宽 $B_2 = a + 2c = 2.3 + 2 \times 0.3 = 2.9\text{m}$

J-2 基坑挖土 $V_2 = \dfrac{2.3}{6}[4.418^2 + (4.418 + 2.9)^2 + 2.9^2] = 31.235\text{m}^3$

基坑挖土 $V = 4V_1 + 2V_2 = 4 \times 23.394 + 2 \times 31.235 = 156.05\text{m}^3$

（2）沟槽挖土计算。

开挖断面宽度 $B = a + 2c + 2kh$

$$= 0.7 + 2 \times 0.3 + 2 \times 0.33 \times (2.5 - 0.3)$$

$$= 2.752\text{m}$$

基底槽宽 $B_1 = a + 2c = 0.7 + 2 \times 0.3 = 1.30\text{m}$

沟槽长度 $= 2 \times (8 - 2.4 - 2.9) + 2 \times (6 - 2 \times 1.28) + (6 - 2 \times 1.53)$

$$= 15.22\text{m}$$

沟槽体积 $V = (2.752 + 1.3) \times 2.2 \div 2 \times 15.22$

$$= 67.84\text{m}^3$$

答： 该基础挖基坑土 156.05m^3，挖沟槽土 67.84m^3。

4. 机械土（石）方的有关规定

计价表中的人工是辅助用工，用于工作面内排水，现场内机械行走道路的养护，配合洒水汽车洒水，清除车、铲斗内积土，现场机械工作时的看护。在机械台班费中已含有的人工，计价表中不再表现。

1）机械挖土

机械土方定额是按三类土计算的，当实际土壤类别不同时，可按定额中机械台班量乘以表 4-9 中相应的系数。

表 4-9 机械台班系数换算表

项 目	三类土	一、二类土	四类土
推土机推土方	1.00	0.84	1.18
铲运机铲运土方	1.00	0.84	1.26
自行式铲运机铲运土方	1.00	0.86	1.09
挖掘机挖土方	1.00	0.84	1.14

注：推土机、铲运机推、铲未经压实的堆积土时，按三类土定额项目乘以系数 0.73。

【例 4.6】 一斗容量 0.5m^3 以内的正铲挖掘机挖四类土（装车），管理费按三类标准计，计算该机械挖土的综合单价。

解： 查计价表 1—196 子目，对机械费、管理费和利润进行换算。

换算单价 $= 1794.85 + (0.14 \times 1111.75 + 0.18 \times 126.36) \times (1 + 25\% + 12\%)$

$$= 2039.24 \text{ 元}/1000\text{m}^3$$

答： 该机械挖四类土的综合单价为 $2039.24 \text{ 元}/1000\text{m}^3$。

机械挖土均以天然湿度土壤为准，含水率达到或超过 25% 时，定额人工、机械乘以系数 1.15；含水率超过 40% 时，另行计算。

机械挖土方工程量，按机械实际完成工程量计算。机械确实挖不到的地方，用人工修边坡、整平的土方工程量套用人工挖土方（最多不得超过挖方量的 10%）相应定额项目人工乘以系数 2。机械挖土（石）方单位工程量小于 2000m^3 或桩间挖土（石）方，按相应定额乘以系数 1.10。

挖掘机在垫板上作业时，其人工、机械乘以系数 1.25，垫板铺设所需的人工、材料、机械消耗，另行计算。

推土机推土或铲运机铲土，推土区土层平均厚度小于 300mm 时，其推土机台班乘以系数 1.25，铲运机台班乘以系数 1.17。

推土机推土、推石，铲运机运土重车上坡时，如坡度大于 5% 时，其运距按坡度区段斜长乘以表 4-10 中相应的系数进行计算。

表 4-10　机械重车上坡运距调整系数表

坡度	≤10%	≤15%	≤20%	≤25%
系数	1.75	2.00	2.25	2.50

如发生定额中未包括的地下水位以下的施工排水费用，依据施工组织设计规定，排水人工、机械费用应另行计算。

2) 机械运土

本定额自卸汽车运土中，对道路的类别及自卸汽车吨位已分别进行综合计算，但未考虑自卸汽车运输中，对道路路面清扫的因素。在施工中，应根据实际情况适当增加清扫路面人工。

自卸汽车运土，按正铲挖掘机考虑，如系反铲挖掘机装车，则自卸汽车运土台班量乘以系数 1.10；拉铲挖掘机装车，自卸汽车运土台班量乘以系数 1.20。

3) 爆破石方

爆破石方定额是按炮眼法松动爆破编制的，不分明炮或闷炮，如实际采用闷炮法爆破的，其覆盖保护材料另行计算。

爆破石方定额是按电雷管导电起爆编制的，如采用火雷管起爆时，雷管数量不变，单价换算，胶质导线扣除，但导火索应另外增加（导火索长度按每个雷管 2.12m 计算）。

石方爆破中已综合了不同开挖深度、坡面开挖、放炮找平因素，如设计规定爆破有粒径要求时，需增加的人工、材料、机械应由甲、乙双方协商处理。

5. 机械土(石)方工程量计算规则

(1) 土(石)方体积均按天然实体积(自然方)计算；填土按夯实后的体积计算。

(2) 机械土(石)方运距按下列规定计算。

推土机运距：按挖方区重心至回填区重心之间的直线距离计算。

铲运机运距：按挖方区重心至卸土区重心加转向距离 45m 计算。

自卸汽车运距：按挖方区重心至填土区(或堆放地点)重心的最短距离计算。

所谓挖方区重心是指单位工程中总挖方量的重心点，或单位工程分区挖方量的重心。回填土(卸土区)重心是指回填土(卸土)总方量的重心点，或多处土方回填区的重心点。

(3) 建筑场地原土碾压以平方米(m²)计算，填土碾压按图示填土厚度以立方米(m³)计算。

4.2.3　土(石)方工程的计价

1. 土(石)方工程清单计价要点

(1) 平整场地可能出现±30cm 以内的全部是挖方或全部是填方，需外运土方或取

(购)土回填时,在工程量清单项目中应描述弃土运距(或弃土地点)或取土运距(或取土地点),这部分的运输应包括在平整场地项目报价内;如施工组织设计规定超面积平整场地时,超出部分面积的费用应包括在报价内。

(2)深基础的支护结构,如钢板桩、H钢板、预制钢筋混凝土板桩、钻孔灌注混凝土排桩挡墙、预制钢筋混凝土排桩挡墙、人工挖孔灌注混凝土排桩挡墙、旋喷桩地下连续墙和基坑内的水平钢支撑、水平钢筋混凝土支撑、锚杆拉固、基坑外拉锚、排桩的圈梁、H钢板之间的木挡土板以及施工降水等,应列入工程量清单措施项目费内。

(3)土(石)方清单项目报价应包括指定范围内的土(石)方一次或多次运输、装卸以及基底夯实、修理边坡、清理现场等全部施工工序。

(4)因地质情况变化或设计变更引起的土(石)方工程量的变更,由业主与承包人双方现场认证,依据合同条件进行调整。

2. 示例

【例4.7】 根据【例4.1】的题意,按工程量清单计价法计算土(石)方工程的清单综合单价。

解:(1)列项目010101004001(1—24、1—92、1—95)、010103001001(1—1、1—92、1—95、1—104)。

(2)计算工程量(见【例4.1】、【例4.3】)。

1—24 人工挖沟槽:154.87m³。

1—92(1—95)人力车运出土:154.87m³。

1—1 挖回填土:132.64m³。

1—92(1—95)人力车运回土:132.64m³。

1—104 基槽回填土:132.64m³。

(3)清单计价,见表4-11。

表4-11 清 单 计 价

序号	项目编码	项目名称	计量单位	工程数量	综合单价	合价
					金额/元	
1	010101004001	挖基坑土方	m³	53.61	73.32	3930.60
	1—24	人工挖沟槽	m³	154.87	16.77	2597.17
	1—92	人工运出土运距50m	m³	154.87	6.25	967.94
	1—95×2	增加运距100m	m³	154.87	2.36	365.49
2	010103001	基础土方回填	m³	31.38	98.32	3085.21
	1—1	人工挖一类回填土	m³	132.64	3.95	523.93
	1—92	人工运回土运距50m	m³	132.64	6.25	829.00
	1—95×2	增加运距100m	m³	132.64	2.36	313.03
	1—104	基槽回填土	m³	132.64	10.70	1419.25

答:挖基础土方的清单综合单价为73.32元/m³,基础土方回填的清单综合单价为98.32元/m³。

4.3 桩与地基基础工程计量与计价

4.3.1 地基及边坡处理

1. 本节内容

本节主要内容包括：《房屋建筑与装饰工程计量规范》（GB 500854—2013）附录 B（地基及边坡处理）的内容，即：①地基处理；②基坑与边坡支护。

2. 有关规定

（1）复合地基的检测费用按国家相关取费标准单独计算，不在本清单项目中。

（2）弃土（不含泥浆）清理、运输按附录 A 中相关项目编码列基坑与边坡的检测、变形观测等费用按国家相关取费标准单独计算，不在本清单项目中。

（3）地下连续墙和喷射混凝土的钢筋网及咬合灌注桩的钢筋笼制作、安装，按附录 E 中相关项目编码列项。本分部未列的基坑与边坡支护的排桩按附录 C 中相关项目编码列项。水泥土墙、坑内加固按表 B.1 中相关项目编码列项。砖、石挡土墙、护坡按附录 D 中相关项目编码列项。混凝土挡土墙按附录 E 中相关项目编码列项。弃土（不含泥浆）清理、运输按附录 A 中相关项目编码列项。

3. 工程量计算规则

1）地基处理（附录 B.1，编码：010201）

换填垫层（010201001）按设计图示尺寸以体积计算。

铺设土工合成材料（010201002）按设计图示尺寸以面积计算。

预压地基（010201003）、强夯地基（010201004）、振冲密实（不填料）（010201005）按设计图示尺寸以加固面积计算。

振冲桩（填料）（010201006）以 m 计量，按设计图示尺寸以桩长计算；或以 m³ 计量，按设计桩截面乘以桩长以体积计算。

砂石桩（010201007）以米计量，按设计图示尺寸以桩长（包括桩尖）计算；或以 m³ 计量，按设计桩截面乘以桩长（包括桩尖）以体积计算。

水泥粉煤灰碎石桩（010201008）按设计图示尺寸以桩长（包括桩尖）计算。

深层搅拌桩（010201009）、粉喷桩（010201010）、高压喷射注浆桩（010201012）、柱锤冲扩桩（010201015）按设计图示尺寸以桩长计算。

夯实水泥土桩（010201011）、石灰桩（010201013）、灰土（土）挤密桩（010201014）按设计图示尺寸以桩长（包括桩尖）计算。

注浆地基（010201016）以 m 计量，按设计图示尺寸以钻孔深度计算；或以 m³ 计量，按设计图示尺寸以加固体积计算。

褥垫层（010201017）以 m² 计量，按设计图示尺寸以铺设面积计算；或以 m³ 计量，按设计图示尺寸以体积计算。

2）基坑与边坡支护（附录 B. 2，编码：010202）

地下连续墙（010202001）按设计图示墙中心线长乘以厚度乘以槽深以体积计算。

咬合灌注桩（010202002）以 m 计量，按设计图示尺寸以桩长计算；或以根计量，按设计图示数量计算。

圆木桩（010202003）、预制钢筋混凝土板桩（010202004）以 m 计量，按设计图示尺寸以桩长（包括桩尖）计算；或以根计量，按设计图示数量计算。

型钢桩（010202005）以吨计量，按设计图示尺寸以质量计算；或以根计量，按设计图示数量计算。

钢板桩（010202006）以吨计量，按设计图示尺寸以质量计算；或以 m^2 计量，按设计图示墙中心线长乘以桩长以面积计算。

预应力锚杆、锚索（010202007）、其他锚杆、土钉（010202008）以 m 计量，按设计图示尺寸以钻孔深度计算；或以根计量，按设计图示数量计算。

喷射混凝土、水泥砂浆（010202009）按设计图示尺寸以面积计算。

混凝土支撑（010202010）按设计图示尺寸以体积计算。

钢支撑（010202011）按设计图示尺寸以质量计算。不扣除孔眼质量，焊条、铆钉、螺栓等不另增加质量。

4.3.2 桩与地基基础工程工程量清单编制

1. 本节内容

本节主要内容包括：《房屋建筑与装饰工程计量规范》（GB 500854—2013）附录 C（桩基工程）的内容，即：①打桩；②灌注桩。

2. 有关规定

（1）打桩项目包括成品桩购置费，如果用现场预制桩，应包括现场预制的所有费用。

（2）打试验桩和打斜桩应按相应项目编码单独列项，并应在项目特征中注明试验桩或斜桩（斜率）。

（3）桩基础的承载力检测、桩身完整性检测等费用按国家相关取费标准单独计算，不在本清单项目中。

（4）混凝土灌注桩的钢筋笼制作、安装，按附录 E 中相关项目编码列项。

3. 工程量计算规则

1）打桩（附录 C.1，编码：010301）

预制钢筋混凝土方桩（010301001）、预制钢筋混凝土管桩（010301002）以 m 计量，按设计图示尺寸以桩长（包括桩尖）计算；或以根计量，按设计图示数量计算。

钢管桩（010301003）以吨计量，按设计图示尺寸以质量计算；或以根计量，按设计图示数量计算。

截桩头（010301004）以 m^3 计量，按设计桩截面乘以桩头长度以体积计算；或以根计量，按设计图示数量计算。

2) 灌注桩(附录 C.2,编码：010302)

泥浆护壁成孔灌注桩(010302001)、沉管灌注桩(010302002)、干作业成孔灌注桩(010302003)以 m 计量,按设计图示尺寸以桩长(包括桩尖)计算；或以 m³ 计量,按不同截面在桩上范围内以体积计算；或以根计量,按设计图示数量计算。

挖孔桩土(石)方(010302004)按设计图示尺寸截面积乘以挖孔深度以 m³ 计算。

人工挖孔灌注桩(010302005)以 m³ 计量,按桩芯混凝土体积计算；或以根计量,按设计图示数量计算。

钻孔压浆桩(010302006)以 m 计量,按设计图示尺寸以桩长计算；以根计量,按设计图示数量计算。

桩底注浆(010302007)按设计图示以注浆孔数计算。

地层情况按表 A.1-1 和表 A.2-1 的规定,并根据岩土工程勘察报告按单位工程各地层所占比例(包括范围值)进行描述。对无法准确描述的地层情况,可注明由投标人根据岩土工程勘察报告自行决定报价。

项目特征中的桩长应包括桩尖,空桩长度=孔深-桩长,孔深为自然地面至设计桩底的深度。

项目特征中的桩截面(桩径)、混凝土强度等级、桩类型等可直接用标准图代号或设计桩型进行描述。

泥浆护壁成孔灌注桩是指在泥浆护壁条件下成孔,采用水下灌注混凝土的桩。其成孔方法包括冲击钻成孔、冲抓锥成孔、回旋钻成孔、潜水钻成孔、泥浆护壁的旋挖成孔等。

沉管灌注桩的沉管方法包括锤击沉管法、振动沉管法、振动冲击沉管法、内夯沉管法等。

干作业成孔灌注桩是指不用泥浆护壁和套管护壁的情况下,用钻机成孔后,下钢筋笼,灌注混凝土的桩,适用于地下水位以上的土层使用。其成孔方法包括螺旋钻成孔、螺旋钻成孔扩底、干作业的旋挖成孔等。

桩基础的承载力检测、桩身完整性检测等费用按国家相关取费标准单独计算,不在本清单项目中。

混凝土灌注桩的钢筋笼制作、安装,按附录 E 中相关项目编码列项。

4. 算例

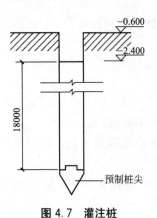

图 4.7　灌注桩

【例 4.8】　某打桩工程如图 4.7 所示,设计振动沉管灌注混凝土桩 20 根,单打,桩径 ϕ 450(桩管外径 ϕ 426)桩设计长度 20m,预制混凝土桩尖,经现场打桩记录单打实际灌注混凝土 70m³,其余不计,计算桩基础工程的清单工程量。

解：(1) 列项目 010302002001。

(2) 计算工程量。

振动沉管灌注桩：20 根。

(3) 工程量清单见表 4-12。

表4-12 工程量清单

序号	项目编码	项目名称	项目特征	计量单位	工程数量
1	010302002001	振动沉管灌注桩	(1) 土壤类别：三类土 (2) 单桩长度、根数：18m、20根 (3) 桩直径：ϕ450 (4) 成孔方法：一次复打沉管、预制桩尖、桩顶标高在室外地坪以下1.80m (5) 混凝土强度等级：C30	根	20

4.3.3 桩与地基基础工程计价表工程量

1. 本节内容

本节主要内容包括打桩及基础垫层两部分。

(1) 打桩主要内容包括：打预制钢筋混凝土方桩、送桩；打预制离心管桩、送桩；静力压预制钢筋混凝土方桩、送桩；静力压离心管桩、送桩；方桩、离心管桩接桩；钻孔灌注混凝土桩；长螺旋钻孔灌注混凝土桩；打孔沉管灌注桩；打孔夯扩灌注混凝土桩；旋挖法灌注混凝土桩和灰土挤密桩；人工挖孔灌注混凝土桩；深层搅拌桩和粉喷桩；基坑锚喷护壁；人工凿桩头、截断桩。

(2) 基础垫层主要内容包括：灰土、炉渣、碎石、毛石、砂及混凝土等各种垫层。

2. 打桩工程有关规定

1) 基本规定

定额适用于一般工业与民用建筑的桩基础，不适用于水工建筑、公路、桥梁工程，也不适用于支架上、室内打桩。打试桩可按相应定额项目的人工、机械乘以系数2，试桩期间的停置台班结算时应按实调整。

本定额的打桩机的类别、规格在执行中不换算。打桩机及为打桩机配套的施工机械的进(退)场费和组装、拆卸费用，另按实际进场机械的类别、规格计算。

本定额土壤级别已综合考虑，执行中不换算。子目中桩长度是指包括桩尖及接桩(接桩指按设计要求，按桩的总长分节预制，运至现场先将第一根桩打入，将第二根桩垂直吊起和第一根桩相连接后再继续打桩)后的总长度。

每个单位工程的打桩工程量小于表4-13中规定数量时，其人工、机械(包括送桩)按相应定额项目乘以系数1.25。

表4-13 单位工程打桩工程量下限表

项 目	工程量/m³	项 目	工程量/m³
预制钢筋混凝土方桩	150	打孔灌注砂桩、碎石桩、砂石桩	100
预制钢筋混凝土离心管桩	50	钻孔灌注混凝土桩	60
打孔灌注混凝土桩	60		

本定额以打直桩为准，如打斜桩，斜度在 1：6 以内者，按相应定额项目人工、机械乘以系数 1.25，如斜度大于 1：6 者，按相应定额项目人工、机械乘以系数 1.43。

地面打桩坡度以小于 15° 为准，大于 15° 打桩按相应项目人工、机械乘以系数 1.15。如在基坑内（基坑深度大于 1.15m）打桩或在地坪上打坑槽内（坑槽深度大于 1.0m）桩时，按相应定额项目人工、机械乘以系数 1.11。

因设计修改在桩间补打桩时，补打桩按相应打桩定额项目人工、机械乘以系数 1.15。

本定额不包括打桩、送桩后场地隆起土的清除及填桩孔的处理（包括填的材料），现场实际发生时，应另行计算。

2）打预制混凝土桩（方桩、离心管桩）、送桩

打预制桩定额中未计入预制桩的制作费，但计入了操作损耗，统一取为 C35 混凝土，设计要求的混凝土强度等级与定额取定不同时，不作调整（量很小，只有 0.01m³，对总价几乎没有影响）。

打预制方桩、离心管桩子目中已包含 300m 内的场内运输，实际超过 300m 时，应按计价表中第 7 章的构件运输相应定额执行，并扣除定额内的场内运输费。

送桩：利用打桩机械和送桩器将预制桩打（或送）至地下设计要求的位置，这一过程称为送桩。

3）接桩

（1）打预制桩如设计有接头，应另按"接桩"定额执行。

（2）电焊接桩钢材用量，设计与定额不同时，按设计用量乘以系数 1.05 调整，人工、材料、机械消耗量不变。

（3）管桩接头采用螺栓加电焊，其接桩螺栓已含在管桩单价中，其费用是接点周边设计用钢板焊接的费用。如设计不使用钢板，扣除型钢、电焊条、电焊机台班费用 51.56 元。

（4）胶泥接桩断面按 400mm×400mm 编制，断面不同，胶泥按比例调整，其他不变。

（5）静力压桩 12m 内的接桩按接桩定额执行，12m 以上的接桩其人工及打桩机械已包括在相应打桩项目内，因此 12m 以上桩接桩只计接桩的材料费和电焊机的费用。

使用接桩定额时，接桩的打桩机械应与打桩时的打桩机械锤重相匹配（可换算）。

4）打灌注桩

本定额各种灌注桩中的灌注材料用量已经包括充盈系数和操作损耗在内，这个数量是给编制预算、标底、投标报价参考用的，竣工结算时应按有效打桩记录灌入量进行调整；

$$换算后的充盈系数 = \frac{实际灌注混凝土量}{按设计图计算混凝土量} \qquad (4-8)$$

各种灌注桩中的材料用量预算暂按表 4-14 内的充盈系数和操作损耗率计算。

各种灌注桩中设计钢筋笼时，按计价表第 4 章钢筋笼定额执行；设计混凝土强度、等级或砂、石级配与定额取定不同，应按设计要求调整材料，其他不变。

钻孔灌注桩的钻孔深度是按 50m 内综合编制的，超过 50m 桩，钻孔人工、机械乘以系数 1.10。人工挖孔灌注混凝土桩的挖孔深度是按 15m 内综合编制的，超过 15m 的桩，挖孔人工、机械乘以系数 1.20。

表 4-14 灌注桩充盈系数和操作损耗率

项目名称	充盈系数	操作损耗率/%
打孔沉管灌注混凝土桩	1.20	1.5
打孔沉管灌注砂(碎石)桩	1.20	2.00
打孔沉管灌注砂石桩	1.20	2.00
钻孔灌注混凝土桩(土孔)	1.20	1.50
钻孔灌注混凝土桩(岩石孔)	1.10	1.50
打孔沉管夯扩灌注棍凝土桩	1.15	2.00

　　钻孔灌注桩、旋挖法灌注混凝土桩中的泥浆护壁是以自身钻出的黏土及灌入的自来水进行的护壁，施工现场如无自来水供应用水泵抽水时，定额中的相应水费应扣除，水泵台班费另外增加，若需外购黏土者，按实际购置量计算。挖蓄泥浆池及地沟土方已含在钻孔的人工中，但砌泥浆池的人工及耗用材料暂按 1.00 元/m^3 计算，竣工结算时泥浆池的人工及材料应按实际调整。

　　打孔沉管灌注桩分单打、复打，第一次按单打桩定额执行，在单打的基础上再次打，按复打桩定额执行(定额中没有专门的复打定额，复打是套用单打定额换算而得，如复打灌注混凝土桩是将人工、机械乘以系数 0.93，混凝土灌入量 1.015m^3/m^3，其他不变)。打孔夯扩灌注桩一次夯扩执行一次夯扩定额，再次夯扩时，应执行二次夯扩定额，最后在管内灌注混凝土到设计高度按一次夯扩定额执行，使用预制混凝土桩尖时，预制混凝土桩尖另加，定额中活瓣桩尖摊销费应扣除。

　　打孔沉管灌注桩中遇有空沉管时，空沉管项目是采用将相应的打桩子目换算之后而得，如打孔沉管灌注混凝土桩空沉管是将相应项目人工乘以系数 0.3 计算，混凝土、混凝土搅拌机、机动翻斗车扣除，其他不变。

　　5) 凿桩、截断桩

　　(1) 凿桩的工作内容包括：准备工具、划线、凿桩头混凝土、露出钢筋、清除碎碴、运出坑 1m 外。

　　(2) 截断桩的工作内容包括：准备工具、划线、砸破混凝土、锯断钢筋、混凝土块体运出坑外。

　　(3) 凿桩头、截断桩如遇独立基础群桩，其人工乘以系数 1.3；凿深层搅拌桩按凿灌注混凝土桩定额乘以系数 0.4 执行。

　　(4) 坑内钢筋混凝土支撑需截断按截断桩定额执行，凿出后的桩端部钢筋与底板或承台钢筋焊接应按计价表第 4 章中相应项目执行。

　　6) 强夯法加固地基

　　强夯法加固地基是在天然地基土上或填土地基上进行作业的，如在某一遍夯击后，设计要求需要用外来土(石)填坑时，其土(石)回填工作，另按有关定额执行。本定额不包括强夯前的试夯工作和费用，如设计要求试夯，可按设计要求另行按实计算。

　　3. 打桩工程工程量计算规则

　　1) 打预制混凝土桩(方桩、离心管桩)、接桩、送桩

　　打预制桩按体积计算。按设计桩长(包括桩尖，不扣除桩尖虚体积)乘以截面面积以立

方米（m³）计算；管桩的空心体积应扣除，管桩的空心部分设计要求灌注混凝土或其他填充材料时，应另行计算。

接桩：按接头计算。

送桩：送桩按截面面积乘以送桩长度（打桩架底至桩顶面或自然地坪面另加 0.5m 至桩顶面）计算。

2) 打灌注桩

灌注混凝土、砂、碎石桩使用活瓣桩尖时，单打、复打桩体积均按设计桩长（包括桩尖）另加 250mm（设计有规定，按设计要求）乘以标准管外径截面面积以立方米（m³）计算。使用预制钢筋混凝土桩尖时，单打、复打桩体积均按设计桩长（不包括预制桩尖）另加 250mm 乘以标准管外径截面面积以立方米（m³）计算。

打孔、沉管灌注桩空沉管部分，按空沉管的实体积计算。

夯扩桩体积分别按每次设计夯扩前投料长度（不包括预制桩尖）乘以标准管内径截面面积以体积计算，最后管内灌注混凝土按设计桩长另加 250mm 乘以标准管外径截面面积以体积计算。

打孔灌注桩、夯扩桩使用预制混凝土桩尖的，桩尖个数另列项目计算，单打、复打的桩尖按单打、复打次数之和计算（每只桩尖 30 元）。

泥浆护壁钻孔灌注桩。其中包括以下内容。

(1) 钻孔：钻土孔与钻岩石孔工程量应分别计算。钻土孔自自然地面至岩石表面之深度乘以设计桩截面面积以立方米（m³）计算；钻岩石孔以入岩深度乘以桩截面面积以立方米（m³）计算。

(2) 灌混凝土：混凝土灌入量以设计桩长（含桩尖长）另加一个直径（设计有规定的，按设计要求）乘以桩截面面积以立方米（m³）计算；地下室基础超灌高度按现场具体情况另行计算。

(3) 泥浆外运：以体积计算，等于钻孔的体积。

(4) 人工挖孔灌注混凝土桩：包括挖井坑土、挖井坑岩石、砖砌井壁、混凝土井壁、井壁内灌注混凝土，均按图示尺寸以立方米（m³）计算。

(5) 长螺旋或旋挖法钻孔灌注桩的单桩体积：按设计桩长（含桩尖）另加 500mm（设计有规定，按设计要求）再乘以螺旋外径截面面积或设计截面面积以立方米（m³）计算。

(6) 深层搅拌桩、粉喷桩加固地基：按设计长度另加 500mm（设计有规定，按设计要求）乘以设计截面面积以立方米（m³）计算（双轴的工程量不得重复计算），群桩间的搭接不扣除。

3) 凿桩头、截断桩

凿灌注混凝土桩头按立方米（m³）计算，凿、截断预制方（管）桩均以根计算。

4) 其他

基坑锚喷护壁成孔及孔内注浆按设计图纸以延长米计算，两者工程量应相等。护壁喷射混凝土按设计图纸以平方米（m²）计算。

土钉支护土锚杆按设计图纸以延长米计算，挂钢筋网按设计图纸以平方米（m²）计算。

强夯加固地基，以夯锤底面积计算，并根据设计要求的夯击能量和每点夯击数执行相应定额。

【例4.9】 某单位工程桩基础如图4.8所示，设计为钢筋混凝土预制方桩，截面为350mm×350mm，每根桩长18m(6+6+6)，共180根。桩顶面标高−3.00m，设计室外地面标高−0.600m，静力压桩机施工，胶泥接桩。计算打桩、接桩及送桩的计价表工程量，并根据计价表计算定额综合单价及合价(不考虑价差)。

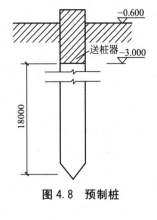

图4.8 预制桩

分析： 静力压桩12m³内的接桩按接桩定额执行，12m以上的接桩其人工及打桩机械已包括在相应打桩项目内，因此，12m以上的接桩只计接桩的材料费和电焊机的费用。

解： (1)列项目：2—14、2—28、2—18。

(2)计算工程量。

打桩工程量：$V=0.35×0.35×18×180=396.9m^3$

接桩工程量：接头数量 $2×180=360$ 个

送桩工程量：$V'=0.35×0.35×(3−0.6+0.5)×180=63.95m^3$

(3)套定额，计算结果见表4-15。

表4-15 计算结果

序号	定额编号	项目名称	计量单位	工程量	综合单价/元	合价/元
1	2—14	打预制混凝土方桩桩长18m以内	m³	396.9	177.69	70525.16
2	2—28换	胶泥接桩	个	360	22.46	8085.60
3	2—18	送预制混凝土方桩桩长18m以内	m³	63.95	143.54	9179.38
合计						87790.14

注：2—28换，$28.54−25.94+\dfrac{350×350}{400×400}×3.96×6.55=22.46$ 元/个。

答： 打预制混凝土方桩396.9m³，接桩360个，送桩63.95m³，打桩合价共计87790.14元。

【例4.10】 某打桩工程如图4.9所示，设计振动沉管灌注混凝土桩20根，单打，桩径ϕ450(桩管外径ϕ426)、桩设计长度20m，预制混凝土桩尖，经现场打桩记录单打实际灌注混凝土70m³，其余不计，现计算打桩的综合单价及合价。

分析： 该题主要考查在灌注桩中的混凝土充盈系数的调整。

解： (1)列项目：2—50、补。

(2)计算工程量。

打桩工程量 $V=\pi r^2 h$

$=3.14×0.213^2×(20+0.25)×20$

$=57.70m^3$

预制桩尖工程量 $=20$ 个

(3)套定额，计算结果见表4-16。

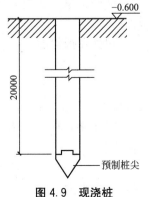

图4.9 现浇桩

表 4-16 计 算 结 果

序号	定额编号	项目名称	计量单位	工程量	综合单价/元	合价/元
1	2—50换	打振动沉管灌注桩 15m 以上	m³	57.70	366.96	21173.59
2	补	预制桩尖	个	20	30	600
合计						21773.59

注：2—50换，$365.40-248.03+\dfrac{70}{55.70}\times1.015\times203.64-1.17=366.96$ 元/m³(充盈系数、桩尖换算)。

答：打桩的合价共计 21773.59 元。

【例 4.11】 根据【例 4.8】题意，计算打桩的计价表工程量。

解：(1) 列项：2—50、2—50、2—50、补。

(2) 计算工程量。

单打工程量 $V_1 = \pi r^2 h$

$= 3.14 \times 0.213^2 \times (18+2.4-0.6) \times 20$

$= 56.41 \text{m}^3$

复打工程量 $V_2 = 3.14 \times 0.213^2 \times (18+0.25) \times 20$

$= 52.00 \text{m}^3$

空沉管工程量 $V_3 = 3.14 \times 0.213^2 \times (2.4-0.6-0.25) \times 20$

$= 4.42 \text{m}^3$

预制桩尖工程量 $= 2 \times 20 = 40$ 个

4.3.4 桩与地基基础工程的计价

1. 桩与地基基础工程清单计价要点

试桩与打桩之间间歇时间和机械在现场的停置，应包括在打试桩的报价内。

预制钢筋混凝土桩项目中预制桩刷防护材料应包括在报价内。

混凝土灌注桩项目中人工挖孔时采用的护壁(如砖砌护壁、预制钢筋混凝土护壁、现浇钢筋混凝土护壁、钢模周转护壁、钢护桶护壁等)，应包括在报价内。

钻孔护壁泥浆的搅拌运输，泥浆池、泥浆沟槽的砌筑、拆除，应包括在报价内。

砂石灌注桩的砂石级配、密实系数均应包括在报价内。

挤密桩的灰土级配、密实系数均应包括在报价内。

地下连续墙项目中的导槽，由投标人考虑在地下连续墙综合单价内。

锚杆支护项目中的钻孔、布筋、锚杆安装、灌浆、张拉等搭设的脚手架，应列入措施项目费内。

各种桩(除预制钢筋混凝土桩)的充盈量，应包括在报价内。

振动沉管、锤击沉管若使用预制钢筋混凝土桩尖时，桩尖应包括在报价内。

爆扩桩扩大头的混凝土量，应包括在报价内。

2. 桩与地基基础工程清单及计价示例

【例 4.12】 根据【例 4.8】题意，用计价表计价法计算基础工程的综合单价和复价。

分析: 该题在子目换算中要注意管理费和利润的费率，应按照打桩工程的费率计算。计算结果见表 4-17。

表 4-17 计 算 结 果

序号	定额编号	项目名称	计量单位	工程量	综合单价/元	合价/元
1	2—50 换	打振动沉管灌注桩 15m 以上	m^3	56.41	364.23	20546.21
2	2—50 换	复打沉管灌注桩 15m 以上	m^3	52.00	315.62	16412.24
3	2—50 换	空沉管	m^3	4.42	74.72	330.26
4	补	预制桩尖	个	40	30	1200
合计						38488.71

注: 1.2—50 换复打，365.40−248.03+1.015×203.64−0.07×(30.24+54.95)×(1+14%+8%)−1.17=315.62 元/m^3(按计价表中桩 73 页附注换算)。

2.2—50 换空沉管，365.40−248.03−(6.34+6.49+0.7×30.24)×(1+14%+8%)−1.17=74.72 元/m^3(按计价表中桩 73 页附注换算)。

解: (1) 列项目：2—50、2—50、2—50、补。

(2) 计算工程量(见【例 4.11】)。

单打工程量＝56.41m^3

复打工程量＝52.00m^3

空沉管工程量 V_3＝4.42m^3

预制桩尖工程量＝40 个

(3) 套定额，计算结果见表 4-17。

答: 打桩的合价为 38488.71 元。

【例 4.13】 根据【例 4.8】的题意，按工程量清单计价法计算桩清单综合单价。

解: (1) 列项目 010302002001(2—50，2—50，2—50、补)。

(2) 计算工程量(见【例 4.8】、【例 4.11】)。

(3) 清单计价，见表 4-18。

表 4-18 清 单 计 价

序号	项目编码	项目名称	计量单位	工程数量	金额/元	
					综合单价	合价
1	010302002001	振动沉管灌注桩	根	20	1924.44	38488.71
	2—50 换	单打沉管灌注桩	m^3	56.41	364.23	20546.21
	2—50 换	复打沉管灌注桩	m^3	52.00	315.62	16412.24
	2—50 换	空沉管	m^3	4.42	74.72	330.26
	补	预制桩尖	个	40	30	1200

答: 该桩基础工程的清单综合单价为 1924.44 元/根。

4.4 砌筑工程计量与计价

4.4.1 砌筑工程工程量清单的编制

1. 本节内容

本节主要内容包括：《房屋建筑与装饰工程计量规范》(GB 50085—2013)附录 D(砌筑工程)的内容，即：①砖砌体；②砌块砌体；③石砌体；④垫层。

2. 工程量计算规则

1) 砖砌体(附录 D.1，编码：010401)

砖砌体内钢筋加固，应按本规范附录 E 中相关项目编码列项。

砖砌体勾缝按本规范附录 L 中相关项目编码列项。

检查井内的爬梯按本附录 E 中相关项目编码列项；井、池内的混凝土构件按附录 E 中混凝土及钢筋混凝土预制构件编码列项。

(1) 砖基础(010401001)项目适用于各种类型砖基础，包括：柱基础、墙基础、烟囱基础、水塔基础、管道基础等。工程量按设计图示尺寸以体积计算，包括附墙垛基础宽出部分体积，扣除地梁(圈梁)、构造柱所占体积，不扣除基础大放脚 T 形接头处的重叠部分及嵌入基础内的钢筋、铁件、管道、基础砂浆防潮层和单个面积 0.3m² 以内的孔洞所占面积，靠墙暖气沟的挑檐不增加。基础长度：外墙按中心线，内墙按净长线计算。

基础与墙(柱)身使用同一种材料时，以设计室内地面为界(有地下室者，以地下室室内设计地面为界)，以下为基础，以上为墙(柱)身。基础与墙身使用不同材料时，位于设计室内地面高度≤±300mm 时，以不同材料为分界线，高度>±300mm 时，以设计室内地面为分界线。

(2) 砖砌挖孔桩护壁(010401002)按设计图示尺寸以 m³ 计算。

(3) 实心砖墙(010401003)、多孔砖墙(010401004)、空心砖墙(010401005)项目适用于各种类型实心砖墙，包括：外墙、内墙、围墙、双面混水墙、双面清水墙、单面清水墙、直形墙、弧形墙等。工程量按设计图示尺寸以体积计算。扣除门窗洞口、过人洞、空圈、嵌入墙内的钢筋混凝土柱、梁、圈梁、挑梁、过梁及凹进墙内的壁龛、管槽、暖气槽、消火栓箱所占体积。不扣除梁头、板头、檩头、垫木、木楞头、沿椽木、木砖、门窗走头、砖墙内加固钢筋、木筋、铁件、钢管及单个面积 0.3m² 以内的孔洞所占体积。凸出墙面的腰线、挑檐、压顶、窗台线、虎头砖、门窗套的体积亦不增加。凸出墙面的砖垛并入墙体体积内计算。

① 墙长度：外墙按中心线，内墙按净长计算。

② 墙高度：

外墙：斜(坡)屋面无檐口天棚者算至屋面板底；有屋架且室内外均有天棚者算至屋架下弦底另加 200mm；无天棚者算至屋架下弦底另加 300mm，出檐宽度超过 600mm 时按实砌高度计算；平屋面算至钢筋混凝土板底。

内墙：位于屋架下弦者，算至屋架下弦底；无屋架者算至天棚底另加 100mm；有钢筋混凝土楼板隔层者算至楼板顶；有框架梁时算至梁底。

女儿墙：从屋面板上表面算至女儿墙顶面（如有混凝土压顶时算至压顶下表面）。

内、外山墙：按其平均高度计算。

③ 框架间墙：不分内外墙按墙体净尺寸以体积计算。框架外表面的镶贴砖部分，按零星项目编码列项。

④ 围墙：高度算至压顶上表面（如有混凝土压顶时算至压顶下表面），围墙柱并入围墙体积内。砖围墙以设计室外地坪为界，以下为基础，以上为墙身。

★注意：附墙烟囱、通风道、垃圾道、应按设计图示尺寸以体积（扣除孔洞所占体积）计算并入所依附的墙体体积内。当设计规定孔洞内需抹灰时，应按本规范附录 L 中零星抹灰项目编码列项。

（3）空斗墙（010401006）项目适用于各种砌法的空斗墙。工程量按设计图示尺寸以空斗墙外形体积计算。墙角、内外墙交接处、门窗洞口立边、窗台砖、屋檐处的实砌部分体积并入空斗墙体积内。

★注意：空斗墙的窗间墙、窗台下、楼板下、梁头下等的实砌部分，按零星砌砖项目编码列项。

（4）空花墙（010401007）项目适用于各种类型空花墙。工程量按设计图示尺寸以空花部分外形体积计算，不扣除空洞部分体积。

★注意："空花墙"项目适用于各种类型的空花墙，使用混凝土花格砌筑的空花墙，实砌墙体与混凝土花格应分别计算，混凝土花格按混凝土及钢筋混凝土中预制构件相关项目编码列项。

（5）填充墙（010401008）按设计图示尺寸以填充墙外形体积计算。

（6）实心砖柱（010401009）、多孔砖柱（010401010）项目适用于各种类型砖柱，包括：矩形柱、异形柱、圆柱、包柱等。工程量按设计图示尺寸以体积计算，扣除混凝土及钢筋混凝土梁垫、梁头、板头所占体积。

（7）砖检查井（010401011）按设计图示数量计算。

（8）零星砌砖（010401013）项目适用于台阶、台阶挡墙、梯带、锅台、炉灶、蹲台、池槽、池槽腿、砖胎模、花台、花池、楼梯栏板、阳台栏板、地垄墙、≤0.3m² 的孔洞填塞等，应按零星砌砖项目编码列项。砖砌锅台与炉灶可按外形尺寸以个计算，砖砌台阶可按水平投影面积以平方米计算，小便槽、地垄墙可按长度计算，其他工程按立方米计算。

（9）砖散水、地坪（010401014）按设计图示尺寸以面积计算。

（10）砖地沟、明沟（010401015）以米计量，按设计图示以中心线长度计算。

2）砌块砌体（附录 D.2，编码：010402）

砌体内加筋、墙体拉结的制作、安装，应按附录 E 中相关项目编码列项。

砌块排列应上、下错缝搭砌，如果搭错缝长度满足不了规定的压搭要求，应采取压砌钢筋网片的措施，具体构造要求按设计规定。若设计无规定时，应注明由投标人根据工程实际情况自行考虑。

砌体垂直灰缝宽＞30mm 时，采用 C20 细石混凝土灌实。灌注的混凝土应按附录 E 相关项目编码列项。

（1）砌块墙（010402001）项目适用于各种规格的空心砖和砌块砌筑的各种类型的墙体。工程量按设计图示尺寸以体积计算。扣除门窗洞口、过人洞、空圈、嵌入墙内的钢筋混凝土柱、梁、圈梁、挑梁、过梁及凹进墙内的壁龛、管槽、暖气槽、消火栓箱所占体积，不扣除梁头、板头、檩头、垫木、木楞头、沿椽木、木砖、门窗走头、砖墙内加固钢筋、木筋、铁件、钢管及单个面积 $0.3m^2$ 以内的孔洞所占体积，凸出墙面的腰线、挑檐、压顶、窗台线、虎头砖、门窗套的体积不增加，凸出墙面的砖垛并入墙体体积内计算。墙长度、高度及围墙的计算请参照"实心砖墙(010401003)"部分。

★注意：嵌入空心砖墙、砌块墙的实心砖不扣除。

(2) 砌块柱(010402002)项目适用于各种类型砖、砌块柱，包括：矩形柱、方柱、异形柱、圆柱、包柱等。工程量按设计图示尺寸以体积计算，扣除混凝土及钢筋混凝土梁垫、梁头、板头所占体积。

★注意：梁头、板头下镶嵌的实心砖体积不扣除。

3) 石砌体(附录 D.3，编码：010403)

石基础、石勒脚、石墙的划分：基础与勒脚应以设计室外地坪为界。勒脚与墙身应以设计室内地面为界。石围墙内外地坪标高不同时，应以较低地坪标高为界，以下为基础；内外标高之差为挡土墙时，挡土墙以上为墙身。

(1) 石基础(010403001)项目适用于各种规格(条石、块石等)、各种材质(砂石、青石等)和各种类型(柱基、墙基、直形、弧形等)基础。工程量按设计图示尺寸以体积计算。包括附墙垛基础宽出部分体积，不扣除基础砂浆防潮层和单个面积 $0.3m^2$ 以内的孔洞所占体积，靠墙暖气沟的挑檐不增加体积。基础长度：外墙按中心线，内墙按净长线计算。

(2) 石勒脚(010403002)项目适用于各种规格(条石、块石等)、各种材质(砂石、青石、大理石、花岗岩等)和各种类型(直形、弧形等)的勒脚，工程量按设计图示尺寸以体积计算，扣除每个面积 $0.3m^2$ 以上的孔洞所占的体积。

(3) 石墙(010403003)项目适用于各种规格(条石、块石等)、各种材质(砂石、青石、大理石、花岗岩等)和各种类型(直形、弧形等)的墙体。石墙工程量按设计图示尺寸以体积计算。扣除门窗洞口、过人洞、空圈、嵌入墙内的钢筋混凝土柱、梁、圈梁、挑梁、过梁及凹进墙内的壁龛、管槽、暖气槽、消火栓箱所占体积，不扣除梁头、板头、檩头、垫木、木楞头、沿椽木、木砖、门窗走头、砖墙内加固钢筋、木筋、铁件、钢管及单个面积 $0.3m^2$ 以内的孔洞所占体积，凸出墙面的腰线、挑檐、压顶、窗台线、虎头砖、门窗套的体积不增加，凸出墙面的砖垛并入墙体体积内计算。墙长度、高度及围墙的计算请参照本书"实心砖墙(010401003)"部分(不含框架间墙)。

(4) 石挡土墙(010403004)项目适用于各种规格(条石、块石、毛石、卵石等)、各种材质(砂石、青石、石灰石等)和各种类型(直形、弧形、台阶形等)挡土墙。工程量按设计图示尺寸以体积计算。

(5) 石柱(010403005)项目适用于各种规格、各种石质、各种类型的石柱。工程量按设计图示尺寸以体积计算。

★注意：工程量应扣除混凝土梁头、板头和梁垫所占体积。

(6) 石栏杆(010403006)项目适用于无雕饰的一般石栏杆。工程量按设计图示以长度计算。

(7) 石护坡(010403007)项目适用于各种石质和各种石料(条石、片石、毛石、块石、卵石等)的护坡。工程量按设计图示尺寸以体积计算。

(8) 石台阶(010403008)项目包括石梯带，不包括石梯膀。工程量按设计图示尺寸以体积计算。

★注意：石梯膀按石挡土墙项目编码。

（9）石坡道(010403009)工程量按设计图示尺寸以水平投影面积计算。

（10）石地沟、石明沟(010403010)工程量按设计图示以中心线长度计算。

4）垫层(附录 D.4，编码：010404)

垫层(010404001)按设计图示尺寸以 m³ 计算。

除混凝土垫层应按附录 E 中相关项目编码列项外，没有包括垫层要求的清单项目应按附录 D.4 垫层项目编码列项。

3. 计算示例

【例 4.14】 计算图 4.1 砖基础工程的工程量清单。

解：（1）列项目 010401001001。

（2）计算工程量。

外墙基础：$(8+6)\times 2\times 0.24\times(2.5-0.1+0.066)=16.572\text{m}^3$

扣除外墙构造柱体积：$(0.24\times 0.24\times 6+0.24\times 0.03\times 12)\times 2.4=1.037\text{m}^3$

内墙基础：$(6-0.24)\times 0.24\times 2.466=3.409\text{m}^3$

扣除内墙构造柱体积：$0.24\times 0.03\times 2\times 2.4=0.035\text{m}^3$

合计：$16.572-1.037+3.409-0.035=18.91\text{m}^3$

（3）工程量清单，见表 4-19。

表 4-19 工程量清单

序号	项目编码	项目名称	项目特征	计量单位	工程数量
1	010401001001	砖基础	（1）M5 水泥砂浆砌标准砖基础 （2）基础类型：条形基础、一层大放脚 （3）垫层底标高：－2.500m、室外地坪－0.200m （4）采用 2cm 厚防水砂浆 1∶2 防潮层	m³	18.91

4.4.2 砌筑工程计价表工程量

1. 本节内容

本节主要内容包括砌砖、砌石和构筑物 3 个部分。

砌砖包括：砖基础、砖柱；砌块墙、多孔砖墙；砖砌外墙；砖砌内墙；空斗墙、空花墙；填充墙、墙面砌贴砖(地下室)；墙基防潮、围墙及其他。

砌石包括：毛石基础、护坡、墙身；方整石墙、柱、台阶；荒料毛石加工(毛石面加工)。

构筑物包括：烟囱砖基础、筒身及砖加工；烟囱内衬；烟道砌砖及烟道内衬；砖水塔。

2. 砌砖工程有关规定

1）基本规定

定额中根据市场的情况，收录了标准砖、多孔砖和砌块砖几种类型的砌筑内容。

各种砖砌体的砖、砌块是按表 4-20 所示规格编制的，规格不同时，可以进行换算。

表 4-20 砖、砌块规格表   单位：mm

砖名称	长×宽×高
普通黏土(标准)砖	240×115×53
KPI 黏土多孔砖	240×115×90
黏土多孔砖	240×240×115、240×115×115
KMI 黏土空心砖	190×190×90
黏土三孔砖	190×190×90
黏土六孔砖	190×190×140
黏土九孔砖	190×190×190
页岩模数多孔砖	240×190×90、240×140×90、240×90×90、190×120×90
硅酸盐空心砌块(双孔)	390×190×190
硅酸盐空心砌块(单孔)	190×190×190
硅酸盐空心砌块(单孔)	190×190×90
硅酸盐砌块	880×430×240、580×430×240(长×高×厚) 430×430×240、280×430×240
加气混凝土块	600×240×150

砌砖、块定额中已包括了门、窗框与砌体的原浆勾缝在内，砌筑砂浆强度等级按设计规定应分别套用。

定额中砖砌围墙是按实砌标准砖考虑的，且围墙的基础与墙身分别套用定额；如设计为空斗墙、砌块墙时，应按相应墙体和基础项目分别执行，但围墙基础与墙身的材料品种相同时，工程量合并计算套相应墙体定额。围墙分别计算基础和墙身时，以设计室外地坪为分界线，以下为基础，以上为墙身。

砖砌地下室外墙、内墙均按相应内墙定额执行。

砖砌挡土墙以顶面宽度按相应墙厚内墙定额执行，顶面宽度超过一砖按砖基础定额执行。

砖砌体内钢筋加固及转角、内外墙的搭接钢筋以"吨"计算，按计价表第 4 章的"砌体、板缝内加固钢筋"定额执行。

小型砌体指砖砌门墩、房上烟囱、地垄墙、水槽、水池脚、垃圾箱、台阶面上矮墙、花台、煤箱、容积在 $3m^3$ 内的水池、大小便槽(包括踏步)、阳台栏板等砌体。

2) 砌筑标准砖

标准砖墙不分清、混水墙及艺术形式复杂程度。砖碹、砖过梁、腰线、砖垛、砖挑沿、附墙烟囱等因素已综合在定额内，不得另立项目计算。阳台砖隔断按相应内墙定额执行。

标准砖砌体如使用配砖，仍按本定额执行，不作调整。

（1）砖基础的规定。

（2）基础与墙身使用同一种材料时，以设计室内地坪（有地下室者以地下室设计室内地坪）为界，以下为基础，以上为墙身。

（3）基础、墙身使用不同材料时，不同材料的分界线位于设计室内地坪±300mm 以内，以不同材料为分界线（见图4.10），超过±300mm，以设计室内地坪为界。

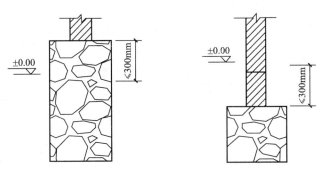

图 4.10 以不同材料分界作为基础与墙身分界线

（4）砖基础深度自室外地面至砖基础底表面超过 1.5m，其超过部分每立方米砌体应增加 0.041 个工日。

砖柱：基础与墙身采用同一种材料时，不分基础、墙身，合并工程量套用砖柱定额；如基础与柱身材料不同，分开计算（见表 3 - 3、表 3 - 4）。

空斗墙中门窗立边、门窗过梁、窗台、墙角、檩条下、楼板下、踢脚线部分和屋檐处的实砌砖已包括在定额内，不得另立项目计算。空斗墙中遇有实砌钢筋砖圈梁及单面附垛时，应另列项目按小型砌体定额执行。

3）砌筑砌块、多孔砖墙

砌块墙、多孔砖墙中，窗台虎头砖、腰线、门窗洞边接茬用标准砖已包括在定额内。

除标准砖墙外（有专门的弧形墙子目），其他品种砖弧形墙其弧形部分套直形墙体换算而得，换算是在直形墙的基础上每立方米砌体按相应项目人工增加 15%，砖 5%，其他不变。

3. 砌砖工程工程量计算规则

1）一般规则

墙体工程量按设计图示尺寸以体积计算。应扣除门窗洞口、过人洞、空圈、嵌入墙内的钢筋混凝土柱、梁、过梁、圈梁、挑梁、混凝土墙基防潮层和暖气包、壁龛的体积。不扣除梁头、梁垫、外墙预制板头、檩条头、垫木、木楞头、沿椽木、木砖、门窗走头、砖砌体内加固钢筋、木筋、铁件、钢管及单个面积 0.3m² 以下的孔洞所占体积。突出墙面的窗台虎头砖、压顶线、山墙泛水、烟囱根、门窗套及 3 皮砖以内的腰线、挑檐等体积也不增加。

附墙砖垛、3 皮砖以上的腰线、挑檐等体积，并入墙身体积内计算。

附墙烟囱、通风道、垃圾道按其外型体积并入所依附的墙体积内合并计算，不扣除每个横截面在 0.1m² 以内的孔洞体积。

弧形墙按其弧形墙中心线部分的体积计算。

2) 砖基础

工程量为基础断面积乘以基础长度以体积计算，以立方米(m^3)为单位计量。

砖基础断面积＝基础墙高×基础墙宽＋大放脚面积

其中，大放脚面积可分割成若干个 $0.0625m(a)×0.063m(h)＝0.0039375m^2$ 面积的小方块，小方块个数取决于大放脚的形式和层数。

为计算方便，也可将大放脚面积折算成一段等面积的基础墙，这段基础墙高度叫折加高度，砖砌大放脚折加高度见表 $4-21$。

表 4－21　砖砌大放脚折加高度表

大放脚层数	脚形式	双面系数			单面系数		
		折加高度/m		增加断面 /m²	折加高度/m		增加断面 /m²
		11.5	24		11.5	24	
1	等高式	0.137	0.066	0.0158	0.069	0.033	0.0079
	间隔式	0.137	0.066	0.0158	0.069	0.033	0.0079
2	等高式	0.411	0.197	0.0473	0.206	0.099	0.0237
	间隔式	0.343	0.164	0.0394	0.171	0.082	0.0197
3	等高式	0.822	0.394	0.0945	0.411	0.197	0.0473
	间隔式	0.685	0.328	0.0788	0.343	0.164	0.0394
4	等高式	1.370	0.656	0.1575	0.685	0.328	0.0788
	间隔式	1.096	0.525	0.1260	0.548	0.263	0.0630
5	等高式	2.055	0.985	0.2363	1.028	0.493	0.1181
	间隔式	1.643	0.788	0.1890	0.822	0.394	0.0945
6	等高式	2.876	1.378	0.3308	1.438	0.689	0.1654
	间隔式	2.260	1.083	0.2599	1.130	0.542	0.1299
7	等高式	3.835	1.838	0.4410	1.918	0.919	0.2205
	间隔式	3.93	1.444	0.3465	1.507	0.722	0.1733

$$折加高度＝大放脚面积÷基础墙高度 \tag{4-9}$$
$$基础断面积＝基础墙宽×(基础墙高度＋折算高度) \tag{4-10}$$

大放脚的形式包括等高式和间隔式两种(见图 4.11)。在等高式和间隔式中，每步大放脚宽始终等于 1/4 砖长，即(砖长 240＋灰缝 10)×1/4＝62.5mm。等高式的大放脚高等于 2 皮砖加 2 灰缝，即 $53×2＋10×2＝126mm$，间隔式大放脚的高度等于 1 皮砖加 1 灰缝 (63mm)与 2 皮砖加 2 灰缝(126mm)间隔设置(图 4.11 中 $a＝62.5mm$，$h＝126mm$，$h_1＝63mm$)。

砖砌地下室墙身及基础按设计图示以立方米(m^3)计算，内、外墙身工程量合并计算按相应内墙定额执行。墙身外侧面砌贴砖按设计厚度以立方米(m^3)计算。

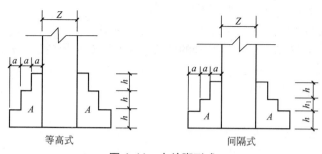

等高式　　　　　　　间隔式

图 4.11　大放脚形式

3）实砌砖墙

标准砖计算厚度按表 4-22 计算。

表 4-22　标准砖计算厚度表

砖墙计算厚度/mm	$\frac{1}{4}$	$\frac{1}{2}$	$\frac{3}{4}$	1	$1\frac{1}{2}$	2
标准砖	53	115	178	240	365	490

（1）砖墙长度的计算。外墙按中心线长度，框架间墙及内墙按净长计算。框架外表面镶包砖部分并入墙身工程量内一并计算。

（2）高度。

① 外墙的高度：坡（斜）屋面无檐口天棚，算至墙中心线屋面板底；无屋面板，算至椽子顶面；有屋架且室内外均有天棚，算至屋架下弦底面另加 200mm；无天棚算至屋架下弦另加 300mm；有现浇钢筋混凝土平板楼层者，应算至平板底面；当墙高遇有框架梁、肋形板梁时，应算至梁底面；女儿墙高度自板面算至压顶底面。

② 内墙高度：内墙位于屋架下，其高度算至屋架底；无屋架，算至天棚底另加 120mm；有钢筋混凝土楼隔层，算至钢筋混凝土板底；有框架梁时，算至梁底面；同一墙上板厚不同时，按平均高度计算；平行于空心楼板的墙算至空心板顶面。

4）空斗墙、空花墙、围墙的计算

（1）空斗墙：按外形尺寸（不扣空心）以立方米（m³）计算。

（2）空花墙：按空花部分的外型体积（不扣空心）以立方米（m³）计算，空花墙外有实砌墙，实砌部分另外按实砌计算。

（3）围墙：砖砌围墙按设计图示尺寸以立方米（m³）计算，其围墙附垛及砖压顶应并入墙身工程量内；砖围墙上有混凝土花格、混凝土压顶时，混凝土化格及压顶应按计价表第五章规定另行计算，其围墙高度算至混凝土压顶下表面。

5）多孔砖、砌块墙

多孔砖、空心砖墙按图示墙厚以立方米（m³）计算，不扣除砖孔空心部分体积。

加气混凝土、硅酸盐砌块、小型空心砌块墙按图示尺寸以立方米（m³）计算，砌块本身空心体积不予扣除。砌块中设计钢筋砖过梁时，应套"小型砌体"定额另行计算。

6）其他

墙基防潮层按墙基顶面水平宽度乘以长度以平方米（m²）计算，有附垛时将附垛面积并入墙基内。

砖砌台阶按水平投影面积以平方米(m²)计算。

砖砌地沟沟底与沟壁工程量合并以立方米(m³)计算。

【例 4.15】 计算图 4.1 所示砖基础的计价表工程量(马牙槎按 5 皮 1 收 60mm)。

解： 外墙基础：$(8+6)×2×0.24×(2.5-0.1+0.066)=16.572m³$

扣除外墙构造柱体积：$(0.24×0.24×6+0.24×0.03×12)×2.4=1.037m³$

内墙基础：$(6-0.24)×0.24×2.466=3.409m³$

扣除内墙构造柱体积：$0.24×0.03×2×2.4=0.035m³$

合计：$16.572-1.037+3.409-0.035=18.91m³$

答： 图 4.1 所示砖基础的工程量为 18.91m³。

【例 4.16】 计算图 4.6 所示基础部分砖基础的工程量。

解： 图 4.6 所示的砖基础在独立基础之间，因此它们的长度均按净长计算，该砖基础净长的示意图如图 4.12 所示。按题目情况，砖基础可以用独立基础之间体积加上 A 区域体积计算。

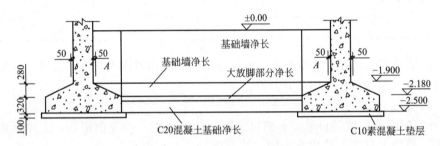

图 4.12　基础部分净长计算图

(1) 独立基础之间的断面积。

$$0.24×(2.3+0.066)=0.5678m³$$

(2) 砖基础体积。

①、③轴线：$[0.5678×(6-2×0.88)+0.05×1.9×0.24×2+(1.9+2.18)×$

$0.55÷2×0.24×2]×2=5.983m³$

②轴线：$0.5678×(6-2×1.13)+0.05×1.9×0.24×2+(1.9+2.18)×$

$0.8+2×0.24×2=2.953m³$

④、⑧轴线：$[0.5678×(4-0.8-1.05)+0.05×1.9×0.24×2+(1.9+2.18)×$

$0.6+2×0.24+(1.9+2.18)×0.85÷2×0.24]×4=7.905m³$

(3) 合计。

$$5.983+2.953+7.905=16.84m³$$

答： 图 4.6 所示基础部分砖基础的体积为 16.84m³。

【例 4.17】 某一层办公室底层平面图如图 4.13 所示，层高为 3.3m，楼面为 100mm 厚现浇平板，圈梁为 240mm×250mm，用 M5 混合砂浆砌标准一砖墙，构造柱截面为 240mm×240mm，留马牙槎(5 皮 1 收)，基础用 M7.5 水泥砂浆砌筑，室外地坪为－0.2m，M1 尺寸为 900mm×2000mm，C1 尺寸为 1500mm×1500mm，按计价表计算砖基础、砖外墙、砖内墙工程量，并按计价表计算定额综合单价。

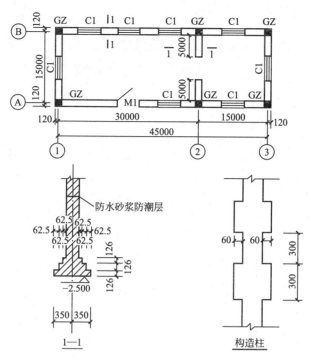

图 4.13 房屋平面及基础断面图

解：（1）列项目：3—1、3—29、3—33、补。

（2）计算工程量。

① 砖基础。

外墙：$(45+15)\times 2\times 0.24\times(2.5+0.394)=83.347m^3$

扣构造柱：$(0.24\times 0.24\times 6+0.24\times 0.03\times 12)\times 2.5=1.08m^3$

内墙：$10\times 0.24\times(2.5+0.394)=6.946m^3$

扣构造柱：$0.24\times 0.03\times 2\times 2.5=0.036m^3$

合计：$83.347-1.08+6.946-0.036=89.18m^3$

其中自室外地面至砖基础底超过 1.5m 体积：$89.18-1.7\times(120+10)\times 0.24+1.08\div 2.5\times 1.7+0.036\div 2.5\times 1.7=36.90m^3$

② 砖外墙。

外墙：$(45+15)\times 2\times 0.24\times(3.3-0.25)=87.84m^3$

扣构造柱：$(0.24\times 0.24\times 6+0.24\times 0.03\times 12)\times(3.3-0.25)=1.318m^3$

扣门窗：$1.5\times 1.5\times 0.24\times 8+0.9\times 2\times 0.24=4.752m^3$

合计：$87.84-1.318-4.752=81.77m^3$

③ 砖内墙。

内墙：$10\times 0.24\times(3.3-0.25)=7.32m^3$

扣构造柱：$0.24\times 0.03\times 2\times(3.3-0.25)=0.044m^3$

合计：$7.32-0.044=7.28m^3$

④ 防水砂浆防潮层。

防潮层：$0.24\times[(45+15)\times 2+5\times 2-6\times 0.24]=30.85m^2$

（3）套定额，计算结果见表 4-23。

表 4-23   计 算 结 果

序号	定额编号	项目名称	计量单位	工程量	综合单价/元	合价/元
1	3—1 换	M7.5 水泥砂浆砖基础	m³	89.18	186.21	16606.21
2	3—29	M5 混合砂浆砖外墙	m³	81.77	197.70	16165.93
3	3—33	M5 混合砂浆砖内墙	m³	7.28	192.69	1402.78
4	3—42	防水砂浆防潮层	10m²	3.085	86.68	248.90
5	补	砖基础超深增加人工	m³	36.90	1.460	53.87
合计						34477.69

注：1. 3—1 换，$185.80-29.71+0.242×124.46=186.21$ 元/m³。

2. 补，$0.041×26×(1+25\%+12\%)=1.46$ 元/m³。

答：砖基础为 89.18m³，砖外墙 81.77m³，砖内墙为 7.28m³，砌体合价为 34477.69 元。

4. 砌石工程有关规定

定额分为毛石、方整石砌体两种。毛石指无规则的乱毛石，方整石指已加工好有面、有线的商品整石（方整石砌体不得再套打荒、錾凿、剁斧项目）。

毛石、方整石零星砌体按窗台下墙相应定额执行，人工乘以系数 1.10。毛石地沟、水池按窗台下石墙定额执行。毛石、方整石围墙按相应墙定额执行。砌筑圆弧形基础、墙（含砖、石混合砌体），人工按相应项目乘数 1.10，其他不变。

方整石墙单面出垛并入墙身工程量内，双面出墙垛按柱计算。标准砖镶砌门、窗口立边、窗台虎头砖、钢筋砖过梁等按实砌砖体积另列项目计算，套"小型砌体"定额。

5. 砌石工程工程量计算规则

毛石墙、方整石墙按图示尺寸以立方米（m³）计算。

毛石砌体打荒、錾凿、剁斧按砌体裸露外表面积计算（錾凿包括打荒，剁斧包括打荒、錾凿，打荒、錾凿和剁斧不能同时列入）。

毛石、方整石台阶均以图示尺寸按立方米（m³）计算，毛石台阶按毛石基础定额执行。

墙面、柱、底座、台阶的剁斧以设计展开面积计算；窗台、腰线以 10 延长米计算。

6. 构筑物工程有关规定

1）砖烟囱

砖砌烟囱由基础、筒身、内衬及隔热层、烟道附属设施等组成。

（1）基础。

砖烟囱毛石砌体基础按水塔的相应项目执行。

砖烟囱基础与砖筒身的划分以基础大放脚的扩大顶面为界，以上为筒身，以下为基础。

（2）筒身与烟道。

烟囱筒身多采用圆锥形，外表面倾斜度为 2%～3%，筒身下部底座高 3～8m，呈圆柱形。筒身按高度划分成若干段，每段为 10m 左右，由下而上逐段减薄。筒身内部砌有支承内衬的牛腿（挑砖），其上砌筑内衬材料。

烟道是连接炉体与烟囱的过烟通道，它以炉体外第一道闸门与炉体分界，从第一道闸门至烟囱筒身外皮为烟道范围。烟道由拱顶、砖侧墙和基础垫层组成。烟道中的钢筋混凝土构件，应按钢筋混凝土分部相应定额计算。

当筒体内温度大于 100℃时，筒身因内、外温差而产生拉应力。为了抵消拉应力，应在筒外设紧箍圈，间距为 0.5～1.5m。

砖烟囱筒身原浆勾缝和烟囱帽抹灰，已包括在定额内，不另计算。如设计加浆勾缝者，可按计价表第 13 章中勾缝项目计算，原浆勾缝的工、料不予扣除。

砖烟囱的钢筋混凝土圈梁和过梁，按实体积计算，套用其他章节的相应项目执行。

烟囱的钢筋混凝土集灰斗（包括分隔墙、水平隔墙、柱、梁等）应按其他章节相应项目计算。

砖烟囱、烟道及砖内衬，设计采用加工楔形砖时，其加工楔形砖的数量应按施工组织设计数量，另列项目按楔形砖加工相应定额计算。

砖烟囱砌体内采用钢筋加固者，应根据设计重量按计价表第 4 章"砌体、板缝内加固钢筋"定额计算。

（3）内衬及隔热层。

为了保护筒身、烟道，一般在其内部应设置内衬和隔热层。内衬材料常用普通黏土砖、耐火砖、耐酸砖。隔热材料用高炉煤水渣、渣棉、膨胀蛭石等。内衬与筒壁之间的隔热层厚度应为 80～200mm。内衬沿高度 1.5～2.5m 向筒壁挑出一圈防沉带，以阻止隔热层下沉。防沉带与筒壁间应有 10mm 缝隙。

黏土砖和耐火砖通常采用混合砂浆 M5.0 和 M7.5 砌筑。耐酸砖则使用耐酸沥青石英粉砌筑砂浆。

（4）附属设备：包括爬梯、信号灯平台和避雷装置。

2）砖水塔。砖水塔包括砖基础、砖塔身（支筒）和砖水箱 3 个部分。

砖水塔塔身与基础以扩大部分顶面为分界。基础部分套用相应基础定额。

直壁与塔顶、槽底（或斜壁）相连，圈梁之间的直壁为水槽内、外壁；设保温水槽的外保护壁为外壁；直接承受水侧压力的水槽壁为内壁。非保温水箱的水槽壁按内壁计算。

7. 构筑物工程工程量计算规则

1）砖烟囱

砖烟囱基础：按设计图示尺寸以立方米（m³）计算。

烟囱筒身：不分方形、圆形均按立方米（m³）计算，应扣除孔洞及钢筋混凝土过梁、圈梁所占体积。筒身体积应以筒壁平均中心线长度乘以厚度。圆筒壁周长不同时，可按下式分段计算：

$$V = \sum HC\pi D \qquad\qquad (4-11)$$

式中：V 为筒身体积；H 为每段筒身垂直高度；C 为每段筒壁砖厚度；D 为每段筒壁中心线的平均直径。

烟囱内衬：按不同种类烟囱内衬，以实体积计算，并扣除各种孔洞所占的体积。

填料按烟囱筒身与内衬之间的体积计算，扣除各种孔洞所占的体积，但不扣除连接横砖(防沉带)的体积。填料所需的人工已包括在砌内衬定额内。

为了内衬的稳定及防止隔热材料下沉，内衬伸入筒身的连接横砖，已包括在内衬定额内，不另计算。

为防止酸性凝液渗入内衬与混凝土筒身间，而在内衬上抹水泥排水坡的，其工料已包括在定额内，不另计算。

2) 砖水塔

基础：各种基础均以实体积计算(包括基础底板和筒座)。

筒身：砖砌塔身不分厚度、直径均以图示实砌体积计算，扣除门窗洞口和钢筋混凝土构件所占体积，砖平拱(碹)、砖出檐并入塔身体积内。砖碹胎板工、料已包括在定额内，不另计算。

砖砌筒身设置的钢筋混凝土圈梁以实体积计算，按计价表其他章节相应项目计算。

水槽内外壁：均以图示实砌体积计算。

4.4.3 砌筑工程工程量清单计价

1. 砌筑工程清单计价要点

(1) 实心砖墙项目中墙内砖平碹、砖拱碹、砖过梁的体积不扣除，应包括在报价内。

(2) 砖窨井、检查井、砖水池、化粪池项目中包括挖土、运输、回填、井池底板、池壁、井池盖板、池内隔断、隔墙、隔栅小梁、隔板、滤板、内外粉刷等全部工程内容，应全部计入报价内。

(3) 石基础项目包括剔打石料天、地座荒包等全部工序及搭拆简易起重架等应全部计入报价内。

(4) 石勒脚、石墙项目中石料天、地座打平、拼缝打平、打扁口等工序包括在报价内。

(5) 石挡土墙项目报价时应注意：①变形缝、泄水孔、压顶抹灰等应包括在项目内；②挡土墙若有滤水层要求的应包括在报价内；③搭、拆简易起重架应包括在报价内。

2. 砌筑工程清单及计价示例

【例 4.18】 按计价表计算图 4.1 砖基础工程的清单综合单价。

解：(1) 列项目 010401001001(2—120、3—1、3—42)。

(2) 计算工程量。

垫层断面面积 $S=0.7\times0.1=0.07m^2$

垫层长度：外墙$=2\times(6+8)=28m$

内墙$=6-2\times0.35=5.3m$

2-120 混凝土垫层体积：$V=0.07\times(28+5.3)=2.33m^3$

3-1 砖基础：$18.91m^3$(见【例 4.15】)

3-42 防水砂浆防潮层：$0.24\times[(8+6)\times2+5.76-0.24\times6]=7.76m^2$

(3) 清单计价，见表 4-24。

表4-24 清 单 计 价

序号	项目编码	项目名称	计量单位	工程数量	金额/元	
					综合单价	合价
1	010401001001	砖基础	m³	18.91	214.49	4056.07
	2—120	C10混凝土垫层	m³	2.33	206.00	479.98
	3—1	M5水泥砂浆砖基础	m³	18.91	185.80	3513.48
	3—42	2cm防水砂浆防潮层	10m²	0.776	80.68	62.61

答：该砖基础工程的清单综合单价为214.49元/m³。

4.5 混凝土及钢筋混凝土工程计量与计价

4.5.1 混凝土及钢筋混凝土工程工程量清单的编制

1. 本节内容

本节主要内容包括：《房屋建筑与装饰工程计量规范》（GB 500854—2013）附录E（混凝土及钢筋混凝土工程）的内容，即：现浇混凝土基础；现浇混凝土柱；现浇混凝土梁；现浇混凝土墙；现浇混凝土板；现浇混凝土楼梯；现浇混凝土其他构件；后浇带；预制混凝土柱；预制混凝土梁；预制混凝土屋架；预制混凝土板；预制混凝土楼梯；其他预制构件；钢筋工程；螺栓、铁件。

2. 工程量计算规则

1）现浇混凝土基础（附录E.1，编码：010501）

有肋带形基础、无肋带形基础应按E.1中相关项目列项，并注明肋高。

箱式满堂基础中柱、梁、墙、板按E.2、E.3、E.4、E.5相关项目分别编码列项；箱式满堂基础底板按E.1的满堂基础项目列项。

框架式设备基础中柱、梁、墙、板分别按E.2、E.3、E.4、E.5相关项目编码列项；基础部分按E.1相关项目编码列项。

如为毛石混凝土基础，项目特征应描述毛石所占比例。

（1）垫层（010501001）适用于混凝土垫层。

（2）带形基础（010501002）项目适用于各种带形基础，包括墙下的板式基础、浇筑在一字排桩上面的带形基础。

★注意：工程量不扣除浇入带形基础体积内的桩头所占体积。

（3）独立基础（010501003）项目适用于块体柱基、杯基、柱下的板式基础、无筋倒圆台基础、壳体基础、电梯井基础等。

（4）满堂基础（010501004）项目适用于地下室的箱式基础底板、筏式基础等。

（5）桩承台基础（010501005）项目适用于浇筑在组桩（如：梅花桩）上的承台。

（6）设备基础（010501006）项目适用于设备的块体基础、框架基础等。

上述垫层、基础工程量均按设计图示尺寸以体积计算。不扣除构件内钢筋、预埋铁件和伸入承台基础的桩头所占体积。

2）现浇混凝土柱（附录 E.2，编码：010502）

矩形柱（010502001）、构造柱（010502002）、异形柱（010502003）项目适用于各种类型柱。工程量按设计图示尺寸以体积计算，不扣除构件内钢筋、预埋铁件所占体积。柱高的计算如下：

有梁板的柱高，应按柱基上表面（或楼板上表面）至上一层楼板上表面之间的高度计算；

无梁板的柱高，应按柱基上表面（或楼板上表面）至柱帽下表面之间的高度计算；

框架柱的柱高，应按柱基上表面至柱顶高度计算；

构造柱按全高计算，嵌接墙体部分并入柱身体积；

依附柱上的牛腿和升板的柱帽，并入柱身体积计算。

★注意：混凝土类别指清水混凝土、彩色混凝土等，如在同一地区既使用预拌（商品）混凝土、又允许现场搅拌混凝土时，也应注明。

3）现浇混凝土梁（附录 E.3，编码：010503）

基础梁（010503001）、矩形梁（010503002）、异形梁（010503003）、圈梁（010503004）、过梁（010503005）、弧形、拱形梁（010503006）等各种梁项目，工程量按设计图示尺寸以体积计算，不扣除构件内钢筋、预埋铁件所占体积，伸入墙内的梁头、梁垫并入梁体积内。梁长：梁与柱连接时，梁长算至柱侧面；主梁与次梁连接时，次梁长算至主梁侧面。

4）现浇混凝土墙（附录 E.4，编码：010504）

直形墙（010504001）、弧形墙（010504002）、短肢剪力墙（010504003）、挡土墙（010504004）项目也适用于电梯井。工程量按设计图示尺寸以体积计算，不扣除构件内钢筋、预埋铁件所占体积，扣除门窗洞口及单个面积 0.3m² 以外的孔洞所占体积，墙垛及突出墙面部分并入墙体体积计算。

★注意：墙肢截面的最大长度与厚度之比小于或等于 6 倍的剪力墙，按短肢剪力墙项目列项。L形、Y形、T形、十字形、Z形、一字形等短肢剪力墙的单肢中心线长≤0.4m，按柱项目列项。

5）现浇混凝土板（附录 E.5，编码：010505）

（1）有梁板（010505001）、无梁板（010505002）、平板（010505003）、拱板（010505004）、薄壳板（010505005）、栏板（010505006）等各种板，工程量按设计图示尺寸以体积计算，不扣除构件内钢筋、预埋铁件及单个面积 0.3m² 以内的孔洞所占体积，有梁板（包括主、次梁与板）按梁、板体积之和计算，无梁板按板和柱帽体积之和计算，各类板伸入墙内的板头并入板体积计算，薄壳板的肋、基梁并入薄壳体积内计算。

现浇有梁板是指现浇密肋板、井字梁板（即由同一平面内相互正交、斜交的梁与板所组成的结构构件）。

（2）天沟（檐沟）、挑檐板（010505007）工程量按设计图示尺寸以体积计算。

（3）雨篷、悬挑板、阳台板（010505008）工程量按设计图示尺寸以墙外部分体积计算。包括伸出墙外的牛腿和雨篷反挑檐的体积。

（4）其他板（010505009）工程量按设计图示尺寸以体积计算。

★注意：现浇挑檐、天沟板、雨篷、阳台与板（包括屋面板、楼板）连接时，以外墙外边线为分界线；与圈梁(包括其他梁)连接时，以梁外边线为分界线。外边线以外为挑檐、天沟、雨篷或阳台。

6) 现浇混凝土楼梯(附录 E.6，编码：010506)

直形楼梯(010506001)、弧形楼梯(010506002)的工程量按设计图示尺寸以水平投影面积计算，不扣除宽度小于 500mm 的楼梯井，伸入墙内部分不计算。

★注意：整体楼梯(包括直形楼梯、弧形楼梯)水平投影面积包括休息平台、平台梁、斜梁和楼梯的连接梁。当整体楼梯与现浇楼板无梯梁连接时，以楼梯的最后一个踏步边缘加 300mm 为界。

7) 现浇混凝土其他构件(附录 E.7，编码：010507)

(1) 散水、坡道(010507001)工程量按设计图示尺寸以面积计算，不扣除单个 0.3m² 以内的孔洞所占面积。

(2) 电缆沟、地沟(010507002)工程量按设计图示以中心线长度计算。

(3) 台阶(010507003)以 m² 计量，按设计图示尺寸水平投影面积计算；或以 m³ 计量，按设计图示尺寸以体积计算。

(4) 扶手、压顶(010507004)以 m 计量，按设计图示的延长米计算；或以 m³ 计量，按设计图示尺寸以体积计算。

(5) 化粪池底(010507005)、化粪池壁(010507006)、化粪池顶(010507007)、检查井底(010507008)、检查井壁(010507009)、检查井顶(010507010)、其他构件(010507011)按设计图示尺寸以体积计算。不扣除构件内钢筋、预埋铁件所占体积。

★注意：现浇混凝土小型池槽、垫块、门框等，应按 E.7 中其他构件项目编码列项。架空式混凝土台阶，按现浇楼梯计算。

8) 后浇带(附录 E.8，编码：010508)

后浇带(010508001)项目适用于梁、墙、板的后浇带。工程量按设计图示尺寸以体积计算。

9) 预制混凝土柱(附录 E.9，编码：010509)

矩形柱(010509001)、异形柱(010509002)的工程量按设计图示尺寸以体积计算。不扣除构件内钢筋、预埋铁件所占体积。

★注意：以根计量，必须描述单件体积。

10) 预制混凝土梁(附录 E.10，编码：010510)

矩形梁(010510001)、异形梁(010510002)、过梁(010510003)、拱形梁(010510004)、鱼腹式吊车梁(010510005)、风道梁(010510006)的工程量按设计图示尺寸以体积计算。不扣除构件内钢筋、预埋铁件所占体积。

★注意：以根计量，必须描述单件体积。

11) 预制混凝土屋架(附录 E.11，编码：010511)

折线型屋架(010511001)、组合屋架(010511002)、薄腹屋架(010511003)、门式刚架屋架(010511004)、天窗架屋架(010511005)的工程量按设计图示尺寸以体积计算。不扣除构件内钢筋、预埋铁件所占体积。

★注意：以榀计量，必须描述单件体积。三角形屋架应按 E.11 中折线型屋架项目编码列项。

12) 预制混凝土板(附录 E.12，编码：010512)

(1) 平板 (010512001)、空心板 (010512002)、槽形板 (010512003)、网架板

（010512004）、折线板（010512005）、带肋板（010512006）、大型板（010512007）的工程量按设计图示尺寸以体积计算。不扣除构件内钢筋、预埋铁件及单个尺寸 300mm×300mm 以内的孔洞所占体积，扣除空心板空洞体积。

同类型相同构件尺寸的预制混凝土板的工程量可按块数计算。

（2）沟盖板、井盖板、井圈（010512008）的工程量按设计图示尺寸以体积计算。不扣除构件内钢筋、预埋铁件所占体积。

同类型相同构件尺寸的预制混凝土沟盖板的工程量可按块数计算；混凝土井圈、井盖板工程量可按套数计算。

★注意：以块、套计量，必须描述单件体积。不带肋的预制遮阳板、雨篷板、挑檐板、栏板等，应按 E.12 中平板项目编码列项。预制 F 形板、双 T 形板、单肋板和带反挑檐的雨篷板、挑檐板、遮阳板等，应按 E.12 中带肋板项目编码列项。预制大型墙板、大型楼板、大型屋面板等，应按 B.12 中大型板项目编码列项。

13）预制混凝土楼梯（附录 E.13，编码：010513）

楼梯（010412008）的工程量按设计图示尺寸以体积计算。不扣除构件内钢筋、预埋铁件所占体积，扣除空心踏步板空洞体积。

★注意：以块计量，必须描述单件体积。

14）其他预制构件（附录 E.14，编码：010514）

烟道、垃圾道、通风道（010514001）、其他构件（010514002）、水磨石构件（010514003）的工程量按设计图示尺寸以体积计算。不扣除构件内钢筋、预埋铁件及单个尺寸 300mm×300mm 以内的孔洞所占体积，扣除烟道、垃圾道、通风道的孔洞所占体积。

★注意：以块、根计量，必须描述单件体积。预制钢筋混凝土小型池槽、压顶、扶手、垫块、隔热板、花格等，按本表中其他构件项目编码列项。

15）钢筋工程（附录 E.15，编码：010515）

（1）现浇构件钢筋（010515001）、钢筋网片（010515002）、钢筋笼（010515003）工程量按设计图示钢筋（网）长度（面积）乘以单位理论重量以吨（t）计算。先张法预应力钢筋（010515004）按设计图示钢筋长度乘单位理论质量计算。

（2）后张法预应力钢筋（010515005）、预应力钢丝（010515006）、预应力钢绞线（010515007）按设计图示钢筋（丝束、绞线）长度乘以单位理论重量计算。

低合金钢筋两端均采用螺杆锚具时，钢筋长度按孔道长度减 0.35m 计算，螺杆另行计算；

低合金钢筋一端采用墩头插片，另一端采用螺杆锚具时，钢筋长度按孔道长度计算，螺杆另行计算；

低合金钢筋一端采用墩头插片，另一端采用帮条锚具时，钢筋长度按孔道长度增加 0.15m 计算；两端均用帮条锚具时，钢筋长度按孔道长度增加 0.30m 计算；

低合金钢筋采用后张混凝土自锚时，钢筋长度按孔道长度增加 0.35m 计算；

低合金钢筋（钢绞线）采用 JM、XM、QM 型锚具，孔道长度在 20m 以内时，钢筋长度按孔道长度增加 1m 计算；孔道长度在 20m 以外时，钢筋（钢绞线）长度按孔道长度增加 1.8m 计算；

碳素钢丝采用锥形锚具，孔道长度在 20m 以内时，钢丝束长度按孔道长度增加 1m 计算；孔道长度在 20m 以上时，钢丝束长度按孔道长度增加 1.8m 计算；

碳素钢丝采用墩头锚具时，钢丝束长度按孔道长度增加 0.35m 计算。

（3）支撑钢筋（铁马）（010515008）按钢筋长度乘单位理论质量计算。

（4）声测管（01051509）按设计图示尺寸质量计算。

★注意：现浇构件中伸出构件的锚固钢筋应并入钢筋工程量内。除设计（包括规范规定）标明的搭接外，其他施工搭接不计算工程量，在综合单价中综合考虑。现浇构件中固定位置的支撑钢筋、双层钢筋用的"铁马"在编制工程量清单时，其工程数量可为暂估量，结算时按现场签证数量计算。

16）螺栓、铁件（附录 E.16，编码：010516）

螺栓（010516001）、预埋铁件（010516002）的工程量按设计图示尺寸以质量吨（t）计算。机械连接（010516003）按个数计算。

★注意：编制工程量清单时，其工程数量可为暂估量，实际工程量按现场签证数量计算。

3．工程量清单算例

【例 4.19】　某三类建筑的全现浇框架主体结构工程如图 4.14 所示，采用组合钢模板，图中轴线为柱中，现浇混凝土均为 C30，板厚 100mm，计算现浇框架柱、梁、板混凝土及钢筋混凝土工程的工程量清单。

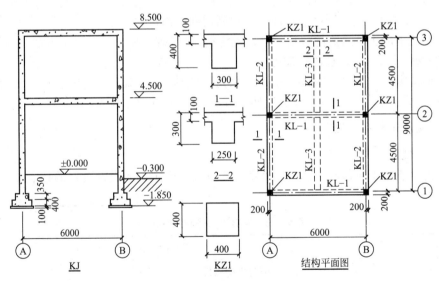

图 4.14　现浇框架图

解：（1）列项目 010502001001，010505001001。

（2）计算工程量（钢筋用含钢量计算）。

010502001001 矩形柱：$6 \times 0.4 \times 0.4 \times (8.5 + 1.85 - 0.75) = 9.22 \text{m}^3$

010505001001 有梁板：$18.86 - 6 \times 0.4 \times 0.4 \times 0.1 \times 2 = 18.67 \text{m}^3$

010515001001 现浇混凝土钢筋 $\Phi 12$ 以内：$0.038 \times 9.22 + 0.03 \times 18.67 = 0.910 \text{t}$

010515001002 现浇混凝土钢筋 $\Phi 12 \sim \Phi 25$：$0.088 \times 9.22 + 0.07 \times 18.67 = 2.118 \text{t}$

（3）工程量清单，见表 4-25。

表 4－25　工程量清单

序号	项目编码	项目名称	项目特征	计量单位	工程数量
1	010502001001	现浇矩形柱	（1）柱高度：－1.100～8.500m （2）混凝土强度等级：C30 （3）柱截面：400mm×400mm	m³	9.22
2	010505001001	现浇有梁柱	（1）混凝土强度等级：C30 （2）板厚度：100mm （3）板底标高：4.400m、8.400m	m³	18.67
3	010515001001	现浇有梁板钢筋	φ12 以内	t	0.910
4	010515001002	现浇混凝土钢筋	Φ12～Φ25	t	2.118

4.5.2　混凝土工程计价表工程量

1. 本节内容

本节主要内容包括自拌混凝土构件、商品混凝土泵送构件和商品混凝土非泵送构件 3 个部分。

（1）自拌混凝土构件包括：现浇构件（基础、柱、梁、墙、板及其他）；现场预制构件（桩、柱、梁、屋架、板及其他）；加工厂预制构件；构筑物。

（2）商品混凝土泵送构件包括：泵送现浇构件（基础、柱、梁、墙、板及其他）；泵送预制构件（桩、柱、梁）；泵送构筑物。

（3）商品混凝土非泵送构件包括：非泵送现浇构件（基础、柱、梁、墙、板及其他）；现场非泵送预制构件（桩、柱、梁、屋架、板及其他）；非泵送构筑物。

2. 混凝土工程有关规定

1）基本规定

（1）混凝土石子粒径取定：设计有规定的按设计规定，无设计规定的按表 4－26 中规定计算。

表 4－26　混凝土石子粒径取定表

石子粒径/mm	构件名称
5～16	预制板类构件、预制小型构件
5～31.5	现浇构件：矩形柱（构造柱除外）、圆柱、多边形柱（L 形、T 形、十字形除外）、框架梁、单梁、连续梁、地下室防水混凝土墙
5～20	除以上构件外均用此粒径
4～40	基础垫层、各种基础、道路、挡土墙、地下室墙、大体积混凝土

（2）一般建筑物构件中毛石混凝土的毛石掺量是按 15％ 计算，构筑物中毛石混凝土的毛石掺量是按 20％ 计算的，如设计要求不同时，可按比例换算毛石、混凝土数量。独立柱基毛石混凝土执行条形毛石混凝土基础定额。

（3）现场预制构件，如在加工厂制作，混凝土配合比按加工厂配合比计算；加工厂构件及商品混凝土改在现场制作，混凝土配合比按现场配合比计算。其工料、机械台班不调整。

（4）加工厂预制构件其他材料费中已综合考虑了掺入早强剂的费用，现浇构件和现场预制构件未考虑使用早强剂费用，设计需使用或建设单位认可时，其费用可按每立方米混凝土增加 4.00 元计算。

（5）小型混凝土构件，指单体体积在 0.05m³ 以内的未列出子目的构件。例如盥洗槽、小便槽挡板等。

（6）混凝土养护采用塑料薄膜，定额按薄膜摊销量考虑。

塑料薄膜摊销量＝混凝土露明面积×（1＋损耗率）×（1＋搭接系数）/周转次数

（7）构筑物中混凝土、抗渗混凝土已按常用的强度等级列入基价，设计与子目取定不符综合单价调整。

（8）钢筋混凝土水塔、砖水塔基础采用毛石混凝土、混凝土基础按烟囱相应项目执行。

（9）构筑物中的混凝土、钢筋混凝土地沟是指建筑物室外的地沟，室内钢筋混凝土地沟按现浇构件相应项目执行。

2）自拌混凝土构件有关规定

现浇柱、墙子目中，均已按规范规定综合考虑了底部铺垫 1:2 水泥砂浆的用量。

室内净高超过 8m 的现浇柱、梁、墙、板（各种板）的人工工日分别乘以下系数：净高在 12m 以内为 1.18；净高在 18m 以内为 1.25。

加工厂预制构件采用蒸汽养护时，立窑、养护池养护每立方米构件增加 64 元。

3）泵送混凝土构件有关规定

泵送混凝土子目中已综合考虑了输送泵车台班，布拆管及清洗人工、泵管摊销费、冲洗费。当输送高度超过 30m 时，输送泵车台班乘以系数 1.10；输送高度超过 50m 时，输送泵车台班乘以系数 1.25。

3. 混凝土工程工程量计算规则

混凝土工程工程量计算与自拌混凝土构件、商品混凝土泵送构件还是商品混凝土非泵送构件无关，而是根据现浇、预制还是构筑物采用不同的计算方法。

1）现浇混凝土构件

混凝土工程量除另有规定者外，均按图示尺寸实体积以立方米（m³）计算。不扣除构件内钢筋、支架、螺栓孔、螺栓、预埋铁件及墙、板中 0.3m³ 内的孔洞所占体积。留洞所增加工、料不再另增费用。

（1）钢筋混凝土基础工程的计算。

① 钢筋混凝土带形基础。在套定额时要区分有梁式和无梁式（见图 4.15、图 4.16）。

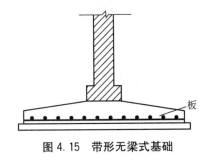

图 4.15 带形无梁式基础

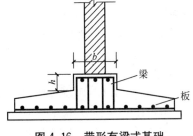

图 4.16 带形有梁式基础

带形无梁式基础：指基础底板上无肋(梁)。

带形有梁式基础：有梁带形基础指混凝土基础中设置梁的配筋结构。一般有突出基面的称为明梁，暗藏在基础中的称为暗梁。要注意的是暗藏在基础中的带形暗梁式基础不能套用有梁基础定额子目，而要套带形无梁式基础定额子目，也就是说带形有梁式指基础底板有肋，且肋部配置有纵向钢筋和箍筋。

有梁带形混凝土基础，其基础扩大面积以上肋高与肋宽之比 $h:b \leqslant 4:1$ 以内的带形基础，肋的体积与基础合并计算，执行带形有梁式基础定额子目，其工程量根据图示尺寸以立方米(m^3)体积计算，即

$$带形基础体积 = 基础断面积 \times 基础长度 \tag{4-12}$$

式中：基础长度，外墙按中心线长度，内墙按净长线长度。

当 $h:b > 4:1$ 时，基础扩大面以上的肋的体积按钢筋混凝土墙计算，扩大面以下按无梁式带形基础计算。

② 独立基础。独立基础通常称柱基。按基础构造(几何形状)划分为现浇柱下独立基础和预制柱下杯形基础(见图4.17)。

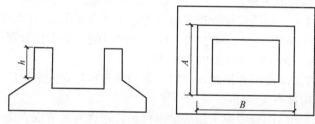

图4.17 杯形基础

现浇柱下独立基础是现浇基础、现浇柱情况下采用的柱基形式，指的是基础扩大面顶面以下部分的实体，有长方体、正方体、截方锥体、梯形(踏步)体、截圆锥体及平浅柱基础等形式。现浇柱下独立基础的工程量按图示尺寸以立方米(m^3)计算。

预制柱下杯形基础是预制柱情况下采用的柱基形式，套用独立柱基项目。杯口外壁高度大于杯口外长边的杯形基础，套"高颈杯形基础"项目($B > A$，$h > B$)。预制柱下杯形基础的混凝土工程量也是按图示尺寸以立方米(m^3)计算(扣除杯槽体积)。

【例4.20】 用计价表计算图4.6所示基础(混凝土C20、三类工程)的工程量、综合单价和复价。

解：(1) 列项目5—2、5—7。

(2) 计算工程量。

① 条形基础。

条形基础 = $0.7 \times 0.2 \times [(4-0.8-1.05) \times 4 +$
$(6-2 \times 0.88) \times 2 + (6-2 \times 1.13)]$
$= 2.92 m^3$

② 独立柱基。

J-1：$4 \times \{1.6 \times 1.6 \times 0.32 + 0.28 \div 6 \times [0.4 \times 0.5 +$
$1.6 \times 1.6 + (1.6+0.4) \times (1.6+0.5)]\} = 4.576 m^3$

J-2：$2 \times \{2.1 \times 2.1 \times 0.32 + 0.28 \div 6 \times [0.4 \times 0.5 +$
$2.1 \times 2.1 + (2.1+0.4) \times (2.1+0.5)]\} = 3.859 m^3$

小计：4.576＋3.859＝8.44m³

（3）套定额，计算结果见表4-27。

表4-27 计 算 结 果

序号	定额编号	项目名称	计量单位	工程量	综合单价/元	合价/元
1	5—7	C20无梁式混凝土条形基础	m³	2.92	222.38	649.35
2	5—2	C20独立柱基	m³	8.44	220.94	1864.73
合计						2514.08

答：图4.6所示混凝土基础的总价为2514.08元。

③ 钢筋混凝土筏形基础（俗称满堂基础）。满堂基础（见图4.18），按构造又分为无梁式和有梁式（包括反梁），仅带边肋者或仅有楼梯基础梁者，按无梁式满堂基础套用子目。

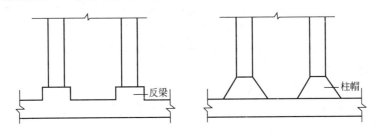

图4.18 满堂基础

有梁式满堂基础体积＝基础底板面积×板厚＋梁截面面积×梁长　　（4-13）

★ 注意：梁和柱的分界，柱高应从柱基上表面计算，即从梁的上表面计算，不能从底板的上表面计算柱高。

无梁式满堂基础体积＝（底板面积×板厚）＋柱帽总体积　　（4-14）

其中　　　　　　　　柱帽总体积＝柱帽个数×单个柱帽体积

④ 箱形基础。箱形基础是指上有顶盖，下有底板，中间有纵、横墙板或柱联结成整体的基础。它具有较大的强度和刚度，多用于高层建筑。

箱形基础的工程量应分解计算。底板体积执行满堂基础定额项目以立方米体积计算工程量；顶盖板、隔板与柱分别执行板、墙与柱的定额项目，其工程量均按图示尺寸以立方米（m³）体积计算。

⑤ 设备基础。设备基础是基础工程中的一种较特殊的基础形式，是为工业与民用建筑工程中安装设备所设计的基础。对于一般无强烈振动的设备，当受力均匀、体积较大时，常做成无筋或毛石混凝土块体基础。受力不均、振动强烈的设备基础，则常做成钢筋混凝土或框架式基础，设备基础的几何形状，大部分以块体形式表现，其组成有混凝土主体，沟、孔、槽及地脚螺栓。

框架式的设备基础则由多种结构构件组成，如基础、柱、梁、板或者墙。使用定额时分别套用基础、柱、梁、板或者墙的相关子目。

⑥ 桩承台。采用桩基础时需要在桩顶浇筑承台作为桩基础的一个组成部分。打桩是在计价表第2章中计算的，而桩承台则在混凝土工程中计算其混凝土部分的内容。桩承台工程量按图示尺寸实体积以立方米（m³）算至基础扩大顶面。

（2）现浇混凝土柱工程的计算。

① 现浇柱的混凝土工程量，均按实际体积计算。依附于柱上的牛腿体积，按图示尺寸计算后并入柱的体积内，但依附于柱上的是悬臂梁，则以柱的侧面为界，界线以外部分，悬臂梁的体积按实计算后执行梁的定额子目。

② 现浇混凝土劲性柱按矩形柱子目执行，型钢所占混凝土体积不扣除。

③ 柱的工程量按以下公式计算。

$$柱的体积＝柱的断面面积×柱高 \qquad (4-15)$$

计算钢筋混凝土现浇柱高时，应按照以下 3 种情况确定。

有梁板的柱高，自柱基上表面（或楼板上表面）算至楼板下表面处（如一根柱的部分断面与板相交，柱高应算至板顶面，但与板重叠部分应扣除）。

无梁板的柱高，自柱基上表面（或楼板上表面）至柱帽下表面的高度计算。

有预制板的框架柱柱高，自柱基上表面至柱顶高度计算。

④ 现浇构造柱的混凝土工程量计算。为了加强建筑物结构的整体性、增强结构抗震能力，在混合结构墙体内增设钢筋混凝土构造柱，构造柱与砖墙用马牙槎咬接成整体。构造柱的工程量计算，与墙身嵌接部分的体积也并入柱身的工程量内。

（3）现浇混凝土梁工程的计算。

① 现浇钢筋混凝土梁按其形状、用途和特点，可分为基础梁、连续梁、圈梁、单梁或矩形梁和异形梁等分项工程项目。各类梁的工程量均按图示尺寸以立方米（m³）体积计算。

弧形梁按相应的直形梁子目计算；大于 10°的斜梁按相应子目人工乘以系数 1.10，其他不变。

② 梁的工程量按以下公式计算。

$$梁体积＝梁长×梁断面面积 \qquad (4-16)$$

计算钢筋混凝土现浇梁长时，应按照以下两种情况确定。

梁与柱连接时，梁长算至柱侧面。

主梁与次梁连接时，次梁长算至主梁侧面。伸入砖墙内的梁头、梁垫体积并入梁体积内计算。

③ 圈梁、过梁应分别计算，过梁长度按图示尺寸，图纸无明确表示时，按门窗洞口外围宽另加 500mm 计算。平板与砖墙上混凝土圈梁相交时，圈梁高应算至板底面。

④ 依附于梁（包括阳台梁、圈过梁）上的混凝土线条（包括弧形线条）按延长米另行计算（梁宽算至线条内侧）。

⑤ 现浇挑梁按挑梁计算，其压入墙身部分按圈梁计算。挑梁与单、框架梁连接时，其挑梁应并入相应梁内计算。

⑥ 花篮梁二次浇捣部分执行圈梁子目。

（4）现浇混凝土板工程的计算。

按图示面积乘以板厚以立方米（m³）计算（梁板交接处不得重复计算）。各类板伸入墙内的板头并入板体积内计算。

① 有梁板按梁（包括主、次梁）、板体积之和计算，有梁板又称肋形楼板，是由一个方向或两个方向的梁连成一体的板构成的。有后浇带时，后浇带（包括主、次梁）应扣除。后浇墙、板带（包括主、次梁）按设计图示尺寸以立方米（m³）另按后浇墙、板带定额执行。

有梁板、平板为斜板，其坡度大于 $10°$ 时，人工乘以系数 1.03，大于 $45°$ 另行处理；阶梯教室、体育看台底板为斜板时按有梁板子目执行，底板为锯齿形时按有梁板人工乘以系数 1.10 执行。

② 井式楼板也是由梁板组成的，没有主次梁之分，梁的断面一致，因此是双向布置梁，形成井格。井格与墙垂直的称为正井式，井格与墙倾斜成 $45°$ 布置的称为斜井式。

③ 无梁板按板和柱帽之和计算。无梁楼板是将楼板直接支承在墙、柱上。为增加柱的支承面积和减小板的跨度，在柱顶上加柱帽和托板，柱子一般按正方格布置。

④ 平板按实体积计算。预制板缝宽度在 100mm 以上的现浇板缝按平板计算。

（5）现浇混凝土墙工程的计算。

现浇混凝土墙，外墙按图示中心线（内墙按净长）乘以墙高、墙厚以立方米（m^3）计算，应扣除门、窗洞口及 $0.3m^3$ 外的孔洞体积。单面墙垛的突出部分并入墙体体积内计算，双面墙垛（包括墙）按柱计算。弧形墙按弧线长度乘墙高、墙厚计算，地下室墙有后浇墙带时，后浇墙带应扣除。梯形断面墙按上口与下口的平均宽度计算。墙高的确定如下。

墙与梁平行重叠，墙高算至梁顶面；当设计梁宽超过墙宽时，梁、墙分别按相应项目计算。

墙与板相交，墙高算至板底面。

【例 4.21】　根据【例 4.19】题意，用计价表计算柱、梁、板的混凝土工程量及综合单价和复价。

解：（1）列项目：5—13、5—32。

（2）计算工程量。

① 现浇柱：$6×0.4×0.4×(8.5+1.85-0.4-0.35-2×0.1)=9.02m^3$

② 现浇有梁板：

KL-1：$3×0.3×(0.4-0.1)×(6-2×0.2)=1.512m^3$

KL-2：$4×0.3×0.3×(4.5-2×0.2)=1.476m^3$

KL-3：$2×0.25×(0.3-0.1)×(4.5+0.2-0.3-0.15)=0.425m^3$

B：$(6+0.4)×(9+0.4)×0.1=6.016m^3$

小计：$(1.512+1.476+0.425+6.016)×2(层)=18.86m^3$

（3）套定额，计算结果见表 4-28。

表 4-28　计算结果

序号	定额编号	项目名称	计量单位	工程量	综合单价/元	合价/元
1	5—13	C30 矩形柱	m^3	9.02	277.28	2501.07
2	5—32	C30 有梁板	m^3	18.86	260.62	4915.29
合计						7416.36

答：现浇柱体积为 $9.02m^3$，现浇有梁板体积为 $18.86m^3$，柱、梁、板部分的复价共计 7416.36 元。

【例 4.22】　图 4.19 所示的某一层三类建筑楼层结构图为 4.2m，轴线为梁（墙）中，混凝土为 C25，板厚 100mm，钢筋和粉刷不考虑。计算现浇混凝土有梁板、圈梁的混凝土工程量、综合单价和复价。

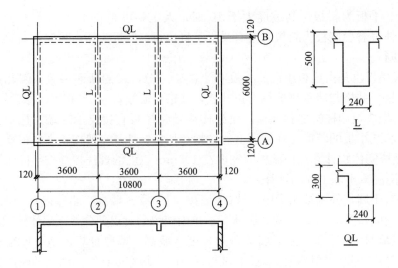

图 4.19 楼层结构图

解：（1）列项目：5—20、5—32。

（2）计算工程量。

① 圈梁。

$$0.24 \times (0.3 - 0.1) \times [(10.8 + 6) \times 2 - 0.24 \times 4] = 1.57 \text{m}^3$$

② 有梁板。

L：$0.24 \times (0.5 - 0.1) \times (6 + 2 \times 0.12) \times 2 = 1.198 \text{m}^3$

B：$(10.8 + 0.24) \times (6 + 0.24) \times 0.1 = 6.889 \text{m}^3$

小计：$1.198 + 6.889 = 8.09 \text{m}^3$

（3）套定额，计算结果见表 4 - 29。

表 4 - 29   计算结果

序号	定额编号	项目名称	计量单位	工程量	综合单价/元	合价/元
1	5—20 换	C25 圈梁	m^3	1.57	272.83	428.34
2	5—32 换	C25 有梁板	m^3	8.09	253.86	2053.73
合计						2482.07

注：1.5—20 换，$263.60 - 180.07 + 1.015 \times 186.50 = 272.83$ 元/m^3。

2.5—32 换，$260.62 - 202.09 + 195.33 = 253.86$ 元/m^3。

答：现浇圈梁体积为 1.57m^3，有梁板体积为 8.09m^3，混凝土部分的复价共计 2482.07 元。

（6）雨篷、阳台、楼梯工程量计算。

① 现浇钢筋混凝土阳台、雨篷工程量均按伸出墙外边线的水平投影面积计算。伸出外墙的牛腿不另计算。水平、竖向悬挑板以立方米（m^3）计算。混凝土雨篷、阳台、楼梯的混凝土含量设计与定额不符要调整，按设计用量加 1.5% 损耗进行调整。

② 雨篷。

雨篷投影面积 $S = AL$ (4 - 17)

式中：S 为雨篷投影面积，m^2；A 为雨篷宽度，m；L 为雨篷长度，m。

当 $A \leqslant 1.50m$ 时，与建筑面积中投影面积计算相同。

雨篷挑出超过 1.5m 或柱式雨篷，不执行雨篷子目，另按相应有梁板和柱子目执行。

雨篷 3 个檐边往上翻的为复式雨篷，仅为平板的为板式雨篷。水平挑檐按板式雨篷子目执行。

③ 阳台。阳台按与外墙面的关系可分为挑阳台和凹阳台；按其在建筑中所处的位置可分为中间阳台和转角阳台。对于伸出墙外的牛腿、檐口梁已包括在定额项目内，不得另行计算其工程量，但嵌入墙内的梁应单独计算工程量。

$$阳台投影面积 S = AB \tag{4-18}$$

式中：S 为阳台投影面积，m^2；A 为阳台长度，m；B 为阳台宽度，m。

当 $B \leqslant 1.80m$ 时，与建筑面积中投影面积计算相同。

阳台挑出超过 1.80m 时，不执行阳台子目，另按相应有梁板子目执行。

④ 整体楼梯包括休息平台、平台梁、斜梁及楼梯梁，按水平投影面积计算，不扣除宽度小于 200mm 的楼梯井，伸入墙内部分不另增加，楼梯与楼板连接时，楼梯算至楼梯梁外侧面。圆弧形楼梯包括圆弧形楼段、圆弧形边梁及与楼板连接的平台，按楼梯的水平投影面积计算。

当 $C \leqslant 20cm$ 时，投影面积 $S = LA$ (4-19)

当 $C > 20cm$ 时，投影面积 $S = LA - CX$ (4-20)

式中：S 为楼梯的水平投影面积，m^2；L 为楼梯长度，m；A 为楼梯宽，m；C 为楼梯井宽度，m；X 为楼梯井长度，m。

⑤ 现浇挑檐、天沟工程的计算。现浇挑檐、天沟与板(包括屋面板、楼板)连接时，以外墙面为分界线，与圈梁(包括其他梁)连接时，以梁外边线为分界线。外墙边线以外或梁外边线以外为挑檐、天沟。其工程量包括水平段和上弯部分在内，执行挑檐天沟定额子目。

⑥ 其他。阳台、沿廊栏杆的轴线柱、下嵌、扶手，以扶手的长度按延长米计算。定额中轴线柱、下嵌、现浇扶手混凝土含量按各占 1/3 计算；下嵌、扶手之间的栏杆芯，另按有关分部相应制作子目执行。设计木扶手应另外增加，混凝土扶手应扣除。

混凝土栏板、竖向挑板以立方米(m^3)计算。栏板的斜长如图纸无规定时，按水平长度乘以系数 1.18 计算。

地沟底、壁分别计算，沟底按基础垫层子目执行。

预制钢筋混凝土框架的梁、柱现浇接头，按设计断面以立方米(m^3)计算，套用"柱接柱接头"子目。

台阶按水平投影面积以平方米(m^2)计算，平台与台阶的分界线以最上层台阶的外口减 300mm 宽度为准，台阶宽以外部分并入地面工程量计算。

【例 4.23】 某宿舍楼楼梯如图 4.20 所示，属于三类工程，轴线墙中，墙厚 200mm，混凝土为 C25，楼梯斜板厚 90mm，要求按计价表计算楼梯和雨篷的混凝土浇捣工程量，并计算定额综合单价和复价。

解：(1) 列项目：5—37、5—40、5—42。

(2) 计算工程量。

楼梯：$(2.6-0.2) \times (0.26+2.34+1.3-0.1) \times 3 = 27.36m^2$

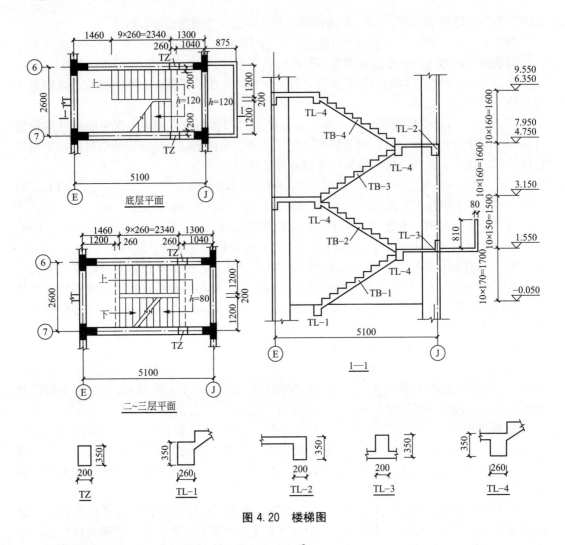

图4.20 楼梯图

雨篷：$(0.875-0.1)\times(2.6+0.2)=2.17m^2$

（3）计算混凝土含量。

① 楼梯。

TL-1：$0.26\times0.35\times(1.2-0.1)=0.100m^3$

TL-2：$0.2\times0.35\times(2.6-2\times0.2)\times2=0.308m^3$

TL-3：$0.2\times0.35\times(2.6-2\times0.2)=0.154m^3$

TL-4：$0.26\times0.35\times(2.6-0.2)\times6=1.310m^3$

一层休息平台：$(1.04-0.1)\times(2.6+0.2)\times0.12=0.316m^3$

二～三层休息平台：$0.94\times2.8\times0.08\times2=0.421m^3$

TB-1斜板：$0.09\times\sqrt{2.34^2+(9\times0.17)^2}\times1.1=0.277m^3$

TB-2斜板：$0.09\times\sqrt{2.34^2+(9\times0.15)^2}\times1.1=0.267m^3$

TB-3、TB-4斜板：$0.09\times\sqrt{2.34^2+(9\times0.16)^2}\times1.1\times4=1.088m^3$

TB-1踏步：$0.26\times0.17\div2\times1.1\times9=0.219m^3$

TB-2踏步：$0.26 \times 0.15 \div 2 \times 1.1 \times 9 = 0.193 m^3$

TB-3、TB-4踏步：$0.26 \times 0.16 \div 2 \times 1.1 \times 9 \times 4 = 0.824 m^3$

设计含量：$5.477 \times 1.015 = 5.559 m^3$

定额含量：$27.36 \div 10 \times 2.06 = 5.636 m^3$

应调减混凝土含量：$5.636 - 5.559 = 0.077 m^3$

② 雨篷。

设计含量：$[(0.875 - 0.1) \times 2.8 \times 0.12 + (0.775 \times 2 + 2.8 - 0.08 \times 2) \times 0.81 \times 0.081 \times 1.015 = 0.540 m^3$

定额含量：$2.17 \div 10 \times 1.11 = 0.241 m^3$

应调增混凝土含量：$0.540 - 0.241 = 0.299 m^3$

小计：$0.299 - 0.077 = 0.22 m^3$

（4）套定额，计算结果见表4-30。

表4-30　计算结果

序号	定额编号	项目名称	计量单位	工程量	综合单价/元	合价/元
1	5—37换	C25直行楼梯	$10m^2$水平投影面积	2.736	575.23	1573.83
2	5—40换	C25复式雨篷	$10m^2$水平投影面积	0.217	319.44	69.32
3	5—42换	楼梯、雨篷混凝土含量	m^3	0.22	276.22	60.77
合计						1703.92

注：1.5—37换，$544.26 - 365.46 + 396.43 = 575.23$元/$m^3$。

2.5—40换，$302.76 - 196.93 + 213.61 = 319.44$元/$m^3$。

3.5—42换，$261.19 - 177.41 + 199.24 = 276.22$元/$m^3$。

答：现浇直形楼梯27.36m^3，雨篷2.17m^3，混凝土部分的复价共计1703.92元。

2）现场、加工厂预制混凝土构件

混凝土工程量均按图示尺寸实体积以立方米（m^3）计算，扣除圆孔板内圆孔体积，不扣除构件内钢筋、铁件、后张法预应力钢筋灌浆孔及板内小于0.3m^3孔洞面积所占的体积。

预制桩按桩全长（包括桩尖）乘设计桩断面积（不扣除桩尖虚体积）以立方米（m^3）计算。

混凝土与钢构件组合的构件，混凝土按构件实体积以立方米（m^3）计算，钢拉杆按计价表第6章中相应子目执行。

漏空混凝土花格窗、花格芯按外形面积以平方米（m^2）计算。

天窗架、端壁、桁条、支撑、楼梯、板类及厚度在50mm以内的薄型构件按设计图纸加定额规定的场外运输、安装损耗，以立方米（m^3）计算。

3）构筑物工程

（1）烟囱。

烟囱基础，按实体积计算。钢筋混凝土烟囱基础包括基础底板及筒座，筒座以上为筒身。

混凝土烟囱筒身，不分方形、圆形均按立方米（m³）计算，应扣除孔洞所占体积。筒身体积应以筒壁平均中心线长度乘厚度。圆筒壁周长不同时，可按下式分段计算：

$$V = \sum HC\pi D \qquad (4-21)$$

式中：V 为筒身体积，m³；H 为每段筒身垂直高度，m；C 为每段筒壁厚度，m；D 为每段筒壁中心线的平均直径，m。

砖烟囱的钢筋混凝土圈梁和过梁、烟囱的钢筋混凝土集灰斗（包括分隔墙、水平隔墙、柱、梁等），套用现浇构件分部相应项目计算。

烟道混凝土。钢筋混凝土烟道可按本分部地沟子目计算，但架空烟道不能套用；烟道中的钢筋混凝土构件，应按现浇构件分部相应子目计算。

（2）水塔。

① 基础：均以实体积计算（包括基础底板和筒座），筒座以上为筒身，以下为基础。

② 筒身：钢筋混凝土筒式塔身以筒座上表面或基础底板上表面为分界线，柱式塔身以柱脚与基础底板或梁交界处为分界线，与基础底板相连接的梁并入基础内计算。

钢筋混凝土筒式塔身与水箱是以水箱底部的圈梁为界，圈梁底以下为筒式塔身。水箱的槽底（包括圈梁）、塔顶、水箱（槽）壁工程量均应按实体积计算。

钢筋混凝土筒式塔身以实体积计算。应扣除门窗体积，依附于筒身的过梁、雨篷、挑沿等工程量并入筒壁体积内按筒式塔身计算；柱式塔身不分斜柱、直柱和梁，均按实体积合并计算按柱式塔身子目执行。

钢筋混凝土、砖塔身内设置的钢筋混凝土平台、回廊以实体积计算。平台、回廊上设置的钢栏杆及内部爬梯按计价表第 6 章相应项目执行。

砖砌筒身设置的钢筋混凝土圈梁以实体积按现浇构件相应项目计算。

③ 塔顶及槽底，钢筋混凝土塔顶及槽底的工程量合并计算。塔顶包括顶板和圈梁，槽底包括底板、挑出斜壁和圈梁。槽底不分平底、拱底，塔顶不分锥形、球形均按本定额执行。回廊及平台另行计算。

④ 水槽内、外壁，与塔顶、槽底（或斜壁）相连系的圈梁之间的直壁为水槽内外壁，设保温水槽的外保护壁为外壁，直接承受水侧压力的水槽壁为内壁。非保温水箱的水槽壁按内壁计算。

水槽内、外壁均以图示实体积计算，依附于外壁的柱、梁等并入外壁体积中计算。

⑤ 倒锥形水塔，基础按相应水塔基础的规定计算，其筒身、水箱、环梁按混凝土的体积以立方米（m³）计算。

（3）储水（油）池。

池底为平底执行平底子目，其平底体积应包括池壁下部的扩大部分。池底有斜坡者，执行锥形底子目。均按图示尺寸的实体积计算。

池壁有壁基梁时，锥形底应计算壁基梁底面，池壁应从壁基梁上口开始，壁基梁应从锥形底上表面算至池壁下口；无壁基梁时锥形底算至坡上表面，池壁应从锥形底的上表面开始。

无梁池盖柱的柱高，应由池底上表面算至池盖的下表面，包括柱帽、柱座的体积。

池壁应根据不同厚度分别计算，其高度不包括池壁上下处的扩大部分，无扩大部分时，则自池底上表面（或壁基梁上表面）算至池盖下表面。

无梁盖应包括与池壁相连的扩大部分的体积；肋形盖应包括主、次梁及盖板部分的体积；球形盖应自池壁顶面以上，包括边侧梁的体积在内。

各类池盖中的进人孔、透气管、水池盖以及与盖相连的结构，均包括在子目内，不另计算。

沉淀池水槽指池壁上的环形溢水槽及纵横、U形水槽，但不包括与水槽相连接的矩形梁，矩形梁可按现浇构件分部的矩形梁子目计算。

（4）储仓。

① 矩形仓，分立壁和斜壁，各按不同厚度计算体积，立壁和斜壁按相互交点的水平线为分界线，壁上圈梁并入斜壁工程量内。基础、支撑漏斗的柱和柱间的连系梁分别按混凝土分部的相应子目计算。

② 圆筒仓。计价表适用于高度在30m以下，筒壁厚度不变，上下断面一致，采用钢滑模施工工艺的圆形储仓，如盐仓、粮仓、水泥库等。

圆形仓工程量应分仓底板、顶板、仓壁3个部分计算。

圆形仓底板以下的钢筋混凝土柱、梁、基础按现浇构件结构分部的相应项目计算。

仓顶板的梁与仓顶板合并计算，按仓顶板子目执行。

仓壁高度应自仓壁底面算至顶板底面，扣除 $0.05m^2$ 以上的孔洞。

（5）地沟及支架。计价表适用于室外的方形（封闭式）、槽形（开口式）、阶梯形（变截面式）的地沟。底、壁、顶应分别以立方米（m^3）计算。

沟壁与底的分界，以底板上表面为界。沟壁与顶的分界以顶板下表面为界。上薄下厚的壁按平均厚度计算；阶梯形的壁按加权平均厚度计算；八字角部分的数量并入沟壁工程量内。

地沟预制顶板，按预制结构分部相应子目计算。

支架，均以实体积计算（包括支架各组成部分）框架型或A字形支架应将柱、梁的体积合并计算；支架带操作台者，其支架与操作台的体积也合并计算。

支架基础应按现浇构件结构分部的相应子目计算。

（6）栈桥。柱与连系梁（包括斜梁）的体积合并，肋梁与板的体积合并均按图示尺寸以实体积计算。

栈桥斜桥部分无论板顶高度如何均按板高在12m内子目执行。

板顶高度超过20m，每增加2m仅指柱、连系梁的体积（不包括有梁板）。

4.5.3　钢筋工程计价表工程量

1. 本节内容

本节主要内容包括现浇构件、预制构件、预应力构件及其他4部分。

（1）现浇构件包括：现浇混凝土构件普通钢筋；冷轧带肋钢筋；成型冷轧扭钢筋；钢筋笼；桩内主筋与底板钢筋焊接。

（2）预制构件包括：现场预制混凝土构件钢筋；加工厂预制混凝土构件钢筋；点焊钢筋网片。

（3）预应力构件包括：先张法、后张法钢筋；后张法钢丝束、钢绞线束钢筋。

（4）其他包括：砌体、板缝内加固钢筋；铁件制作安装；电渣压力焊；锥螺纹、墩粗直螺纹、冷压套管接头；弯曲成型钢筋场外运输。

2. 钢筋工程的有关规定

1）基本规定

钢筋工程以钢筋的不同规格、不同品种按现浇构件钢筋、现场预制构件钢筋、加工厂预制构件钢筋、预应力构件钢筋、点焊网片分别编制定额项目。

钢筋工程内容包括：除锈、平直、制作、绑扎（点焊）、安装以及浇灌混凝土时维护钢筋用工。

钢筋搭接所耗用的电焊条、电焊机、铅丝和钢筋余头损耗已包括在定额内，设计图纸注明的钢筋接头长度以及未注明的钢筋接头按规范的搭接长度应计入设计钢筋用量中。

基坑护壁孔内安放钢筋按现场预制构件钢筋相应项目执行；基坑护壁壁上钢筋网片按点焊钢筋网片相应项目执行。

对构筑物工程，其钢筋可按表 4-31 中所列系数调整定额中人工和机械用量。

表 4-31　构筑物钢筋工程系数调整表

项　目	构　筑　物					
系数范围	烟囱烟道	水塔水箱	储仓		栈桥通廊	水池油池
			矩形	圆形		
人工机械调整系数	1.70	1.70	1.25	1.50	1.20	1.20

钢筋制作、绑扎需拆分者，制作按 45% 计算，绑扎按 55% 计算。

钢筋、铁件在加工厂制作时，由加工厂至现场的运输费应另列项目计算。在现场制作的不计算此项费用。

非预应力钢筋不包括冷加工，设计要求冷加工时，应另行处理。预应力钢筋设计要求人工时效处理时，应另行计算。

2）预制构件钢筋

预制构件点焊钢筋网片已综合考虑了不同直径点焊在一起的因素，如点焊钢筋直径粗细比在两倍以上时，其定额工日按该构件中主筋的相应子目乘以系数 1.25，其他不变（主筋指网片中最粗的钢筋）。

3）预应力构件钢筋

先张法预应力构件中的预应力、非预应力钢筋工程量应合并计算，按预应力钢筋相应项目执行；后张法预应力构件中的预应力钢筋、非预应力钢筋应分别套用定额。

后张法钢筋的锚固是按钢筋帮条焊、V 形垫块编制的，如采用其他方法锚固时，应另行计算。

后张法预应力钢丝束、钢绞线束不分单跨、多跨以及单向双向布筋，当构件长在 60m 以内时，均按定额执行。定额中预应力筋按直径 5mm 的碳素钢丝或直径为 15～15.24mm 的钢绞线编制的，采用其他规格时另行调整。定额按一端张拉考虑，当两端张拉时，有黏结锚具基价乘以系数 1.14，无黏结锚具乘以系数 1.07。当钢绞线束用于地面预制构件时，应扣除定额中张拉平台摊销费。单位工程后张法预应力钢丝束、钢绞线束设计用量在 3t 以内时，定额人工及机械台班有黏结张拉乘以系数 1.63；无黏结张拉乘以系数 1.80。

本定额无黏结钢绞线束以净重计量，若以毛重（含封油包塑的重量）计量时，按净重与毛重之比 1∶1.08 进行换算。

4）其他

粗钢筋接头采用电渣压力焊，套管接头、锥螺纹接头等，应分别执行接头定额。计算了钢筋接头不能再计算钢筋搭接长度。

3. 钢筋工程工程量计算规则

编制预算时，钢筋工程量可暂按构件体积（或水平投影面积、外围面积、延长米）乘以钢筋含量（含钢量）计算，详见计价表附录一。结算时按设计要求，无设计要求则按下列规则计算。

1）普通钢筋

（1）钢筋工程应区别现浇构件、预制构件、加工厂预制构件、预应力构件、点焊网片等，不同规格分别按设计展开长度（展开长度、保护层、搭接长度应符合规范规定）乘以理论重量以吨计算。

（2）钢筋直（弯）、弯钩、圆柱、柱螺旋箍筋及其他长度的计算。

① 梁、板为简支，钢筋为Ⅱ、Ⅲ级钢时，可按下列规定计算。

直钢筋（见图 4.21）净长为：

$$净长 = L - 2c \tag{4-22}$$

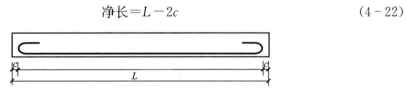

图 4.21　直钢筋净长计算

弯起钢筋（见图 4.22）净长为：

$$净长 = L - 2c + 2 \times 0.414 H' \tag{4-23}$$

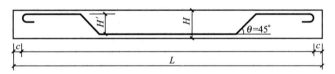

图 4.22　弯起钢筋净长计算

当 $\theta = 30°$ 时，公式内 $0.414H'$ 改为 $0.268H'$；当 $\theta = 60°$ 时，公式内 $0.414H'$ 改为 $0.577H'$。

弯起钢筋两端带直钩（见图 4.23）净长为：

$$净长 = L - 2c + 2H + 2 \times 0.414 H' \tag{4-24}$$

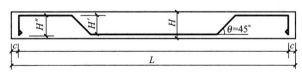

图 4.23　弯起钢筋两端带直钩净长计算

当 $\theta = 30°$ 时，公式内 $0.414H'$ 改为 $0.268H'$；当 $\theta = 60°$ 时，公式内 $0.414H'$ 改为 $0.577H'$。

采用Ⅰ级钢时，除按上述计算长度外，在钢筋末端设 180° 弯钩，每只弯钩增加

$6.25d$；末端需做 $90°$、$135°$弯折时，其弯起部分长度按设计尺寸计算。

② 箍筋末端应做 $135°$弯钩，弯钩平直部分的长度 e，一般不应小于箍筋直径的 5 倍；对有抗震要求的结构不应小于箍筋直径的 10 倍（见图 4.24）。

当平直部分为 $5d$ 时，箍筋长度为：

$$L=(a-2c+2d)\times2+(b-2c+2d)\times2+14d \tag{4-25}$$

当平直部分为 $10d$ 时，箍筋长度为：

$$L=(a-2c+2d)\times2+(b-2c+2d)\times2+24d \tag{4-26}$$

③ 弯起钢筋终弯点外应留有锚固长度，在受拉区不应小于 $20d$；在受压区不应小于 $10d$，弯起钢筋斜长按表 4-32 所列系数计算。

表 4-32 弯起钢筋斜长系数表

弯起角度	$\theta=30°$	$\theta=45°$	$\theta=60°$
斜边长度 s	$2h_0$	$1.414h_0$	$1.155h_0$
底边长度 l	$1.732h_0$	h_0	$0.577h_0$
斜长比底长增加	$0.268h_0$	$0.414h_0$	$0.577h_0$

④ 箍筋、板筋排列根数 $=\dfrac{L-100\text{mm}}{\text{设计间距}}+1$（$L$ 为柱、梁、板净长），但在加密区的根数按设计另增。

柱梁净长计算方法同混凝土，其中柱不扣板厚。板净长指主（次）梁与主（次）梁之间的净长。计算中有小数时，向上舍入（如 4.1 取 5）。

⑤ 圆柱、柱螺旋箍筋长度的计算。

$$L=\sqrt{[\pi(D-2c+2d)]^2+h^2}\times n \tag{4-27}$$

其中 $n=$ 柱、桩中箍筋配置长度$/h+1$。

式中：D 为圆桩、柱直径；c 为主筋保护层厚度；d 为箍筋直径；h 为箍筋间距；n 为箍筋道数。

⑥ 其他：柱底插筋和斜筋挑钩中钢筋长度。有设计者按设计要求，当设计无具体要求时，按图 4.25 进行计算。

图 4.24 箍筋要求   图 4.25 插筋、斜筋

（3）计算钢筋工程量时，搭接长度按规定计算。当梁板（包括整板基础）为 $\phi 8$ 以上的钢筋未设计搭接位置时，预算书暂按 8m 一个双面电焊接头考虑，结算时应按钢筋实际定尺长度调整搭接个数，搭接方式按已审定的施工组织设计确定。

2）预应力构件钢筋

（1）先张法预应力构件中的预应力和非预应力钢筋工程量应合并按设计长度计算，按预应力钢筋定额（梁、大型屋面板、F板执行φ5外的定额，其他执行φ5内的定额）执行。后张法预应力钢筋与非预应力钢筋分别计算，预应力钢筋按设计图规定的预应力钢筋预留孔道长度，区别不同锚具类型分别按下列规定计算。

低合金钢筋两端采用螺杆锚具时，预应力钢筋按预留孔道长度减350mm，螺杆另行计算。

低合金钢筋一端采用镦头插片，另一端采用螺杆锚具时，预应力钢筋长度按预留孔道长度计算。

低合金钢筋一端采用镦头插片，另一端采用帮条锚具时，预应力钢筋增加150mm，两端均用帮条锚具时，预应力钢筋共增加300mm计算。

低合金钢筋采用后张混凝土自锚时，预应力钢筋长度增加350mm计算。

（2）后张法预应力钢丝束、钢绞线束按设计图纸预应力筋的结构长度（即孔道长度）与操作长度之和乘以钢材理论重量计算（无黏结钢绞线封油包塑的重量不计算），其操作长度按下列规定计算。

钢丝束采用镦头锚具时，无论一端张拉或两端张拉均不增加操作长度（即结构长度等于计算长度）。

钢丝束采用锥形锚具时，一端张拉为1.0m，两端张拉为1.6m。

有粘结钢绞线采用多根夹片锚具时，一端张拉为0.9m，两端张拉为1.5m。

无粘结预应力钢绞线采用单根夹片锚具时，一端张拉为0.6m，两端张拉为0.8m；

用转角器张拉及特殊张拉的预应力筋，其操作长度应按实计算。

（3）当曲线张拉时，后张法预应力钢丝束、钢绞线计算长度可按直线长度乘以下列系数确定：梁高1.50m以内，乘以系数1.015；梁高在1.50m以上，乘以系数1.025；10m以内跨度的梁，当矢高在650mm以上时，乘以系数1.02。

（4）后张法预应力钢丝束、钢绞线锚具，按设计规定所穿钢丝或钢绞线的孔数计算（每孔均包括了张拉端和固定端的锚具），波纹管按设计图示以延长米计算。

3）其他

（1）电渣压力焊、锥螺纹、套管挤压等接头以"个"计算。预算书中，底板、梁暂按8m长一个接头的50%计算；柱按自然层每根钢筋1个接头计算。结算时应按钢筋实际接头个数计算。

（2）桩顶部破碎混凝土后主筋与底板钢筋焊接分别分为灌注桩、方桩（离心管桩以方桩计）以桩的根数计算。每根桩端焊接钢筋根数不调整。

（3）在加工厂制作的铁件（包括半成品铁件）、已弯曲成型钢筋的场外运输以吨计算。各种砌体内的钢筋加固分绑扎、不绑扎以吨（t）计算。

（4）凝土柱中埋设的钢柱，其制作、安装应按金属结构工程的钢结构制作、安装定额执行。

（5）基础中钢支架、预埋铁件的计算。

基础中，多层钢筋的型钢支架、垫铁、撑筋、马凳等按已审定的施工组织设计合并用量计算，执行金属结构的钢托架制、按定额执行(并扣除定额中的油漆材料费 51.49 元)。现浇楼板中设置的撑筋按已审定的施工组织设计用量与现浇构件钢筋用量合并计算。

预埋铁件、螺栓按设计图纸以吨(t)计算，执行铁件制按定额。(子目 4—27)

预制柱上钢牛腿按铁件以吨(t)计算。

【例 4.24】 某三类建筑工程现浇框架梁 KL1 如图 4.26 所示，混凝土 C25，弯起筋采用 45°弯起，梁保护层厚度 25mm，钢筋受拉区锚固长度 30d，计算钢筋工程量、计价表综合单价和复价。

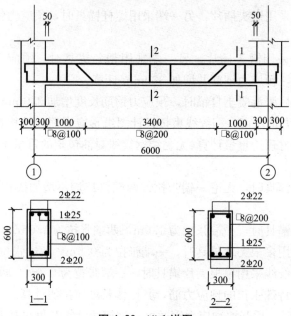

图 4.26　KL1 详图

解： (1) 列项目：4—1、4—2。

(2) 计算工程量，见表 4-33。

(3) 套定额，计算结果见表 4-34。

表 4-33　钢筋工程量

序号	钢筋型号	容重/(kg/m)	长度/m	数量	总重/kg
1	Φ 20	2.466	$6-0.6+2\times30\times0.02=6.6$	2	32.551
2	Φ 25	3.850	$6-0.6+2\times30\times0.025+2\times0.414\times0.55=7.3554$	1	28.318
3	Φ 22	2.984	$6-0.6+2\times30\times0.022=6.72$	2	40.105
小计					101
1	Φ 8	0.395	$(0.3-2\times0.025+2\times0.008)\times2+(0.6-2\times0.025+2\times0.008)\times2+24\times0.008=1.856$	38	27.859
小计					28

注：加密区箍筋根数$=950\div100+1=10.5$，取为 11 根；非加密区箍筋根数$=(3400-2\times200)\div200+1=16$ 根；合计 $2\times11+16=38$ 根。

表 4－34　计 算 结 果

序号	定额编号	项目名称	计量单位	工程量	综合单价/元	合价/元
1	4—1	现浇混凝土构件钢筋φ12以内	t	0.028	3421.48	95.80
2	4—2	现浇混凝土构件钢筋Φ25以内	t	0.101	3241.82	327.42
合计						423.22

答：φ12以内的钢筋为28kg，Φ25以内钢筋为101kg，合价为423.22元。

【例4.25】　某现浇板配筋如图4.27所示，图中梁宽度均为300mm，板厚100mm，分布筋φ6.5@250，板保护层为15mm，计算板中钢筋的工程量。

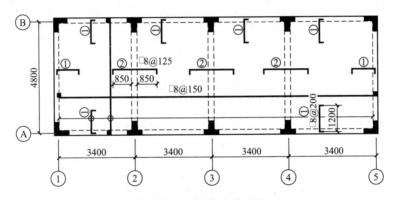

图 4.27　现浇板配筋详图

解：计算工程量，见表4-35。

表 4－35　工程量计算

序号	钢筋型号	容重/(kg/m)	长度/m	数量	总重/kg
1	1、5支座φ8	0.395	1.2+2×(0.1-0.03)=1.34	2×(4.4÷0.2+1)=46	24.3478
2	2~4支座φ8	0.395	2×0.85+0.3+2×0.07=2.14	3×(4.4+0.125+1)=111	93.8283
3	A、B支座φ8	0.395	1.34	2×4×(3÷0.2+1)=128	67.7504
4	横向下部φ8	0.395	4.8+0.3-2×0.015+2×6.25×0.008=5.17	4×(3÷0.2+1)=64	130.6976
5	纵向下部φ8	0.395	4×3.4+0.3-0.03+2×6.25×0.008=13.97	(4.8-0.3-0.1)÷0.15+1=31	171.0627
6	①分布筋φ6.5	0.261	2×(4.8+4×3.4)=36.8	1.2+0.25+1=6	57.6288
	②分布筋φ6.5	0.261	4.8	3×2×(0.85+0.25+1)=30	37.584
小计					583

答：板中的钢筋合计 583kg。

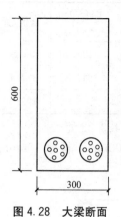

图 4.28　大梁断面

【例 4.26】　某三类建筑工程大梁断面如图 4.28 所示，梁长 18m，共计 10 根，纵向受力钢筋采用 2 组 6×7＋IWS 钢绞线（直径 15mm）组成的后张法有黏结预应力钢绞线束，ϕ50 波纹管，采用多根夹片锚具一端直线张拉方法施工，其余不计。计算该大梁预应力钢绞线项目的工程量、计价表综合单价及复价。

解：（1）列项目：4—21、4—22、4—20。

（2）计算工程量。

查五金手册得：钢绞线容重 0.8712kg/m。

钢绞线：0.8712×(18＋0.9)×6×2×10＝1976kg＜3t

锚具：6×2×10＝120 孔

波纹管：18×2×10＝360m

（3）套定额，计算结果见表 4-36。

表 4-36　计　算　结　果

序号	定额编号	项目名称	计量单位	工程量	综合单价/元	合价/元
1	4—21 换	后张法有黏结钢绞线束	t	1.976	8709.12	17209.22
2	4—22 换	后张法有黏结钢绞线锚具	10 孔	12	1294.50	15534.00
	4—20 换	ϕ50 波纹管	10m	36	52.73	1898.28
合计						34641.50

注：1.4—21 换，(841.62＋302.35)×0.63×(1＋25％＋12％)＋7721.76＝8709.12 元/t。

　　2.4—22 换，(68.12＋122.87)×0.63×(1＋25％＋12％)＋1129.66＝1294.50 元/10 孔。

4.5.4　混凝土及钢筋混凝土工程工程量清单计价

1. 混凝土及钢筋混凝土工程工程量清单计价要点

（1）设备基础项目采用的螺栓孔灌浆包括在报价内。

（2）混凝土板采用浇筑复合高强薄型空心管时，其工程量应扣除空心管所占体积，复合高强薄型空心管应包括在报价内。采用轻质材料浇筑在有梁板内，轻质材料应包括在报价内。

（3）散水、坡道项目需抹灰时，应包括在报价内。

（4）水磨石构件需要打蜡抛光时，打蜡抛光的费用应包括在报价内。

（5）购入的商品构配件以商品价进入报价。

（6）钢筋的制作、安装、运输损耗由投标人考虑，包括在报价内。

（7）预制构件的吊装机械（除塔式起重机）包括在项目内，塔式起重机应列入措施项目费。

(8) 滑模的提升设备(如千斤顶、液压操作台等)应列在模板及支撑费内。

(9) 钢网架在地面组装后的整体提升、倒锥壳水箱在地面就位预制后的提升设备(如液压千斤顶及操作台等)应列在措施项目(垂直运输费)内。

2. 混凝土及钢筋混凝土工程工程量清单及计价示例

【例4.27】 根据【例4.19】题意,用工程量清单计价法计算现浇框架柱、梁、板混凝土及钢筋混凝土工程的清单综合单价。

解：(1) 列项目 010502001001(5-13),010505001001(5-32),010516001001(4-1)、010515001002(4-2)。

(2) 计算工程量(见【例4.19】、【例4.21】)。

(3) 清单计价,见表4-37。

表4-37 清 单 计 价

序号	项目编码	项目名称	计量单位	工程数量	金额/元	
					综合单价	合价
1	010502001001	现浇矩形柱	m³	9.22	271.27	2501.07
	5-13	C30 矩形柱	m³	9.02	277.28	2501.07
2	010505001001	现浇有梁板	m³	18.67	263.27	4915.25
	5-32	C30 有梁板	m³	18.86	260.62	4915.29
3	010515001001	现浇混凝土钢筋	t	0.910	3421.48	3113.55
	4-1	φ12 以内钢筋	t	0.910	3421.48	3113.55
4	010515001002	现浇混凝土钢筋	t	2.118	3241.82	6866.17
	4-2	φ12～φ25	t	2.118	3241.82	6866.17

答：该工程的清单综合单价分别为,柱 271.27 元/m³,梁 263.27 元/m³,φ12 以内钢筋 3421.48 元/t,φ25 以内钢筋 3241.82 元/t。

4.6 木结构工程计量与计价

4.6.1 木结构工程工程量清单的编制

1. 本节内容

本节主要内容包括：《房屋建筑与装饰工程计量规范》(GB 500854—2013)附录G(木结构工程)的内容,即：①木屋架；②木构件；③屋面木基层。

2. 工程量计算规则

1) 木屋架(附录 G.1,编码:010701)

木屋架(010701001)项目适用于各种方木、圆木屋架。工程量按设计图示数量(榀)计算。

钢木屋架(010701002)项目适用于各种方木、圆木的钢木组合屋架。工程量按设计图示数量(榀)计算。

★注意:①屋架的跨度应以上、下弦中心线两交点之间的距离计算带气楼的屋架和马尾、折角以及正交部分的半屋架,按相关屋架相目编码列项以榀计量,按标准图设计,项目特征必须标注标准图代号

2) 木构件(附录 G.2,编码:010702)

木柱(010702001)、木梁(010702002)项目适用于建筑物各部位的柱、梁。工程量按设计图示尺寸以体积计算。

木檩(010702003)以 m^3 计量,按设计图示尺寸以体积计算;或以 m 计量,按设计图示尺寸以长度计算。

木楼梯(010702004)项目适用于楼梯和爬梯。工程量按设计图示尺寸以水平投影面积计算。不扣除宽度小于 300mm 的楼梯井,伸入墙内部分不计算。

其他木构件(010702005)项目适用于斜撑,传统民居的垂花、花芽子、封檐板、博风板等构件。工程量按设计图示尺寸以体积或长度计算。

★注意:木楼梯的栏杆(栏板)、扶手,应按本规范附录 O 中的相关项目编码列项;以米计量,项目特征必须描述构件规格尺寸。

3) 屋面木基层(附录 G.3,编码:010703)

屋面木基层(010703001)按设计图示尺寸以斜面积计算。不扣除房上烟囱、风帽底座、风道、小气窗、斜沟等所占面积。小气窗的出檐部分不增加面积。

3. 算例

【例 4.28】 某单层房屋的黏土瓦屋面如图 4.29 所示,屋面坡度为 1:2,连续方木檩条断面为 120mm×180mm@1000mm(每个支承点下放置檩条托木,断面为 120mm×120mm×240mm),上钉方木椽子,断面为 40mm×60mm@400mm,挂瓦条断面为

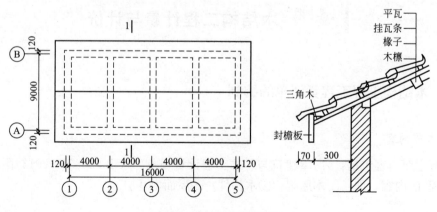

图 4.29 屋面木基层

30mm×30mm@330mm，端头钉三角木，断面为 60mm×75mm 对开，封檐板和博风板断面为 200mm×20mm，计算其木结构工程的工程量清单。

解：（1）列项目 010702005001。

（2）计算工程量。

010702005001 封檐板、博风板：33.68＋23.09－1＝55.77m

（3）工程量清单，见表 4-38。

表 4-38 工程量清单

序号	项目编码	项目名称	项目特征	计量单位	工程数量
1	010702005001	封檐板、博风板	（1）木材种类：杉木 （2）刨光要求：露面部分刨光 （3）截面：200mm×20mm （4）油漆：防火漆一遍，清漆一遍	m	55.77

4.6.2 木结构工程计价表工程量

1. 本节内容

本节主要内容包括厂库房大门、特种门，木结构，以及附表 3 个部分。

（1）厂库房大门、特种门包括：①厂库房大门；②特种门。

（2）木结构包括：①木屋架；②屋面木基层；③木柱、木梁、木楼梯。

（3）附表包括厂库房大门、特种门五金、铁件配件表。

2. 有关规定

（1）金属防火、冷藏、保温门等按建安工程管理的相关规定，由专业生产厂家负责制安，承包企业不得制作安装，仅作为预算、标底和投标报价的参考，决算时按市场价格另行计算，不再套用定额计算。

（2）本节中均以一、二类木种为准，如采用三、四类木种，木门制作人工和机械费乘以系数 1.3，木门安装人工乘以系数 1.15，其他项目人工和机械费乘以系数 1.35，木材分类见表 4-39。

表 4-39 木材分类表

一类	红松、水桐木、樟子松
二类	白松、杉木（方杉、冷杉）、杨木、铁杉、柳木、花旗松、椴木
三类	青松、黄花松、秋子松、马尾松、东北榆木、柏木、苦楝木、梓木、黄菠萝、椿木、楠木（祯楠、润楠）、柚木、樟木、山毛榉、栓木、白木、云香木、枫木
四类	栎木（柞木）、檀木、色木、槐木、荔木、麻栗木（麻栎、青刚）、桦木、荷木、水曲柳、柳桉、华北榆木、核桃楸、克隆、门格里斯

（3）木材规格是按已成型的两个切断面规格料编制的，两个切断面以前的锯缝损耗按本书中有关规定应另外计算。

（4）本节中注明的木材断面或厚度均以毛料为准，如设计图纸注明的断面或厚度为净料时，应增加断面刨光损耗：一面刨光加 3mm，两面刨光加 5mm，原木按直径增加 5mm。

（5）本节中的木材是以自然干燥条件下的木材编制的，需要烘干时，其烘干费用及损耗由各市确定。

（6）本节定额中所有铁件含量与设计不符的，均应调整。

（7）木屋架制安项目中的型钢、钢拉杆、铁件设计与定额不符时，应调整。

（8）各种门的五金应单独列项计算，当设计使用计价表第 15.5 节中的五金与门五金表中的五金重复时，重复的五金应扣除。但成品门扇（计价表 8-32、表 8-33）定额中已包括五金费，其五金费不得再按附表计算，也不得调整。（附表中的五金铁件是按标准图用量列出，仅作备料参考）

3. 工程量计算规则

1）门

门制作、安装工程量按门洞口面积计算。无框厂库房大门、特种门按设计门扇外围面积计算。

2）木屋架木屋架的制作安装工程量，按以下规定计算

（1）木屋架无论圆木还是方木，其制作安装均按设计断面以立方米（m³）计算，分别套相应子目，其后配长度及配制损耗已包括在子目内，不另外计算（游沿木、风撑、剪刀撑、水平撑、夹板、垫木等木料并入相应屋架体积内）；气楼屋架、马尾、折角和正交部分半屋架（见图 4.30，其中马尾指四坡水屋架建筑物的两端屋面的端头坡面部分；折角指构成 L 形的坡屋顶建筑横向和竖向相交的部分；正交指构成丁字形的坡屋顶建筑横向和竖向相交的部分），在计算其体积时，不单独列项套定额，而应并入屋架的体积内计算，按屋架定额子目计算。

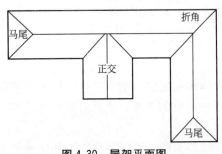

图 4.30　屋架平面图

（2）圆木屋架刨光时，圆木按直径增加 5mm 计算，附属于屋架的夹板、垫木等已并入相应的屋架制作项目中，不另计算；与屋架连接的挑檐木、支撑等工程量并入屋架体积内计算。但圆木屋架连接的挑檐木、支撑等为方木时，方木部分按矩形檩木计算。

3）屋面木基层

（1）檩木按立方米（m³）计算，简支檩木长度按设计图示中距离增加 200mm 计算，如两端出山，檩条长度算至博风板。连续檩条的长度按设计长度计算，接头长度按全部连续檩木的总体积的 5% 计算。檩条托木已包括在子目内，不另列项目计算。檩托木（或垫木）并入檩木计算。

定额中檩木未进行刨光处理，如檩木刨光者，其定额人工乘以系数 1.4。檩木上钉三角木按 50mm×75mm 对开考虑，规格不符时，木材换算，其他不变。

（2）屋面木基层，按屋面斜面积计算，不扣除附墙烟囱、风道、风帽底座和屋顶小气窗所占面积，小气窗出檐与木基层重叠部分也不增加，气楼屋面的屋檐突出部分的面积并入计算。

屋面木基层是指铺设在屋架上面的檩条、椽子、屋面板等，这些构件有的起承重作用，有的起围护及承重作用。屋面木基层的构造要根据其屋面防水材料种类而定。例如：平瓦屋面木基层，它的基本构造是在屋架上铺设檩条，檩条上铺屋面板（或钉椽子），屋面板上铺油毡（椽子、顺水条）、挂瓦等。

椽子定额也未考虑刨光，如刨光，每 $10m^2$ 增加人工 0.12 工日。计价表 8-52 方木椽子为 40mm×50mm@400mm（其中椽子料为 $0.059m^3$，挂瓦条为 0.019m，规格为 25mm×20mm@300mm），如改用圆木椽子，减去成材 $0.059m^3$，增加圆木 $0.078m^3$（ϕ70 对开，中距 300mm），铁钉 0.27kg、人工 0.06 工日；计价表 8-53 方木椽子为 40mm×60mm@200mm；计价表 8-54 半圆椽为 ϕ70 对开@200mm，如与设计不符，可按比例换算椽子料。

（3）封檐板按图示檐口外围长度计算，博风板按水平投影长度乘以屋面坡度系数 C 后，单坡加 300mm，双坡加 500mm 计算。

封檐板：在平瓦屋面的檐口部分，往往是将附木挑出又称挑檐木，各挑檐木间钉上檐口檩条，在檐口檩条外侧钉有通长的封檐板，或者将椽子伸出，在椽子端头处也可钉通长的封檐板。封檐板可用宽 200～250mm、厚 20mm 的木板。定额中是按 200mm×20mm 考虑的，规格不符时，木材换算，其他不变。

博风板：在房屋端部，将檩条端部挑出山墙，为了美观，可在檩条端部处钉通长的博风板（又称封山板），博风板的规格与封檐板相同。

4）木柱、木梁、木楼梯

木柱、木梁制作安装均按设计断面竣工木料以立方米（m^3）计算，其后备长度及配制损耗已包括在子目内。

木柱、木梁定额中木料以混水为准，如刨光，人工乘以系数 1.4；木柱、木梁定额中安装考虑采用铁件安装，实际不用铁件，取消铁件，另增加铁钉 3.5kg。

木楼梯（包括休息平台和靠墙踢脚板）按水平投影面积计算，不扣除宽度小于 200mm 的楼梯井，伸入墙内部分的面积也不另计算。

【例 4.29】 根据【例 4.28】题意，计算该屋面木基层的计价表工程量、综合单价和复价。

解：（1）列项目 8—42、8—52、8—55、8—59。

（2）计算工程量。

① 檩条。

根数：$4.5 \times \sqrt{1+4} \div 1+1 = 11$ 根

檩条体积：$0.12 \times 0.18 \times (16.24+2 \times 0.3) \times 11 \times 1.05$（接头）$= 4.201m^3$

檩条托木体积：$0.12 \times 0.12 \times 0.24 \times 11 \times 5 = 0.190m^3$

小计：$4.39m^3$

② 椽子及挂瓦条。

$(16.24+2 \times 0.3) \times (9.0+0.24+2 \times 0.3) \times \sqrt{1+4} \div 2 = 185.26m^2$

③ 三角木。

$(16.24+0.6) \times 2 = 33.68m$

④ 封檐板和博风板。

封檐板：$(16.24+2\times0.30)\times2=33.68m$

博风板：$[(9.24+2\times0.32)\times\sqrt{1+4\div2}+0.51]\times2=23.092m$

小计：56.77m

4.6.3 厂库房大门、特种门、木结构工程工程量清单的计价

1. 厂库房、特种门、木结构工程清单的计价要点

（1）钢木大门项目的钢骨架制作安装包括在报价内。

（2）木屋架项目中与屋架相连接的挑檐木应包括在木屋架报价内；钢夹板构件、连接螺栓应包括在报价内。

（3）钢木屋架项目中的钢拉杆（下弦拉杆）、受拉腹杆、钢夹板、连接螺栓应包括在报价内。

（4）木柱、木梁项目中的接地、嵌入墙内部分的防腐应包括在报价内。

（5）木楼梯项目中的防滑条应包括在报价内。

（6）设计规定使用干燥木材时，干燥损耗及干燥费应包括在报价内。

（7）木材的出材率应包括在报价内。

（8）木结构有防虫要求时，防虫药剂应包括在报价内。

2. 算例

【例 4.30】 根据【例 4.28】题意，用计价表法计算该屋面木基层的综合单价和复价。

解：（1）列项目 8—42、8—52、8—55、8—59。

（2）计算工程量（见【例 4.29】）。

（3）套定额，计算结果见表 4 - 40。

表 4 - 40 计 算 结 果

序号	定额编号	项目名称	计量单位	工程量	综合单价/元	合价/元
1	8—42	方木檩条 120mm×180mm@1000m	m	4.39	1837.67	8067.37
2	8—52 换	椽子及挂瓦条	10m²	18.526	180.48	3343.57
3	8—55 换	檩木上钉三角木 60×75 对开	10m	3.368	39.30	132.36
4	8—59	封檐板、博风板不带落水线	10m	5.677	92.78	526.71
合计						12070.01

注：1. 方木椽子断面换算 $40\times50:40\times60=0.059:x$，$x=0.0708m^3$。

2. 挂瓦条断面换算 $25\times20:30\times30=0.019:y$，$y=0.0342m^3$。

3. 挂瓦条间距换算 $300:330=z:0.0342$，$z=0.0311m^3$。

4. 换算后普通成材用量 $0.0708+0.0311=0.102m^3$。

5. 8—52 换，$142.10+(0.102-0.078)\times1599=180.48$ 元/10m²。

6. 8—55 换，$35.30+(0.06\times0.075\div2\times10-0.02)\times1599=39.30$ 元/10m。

答：该屋面木基层复价合价 12070.01 元。

【例 4.31】 根据【例 4.28】题意，用工程量清单计价法计算木结构工程的清单综合单价。

解：（1）列项目 010702005001（8—59，16—55，16—211）。

（2）计算工程量（见【例 4.29】、【例 4.30】）。

（3）清单计价，见表 4-41。

表 4-41 清 单 计 价

序号	项目编码	项目名称	计量单位	工程数量	金额/元	
					综合单价	合价
1	010702005001	封檐板、博风板	m	55.77	17.89	997.69
	8—59	封檐板、博风板 200mm×20mm	10m	5.677	92.78	526.71
	16—55	清漆二遍	10m	9.878	23.01	227.29
	16—211	防火漆二遍	10m	9.878	24.67	243.69

4.7 金属结构工程计量与计价

4.7.1 金属结构工程工程量清单的编制

1. 本节内容

本节主要内容包括：《房屋建筑与装饰工程计量规范》（GB 500854—2013）附录 F（金属结构工程）的内容，即：①钢网架；②钢屋架、钢托架、钢桁架、钢桥架；③钢柱；④钢梁；⑤钢板楼板、墙板；⑥钢构件；⑦金属制品。

2. 有关规定

金属构件的切边，不规则及多边形钢板发生的损耗在综合单价中考虑。

防火要求指耐火极限。

3. 工程量计算规则

1）钢网架（附录 F.1，编码：010601）

钢网架（010601001）项目适用于一般钢网架和不锈钢网架。不论节点形式（球形节点、板式节点等）和节点连接方式（焊接、铆结）等均使用该项目。工程量按设计图示尺寸以质量计算。不扣除孔眼的质量，焊条、铆钉、螺栓等不另增加质量。

2）钢屋架、钢托架、钢桁架、钢桥架（附录 F.2，编码：010602）

钢屋架（010602001）项目适用于一般钢屋架和轻钢屋架、冷弯薄壁型钢屋架等。工程量按设计图示尺寸以质量计算，不扣除孔眼、切边、切肢的质量，焊条、铆钉、螺栓等不另增加质量，不规则或多边形钢板以其外接矩形面积乘以厚度乘以单位理论质量计算；也可以设计图纸数量（榀）计算。

钢托架（010602002）、钢桁架（010602003）、钢桥架（010602004）的工程量按设计图示尺寸以质量计算，不扣除孔眼、切边、切肢的质量，焊条、铆钉、螺栓等不另增加质量，不规则或多边形钢板以其外接矩形面积乘以厚度乘以单位理论质量计算。

★注意：螺栓种类指普通或高强。以榀计量，按标准图设计的应注明标准图代号，按非标准图设计的项目特征必须描述单榀屋架的质量。

3）钢柱（附录 F.3，编码：010603）

实腹柱（010603001）、空腹柱（010603002）工程量按设计图示尺寸以质量计算，不扣除孔眼、切边、切肢的质量，焊条、铆钉、螺栓等不另增加质量，不规则或多边形钢板以其外接矩形面积乘以厚度乘以单位理论质量计算，依附在钢柱上的牛腿及悬臂梁等一并计入钢柱工程量内。

钢管柱（010603003）项目适用于钢管柱和钢管混凝土柱。工程量按设计图示尺寸以质量计算，不扣除孔眼、切边、切肢的质量，焊条、铆钉、螺栓等不另增加质量，不规则或多边形钢板以其外接矩形面积乘以厚度乘以单位理论质量计算，钢管柱上的节点板、加强环、内衬管、牛腿等并入钢管柱工程量内。

★注意：实腹钢柱类型指十字、T、L、H 形等；空腹钢柱类型指箱形、格构等；型钢混凝土柱浇筑钢筋混凝土，其混凝土和钢筋应按本规范附录 E 混凝土及钢筋混凝土工程中相关项目编码列项。

4）钢梁（附录 F.4，编码：010604）

钢梁（010604001）项目适用于钢梁和实腹式型钢混凝土梁、空腹式型钢混凝土梁。工程量按设计图示尺寸以质量计算，不扣除孔眼、切边、切肢的质量，焊条、铆钉、螺栓等不另增加质量，不规则或多边形钢板以其外接矩形面积乘以厚度乘以单位理论质量计算。

钢吊车梁（010504002）工程量按设计图示尺寸以质量计算，不扣除孔眼、切边、切肢的质量，焊条、铆钉、螺栓等不另增加质量，不规则或多边形钢板以其外接矩形面积乘以厚度乘以单位理论质量计算，制动梁、制动板、制动桁架、车挡并入钢吊车梁工程量内。

★注意：梁类型指 H、L、T 形、箱形、格构式等；型钢混凝土梁浇筑钢筋混凝土，其混凝土和钢筋应按本规范附录 E 混凝土及钢筋混凝土工程中相关项目编码列项。

5）钢板楼板、墙板（附录 F.5，编码：010605）

压型钢板楼板（010605001）项目适用于现浇混凝土楼板，使用压型钢板作永久性模板，并与混凝土叠合后组成共同受力的构件。工程量按设计图示尺寸以铺设水平投影面积计算。不扣除柱、垛及单个 0.3m² 以内的孔洞所占面积。

压型钢板墙板（010605002）工程量按设计图示尺寸以铺挂面积计算。不扣除单个 0.3m² 以内的孔洞所占面积，包角、包边、窗台泛水等不另加面积。

★注意：钢板楼板上浇筑钢筋混凝土，其混凝土和钢筋应按本规范附录 E 混凝土及钢筋混凝土工程中相关项目编码列项；压型钢楼板按钢楼板项目编码列项。

6）钢构件（附录 F.6，编码：010606）

钢支撑、刚拉条（010606001）、钢檩条（010606002）、钢天窗架（010606003）、钢挡风架（010606004）、钢墙架（010606005）、钢平台（010606006）、钢走道（010606007）、钢梯（010606008）、钢护栏（010606009）、钢支架（010606012）、零星钢构件（010606013）工

程量按设计图示尺寸以质量计算，不扣除孔眼、切边、切肢的质量，焊条、铆钉、螺栓等不另增加质量，不规则或多边形钢板以其外接矩形面积乘以厚度乘以单位理论质量计算。

钢漏斗(010606010)、钢板天沟(010606011)项目的工程量按设计图示尺寸以质量计算，不扣除孔眼、切边、切肢的质量，焊条、铆钉、螺栓等不另增加质量，不规则或多边形钢板以其外接矩形面积乘以厚度乘以单位理论质量计算，依附漏斗的型钢并入漏斗工程量内。

★注意：钢墙架项目包括墙架柱、墙架梁和连接杆件；钢支撑、钢拉条类型指单式、复式；钢檩条类型指型钢式、格构式；钢漏斗形式指方形、圆形；天沟形式指矩形沟或半圆形沟；加工铁件等小型构件，应按零星钢构件项目编码列项。

7) 金属制品(附录 F.7，编码：010607)

成品空调金属百页护栏(010607001)、成品栅栏(010607002)按设计图示尺寸以框外围展开面积计算。

成品雨篷(010607003)以米计量，按设计图示接触边以米计算；或以平方米计量，按设计图示尺寸以展开面积计算。

金属网栏(010607004)按设计图示尺寸以框外围展开面积计算。

砌块墙钢丝网加固(010607005)、后浇带金属网(010607006)按设计图示尺寸以面积计算。

4. 算例

【例 4.32】 某围墙需施工一钢栏杆，采用现场制作安装，施工图纸如图 4.31 所示，试计算其金属结构工程的工程量清单。

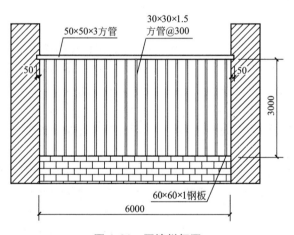

图 4.31 围墙栏杆图

解：(1) 列项目 010606009001。

(2) 计算工程量。

采用的是空心型材，要计算重量可采用理论容重乘以体积。

$50 \times 50 \times 3$ 方管：$7.85 \times (0.05 \times 0.05 - 0.044 \times 0.044) \times 6.1 = 0.027$t

$30 \times 30 \times 1.5$ 方管：

数量 $6 \div 0.3 - 1 = 19$ 根

重量 $7.85 \times (0.03 \times 0.03 - 0.027 \times 0.027) \times 3 \times 19 = 0.077t$

合计 $0.027 + 0.077 = 0.104t$

（3）工程量清单，见表 4 - 42。

表 4 - 42　工程量清单

序号	项目编码	项目名称	项目特征	计量单位	工程数量
1	010606009001	钢栏杆	（1）采用方钢管，立柱 $30 \times 30 \times 1.5@300$，横杆 $50 \times 50 \times 3$ （2）刷一遍红丹防锈漆 （3）立柱与预埋 $60 \times 60 \times 1$ 钢板焊接连接	t	0.104

4.7.2　金属结构工程计价表工程量

1. 本节内容

本节主要内容包括：①钢柱制作；②钢屋架、钢托架、钢桁架制作；③钢梁、钢吊车梁制作；④钢制动梁、支撑、檩条、墙架、挡风架制作；⑤钢平台、钢梯、钢栏杆制作；⑥钢拉杆制作、钢漏斗制作安装、型钢制作；⑦钢屋架、钢托架、钢桁架现场制作平台摊销；⑧其他。

2. 有关规定

金属构件不论在企业加工厂或现场制作均执行本定额，在现场制作钢屋架、钢托架、钢桁架应计算现场制作平台摊销费。（计价表 6—35～6—38 子目钢屋架、钢托架、钢桁架制作平台摊销是配合计价表 6—6～表 6—12 子目使用的，其工程量应与计价表 6—6～表 6—12 子目的工程量相同。）

本定额中各种钢材数量均以型钢表示。实际无论使用何种型材，计价表中的钢材总数量和其他工料均不变。

本节中所有金属构件的制作均按电焊焊接编制，定额中所含螺栓是焊接前对构件临时加固之摊销螺栓。如果局部制作用螺栓连接，也按本定额执行（螺栓不增加，电焊条、电焊机也不扣除）。

本定额除注明者外，均包括现场内（工厂内）的材料运输、下料、加工、组装及成品堆放等全部工序。加工点至安装点的构件运输，应另按计价表第 7 章构件运输定额相应项目计算。

金属构件制作项目中，均包括刷一遍防锈漆在内，安装后再刷防锈漆或其他油漆应另列项目计算。

金属结构制作定额中的钢材品种以普通钢材为准，如用锰钢等低合金钢者，其制作人工乘以系数 1.10。

混凝土劲性柱内，用钢板、型钢焊接而成的 H 形、T 形钢柱，按 H 形、T 形钢构件制作定额执行，安装按计价表第 7 章相应钢柱项目执行。

本定额各子目均未包括焊缝无损探伤（如 X 光透视、超声波探伤、磁粉探伤、着色探伤等），也未包括探伤固定支架制作和被检工件的退磁。

后张法预应力混凝土构件端头螺杆、轻钢檩条拉杆按端头螺杆螺帽执行；木屋架、钢筋混凝土组合屋架拉杆按钢拉杆定额执行。C、Z 轻钢檩条内的拉杆按端头螺杆螺帽定额（见表 6—43 子目）执行，每吨拉杆另增：防锈漆 5kg、油漆溶剂油 0.8kg、人工 9 工日。

综合单价调整如下：

$7370+6.00 \times 5+3.33 \times 0.8+26.00 \times 9 \times(1+25 \% +12 \%)=7723.24$ 元/t

铁件是指埋入在混凝土内的预埋铁件。有接桩的桩，在桩端头的钢筋上焊接了接桩角钢套（接桩角钢套是由型钢与钢板焊接而成的，将此钢套再焊接到预制桩前的桩端头主钢筋），角钢套的制作按计价表 6—40 子目（铁件制作）人工、电焊机乘以系数 0.7 调整综合单价后执行。角钢套与桩端头主筋焊接的人、材、机已包括在接桩定额内，不得另列项目计算。

综合单价调整如下：

$6324.06-(936.00+1026.58) \times 0.3 \times(1+25 \% +12 \%)=5517.44$ 元/t

★注意：接桩子目中也包括了角钢、钢板的用量，但指的是现场用角钢或钢板焊接接桩，如果是制作角钢套再到现场焊接接桩，则应扣除接桩中对应的型钢材料费，增加角钢套的费用。

3. 工程量计算规则

金属构件制作按图示钢材尺寸以吨（t）计算，不扣除孔眼、切肢、切角、切边的重量，电焊条重量已包含在定额内，不另计算。在计算不规则或多边形钢板重量时均以矩形面积计算，如图 4.32 所示。

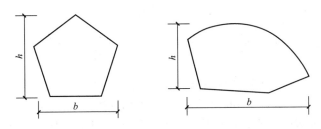

图 4.32 多边形和不规则外形钢板

$$钢板面积 S=bh \tag{4-28}$$

实腹柱、钢梁、吊车梁、H 形梁、T 形钢构件按图示尺寸计算，其中钢梁、吊车梁构件中的腹板、翼板宽度按图示尺寸每边增加 8mm 计算，主要是为确保重要受力构件钢材材质稳定、焊件边缘平整而进行边缘加工时的刨削量，以保证构件的焊缝质量和构件强度。

钢柱制作工程量包括依附于柱上的牛腿及悬臂梁重量；制动梁的制作工程量包括制动梁、制动桁架、制动板重量；墙架的制作工程量包括墙架柱、墙架梁及连接柱杆重量。

天窗挡风架、柱侧挡风板、挡雨板支架制作工程量均按挡风架定额执行。

栏杆是指平台、阳台、走廊和楼梯的单独栏杆。

钢平台、走道应包括楼梯、平台、栏杆合并计算，钢梯应包括踏步、栏杆合并计算。

钢漏斗制作工程量，矩形按图示分片，圆形按图示展开尺寸，并依钢板宽度分段计算，每段均以其上口长度(圆形以分段展开上口长度)与钢板宽度，按矩形计算，依附漏斗的型钢并入漏斗重量内计算。

晒衣架和钢盖板项目中已包括安装费在内，但未包括场外运输。

钢屋架单榀重量在 0.5t 以下者，按轻型屋架定额计算。

轻钢檩条、栏杆以设计型号、规格按吨(t)计算(重量=设计长度×理论重量)。

预埋铁件按设计的形体面积、长度乘以理论重量计算。

【例 4.33】 根据【例 4.32】的题意，试计算其金属工程的计价表工程量。

分析： 本例是求除去砌体部分的工程量，图中有栏杆和钢板两部分型材，钢板是栏杆安装的连接件。栏杆按定额分为制作和安装两个部分计算，而钢板作为连接件是含在安装内容中的，安装是计价表第 7 章内容，因此本例主要计算栏杆的制作工程量。

解： 采用的是空心型材，要计算重量可采用理论容重乘以体积。

$50×50×3$ 方管：$7.85×(0.05×0.05-0.044×0.044)×6.1=0.027t$

$30×30×1.5$ 方管：

数量 $6÷0.3-1=19$ 根

重量 $7.85×(0.03×0.03-0.027×0.027)×3×19=0.077t$

合计 $0.027+0.077=0.104t$

答： 该栏杆工程量为 0.104t。

4.7.3 金属结构工程工程量清单计价

1. 金属结构工程工程量清单计价要点

(1) 钢管柱项目中钢管混凝土柱的盖板、底板、穿心板、横隔板、加强环、明牛腿、暗牛腿应包括在报价内。

(2) 钢构件的除锈刷漆包括在报价内。

(3) 钢构件的拼装台的搭拆和材料摊销应列入措施项目费。

(4) 钢构件需探伤(包括射线探伤、超声波探伤、磁粉探伤、金相探伤、着色探伤、荧光探伤等)应包括在报价内。

2. 算例

【例 4.34】 根据【例 4.32】题意，用工程量清单计价法计算金属结构工程的清单综合单价。

解： (1) 列项目 010606009001(6—28、7—154、16—264)。

(2) 计算工程量(见【例 4.32】、【例 4.33】)。

6—28，7—154 钢栏杆制作、安装：0.104t

16—264 钢栏杆油漆：0.104×1.71=0.178t

（3）清单计价，见表 4 - 43。

表 4 - 43　清 单 计 价

序号	项目编码	项目名称	计量单位	工程数量	金额/元	
					综合单价	合价
1	010606009001	钢栏杆	t	0.104	5559.71	578.21
	6—28	方钢管栏杆	t	0.104	5002.71	520.28
	7—154	钢栏杆安装	t	0.104	405.80	42.20
	16—264	金属面红丹防锈漆一遍	t	0.178	88.39	15.73

答：该钢栏杆工程的清单综合单价为 5559.71 元/t。

4.8　屋面及防水工程计量与计价

4.8.1　屋面及防水工程工程量清单计价

1. 本节内容

本节主要内容包括：《房屋建筑与装饰工程计量规范》（GB 500854—2013）附录I（屋面及防水工程）的内容，即：①瓦、型材及其他屋面；②屋面防水及其他；③墙面防水、防潮；④楼（地）面防水、防潮。

2. 工程量计算规则

1）瓦、型材及其他屋面（附录I.1，编码：010901）

瓦屋面（010901001）项目适用于小青瓦、平瓦、筒瓦、玻璃钢瓦等；型材屋面（010901002）项目适用于压型钢板、金属压型夹芯板、阳光板、玻璃钢等。工程量按设计图示尺寸以斜面积计算。不扣除房上烟囱、风帽底座、风道、小气窗、斜沟等所占面积，小气窗的出檐部分不增加面积。

阳光板屋面（010901003）、玻璃钢屋面（010901004）按设计图示尺寸以斜面积计算。不扣除屋面面积≤0.3m² 孔洞所占面积。

膜结构屋面（010901005）项目适用于膜布屋面。工程量按设计图示尺寸以需要覆盖的水平面积计算。

★注意：瓦屋面，若是在木基层上铺瓦，项目特征不必描述粘结层砂浆的配合比，瓦屋面铺防水层，按I.2屋面防水及其他中相关项目编码列项；型材屋面、阳光板屋面、玻璃钢屋面的柱、梁、屋架，按本规范附录F金属结构工程、附录G木结构工程中相关项目编码列项。

支撑柱的钢筋混凝土的柱基、锚固的钢筋混凝土基础以及地脚螺栓等按混凝土及钢筋混凝土相关项目编码列项。

2）屋面防水及其他（附录 I.2，编码：010902）

屋面卷材防水（010902001）项目适用于利用胶结材料粘贴卷材进行防水的屋面；屋面涂膜防水（010902002）项目适用于厚质涂料、薄质涂料和有加增强材料或无加增强材料的涂膜防水屋面。工程量按设计图示尺寸以面积计算。斜屋面（不包括平屋面找坡）按斜屋面计算，平屋面按水平投影面积计算；不扣除房上烟囱、风帽底座、风道、屋面小气窗和斜沟所占面积；屋面是女儿墙、伸缩缝和天窗等处的弯起部分，并入屋面工程量内。

屋面刚性层（010902003）项目适用于细石混凝土、补偿收缩（微膨胀）混凝土、块体混凝土、预应力混凝土和钢纤维混凝土刚性防水屋面。工程量按设计图示尺寸以面积计算，不扣除房上烟囱、风帽底座、风道等所占面积。

屋面排水管（010902004）项目适用于各种排水管材（PVC 管、玻璃钢管、铸铁管等）。工程量按设计图示尺寸以长度计算。如设计未标注尺寸，以檐口至设计室外地面（散水上表面）垂直距离计算。

屋面排（透）气管（010902005）按设计图示尺寸以长度计算。

屋面（廊、阳台）吐水管（010902006）按设计图示数量计算。

屋面天沟、檐沟（010902007）项目适用于水泥砂浆天沟、细石混凝土天沟、预制混凝土天沟板、卷材天沟、玻璃钢天沟、镀锌铁皮天沟、塑料沿沟、镀锌铁皮沿沟、玻璃钢沿沟等。工程量按设计图示尺寸以面积计算。铁皮和卷材天沟按展开面积计算。

屋面变形缝（010902008）按设计图示以长度计算。

★注意：屋面刚性层防水，按屋面卷材防水、屋面涂膜防水项目编码列项；屋面刚性层无钢筋，其钢筋项目特征不必描述；屋面找平层按本规范附录 K 楼地面装饰工程"平面砂浆找平层"项目编码列项；屋面防水搭接及附加层用量不另行计算，在综合单价中考虑。

3）墙面防水、防潮（附录 I.3，编码：010903）

墙面卷材防水（010903001）、墙面涂膜防水（010903002）项目适用于基础、楼地面、墙面等部位的防水；墙面砂浆防水（潮）（010903003）适用于地下、基础、楼地面、墙面等部位的防水防潮。工程量按设计图示尺寸以面积计算。

墙面变形缝（010903004）按设计图示以长度计算。

4）楼（地）面防水、防潮（附录 I.4，编码：010904）

楼（地）面卷材防水（010904001）、楼（地）面涂膜防水（010904002）、楼（地）面砂浆防水（防潮）（010904003）按设计图示尺寸以面积计算。楼（地）面防水：按主墙间净空面积计算，扣除凸出地面的构筑物、设备基础等所占面积，不扣除间壁墙及单个面积 $\leqslant 0.3 m^2$ 柱、垛、烟囱和孔洞所占面积；楼（地）面防水反边高度 $\leqslant 300mm$ 算作地面防水，反边高度 $>$ 300mm 算作墙面防水。

楼（地）面变形缝（010904004）按设计图示以长度计算。

★注意：墙面防水搭接及附加层用量不另行计算，在综合单价中考虑；墙面变形缝，若做双面，工程量乘系数 2；墙面找平层按本规范附录 L 墙、柱面装饰与隔断工程"立面砂浆找平层"项目编码列项。

【例 4.35】 图 4.29 所示的屋面黏土平瓦规格为 420mm×332mm，单价为 0.8 元/块，长向搭接 75mm，宽向搭接 32mm，脊瓦规格为 432mm×228mm，长向搭接 75mm，单价

2.0 元/块。计算瓦屋面工程的工程量清单。

解：（1）列项目 010901001001。

（2）计算工程量。

010901001001 瓦屋面：（16.24＋2×0.37）×（9.24＋2×0.37）×1.118＝189.46m²

（3）工程量清单，见表 4-44。

表 4-44　工程量清单

序号	项目编码	项目名称	项目特征	计量单位	工程数量
1	010901001001	瓦屋面	（1）瓦：黏土瓦 420mm×332mm，长向搭接 75mm，宽向搭接 32mm；脊瓦 432mm×228mm、长向搭接 75mm （2）基层：方木檩条 120mm×180mm @ 1m（托木 120mm×120mm×240mm）；椽子 40mm×60mm@0.4m；挂瓦条 30mm×30mm@0.33m；三角木 60mm×75mm 对开 （3）木材材质：杉木	m²	189.46

4.8.2　屋面及防水工程计价表工程量

1．本节内容

本节主要内容包括屋面防水，平面、立面及其他防水，伸缩缝、止水带，屋面排水。

（1）屋面防水包括：①瓦面及彩钢板屋面；②卷材屋面；③刚性防水屋面；④涂膜屋面。

（2）平面、立面及其他防水包括：①涂刷油类；②防水砂浆；③粘贴卷材、纤维布。

（3）伸缩缝、止水带包括：①伸缩缝；②盖缝；③止水带。

（4）屋面排水包括：①PVC 管排水；②铸铁管排水；③玻璃钢管排水。

2．有关规定

1）屋面防水

（1）油毡卷材屋面包括刷冷底子油一遍，但不包括天沟、泛水、屋脊、檐口等处的附加层在内，其附加层应另行计算。其他卷材屋面均包括附加层。

（2）本节以石油沥青、石油沥青玛碲脂为准，设计使用煤沥青、煤沥青玛碲脂，按实调整。

（3）冷胶"二布三涂"项目，其"三涂"是指涂膜构成的防水层数，并非指涂刷遍数，每一涂层的厚度必须符合规范（每一涂层刷两遍至三遍）要求。

（4）高聚物、高分子防水卷材粘贴，实际使用的黏结剂与本定额不同，单价可以换算，其他不变。

（5）关于卷材铺贴方式的规定。

满铺：即为满粘法（全粘法），铺贴防水卷材时，卷材与基层采用全部粘贴的施工方法。

空铺：铺贴防水卷材时，卷材与基层仅在四周一定宽度内粘贴，其余部分不粘贴的施工方法。

条铺：铺贴防水卷材时，卷材与基层采用条状粘贴的施工方法，每幅卷材与基层粘贴面不少于两条，每条宽度不小于 150mm。

点铺：铺贴防水卷材时，卷材与基层采用点状粘贴的施工方法。每平方米粘贴不少于5 个点，每个点面积为 100mm×100mm。

（6）刚性防水层屋面定额项目是按苏 J9501 图集做法编制，防水砂浆、细石混凝土、水泥砂浆有分隔缝项目中均已包括分隔缝及嵌缝油膏在内，细石混凝土项目中还包括了干铺油毡滑动层，设计要求与图集不符时应按定额规定换算。

2）平面、立面及其他防水

平面、立面及其他防水是指楼地面及墙面的防水，既适用于建筑物（包括地下室）又适用于构筑物。

各种卷材的防水层均已包括刷冷底子油一遍和平、立面交界处的附加层工料在内。

3）在黏结层上单撒绿豆砂

在黏结层上单撒绿豆砂者（定额中已包括绿豆砂的项目除外），每 $10m^2$ 铺撒面积增加0.066 工日，绿豆砂 0.078t，合计 6.62 元。

4）伸缩缝项目

伸缩缝项目中，除已注明规格可调整外，其余项目均不调整。

3. 工程量计算规则

1）屋面防水

（1）瓦屋面按图示尺寸的水平投影面积乘以屋面坡度系数 C 以平方米（m^2）计算（瓦出线已包括在内），不扣除房上烟囱、风帽底座、风道、屋面小气窗、斜沟等所占面积，屋面小气窗的出檐部分也不增加，但天窗出檐与屋面重叠的面积，应并入所在屋面工程量内，屋面坡度系数示意如图 4.33 所示。

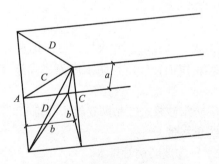

图 4.33　屋面坡度系数示意图

瓦材规格与定额不同时，瓦的数量可以换算，其他不变。换算公式为：$10m^2/($瓦有效长度×有效宽度$)×1.025$ 操作损耗。

（2）瓦屋面的屋脊、蝴蝶瓦的檐口花边、滴水应另列项目按延长米计算，四坡屋面斜脊长度中的 b 乘以隅延长系数 D 以延长米计算，山墙泛水长度＝$A \cdot C$，瓦穿铁丝、钉铁钉、水泥砂浆粉挂瓦条按每 $10m^2$ 斜面积计算，屋面坡度延长米系数见表 4-45。

（3）彩钢夹芯板、彩钢复合板屋面按实铺面积以平方米（m^2）计算，支架、槽铝、角铝等均包括在定额内。

（4）彩板屋脊、天沟、泛水、包角、山头按设计长度以延长米计算，堵头已包含在定额内。

表 4 – 45 屋面坡度延长米系数表

坡度比例 a/b	角度 Q	延长系数 C	隔延长系数 D
1/1	45°	1.4142	1.7321
1/1.5	33°40′	1.2015	1.5620
1/2	26°34′	1.1180	1.5000
1/2.5	21°48′	1.0770	1.4697
1/3	1826′	1.0541	1.4530

注：屋面坡度大于 45°时，按设计斜面积计算。

（5）卷材屋面工程量按以下规定计算。

卷材屋面按图示尺寸的水平投影面积乘以规定的坡度系数以平方米（m²）计算，但不扣除房上烟囱，风帽底座、风道所占面积。女儿墙、伸缩缝、天窗等处的弯起高度按图示尺寸计算并入屋面工程量内；如图纸无规定时，伸缩缝、女儿墙的弯起高度按 250mm 计算，天窗弯起高度按 500mm 计算并入屋面工程量内；檐沟、天沟按展开面积并入屋面工程量内。

油毡屋面均不包括附加层在内，附加层按设计尺寸和层数另行计算；其他卷材屋面已包括附加层在内，不另行计算；收头接缝材料已列入定额内。

（6）刚性屋面、涂膜屋面工程量计算同卷材屋面。

2）平面、立面及其他防水工程量按以下规定计算

涂刷油类防水按设计涂刷面积计算。

防水砂浆防水按设计抹灰面积计算，扣除凸出地面的构筑物、设备基础及室内铁道所占的面积，不扣除附墙垛、柱、间壁墙、附墙烟囱及 0.3m² 以内孔洞所占的面积。

粘贴卷材、布类按图示尺寸以平方米（m²）计算，附加层已含在定额内；

平面：建筑物地面、地下室防水层按主墙（承重墙）间净面积以平方米（m²）计算，扣除凸出地面的构筑物、柱、设备基础等所占面积，不扣除附墙垛、间壁墙、附墙烟囱及 0.3m² 以内孔洞所占的面积，与墙间连接处高度在 500mm 以内者，按展开面积计算并入平面工程量内，超过 500mm 时，按立面防水层计算。

立面：墙身防水层按图示尺寸扣除立面孔洞所占面积（0.3m² 以内孔洞不扣）以平方米计算。

构筑物防水层按实铺面积计算，不扣除 0.3m² 以内孔洞面积。

3）伸缩缝、盖缝、止水带

伸缩缝、盖缝、止水带按延长米计算，外墙伸缩缝在墙内、外双面填缝者，工程量应按双面计算。

4）屋面排水工程

屋面排水工程量按以下规定计算。

铁皮排水项目：水落管按檐口滴水处算至设计室外地坪的高度以延长米计算，檐口处伸长部分（即马腿弯伸长）、勒脚和泄水口的弯起均不增加，但水落管遇到外墙腰线（需弯起时）按每条腰线增加长度 25cm 计算。檐沟、天沟均以图示延长米计算。白铁斜沟、泛水长度可按水平长度乘以延长系数或隔延长系数计算。水斗以个计算。

铸铁、PVC、玻璃钢水落管工程量计算，应区别不同直径按图示尺寸以延长米计算。雨水口、水斗、弯头以个计，分别套用不同的定额。

屋面排水定额中，阳台 PVC 管通落水管按只计算，阳台出水口至落水管中心线斜长按 1m 计算(内含两只 135 弯头，1 只异径三通)，设计斜长不同，调整定额中 PVC 塑料管的用料，规格不同应调整，使用只数应与阳台只数配套。

4. 算例

【例 4.36】 根据【例 4.35】题意，计算平瓦屋面的计价表工程量、综合单价和复价。

解：(1) 列项目 9—1、9—2。

(2) 计算工程量。

瓦屋面面积＝(16.24＋2×0.37)×(9.24＋2×0.37)×1.118＝189.46m²

脊瓦长度＝16.24＋2×0.37＝16.98m

(3) 套定额，计算结果见表 4-46。

表 4-46　计 算 结 果

序号	定额编号	项目名称	计量单位	工程量	综合单价/元	合价/元
1	9—1 换	铺黏土平瓦	10m²	18.946	96.90	1835.87
2	9—2 换	铺脊瓦	10m²	1.698	83.66	142.05
合计						1977.92

注：1. 黏土平瓦的数量每 10m²＝[10/(0.42－0.075)×(0.332－0.032)]×1.025＝99 块。

　　2. 9—1 换 113.82－96.12＋0.99×80＝96.90 元/10m²。

　　3. 脊瓦的数量每 10m＝10m/(0.432－0.075)×1.025＝28.7129 块/10m。

　　4. 9—2 换 72.93－47.27＋0.29×200＝83.66 元/10m。

答：该屋面平瓦部分的复价合计 1977.92 元。

【例 4.37】 试计算某三类工程，采用檐沟外排水的六根 ϕ100 铸铁水落管的计价表工程量(檐口滴水处标高 12.8m，室外地面－0.3m)，并计算综合单价和复价。

解：(1) 列项目 9—193、9—196、9—198。

(2) 计算工程量。

ϕ100 铸铁水落管：(12.80＋0.3)×6＝78.60m

ϕ100 铸铁落水口：6 只

ϕ100 铸铁水斗：6 只

(3) 套定额，计算结果见表 4-47。

表 4-47　计 算 结 果

序号	定额编号	项目名称	计量单位	工程量	综合单价/元	合价/元
1	9—193	铸铁水落管	10m	7.86	319.16	2508.60
2	9—196	铸铁落水口	10 只	0.6	172.65	103.59
3	9—198	铸铁水斗	10 只	0.6	530.91	318.55
合计						2930.74

答：该水落管部分的复价合计 2930.74 元。

4.8.3 屋面及防水工程工程量清单计价

1. 屋面及防水工程工程量清单计价要点

(1) 瓦屋面项目中屋面基层包括檩条、椽子、木屋面板、顺水条、挂瓦条等，应全部计入报价中。

(2) 型材屋面的钢檩条或木檩条以及骨架、螺栓、挂钩等应包括在报价内。

(3) 膜结构屋面项目中支撑和拉固膜布的钢柱、拉杆、金属网架、钢丝绳、锚固的锚头等应包括在报价内。

(4) 屋面卷材防水项目报价时应注意以下几项。

抹屋面找平层、基层处理(清理修补、刷基层处理剂)等应包括在报价内。

檐沟、天沟、水落口、泛水收头、变形缝等处的卷材附加层应包括在报价内。

浅色、反射涂料保护层、绿豆砂保护层、细砂、云母及蛭石保护层应包括在报价内。

(5) 屋面涂膜防水项目报价时应注意以下几项。

抹屋面找平层、基层处理(清理修补、刷基层处理剂)等应包括在报价内。

需加强材料的应包括在报价内。

檐沟、天沟、水落口、泛水收头、变形缝等处的附加层材料应包括在报价内。

浅色、反射涂料保护层、绿豆砂保护层、细砂、云母及蛭石保护层应包括在报价内。

(6) 屋面刚性防水项目中的分隔缝、泛水、变形缝部位的防水卷材、密封材料、背衬材料、沥青麻丝等应包括在报价内。

(7) 屋面排水管项目报价时应注意以下几项。

排水管、雨水口、算子板、水斗等应包括在报价内。

埋设管卡箍、裁管、接嵌缝应包括在报价内。

(8) 屋面天沟、沿沟项目报价时应注意以下几项。

天沟、沿沟固定卡件、支撑件应包括在报价内。

天沟、沿沟的接缝、嵌缝材料应包括在报价内。

(9) 卷材防水、涂膜防水项目报价时应注意以下几项。

抹屋面找平层、刷基础处理剂、刷胶黏剂、胶黏防水卷材应包括在报价内。

特殊处理部位(如管道的通道部位)的嵌缝材料、附加卷材衬垫等应包括在报价内。

(10) 砂浆防水(潮)的外加剂应包括在报价内。

(11) 变形缝项目中的止水带安装、盖板制作、安装应包括在报价内。

2. 算例

【例4.38】 根据【例4.35】题意，用工程量清单计价法计算瓦屋面工程的清单综合单价。

解：(1) 列项目010901001001(8—42、8—52、8—55、9—1、9—2)。

(2) 计算工程量(见【例4.29】和【例4.35】)。

(3) 清单计价，见表4-48。

表 4-48 清单计价

序号	项目编码	项目名称	计量单位	工程数量	金额/元	
					综合单价	合价
1	010901001001	瓦屋面	m²	189.46	71.37	13521.76
	8—42	檩条 120mm×180mm@1m	m³	4.39	1837.67	8067.37
	8—52 换	椽子及挂瓦条	10m²	18.526	180.48	3343.57
	8—55 换	三角木 60mm×75mm 对开	10m	3.368	39.30	132.36
	9—1 换	铺黏土平瓦	10m²	18.946	96.90	1835.87
	9—2 换	铺脊瓦	10m	1.698	83.66	142.05

答：该瓦屋面的清单综合单价为 71.37 元/m²。

4.9 保温、隔热、防腐工程计量与计价

4.9.1 保温、隔热、防腐工程工程量清单编制

1. 本节内容

本节主要内容包括：《房屋建筑与装饰工程计量规范》（GB 500854—2013)附录 J(保温、隔热、防腐工程)的内容，即：①保温、隔热；②防腐面层；③其他防腐。

2. 工程量计算规则

1) 保温、隔热(附录 J.1，编码 011001)

(1) 保温隔热屋面(011001001)项目适用于各种材料的屋面保温隔热；按设计图示尺寸以面积计算。扣除面积＞0.3m² 孔洞及占位面积。

(2) 保温隔热天棚(011001002)项目适用于各种材料的下贴式或吊顶上搁置式的保温隔热的天棚；按设计图示尺寸以面积计算。扣除面积＞0.3m² 上柱、垛、孔洞所占面积。

(3) 保温隔热墙面(011001003)项目适用于工业与民用建筑物外墙、内墙保温隔热工程。按设计图示尺寸以面积计算。扣除门窗洞口以及面积＞0.3m² 梁、孔洞所占面积；门窗洞口侧壁需作保温时，并入保温墙体工程量内。

(4) 保温柱、梁(011001004)按设计图示尺寸以面积计算：柱按设计图示柱断面保温层中心线展开长度乘保温层高度以面积计算，扣除面积＞0.3m² 梁所占面积；或梁按设计图示梁断面保温层中心线展开长度乘保温层长度以面积计算。

(5) 保温隔热楼地面(011001005)项目适用于各种材料的楼地面保温隔热。按设计图示尺寸以面积计算。扣除面积＞0.3m² 柱、垛、孔洞所占面积。

★注意：屋面保温隔热层上的防水层应按屋面的防水项目单独列项；保温隔热材料需加药物防虫剂，应在清单中进行描述。

（6）其他保温隔热（011001006）按设计图示尺寸以展开面积计算。扣除面积＞0.3m² 孔洞及占位面积。

★注意：保温隔热装饰面层，按本规范附录 K、L、M、N、O 中相关项目编码列项；仅做找平层按本规范附录 K 中"平面砂浆找平层"或附录 L"立面砂浆找平层"项目编码列项；柱帽保温隔热应并入天棚保温隔热工程量内；池槽保温隔热应按其他保温隔热项目编码列项；保温隔热方式：指内保温、外保温、夹心保温。

2）防腐面层（附录 J.2，编码 011002）

（1）防腐混凝土面层（011002001）、防腐砂浆面层（011002002）、胶泥防腐面层（011002003）、玻璃钢防腐面层（011002004）、聚氯乙烯板面层（011002005）、块料防腐面层（011002006）、项目适用于平面或立面的水玻璃混凝土、水玻璃砂浆、水玻璃胶泥、沥青混凝土、沥青砂浆、沥青胶泥、树脂砂浆、树脂胶泥以及聚合物水泥砂浆等防腐工程。工程量计算按设计图示尺寸以面积计算。

平面防腐：扣除凸出地面的构筑物、设备基础等以及面积＞0.3m² 孔洞、柱、垛所占面积。

立面防腐：扣除门、窗、洞口以及面积＞0.3m² 孔洞、梁所占面积，门、窗、洞口侧壁、垛突出部分按展开面积并入墙面积内。

（2）池、槽块料防腐面层（011002007）按设计图示尺寸以展开面积计算。

★注意：防腐踢脚线，应按本规范附录 K 中"踢脚线"项目编码列项。

3）其他防腐（附录 J.3，编码 011003）

（1）隔离层（011003001）项目适用于楼地面的沥青类、树脂玻璃钢类防腐工程隔离层；防腐涂料（011003003）项目适用于建筑物、构筑物以及钢结构的防腐。工程量计算按设计图示尺寸以面积计算。

平面防腐：扣除凸出地面的构筑物、设备基础等以及面积＞0.3m² 孔洞、柱、垛所占面积。

立面防腐：扣除门、窗、洞口以及面积＞0.3m² 孔洞、梁所占面积，门、窗、洞口侧壁、垛突出部分按展开面积并入墙面积内。

（2）砌筑沥青浸渍砖（011003002）项目适用于浸渍标准砖。工程量按设计图示尺寸以体积计算。

★注意：浸渍砖砌法指平砌、立砌。

3. 防腐、保温、隔热工程清单及计价示例

【例4.39】 某耐酸池平面及断面如图 4.34 所示，在 350mm 厚的钢筋混凝土基层上粉刷 25mm 耐酸沥青砂浆，用 6mm 厚的耐酸沥青胶泥结合层贴耐酸瓷砖，树脂胶泥勾缝，瓷砖规格 230mm×113mm×65mm，灰缝宽度 3mm，其余与定额规定相同。计算耐酸池工程的工程量清单。

解：（1）列项目 011002006001、011002006002。

（2）计算工程量。

011002006001 平面防腐块料：135.00m²

011002006002 立面防腐块料：121.61m²

（3）工程量清单，见表 4-49。

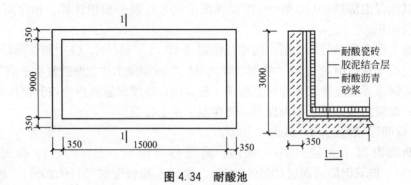

图 4.34　耐酸池

表 4 - 49　工程量清单

序号	项目编码	项目名称	项目特征	计量单位	工程数量
1	011002006001	平面耐酸瓷砖	（1）防腐部位：池底 （2）块料：230mm×113mm×65mm 耐酸瓷砖 （3）找平层：25mm 耐酸沥青砂浆 （4）结合层：6mm 耐酸沥青胶泥 （5）勾缝：树脂胶泥勾缝，缝宽 3mm	m²	135.0
2	011002006002	立面耐酸瓷砖	（1）防腐部位：池壁 （2）块料：230mm×113mm×65mm 耐酸瓷砖 （3）找平层：25mm 耐酸沥青砂浆 （4）结合层：6mm 耐酸沥青胶泥 （5）勾缝：树脂胶泥勾缝，缝宽 3mm	m²	121.61

4.9.2　防腐、隔热、保温工程计价表工程量

1. 防腐耐酸工程

1）本节内容

本节主要内容包括：①整体面层；②平面砌块料面层；③池、沟砌块料；④耐酸防腐涂料；⑤烟囱、烟道内涂刷隔绝层。

2）有关规定

整体面层和平面块料面层，适用于楼地面、平台的防腐面层。整体面层厚度、砌块料面层的规格、结合层厚度、灰缝宽度、不符应换算，但人工、机械不变。

块料面层贴结合层厚度、灰缝宽度取定，见表 4 - 50。

表 4-50　块料面层贴结合层厚度、灰缝宽度表

类型	结合层厚度/mm	灰缝宽度/mm
树脂胶泥、树脂砂浆	6	3
水玻璃胶泥水玻璃砂浆	6	4
硫磺胶泥、硫磺砂浆	6	5
花岗岩及其他条石	15	8

块料面层以平面为准，立面铺砌人工乘以系数 1.38，踢脚板人工乘以系数 1.56，块料乘以系数 1.01，其他不变。

本节中浇灌混凝土的项目需立模时，按混凝土垫层项目的含模量计算，按带形基础定额执行。

3）工程量的计算规则

防腐工程项目应区分不同防腐材料种类及厚度，按设计实铺面积以平方米(m^2)计算，应扣除凸出地面的构筑物、设备基础所占的面积。砖垛等突出墙面部分，按展开面积计算并入墙面防腐工程量内。

踢脚板按实铺长度乘以高度以平方米(m^2)计算。应扣除门洞所占面积并相应增加侧壁展开面积。

平面砌筑双层耐酸块料时，按单层面积乘以系数 2.0 计算。

防腐卷材接缝附加层收头等工料，已计入定额中，不另行计算。

烟囱内表面涂抹隔绝层，按筒身内壁的面积计算，并扣除孔洞面积。

块料面层的计算：

$$第 10m^3\ 块料用量 = \frac{10m^2}{(块料长 + 缝宽) \times (块料宽 + 缝宽)}(1 + 损耗率) \quad (4-29)$$

粘贴层、缝道用胶泥的计算：

$$每 10m^2\ 粘贴层用量 = 10m^2 \times 粘贴厚度 \times (1 + 损耗率) \quad (4-30)$$

$$每 10m^2\ 缝道用胶泥 = (10m^2 - 块料净面积) \times 缝深 \times (1 + 损耗率) \quad (4-31)$$

4）算例

【例 4.40】　根据【例 4.39】题意，计算耐酸池工程的计价表工程量和定额综合单价及复价。

分析：防腐工程项目应区分不同防腐材料种类及厚度，按设计实铺面积以平方米(m^2)计算，即工程量应按照建筑尺寸进行计算。（主要针对立面，平面一般还按结构尺寸计算。）

解：（1）列项目 10—13、10—14、10—108、10—108。

（2）计算工程量。

池底、池壁 25mm 耐酸沥青砂浆：

$15.0 \times 9.0 + (15.0 + 9.0) \times 2 \times (3.0 - 0.35 - 0.025) = 261.00m^2$

池底贴耐酸瓷砖：$15.0 \times 9.0 = 135.00m^2$

池壁贴耐酸瓷砖：$(15.0 + 9.0 - 0.096 \times 2) \times 2 \times (3.0 - 0.35 - 0.096) = 121.61m^2$

（3）套定额，计算结果见表 4-51。

表 4-51　计 算 结 果

序号	定额编号	项目名称	计量单位	工程量	综合单价/元	合价/元
1	10—13	耐酸沥青砂浆 30mm	10m²	26.1	403.12	10521.43
2	10—14	耐酸沥青砂浆 5mm	10m²	—26.1	57.04	—1488.74
3	10—108	池底贴耐酸瓷砖	10m²	13.50	2515.83	33963.71
4	10—108 换	池壁贴耐酸瓷砖	10m²	12.161	2669.07	32458.56
合计						75454.96

注：10—108 换（立面人工乘以 1.38，块料乘以 1.01），2515.83＋262.08×0.38×（1＋25％＋12％）＋
0.01×1680.59＝2669.07 元/10m²。

答：该耐酸池工程复价合计 75454.96 元。

2. 保温隔热工程

1) 本节内容
保温、隔热包括：①屋、楼地面；②墙、柱、天棚及其他。
2) 有关规定
玻璃棉、矿棉包装材料和人工均已包括在定额内。
凡保温、隔热工程用于地面时，增加电动夯实机 0.04 台班/m³。
3) 工程量的计算规则
保温隔热工程量按以下规定计算。
保温隔热层按隔热材料净厚度（不包括胶结材料厚度）乘实铺面积以立方米（m³）计算。
地墙隔热层，按围护结构墙体内净面积计算，不扣除 0.3m² 以内孔洞所占的面积。
软木、聚苯乙烯泡沫板铺贴平顶以图示长乘宽乘厚的体积按立方米（m³）计算。
屋面架空隔热板、天棚保温（沥青贴软木除外）层，按图示尺寸实铺面积计算。
墙体隔热：外墙按隔热层中心线，内墙按隔热层净长乘图示尺寸的高度（如图纸无注明高度时，则下部由地坪隔热层算起，带阁楼时算至阁楼板顶面止；无阁楼时则算至檐口）及厚度以立方米（m³）计算，应扣除冷藏门洞口和管道穿墙洞口所占的体积。
门口周围的隔热部分，按图示部位，分别套用墙体或地坪的相应定额以立方米（m³）计算。
软木、泡沫塑料板铺贴柱帽、梁面，以图示尺寸按立方米（m³）计算。
梁头、管道周围及其他零星隔热工程，均按实际尺寸以立方米（m³）计算，套用柱帽、梁面定额。
池槽隔热层按图示池槽保温隔热层的长度、宽度及厚度以立方米（m³）计算，其中池壁按墙面计算，池底按地面计算。
包柱隔热层，按图示柱的隔热层中心线的展开长度乘以图示尺寸高度及厚度以立方米（m³）计算。

4.9.3　防腐、隔热、保温工程工程量清单计价

1. 防腐、隔热、保温工程工程量清单计价要点

(1) 聚氯乙烯面层项目中聚氯乙烯板的焊接应包括在报价内。

（2）防腐涂料项目需刮腻子时应包括在报价内。

（3）保温隔热屋面项目中屋面保温隔热的找坡、找平层应包括在报价内，如果屋面防水层项目包括找平层和找坡，屋面保温隔热不再计算，以免重复。

（4）保温隔热天棚项目下贴式如需底层抹灰时，应包括在报价内。

（5）保温隔热墙项目报价时应注意以下几项。

① 外墙内保温和外保温的面层应包括在报价内。

② 外墙内保温的内墙保温踢脚线应包括在报价内。

③ 外墙外保温、内保温、内墙保温的基层抹灰或刮腻子应包括在报价内。

（6）防腐工程中需酸化处理时应包括在报价内。

（7）防腐工程中的养护应包括在报价内。

2. 算例

【例 4.41】 根据【例 4.39】题意，用工程量清单计价法计算耐酸池工程的清单综合单价。

解：（1）列项目 011002006001（10—13、10—14、10—108）、011002006002（10—13、10—14、10—108）。

（2）计算工程量。

011002006001（10—108）平面防腐块料：135.0m²

10—13（10—14）耐酸沥青砂浆：15.0×9.0＝135.00m²

011002006002（10—108）立面防腐块料：121.61m²

10—13（10—14）耐酸沥青砂浆：261.00－135.00＝126.00m²

（3）清单计价，见表 4-52。

表 4-52　清 单 计 价

序号	项目编码	项目名称	计量单位	工程数量	金额/元	
					综合单价	合价
1	011002006001	池底贴耐酸瓷砖	m²	135.00	286.19	38635.65
	10—13	耐酸沥青砂浆 30mm	10m²	13.50	403.12	5442.12
	10—14	耐酸砂浆减 5mm	10m²	−13.50	57.04	−770.04
	10—108	池底贴耐酸瓷砖	10m²	13.50	2515.83	33963.71
2	011002006002	池壁贴耐酸瓷砖	m²	121.61	302.76	36818.64
	10—13	耐酸沥青砂浆 30mm	10m²	12.60	403.12	5079.31
	10—14	耐酸砂浆减 5mm	10m²	−12.60	57.04	−718.70
	10—108 换	池壁贴耐酸瓷砖	10m²	12.161	2669.07	32458.56

答：该工程的清单综合单价分别为，池底贴耐酸瓷砖 286.19 元/m²，池壁贴耐酸瓷砖 302.76 元/m²。

4.10 其他工程计量与计价

4.10.1 构件运输及安装工程

1. 本节内容

本节主要内容包括构件运输、构件安装。

(1) 构件运输包括：①混凝土构件；②金属构件；③门窗构件。

(2) 构件安装包括：①混凝土构件；②金属构件。

2. 构件运输有关规定

(1) 本节场外运输距离是指在施工现场以外的加工场地至施工现场堆放距离；场内运输是指现场堆放或预制地点到吊装地点的运输距离。场内、场外运输的距离均以可行驶的实际距离计算。

(2) 本定额构件运输类别划分见表 4-53 和表 4-54。

表 4-53 混凝土构件

类别	项 目
Ⅰ类	各类屋架、桁架、托架、梁、柱、桩、薄腹梁、风道梁
Ⅱ类	大型屋面板、槽形板、肋形板、天沟板、空心板、平板、楼梯、檩条、阳台、门窗过梁、小型构件
Ⅲ类	天窗架、端壁架、挡风架、侧板、上下挡、各种支撑
Ⅳ类	全装配式内外墙板、楼顶板、大型墙板

表 4-54 金属构件

类别	项 目
Ⅰ类	钢柱、钢梁、屋架、托架梁、防风桁架
Ⅱ类	吊车梁、制动梁、型(轻)钢檩条、钢拉杆、钢栏杆、盖板、垃圾出灰门、蓖子、爬梯、平台、扶梯、烟囱紧固箍
Ⅲ类	墙架、挡风架、天窗架、组合檩条、钢支撑、上下挡、轻型屋架、滚动支架、悬挂支架、管道支架、零星金属构件

(3) 本定额综合考虑了城镇、现场运输道路等级、上下坡等各种因素，不得因道路条件不同而调整定额。

(4) 构件运输过程中，如遇道路、桥梁限载而发生的加固、拓宽和公安交通管理部门的保安护送以及过路、过桥等费用，应另行处理。

3. 构件安装的有关规定

1) 混凝土构件安装项目中场内运输距离规定及超出运距的计算

(1) 场内运输运距规定。现场预制构件已包括机械回转半径 15m 以内的构件翻身就位在内。中心回转半径 15m 以内是指，行走吊装机械(如沿轨道行走的塔式起重机和沿安装路线行走的起重机)和固定点安装的机械(如卷扬机，固定的塔式起重机)的行走路线或固定点中心半径回转 15m 以内地面范围内距离。建筑物地面以上各层构件安装，不论距离远近，已包括在定额的构件安装内容中，不受 15m 的限制。

加工厂预制构件安装项目中已包括 500m 以内的场内运输费。

(2) 场内运输距离超出规定运距计算方法。现场预制构件受条件限制不能就位预制，运距在 150m 以内按 23.26 元/m³ 计算；运距在 150m 以上，按 1km 以内相应构件运输定额执行。

加工厂预制构件超过 500m 时，应将相应项目中场内运输费扣除，另按 1km 以内相应构件运输定额执行。

2) 金属构件场内运输的计算

金属构件安装项目中未包括场内运输，如现场实际发生场内运输按下列方法计算。单件在 0.5t 以内，运距在 150m 内另增场内运输费 10.97 元/t，运距在 150m 以上按 1km 以内相应构件运输定额执行。单件在 0.5t 以上，另列项目按构件运输 1km 内相应定额执行。

3) 构件安装项目机械的规定

按履带式起重机或塔式起重机编制，如施工组织设计中用轮胎式起重机或汽车式起重机，经建设单位认可后，可按履带式起重机相应项目套用，其中人工、吊装机械乘以系数 1.18；轮胎式起重机或汽车起重机的起重吨位，按履带式起重机相近的起重吨位套用，台班单价换算。

履带式起重机安装点高度以 20m 内为准，超过 20m 且在 30m 以内，人工、吊装机械台班(子目中履带式起重机小于 25t 者应调整到 25t)乘以系数 1.20；超过 30m 且在 40m 内，人工、吊装机械台班(子目中履带式起重机小于 50t 者应调整到 50t)乘以系数 1.40；超过 40m，按实际情况处理。

单层厂房屋盖系统构件如必须在跨外安装时，按相应构件安装定额中的人工、吊装机械台班乘以系数 1.18。用塔吊安装时，无须乘此系数。

4) 金属构件安装的规定

钢柱安装在混凝土柱上(或混凝土柱内)，其人工、吊装机械乘以系数 1.43。混凝土柱安装后，如有钢牛腿和悬臂梁与其焊接时，钢牛腿和悬臂梁执行钢墙架安装定额，钢牛腿执行铁件制作定额。

钢屋架单榀重量在 0.5t 以下者，按轻钢屋架子目执行。

金属构件安装中轻钢檩条拉杆安装是按螺栓考虑的，其余构件拼装或安装均按电焊考虑，设计用连接螺栓，其螺栓按设计用量另行计算，安装定额中相应的电焊条、电焊机应扣除，人工不变。

钢屋架、钢天窗架拼装项目的使用。

钢屋架、钢天窗架在构件厂制作，运到现场后发生拼装的应按相应拼装定额执行；运到现场后不发生拼装的，不得套用该拼装定额。

凡在现场制作的钢屋架、钢天窗架不论拼与不拼均不得套用拼装定额。

5）其他

构件安装项目中所列垫铁是为了校正构件偏差用的，凡设计图纸中的连续铁件、拉板等不属于垫铁范围的，应按计价表第 6 章相应子目执行。

小型构件安装包括：沟盖板、通气道、垃圾道、楼梯踏步板、隔断板以及单体体积小于 $0.1m^3$ 的构件安装。

矩形、工字型、空格型、双肢柱、管道支架预制钢筋混凝土构件安装，均按混凝土柱安装定额执行。

预制钢筋混凝土柱、梁通过焊接形成的框架结构，其柱安装按框架柱计算，梁安装按框架梁计算，框架梁与柱的接头现浇混凝土部分按计价表第 5 章相应项目另行计算。预制柱、梁一次制作成型的框架按连体框架柱梁定额执行。

预制钢筋混凝土多层柱安装，第一层的柱按柱安装定额执行，二层及二层以上柱按柱接柱定额执行。

单（双）悬臂梁式柱按门式钢架定额执行。

定额子目内既列有"履带式起重机"又列有"塔式起重机"的，可根据不同的垂直运输机械选用。

选用卷扬机（带塔）施工的，套"履带式起重机"定额子目。

选用塔式起重机施工的，套"塔式起重机"定额子目。

空心板灌缝包括灌横、纵向缝在内，也包括标准砖砖墙与搁置空心板块数之间相差 6cm 宽板缝的灌混凝土在内，空心板端头堵塞孔洞的材料费已含在定额中，均不得另外计算。

4．工程量计算规则

（1）装配式混凝土构件制作和场外运输、安装工程量计算方法。

一般混凝土构件的制作和场外运输、安装工程量相等。

对天窗架、天窗端壁、桁条、支撑、踏步板、板类及厚度在 50mm 内的薄形构件，由于在运输、安装过程中易发生损耗，损耗率见表 4-55，工程量按下列规定计算：

表 4-55 预制钢筋混凝土构件场内、场外运输及安装损耗率

名　称	场外运输/%	场内运输/%	安装损耗率/%
天窗架、天窗端壁、桁条、支撑、踏步板、板类及厚度在 50mm 内的薄形构件	0.8	0.5	0.5

$$制作、场外运输工程量＝设计工程量×1.018 \qquad (4-32)$$
$$安装工程量＝设计工程量×1.01 \qquad (4-33)$$

加气混凝土板（块）、硅酸盐块运输每立方米折合钢筋混凝土体积 $0.4m^3$ 按Ⅱ类构件运输计算。

预制构件安装后接头灌缝工程量均按预制钢筋混凝土构件实体积计算，柱与柱基的接头灌缝按单根柱的体积计算。

组合屋架安装，以混凝土实际体积计算，钢拉杆部分不另计算。

（2）木门窗运输按门窗洞口的面积（包括框、扇在内）以 $100m^2$ 计算，带纱扇另增洞口面积的 40% 计算。

【例4.42】 某工程按施工图计算混凝土天窗架和天窗端壁共计 $50m^3$，加工厂制作，场外运输 10km，请计算混凝土天窗架和天窗端壁运输、安装工程量，并套用子目，计算定额综合单价和复价。

解：（1）列项目 7—15、7—80。

（2）计算工程量。

混凝土天窗架场外运输工程量：$50\times1.018=50.9m^3$

混凝土天窗架安装工程量：$50\times1.011=50.5m^3$

（3）套定额，计算结果见表 4-56。

表 4-56　计 算 结 果

序号	定额编号	项目名称	计量单位	工程量	综合单价/元	合价/元
1	7—15	Ⅲ类预制构件运输 10km 以内	m^3	50.9	165.16	8406.64
2	7—80	天窗架、端壁安装	m^3	50.5	470.88	23779.44
合计						32186.08

答：混凝土天窗架和天窗端壁运输工程量为 $50.9m^3$，安装工程量为 $50.5m^3$，工程综合单价总计 32186.08 元。

【例4.43】 某工程在构件厂制作钢屋架 20 榀，每榀重 0.48t，需运到 10km 内工地安装，安装高度为 25m，试计算钢屋架运输、安装（采用履带吊安装）的工程量和计价表综合单价。

分析：履带式起重机安装点高度以 20m 内为准，超过 20m 在 30m 内，人工、吊装机械台班（子目中履带式起重机小于 25t 者应调整到 25t）乘以系数 1.20。

解：（1）列项目 7—27、7—122。

（2）计算工程量（同制作工程量）。

安装工程量：$0.48\times20=9.6t$

运输工程量：$0.48\times20=9.6t$

（3）套定额，计算结果见表 4-57。

表 4-57　计 算 结 果

序号	定额编号	项目名称	计量单位	工程量	综合单价/元	合价/元
1	7—27	Ⅰ类金属构件运输 10km 以内	t	9.6	74.35	713.76
2	7—122 换	轻型屋架塔式起重机安装	t	9.6	893.18	8574.53
合计						9288.29

注：7—122 换，$773.96-163.75\times1.37+(164.32\times0.2+0.35\times1.2\times518.82)\times1.37=893.18$ 元/t。

答：钢屋架运输、安装的工程量为 9.6t，其综合单价合计 9288.29 元。

4.10.2　建筑物超高增加费用

1. 本节内容

本节主要内容包括建筑物超高增加费和单独装饰工程超高部分人工降效分段增加系数计算表两个部分。这里主要介绍建筑物超高增加费，单独装饰工程超高部分人工降效在装饰工程计价中介绍。

2. 有关规定

(1) 超高费内容目前包括：人工降效、高压水泵摊销、临时垃圾管道等费用。人工降效属于分部分项项目，而高压水泵摊销、临时垃圾管道等费用属于措施项目，应分别计列。超高费包干使用，无论实际发生多少，均按本定额执行，不调整。

(2) 建筑物设计室外地面至檐口的高度(不包括女儿墙、屋顶水箱、突出屋面的电梯间、楼梯间等的高度)超过 20m 时，应计算超高费。

(3) 超高费按下列规定计算。

① 檐高超过 20m 部分的建筑物应按其超过部分的建筑面积计算。

② 层高超过 3.6m 时，以每增高 1m(不足 0.1m 按 0.1m 计算)按相应子目的 20% 计算，并随高度变化按比例递增。

③ 建筑物檐高高度超过 20m，但其最高一层或其中一层楼面未超过 20m 时，则该楼层在 20m 以上部分仅能计算每增高 1m 的层高超高费。

④ 同一建筑物中有两个或两个以上的不同檐口高度时，应分别按不同高度竖向切面的建筑面积套用定额。

⑤ 单层建筑物(无楼隔层者)高度超过 20m，其超过部分除构件安装按计价表第 7 章的规定执行外，另再按本节相应项目计算每增高 1m 的层高超高费。

⑥ 单独装饰工程人工降效幅度为 20~30m 降效幅度 5%，30~40m 降效幅度 7.5%，40~50m 降效幅度 10%，以上每增 10m 降效幅度增加 2.5%。

3. 工程量计算规则

本节工程量计算相对比较简单，建筑物超高费以超过 20m 部分的建筑面积(m^2)计算。

【例 4.44】 某六层建筑，每层高度均大于 2.2m，面积均为 $1000m^2$，图 4.35 给出了房屋高度的分布情况和有关标高，计算该建筑的超高费。

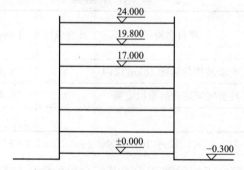

图 4.35　房屋分层高度

解:(1)列项目18—1、18—1、18—1。

(2)计算工程量:1000m²

(3)套定额,计算结果见表4-58。

表4-58 计 算 结 果

序号	定额编号	项目名称	计量单位	工程量	综合单价/元	合价/元
1	18—1	建筑物高度20~30m以内超高	m²	1000	13.41	13410.0
2	18—1换×0.1	每增高1m	m²	1000	2.68	2680
3	18—1换×0.6	每增高1m	m²	1000	1.608	1608.0
合计						17968.0

注:注18—1换,13.41×0.2=2.68元/m²。

答:该建筑的超高费合计17968.0元。

本 章 小 结

本章主要讲述土(石)方工程中平整场地、挖土方、挖基础土方项目的计量与计价;桩与地基基础工程中桩的类型和项目划分;钢筋混凝土预制桩、接桩、混凝土灌注桩、砂石灌注桩项目计量与计价;砌筑工程中砌筑基础、墙体、柱、零星砖砌体、砖构筑物、砖散水、地坪、地沟的计量与计价;现浇混凝土基础、柱、梁、墙、板、楼梯及其他构件等项目的计量与计价,预制混凝土柱、梁、屋架、板、楼梯和其他构件及构筑物的计量与计价,钢筋的种类、工程量的计算方法、构造要求等;厂库房大门、特种门、木结构工程的适用范围、计量和计价;金属结构工程的项目组成及工程量计算;瓦、型材屋面工程、屋面防水、墙、地面防水的工程计量与计价;屋面、天棚、墙面的保温隔热工程计量与计价;防腐、隔热、保温工程计量与计价;构件运输及安装工程,建筑物超高增加费用计算。

本章要求熟悉各主要分部分项工程项目的项目编码、项目名称、项目特征、计量单位、工程量计算规则以及工程内容。掌握各主要分部分项工程的计量与计价方法。掌握各主要分部分项工程工程量清单的编制,以及工程量清单计价单价分析。

本章重点是各主要分部分项工程项目工程量清单的编制及综合单价的计算。

本章难点是各主要分部分项工程项目工程量清单编制时,如何准确描述项目特征各主要分部分项工程项目材料价格确定和单价分析。

习 题

1. 某房屋平面、剖面及详图如图4.36所示,图中基础下浇混凝土垫层960mm宽,混凝土基础采用C20混凝土,基础底宽760mm,采用M5水泥砂浆砌一砖厚基础墙,内外墙均用 MU10 普通黏土砖，M5 混合砂浆砌一砖厚墙，门高 2.6m。用计价表计算基础土方(三类干土)、基础、墙体部分的综合单价和复价。

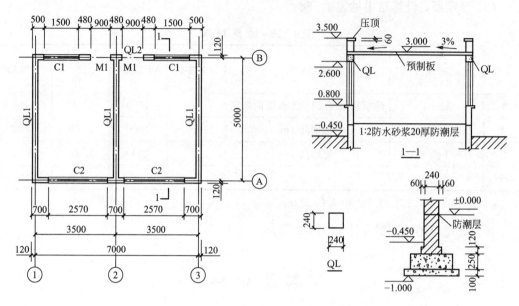

图 4.36　某房屋平面、剖面及详图

2. 某打桩工程如图 4.37 所示，设计振动沉管灌注混凝土桩 20 根，复打一次，桩径 ϕ 450(桩管外径 ϕ 426)桩设计长度 18m，预制混凝土桩尖，其余不计，计算打桩的综合单价及复价。

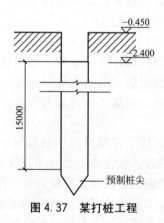

图 4.37　某打桩工程

3. 某钢筋混凝土单跨 T 形梁的配筋如图 4.38 所示，该工程地处七级抗震设防区，钢筋锚固长度 30d，梁中混凝土保护层厚度为 25mm，板厚 100mm，钢筋的弯曲延伸率不考虑，求各种钢筋的长度及重量。

4. 某钢筋混凝土现浇板的配筋如图 4.39 所示，该工程地处七级抗震设防区，图中梁尺寸为 240mm×400mm，板厚 100mm，板中分布筋 ϕ 6@200，板的保护层厚度为 15mm，钢筋的弯曲延伸率不考虑，求各种钢筋的长度及重量。

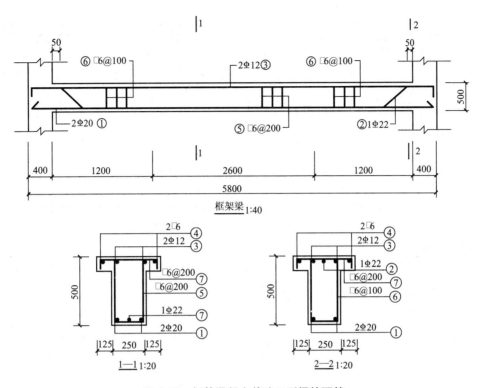

图 4.38 钢筋混凝土单跨 T 形梁的配筋

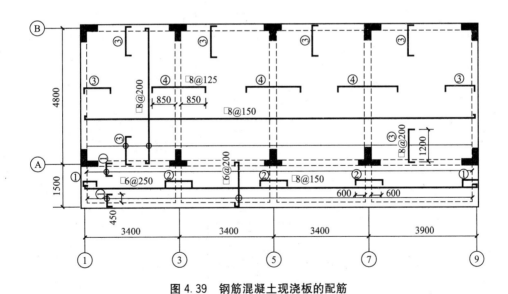

图 4.39 钢筋混凝土现浇板的配筋

5. 如图 4.40 所示，计算独立钢筋混凝土外柱及基础(C30 混凝土)、垫层(C10)的有关费用(柱为 C30 混凝土，钢筋暂按含量取定，粉刷及措施性项目暂不计算)。

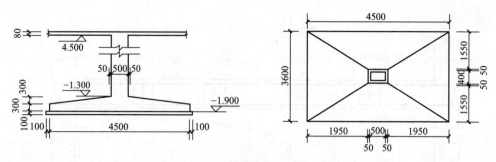

图 4.40 独立钢筋混凝土外柱及基础

6. 某三类建筑的全现浇框架主体结构工程如图 4.41 所示，采用组合钢模板，图中轴线为柱中，现浇混凝土均为 C30，板厚 100mm，用计价表计算柱、梁、板的混凝土工程量及综合单价和复价。

7. 某六层建筑，每层高度均大于 2.2m，面积均为 1500m²，房屋高度的分布情况和有关标高如图 4.42 所示，计算该建筑的超高费。

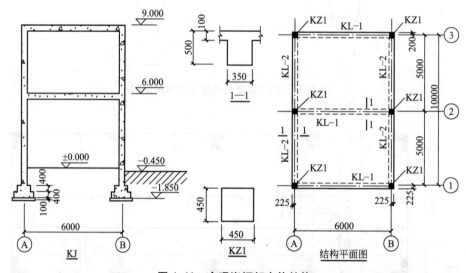

图 4.41 全现浇框架主体结构

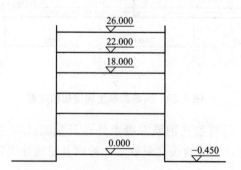

图 4.42 房屋高度的分布情况和有关标高

第5章
装饰工程实体项目计量与计价

教学目标

本章主要讲述装饰工程实体项目的计量与计价。通过本章的学习，应达到以下目标。

(1) 楼地面工程的计量与计价规则。

(2) 墙、柱面工程的计量与计价规则。

(3) 天棚工程的计量与计价规则。

(4) 门窗工程的计量与计价规则。

(5) 油漆、涂料、裱糊工程的计量与计价规则。

(6) 其他装饰工程的计量与计价规则。

教学要求

知 识 要 点	能 力 要 求	相 关 知 识
楼地面工程	整体面层、块料面层、其他材料面层、踢脚线、楼梯、台阶等装饰的计量与计价	(1) 楼地面工程量清单的编制 (2) 工程量清单计价单价分析
墙、柱面工程	墙面抹灰、墙面镶贴块料、柱面抹灰、柱面镶贴块料、零星项目、墙饰面、隔断、幕墙的计量与计价	(1) 墙柱面项目工程量清单的编制 (2) 墙柱面项目准确描述项目特征
天棚、门窗工程	天棚抹灰、天棚吊顶、天棚其他装饰、门、窗的计量与计价	(1) 天棚工程和门窗工程项目的工程量计算规则以及工程内容 (2) 天棚工程和门窗工程工程量的计量与计价方法
油漆、涂料、裱糊等装饰工程	(1) 门、窗、板条线条、木材面、金属面、抹灰面油漆的计量与计价 (2) 喷刷、花饰、线条刷涂料的计量与计价 (3) 裱糊的计量与计价	(1) 油漆、涂料项目准确描述项目特征 (2) 油漆、涂料项目的材料价格确定和单价分析

基本概念

楼地面工程，墙、柱面工程，天棚工程，门窗工程，油漆、涂料、裱糊工程。

引例

随着我国建筑装饰市场的快速发展，工程招标投标机制逐步推行，为了与国际接轨，工程造价计价进行了一次深入改革，推行了工程量清单计价模式，使我国建筑装饰工程招标投标制度逐渐完善。

建筑装饰工程实行招投标制度以来，打破了地方保护局面，规范了建设交易市场竞争行为。在强手如林、竞争激烈的建设市场中，每个施工企业都面临着公平竞争的挑战与机遇。为了迎接挑战，在建筑市场开创新局面，每个公司都在深入学习清单计价方式，认真编写投标文件，用合理的施工方法、合理的报价，获取中标机会。

依据工程量清单、定额和造价信息测算工程造价填写报表，形成商务标文件。招标方一般采用复合标价进行评分，具有一定的随机性，即招标标底价占40%或60%，各投标方综合平均价占60%或40%，两者相加为复合标价。以复合标价上浮3%、下浮5%的幅度剔除废标，再以复合标价排列一、二、三……名竞标单位名次顺序。为了提高中标概率，克服随机性的不利影响，一般采取以下技巧与对策：一是加强市场调研，以造价信息为依据，通过各种信息渠道调查主要建材价格变化，而后进行测算，综合平衡得出价变幅度；二是依据招标文件提供的工程量清单，参照招标图纸，进行详细的工程量计算，再与工程量清单进行比较，得出量变幅度；三是针对商务标的随机性，依据测算的价变幅度和量变幅度等情况，运用因果分析法，测算让利幅度，再运用让利的技巧与对策，利用谈判的方法取得让利机会，争取中标主动权。

装饰工程主要内容包括：①楼地面工程；②墙、柱面工程；③天棚工程；④门窗工程；⑤油漆、涂料、裱糊工程；⑥其他工程。

5.1 楼地面装饰工程的计量与计价

5.1.1 楼地面装饰工程工程量清单的编制

1. 本节内容

本节主要内容包括：《房屋建筑与装饰工程计量规范》（GB 500854—2013）附录K（楼地面装饰工程）的内容，即：①抹灰工程；②块料面层；③橡塑面层；④其他材料面层；⑤踢脚线；⑥楼梯面层；⑦台阶装饰；⑧零星装饰项目。

2. 工程量计算规则

1）抹灰工程（附录K.1，编码：011101）

水泥砂浆楼地面（011101001）、现浇水磨石楼地面（011101002）、细石混凝土楼地面（011101003）、菱苦土楼地面（011101004）、自流坪楼地面（011101005）工程量按设计图示尺寸以面积计算。扣除凸出地面构筑物、设备基础、室内铁道、地沟等所占面积，不扣除间壁墙和0.3m²以内的柱、垛、附墙烟囱及孔洞所占面积。门洞、空圈、暖气包槽、壁龛的开口部分不增加面积。

平面砂浆找平层(011101006)按设计图示尺寸以面积计算。

★注意：水泥砂浆面层处理是拉毛还是提浆压光应在面层做法要求中描述；平面砂浆找平层只适用于仅做找平层的平面抹灰；间壁墙指墙厚≤120mm的墙。

2) 楼地面镶贴(附录K.2，编码：011102)

石材楼地面(011102001)、碎石材楼地面(011102002)、块料楼地面(011102003)工程量按设计图示尺寸以面积计算。扣除凸出地面构筑物、设备基础、室内铁道、地沟等所占面积，不扣除间壁墙和0.3m²以内的柱、垛、附墙烟囱及孔洞所占面积，门洞、空圈、暖气包槽、壁龛的开口部分不增加面积。

★注意：计价规范中无论整体面层还是块料面层，其计算规则都相同，而计价表中整体面层和块料面层的计算规则是不同的。同是整体面层，其规则也不同，计价规范的计算规则是"不扣除间壁墙和0.3m²以内的柱、垛、附墙烟囱及孔洞所占面积"；计价表则为"不扣除柱、垛、间壁墙及面积在0.3m²以内的孔洞面积"。块料面层的清单计算规则与计价表的区别则更为显著。

3) 橡塑面层(附录K.3，编码：011103)

橡胶板楼地面(011103001)、橡胶卷材楼地面(011103002)、塑料板楼地面(011103003)、塑料卷材楼地面(011103004)工程量按设计图示尺寸以面积计算。门洞、空圈、暖气包槽、壁龛的开口部分并入相应的工程量内。

4) 其他块料面层(附录K.4，编码：011104)

地毯楼地面(011104001)、竹木地板(011104002)、金属复合地板(011104003)、防静电活动地板(011104004)，工程量按设计图示尺寸以面积计算。门洞、空圈、暖气包槽、壁龛的开口部分并入相应的工程量内。

5) 踢脚线(附录K.5，编码：011105)

水泥砂浆踢脚线(011105001)、石材踢脚线(011105002)、块料踢脚线(011105003)、塑料板踢脚线(011105004)、木质踢脚线(011105005)、金属踢脚线(011105006)防静电踢脚线(011105007)工程量按设计图示长度乘以高度以面积计算；或以延长米计算。

★注意：计价规范与计价表的以米(m)为计算单位不同。

6) 楼梯面层(附录K.6，编码：011106)

石材楼梯面层(011106001)、块料楼梯面层(011106002)、拼碎块料面层(011106003)、水泥砂浆楼梯面层(011106004)、现浇水磨石楼梯面层(011106005)、地毯楼梯面(011106006)、木板楼梯面(011106007)、橡胶板楼梯面层(011106008)、塑料板楼梯面层(011106009)工程量按设计图示尺寸以楼梯(包括踏步、休息平台及500mm以内的楼梯井)水平投影面积计算。楼梯与楼地面相连时，算至梯口梁内侧边沿；无梯口梁者，算至最上一层踏步边沿加300mm。

★注意：清单中关于楼梯的计算不管是何种面层计算规则均是一样的，而计价表中就区分不同面层采用不同的计算规则。虽然计价表中整体面层也是按楼梯水平投影面积计算，与计价规范仍有区别，表现在：楼梯井范围不同，计价规范是500mm为控制指标，计价表以200mm为界限；楼梯与楼地面相连时计价规范规定只算至楼梯梁内侧边缘，计价表规定应算至楼梯梁外侧面。

7) 台阶装饰(附录K.7，编码：011107)

石材台阶面(011107001)、块料台阶面(011107002)、拼碎块料台阶面(011107003)、

水泥砂浆台阶面（011107004），现浇水磨石台阶面（011107005），剁假石台阶面（011107006）工程量按设计图示尺寸以台阶（包括最上层踏步边沿加300mm）水平投影面积计算。

8）零星装饰项目（附录K.8，编码：011108）

石材零星项目（011108001）、碎拼石材零星项目（011108002）、块料零星项目（011108003）、水泥砂浆零星项目（011108004）的工程量按设计图示尺寸以面积计算。

楼梯、台阶牵边和侧面镶贴块料面层，小于等于0.5m²的少量分散的楼地面镶贴块料面层，应按表K.8零星装饰项目执行。

3. 楼地面清单示例

【例5.1】 图5.1所示为地面、平台及台阶粘贴镜面同质地砖，设计的构造为水泥浆一道；20mm厚1∶3水泥砂浆找平层；5mm厚1∶2水泥砂浆粘贴500mm×500mm×5mm镜面同质地砖（预算价35元/块）；踢脚线150mm高；台阶及平台侧面不贴同质砖，粉15mm底层，5mm面层。同质砖面层进行酸洗打蜡。计算楼地面工程的工程量清单。

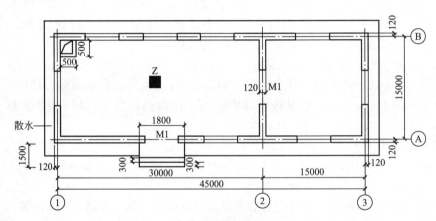

图5.1 地面工程

解：（1）列项目011102002、011105003、011107002。

（2）计算工程量。

011102002001块料楼地面：$(45-0.24)\times(15-0.24)+0.6\times1.8=661.70\text{m}^2$

011105003001块料踢脚线：$145.44\times0.15=21.82\text{m}^2$

011107002001块料台阶面：$0.9\times1.8=1.62\text{m}^2$

（3）工程量清单见表5-1。

表5-1 工程量清单

序号	项目编码	项目名称	项目特征	计量单位	工程数量
1	011102002001	同质地砖楼地面	（1）找平层：20厚1∶3水泥砂浆 （2）结合层：5厚1∶2水泥砂浆 （3）面层：500mm×500mm镜面同质地砖 （4）酸洗打蜡、成品保护	m²	661.70

（续）

序号	项目编码	项目名称	项目特征	计量单位	工程数量
2	011105003001	同质地砖踢脚线	（1）找平层：20 厚 1∶3 水泥砂浆 （2）结合层：5 厚 1∶2 水泥砂浆 （3）面层：500mm×500mm 镜面同质地砖	m²	21.82
3	011107002001	同质地砖台阶面	（1）找平层：15 厚 1∶3 水泥砂浆 （2）结合层：5 厚 1∶2 水泥砂浆 （3）面层：500mm×500mm 镜面同质地砖 （4）酸洗打蜡、成品保护	m²	1.62

5.1.2 楼地面工程计价表工程量

1. 本节内容

本节主要内容包括：垫层，找平层，整体面层，块料面层，木地板、栏杆、扶手，散水、斜坡、明沟 6 个部分。

（1）垫层收录了灰土、砂、砂石、毛石、碎砖、道渣、混凝土及商品混凝土的内容。

（2）找平层收录了水泥砂浆、细石混凝土和沥青砂浆的内容。

（3）整体面层收录了水泥砂浆、无砂面层、水磨石面层、水泥豆石浆、钢屑水泥浆、菱苦土、环氧地坪和抗静电地坪的楼地面、楼梯、台阶、踢脚线部分的内容。

（4）块料面层包括：大理石，花岗岩，大理石、花岗岩多色简单图案镶贴，缸砖，马赛克，凹凸假麻石块，地砖，塑料、橡胶板，玻璃地面，镶嵌铜条，镶贴面酸洗、打蜡。

（5）木地板、栏杆、扶手包括：木扶手，硬木踢脚线，抗静电活动地板，地毯，栏杆、扶手。

（6）散水、斜坡、明沟包括混凝土散水、混凝土斜坡、斜坡踏磋、混凝土和砖明沟等内容。

2. 有关规定

本章中各种混凝土、砂浆强度等级、抹灰厚度，设计与定额规定不同时，可以换算。

1）垫层的规定

除去混凝土垫层，其余材料垫层的夯实定额采用的是电动夯实机，如设计采用压路机碾压时，每立方米相应的垫层材料乘以系数 1.15，人工乘以系数 0.9，增加 8t 光轮压路机 0.022 台班，扣除电动打夯机。

在原土上需打底夯者应另按土方工程中的打底夯定额执行。

12—9 碎石干铺子目，如设计碎石干铺需灌砂浆时另增人工 0.25 工日，砂浆 0.32m³，水 0.3m³，200L 灰浆搅拌机 0.064 台班，同时扣除定额中 5～16mm 碎石 0.12t，5～40mm 碎石 0.04t。

2）找平层的规定

本部分内容用于单独计算找平层的内容，定额子目中已含找平层内容的，不再计算找平层部分的内容。

细石混凝土找平层中设计有钢筋者，钢筋按计价表第 4 章钢筋工程的相应项目执行。

3）整体面层的规定

本章整体面层子目中均包括基层（找平层、结合层）与装饰面层。找平层砂浆设计厚度不同，按每增、减 5mm 找平层调整。黏结层砂浆厚度与定额不符时，按设计厚度调整。地面防潮层按计价表第 17 章的相应项目执行。

整体面层中的楼地面项目，均不包括踢脚线工料。整体面层中踢脚线的高度是按 150mm 编制的，如设计高度与定额不同时，不调整。

水泥砂浆、水磨石楼梯包括踏步、踢脚板、踢脚线、平台、堵头，不包括楼梯底抹灰（楼梯底抹灰另按计价表第 14 章天棚工程的相应项目执行）。

螺旋形、圆弧形楼梯整体面层按楼梯定额执行，人工乘以系数 1.2，其他不变。

看台台阶、阶梯教室地面整体面层按展开后的净面积计算，执行地面面层相应项目，人工乘以系数 1.6。但看台台阶、阶梯教室地面做的是水磨石时按 12—30 白石子浆不嵌条水磨石楼地面子目执行，人工乘以系数 2.2，磨石机乘以系数 0.4，其他不变。

拱形楼板上表面粉面按地面相应定额人工乘以系数 2。

定额中彩色镜面水磨石系高级工艺，除质量要求达到规范外，其工艺必须按"五浆五磨"、"七抛光"施工。

彩色水磨石已按氧化铁红颜料编制，如采用氧化铁黄或氧化铬绿彩色石子浆时，颜料单价应调整。

水磨石包括找平层砂浆在内，面层厚度设计与定额不符时，水泥石子浆每增减 1mm 增减 0.01m³，其余不变。

水磨石整体面层项目定额按嵌玻璃条计算，设计用金属嵌条，应扣除定额中的玻璃条材料，金属嵌条按设计长度以 10 延长米执行计价表 12—116 子目（12—116 定额子目内人工费是按金属嵌条与玻璃嵌条补差方法编制的），金属嵌条品种、规格不同时，其材料单价应换算。

菱苦土、水磨石面层定额项目已包括酸洗打蜡工料，设计时不做酸洗打蜡，应扣除定额中的酸洗打蜡材料费及人工 0.511 工日/10m²，其余项目均不包括酸洗打蜡，应另列项目计算。

4）块料面层的有关规定

（1）石材镶贴。块料面层中的楼地面项目，不包括踢脚线工料。块料面层的踢脚线是按 150mm 编制的，块料面层（不包括粘贴砂浆材料）设计高度与定额高度不符时，按比例调整，其他不变。

大理石、花岗岩面层镶贴不分品种、拼色均执行相应定额。包括镶贴一道墙四周的镶边线（阴、阳角处含 45°角），设计有两条或两条以上镶边者，按相应定额子目人工乘以系数 1.10（工程量按镶边的工程量计算），矩形分色镶贴的小方块，仍按定额执行。

花岗岩、大理石板局部切除并分色镶贴成折线图案称为"简单图案镶贴"。切除分色镶贴成弧线形图案称为"复杂图案镶贴"，该两种图案镶贴应分别套用定额。定额中直接设置了"简单图案镶贴"的子目，对于"复杂图案镶贴"采用"简单图案镶贴"子目换算而得。换算方式为：人工乘以系数 1.20，其弧形部分的石材损耗可按实调整。凡市场供应的拼花石材成品铺贴，按 12—69 拼花石材定额执行。

花岗岩、大理石镶贴及切割费用已包括在定额内，但石材磨边未包括在内。设计磨边者，按计价表第 17 章相应子目执行。

块料面层设计弧形贴面时，其弧形部分的石材损耗可按实调整，并按弧形图示长度每 10m 另外增加切割人工 0.6 工日，合金钢切割锯片 0.14 片，石料切割机 0.60 台班。

螺旋形、圆弧形楼梯贴块料面层按相应项目人工乘以系数 1.2，块料面层材料乘以系数 1.1，粘贴砂浆数量不变。

花岗岩地面、台阶中的花岗岩是以成品镶贴为准的。若为现场五面剁斧，地面錾凿，现场加工后镶贴，人工乘以系数 1.65，其他不变。

（2）缸砖、地砖。定额中贴缸砖采用的是 152mm×152mm 的缸砖，分为勾缝和不勾缝两种做法。如贴 100mm×100mm 缸砖，勾缝的做法应在定额基础上人工乘以系数 1.43，缸砖改为 843 块，1:1 水泥砂浆改为 0.074m³；不勾缝的做法应在定额基础上人工乘以系数 1.43，缸砖改为 981 块。

定额中地砖采用的是同质地砖，如采用镜面同质地砖仍执行本定额，地砖单价换算，其他不变。

如设计地砖规格与定额不符，按设计用量加 2% 损耗进行换算。

当地面遇到弧形墙面时，其弧形部分的地砖损耗可按实调整，并按弧形图示尺寸每 10m 增加切贴人工 0.3 工日。

地砖结合层若用干硬性水泥砂浆，取消子目中 1:2 及 1:3 水泥砂浆，另增 32.5 水泥 45.97kg，干硬性水泥砂浆 0.303m³。

地砖也收录了多色简单图案镶贴的子目，如采用多色复杂图案镶贴，人工乘以系数 1.2，其弧形部分的地砖损耗可按实调整。

（3）镶嵌铜条。楼梯、台阶、地面上切割石材面嵌铜条均执行镶嵌铜条相应子目。嵌入的铜条规格不符时，单价应换算。如切割石材面嵌弧形铜条，人工、合金钢切割锯片、石料切割机乘以系数 1.20。

防滑条定额中金刚砂防滑条以单线为准，双线单价乘以系数 2.0；马赛克、阳角缸砖防滑条均套用缸砖防滑条定额，马赛克防滑条增加马赛克 0.41m²（两块马赛克宽），宽度不同，马赛克按比例换算；设计贴角缸砖防滑条(150mm×65mm)每 10m 增加角缸砖 68 块；取消 152mm×152mm 缸砖勾缝者 49 块，不勾缝者 55 块。

（4）成品保护材料。对花岗岩地面或特殊地面要求需成品保护者，不论采用何种材料进行保护，均按计价表第 17 章相应项目执行，但必须是实际发生时才能计算。

5）木地板、栏杆、扶手

（1）木地板。木地板中的楞木按苏 J9501—19/3，其中楞木 0.082m³，横撑 0.033m³，木垫块 0.02m³（预埋铅丝土建单位已埋入），设计与定额不符时，按比例调整用量或按设计用量加 6% 损耗与定额进行调整，将该用量代进定额，其他不变即可。不设木垫块应扣除此项。木楞与混凝土楼板用膨胀螺栓连接，按设计用量另增膨胀螺栓、电锤 0.4 台班。坞龙骨水泥砂浆厚度为 50mm，设计与定额不符时，砂浆用量按比例调整。

木地板悬浮安装是在毛地板或水泥砂浆基层上拼装。

硬木拼花地板中的拼花包括方格、人字形等在内。

（2）木踢脚线。定额中踢脚线按 150mm×20mm 毛料计算，设计断面不同时，材积按比例换算。

设计踢脚线安装在墙面木龙骨上时，应扣除木砖成材 0.0911m³。

（3）地毯。标准客房铺设地毯设计不拼接时，定额中地毯应按房间主墙间净面积调整含量，其他不变。

地毯分色、镶边无专门子目，分别套用普通定额子目，人工乘以系数1.10；定额中地毯收口采用铝收口条，设计不用铝收口条者，应扣除铝收口条及钢钉，其他不变。

地毯压棍安装中的压棍、材料若不同也应换算；楼梯地毯压铜防滑板按镶嵌铜条有关项目执行。

（4）栏杆、扶手。扶手、栏杆、栏板适用于楼梯、走廊及其他装饰性栏杆、栏板扶手，栏杆定额项目中包括了弯头的制作、安装。

设计栏杆、栏板的材料、规格、用量与定额不同时，可以调整。定额中栏杆、栏板与楼梯踏步的连接是按预埋焊接考虑的，设计用膨胀螺栓连接时，每10m另增人工0.35工日，M10×100mm膨胀螺栓10只，铁件1.25kg，合金钢钻头0.13只，电锤0.13台班。

硬木扶手制作是按苏J9505⑦/22（净料150mm×50mm，扁铁按40mm×3mm）编制的，弯头材积已包括在内（损耗为12%）。设计断面不符时，材积按比例换算。扁铁可调整（设计用量加6%）损耗。

靠墙木扶手按125mm×55mm编制，设计与定额不符时，按比例换算。

设计成品木扶手安装，每10m按相应定额扣除制作人工2.85工日，定额中硬木成材扣除，按括号内的价格换算。

铜管扶手按不锈钢扶手定额执行，按铜管价格换算，其他不变。

计价表12—164木栏杆木材含量0.35m³，其中每10m用量按木栏杆0.1m³，木扶手每10m包括弯头按0.09m³计算，剩余的是小立柱，如果设计用量不符，含量调整；若不用硬木，含量不变，单价换算。

不锈钢管扶手分不锈钢杆、半玻栏板、全玻栏板、靠墙扶手，其中半玻、全玻栏板采用钢化玻璃，不考虑有机玻璃、茶色玻璃材料，发生时可以换算，定额中不锈钢管和钢化玻璃可以换算调整。计价表12—150子目是有机玻璃半玻栏板，有机玻璃全玻栏板也执行本定额，仅把6.37含量调整为8.24即可，其余不变。铝合金型材、玻璃的含量按设计用量调整。

型材的调整方法：按设计图纸计算出长度乘以1.06（6%余头损耗）等于设计长度；按建筑装饰五金手册，查出理论重量；设计长度乘以理论重量等于总重量；总重量除以按规定计算的长度乘以10m调整定额含量（规定计算长度见计算规则）；将定额的含量换算成调整定额含量，即可组成换算定额。人工、其他材料、机械不变。

（5）散水、斜坡、明沟。混凝土散水、混凝土斜坡、混凝土明沟是按苏J9508图集编制的，采用其他图集时，材料可以调整，其他不变。大门斜坡抹灰设计蹼磋者，另增1：2水泥砂浆0.068m³，人工1.75工日，拌和机0.01台班。

散水带明沟者，散水、明沟应分别套用。明沟带混凝土预制盖板，其盖板应另行计算（明沟排水口处有沟头者，沟头另计）。

3. 工程量计算规则

1）地面垫层

地面垫层按主墙间净面积乘以设计厚度以立方米（m³）计算，应扣除凸出地面的构筑物、设备基础、室内铁道、地沟等所占体积，不扣除柱、垛、间壁墙、附墙烟囱及面积在 0.3m² 以内孔洞所占体积，但门洞、空圈、暖气包槽、壁龛的开口部分也不增加。

2）找平层、整体面层

均按主墙间净空面积以平方米（m²）计算，应扣除凸出地面建筑物、设备基础、地沟等所占面积，不扣除柱、垛、间壁墙、附墙烟囱及面积在 0.3m² 以内孔洞所占面积，但门洞、空圈、暖气包槽、壁龛的开口部分亦不增加。看台台阶、阶梯教室地面整体面层按展开后的净面积计算。

抹灰楼梯按水平投影面积计算，包括踏步、踢脚板、踢脚线、平台、堵头抹面。楼梯井宽在 200mm 以内者不扣除，超过 200mm 者，应扣除其面积，楼梯间与走廊连接的，应算至楼梯梁的外侧。

台阶（包括踏步及最上一步踏步口外延 300mm）整体面层按水平投影面积以平方米（m²）计算。

水泥砂浆、水磨石踢脚线按延长米计算。其洞口、门口长度不予扣除，但洞口、门口、垛、附墙烟囱等侧壁也不增加。

3）块料面层

分清大理石、花岗岩镶贴地面的品种，定额分为普通镶贴、简单镶贴和复杂镶贴 3 种形式。应掌握的要点如下。

（1）普通镶贴的工程量按图示尺寸实铺面积以平方米（m²）计算。应扣除凸出地面的构筑物、设备基础、柱、间壁墙等不做面层的部分，0.3m² 以内的孔洞面积不扣除。门洞、空圈、暖气包槽、壁龛的开口部分的工程量另增并入相应的面层计算。

（2）简单复杂图案镶贴按简单复杂图案的矩形面积计算，在计算该图案之外的面积时，也按矩形面积扣除。

（3）成品拼花石材铺贴按设计图案的面积计算，在计算该图案之外的面积时，也按设计图案面积扣除。

楼梯、台阶按展开面积计算，应将楼梯踏步板、踢脚板、休息平台、端头踢脚线、端部两个三角形堵头工程量合并计算，套楼梯相应定额。台阶应将水平面、垂直面合并计算，套台阶相应定额。

块料面层踢脚线，按图示尺寸以实贴延长米计算，门洞扣除，侧壁另加。

楼地面铺设木地板、地毯以实铺面积计算。楼梯地毯压棍安装以套计算。

酸洗打蜡工程量计算同块料面层的相应项目（即展开面积）。

4）其他

栏杆、扶手、扶手下托板均按扶手的延长米计算，楼梯踏步部分的栏杆与扶手应按水平投影长度乘以系数 1.18。

斜坡、散水、蹴磋均按水平投影面积以平方米（m²）计算，明沟与散水连在一起，明沟按宽 300mm 计算，其余为散水，散水、明沟应分开计算。散水、明沟应扣除踏步、斜坡、花台等的长度。

明沟按图示尺寸以延长米计算。

地面、石材面嵌金属和楼梯防滑条均按延长米计算。

4. 算例

【例 5.2】　根据【例 5.1】题意，计算同质地砖的计价表工程量。

解：(1) 列项目 12—94、12—101、12—102、12—121、12—122。

(2) 计算工程量。

面同质砖、酸洗打蜡：$(45-0.24-0.12)\times(15-0.24)-0.3\times0.3-0.5\times0.5+$
$1.2\times0.12+1.2\times0.24+1.8\times0.6=660.06\text{m}^2$

台阶同质砖、酸洗打蜡：$1.8\times(3\times0.3+3\times0.15)=2.43\text{m}^2$

踢脚线：$(45-0.24-0.12)\times2+(15-0.24)\times4-3\times1.2+2\times0.12+2\times0.24$
$=145.44\text{m}$

5.1.3 楼地面工程的计价

1. 楼地面工程清单计价要点

(1) 踢脚线：计价表中无论是整体还是块料面层楼梯均包括踢脚线在内，而计价规范未明确，在实际操作中为便于计算，可参照计价表把楼梯踢脚线合并在楼梯内报价，但在楼梯清单的项目特征一栏应把踢脚线描绘在内，在报价时不要漏掉。

(2) 台阶：计价规范中无论是块料面层还是整体面层，均按水平投影面积计算；计价表中整体面层按水平投影面积计算，块料面层按展开(包括两侧)实铺面积计算。

★ 注意：台阶面层与平台面层使用同一种材料时，平台计算面层后，台阶不再计算最上一层踏步面积，但应将最后一步台阶的踢脚板面层包括在报价内。

(3) 有填充层和隔离层的楼地面往往有二层找平层，报价时应注意。

2. 算例

【例5.3】 根据【例5.2】题意，用计价表计价法计算同质地砖的综合单价和复价。

解：(1) 列项目 12—94、12—101、12—102、12—121、12—122。

(2) 计算工程量(同【例5.2】)。

(3) 套定额计算结果见表5-2。

表 5-2　计 算 结 果

序号	定额编号	项目名称	计量单位	工程量	综合单价/元	合价/元
1	12—94 换	地面 500mm×500mm 镜面同质砖	10m²	66.006	1631.9	107715.19
2	12—101 换	台阶同质地砖	10m²	0.243	1783.67	433.43
3	12—102 换	同质砖踢脚线 150mm	10m	14.544	266.86	3881.21
4	12—121	地面酸洗打蜡	10m²	66.006	22.73	1500.32
5	12—122	台阶酸洗打蜡	10m²	0.243	31.09	7.55
合计						113537.70

注：1. 地面镜面同质地砖块数，$10\div(0.5\times0.5)\times1.02=41$ 块。

2. 12—94 换，$414.98-218.08+41\times35=1631.9$ 元/10m²。

3. 12—101 换，$584.42-274.95+(0.3\times0.3)\div(0.5\times0.5)\times117\times35=1783.67$ 元/10m²。

4. 12—102 换，$92.61-39.95+0.3^2\div0.5^2\times17\times35=266.86$ 元/10m。

【例 5.4】 根据【例 5.3】题意，按清单计价法计算楼地面工程的清单综合单价。

解：（1）列项目 011102002001（12—94、12—121、17—93）、011108002001（12—102）、011107002001（12—101、12—122、17—93）。

（2）计算工程量（见【例 5.1】、【例 5.2】）。

（3）清单计价见表 5-3。

表 5-3　清　单　计　价

序号	项目编码	项目名称	计量单位	工程数量	金额/元	
					综合单价	合价
1	011102002001	同质地砖楼地面	m²	661.70	165.88	109762.8
	12—94 换	地面同质砖	10m²	66.006	1631.9	107715.19
	12—121	地面酸洗打蜡	10m²	66.006	22.73	1500.32
	17—93	成品保护	10m²	66.006	8.33	549.83
2	011108002001	地砖踢脚线	m²	21.82	177.87	3881.21
	12—102 换	同质地砖踢脚线	10m	14.544	266.86	3881.21
3	011107002001	同质地砖台阶面	m²	1.62	273.46	443.00
	12—101 换	台阶地砖面	10m²	0.243	1783.69	433.43
	12—122	台阶酸洗打蜡	10m²	0.243	31.09	7.55
	17—93	成品保护	10m²	0.243	8.33	2.02

答：同质地砖楼地面的清单综合单价为 165.88 元/m²，地砖踢脚线的清单综合单价为 177.87 元/m²，同质地砖台阶面的清单综合单价为 273.46 元/m²。

5.2 墙、柱面装饰与隔断、幕墙工程计量与计价

5.2.1 墙、柱面装饰与隔断、幕墙工程工程量清单的编制

1. 本节内容

本节主要内容包括：《房屋建筑与装饰工程计量规范》（GB 500854—2013）附录 L（墙、柱面装饰与隔断、幕墙工程）的内容，即：①墙面抹灰；②柱（梁）面抹灰；③零星抹灰；④墙面块料面层；⑤柱（梁）面镶贴块料；⑥镶贴零星块料；⑦墙饰面；⑧柱（梁）饰面；⑨幕墙工程；⑩隔断。

2. 有关规定

（1）石灰砂浆、水泥砂浆、水泥混合砂浆、聚合物水泥砂浆、麻刀石灰、纸筋石灰、石灰膏等的抹灰应按墙面抹灰中一般抹灰项目编码列项；水刷石、斩假石（剁斧石、剁假

石)、干粘石、假面砖等的抹灰应按墙面抹灰中装饰抹灰项目编码列项。

(2) 柱面抹灰项目、石材柱面项目、块料柱面项目适用于矩形柱、异形柱(包括圆柱形、半圆柱形等)。

(3) 0.5m² 以内少量分散的抹灰和镶贴块料面层,应按 L.3 零星抹灰项目编码列项。

(4) 柱梁面、零星项目干挂石材的钢骨架按表 L.4 相应项目编码列项。

3. 工程量计算规则

1) 墙面抹灰(附录 L.1,编码:011201)

墙面一般抹灰(011201001)、墙面装饰抹灰(011201002)、墙面勾缝(011201003)、立面砂浆找平层(011201004)工程量按设计图示尺寸以面积计算。扣除墙裙、门窗洞口及单个面积 0.3m² 以上的孔洞面积,不扣除踢脚线、挂镜线和墙与构件交接处的面积,门窗洞口和孔洞的侧壁及顶面不增加面积。附墙柱、梁、垛、烟囱侧壁并入相应的墙面面积内,其中:

① 外墙抹灰面积按外墙垂直投影面积计算。

② 外墙裙抹灰面积按其长度乘以高度计算。

③ 内墙抹灰面积按主墙间的净长乘以高度计算:无墙裙的,高度按室内楼地面至天棚底面计算;有墙裙的,高度按墙裙顶至天棚底面计算。

④ 内墙裙抹灰面按内墙净长乘以高度计算。

★注意:外墙面计价表中规定"门窗洞口、空圈的侧壁、顶面及垛应按结构展开面积并入墙面抹灰中计算",应注意区分计价规范和计价表中规定的不同。

2) 柱(梁)面抹灰(附录 L.2,编码:011202)

柱面、梁面一般抹灰(011202001)、柱、梁面装饰抹灰(011202002)、柱、梁面勾缝(011202003)工程量柱面抹灰:按设计图示柱断面周长乘高度以面积计算。梁面抹灰:按设计图示梁断面周长乘长度以面积计算。

柱、梁面勾缝(011202004)按设计图示柱断面周长乘高度以面积计算。

3) 零星抹灰(附录 L.3,编码:011203)

零星项目一般抹灰(011203001)、零星项目装饰抹灰(011203002)、零星项目砂浆找平(011203003)工程量按设计图示尺寸以面积计算。

4) 墙面块料面层(附录 L.4,编码:011204)

石材墙面(011204001)、拼碎石材墙面(011204002)、块料墙面(011204003)工程量按设计图示尺寸以镶贴表面积计算。

干挂石材钢骨架(011204004)工程量按设计图示以质量计算。

5) 柱(梁)面镶贴块料(附录 L.5,编码:011205)

石材柱面(011205001)、块料柱面(011205002)、拼碎石材柱面(011205003)、石材梁面(011205004)、块料梁面(011205005)工程量按设计图示尺寸以镶贴表面积计算。

6) 镶贴零星块料(附录 L.6,编码:011206)

石材零星项目(011206001)、块料零星项目(011206002)、拼碎石材零星项目(011206003)工程量按设计图示尺寸以镶贴表面积计算。

7) 墙饰面(附录 L.7,编码:011207)

墙面装饰板(011207001)按设计图示墙净长乘以净高以面积计算。扣除门窗洞口及单个 0.3m² 以上的孔洞所占面积。

8）柱（梁）饰面（附录 L.8，编码：011208）

柱（梁）面装饰（011208001）按设计图示饰面外围尺寸（建筑尺寸）以面积计算。柱帽、柱墩并入相应柱饰面工程量内。

9）幕墙工程（附录 L.9，编码：011209）

带骨架幕墙（011209001）工程量按设计图示框外围尺寸以面积计算。与幕墙同种材质的门窗所占面积不扣除。

全玻（无框玻璃）幕墙（011209002）工程量按设计图示尺寸以面积计算。带肋全玻幕墙按展开面积计算（玻璃肋的工程量应合并在玻璃幕墙工程量内计算）。

10）隔断（附录 L.10，编码：011210）

木隔断（011210001）、金属隔断（011210002）按设计图示框外围尺寸以面积计算。不扣除单个≤0.3m² 的孔洞所占面积；浴厕门的材质与隔断相同时，门的面积并入隔断面积内。

玻璃隔断（011210003）、塑料隔断（011210004）按设计图示框外围尺寸以面积计算。不扣除单个≤0.3m² 的孔洞所占面积。

成品隔断（011210005）按设计图示框外围尺寸以面积计算；或按设计间的数量以间计算。

其他隔断（011210006）按设计图示框外围尺寸以面积计算。不扣除单个≤0.3m² 的孔洞所占面积。

4. 算例

【例 5.5】 图 5.2 中墙面和柱面均采用湿挂花岗岩（采用 1：2.5 水泥砂浆灌缝 50mm 厚，花岗岩板 25mm 厚），柱面采用 6 拼，石材面进行酸洗打蜡（门窗洞口不考虑装饰）。计算墙、柱面工程的工程量清单。

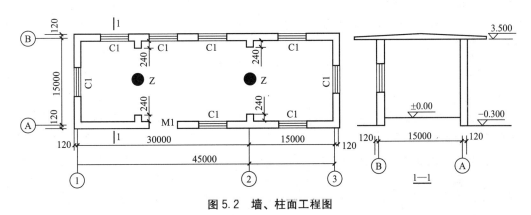

图 5.2 墙、柱面工程图

解：（1）列项目 011204001001、011205001001。

（2）计算工程量。

011204001001 花岗岩墙面：847.85m²

内表面：$[(45-0.24-2\times0.05+15-0.24-2\times0.075)\times2+8\times0.24]\times3.5-1.2\times1.5\times8-1.2\times2=404.81m²$

外表面：$(45.24+2\times0.05+15.24+2\times0.075)\times2\times3.8-1.2\times1.5\times8-1.2\times2=443.04m²$

小计：847.85m²

011205001001 花岗岩柱面：13.52m²

3.1416×(0.6+2×0.075)×3.5×2＝13.52m²

（3）工程量清单见表5-4。

表5-4 工程量清单

序号	项目编码	项目名称	项目特征	计量单位	工程数量
1	011204001001	花岗岩墙面	采用1：2.5水泥砂浆灌缝50mm厚，面层酸洗打蜡	m²	847.85
2	011205001001	花岗岩柱面	采用1：2.5水泥砂浆灌缝50mm厚，面层酸洗打蜡	m²	13.52

5.2.2 墙、柱面工程计价表工程量

1. 本节内容

本节主要内容包括：一般抹灰、装饰抹灰、镶贴块料面层和木装修及其他4个部分。

（1）一般抹灰包括：纸筋石灰砂浆、水泥砂浆、混合砂浆、其他砂浆、砖石墙面勾缝。

（2）装饰抹灰包括：水刷石、干粘石、斩假石、嵌缝及其他。

（3）镶嵌块料面层包括：大理石板，花岗岩板，瓷砖，外墙釉面砖、陶瓷锦砖，凹凸假麻石，波形面砖，文化石。

（4）木装修及其他包括：钢木龙骨、隔墙龙骨、夹板龙骨、各种面层、幕墙、网塑夹芯板墙、彩钢夹芯板墙。

2. 有关规定

1）一般规定

本节按中级抹灰考虑，设计砂浆品种、饰面材料规格与定额取定不同时，应按设计调整，但人工数量不变。

本节均不包括抹灰脚手架费用，脚手架费用按计价表第19章相应子目执行。

2）柱墙面装饰

抹灰砂浆和镶贴块料面层的砂浆，其砂浆的种类(混合砂浆、水泥砂浆、普通白水泥石子浆、白水泥彩色石子浆或白水泥加颜料的彩色石子浆)和配合比(1：2、1：3、1：2.5等)、规格(每块的尺寸)与设计不同时，应调整单价。内墙贴瓷砖，外墙面釉面砖定额黏结层是按1：0.1：2.5混合砂浆编制的，也编制了用素水泥浆作黏结层的定额，可根据实际情况分别套用定额。

一般抹灰阳台、雨篷项目为单项定额中的综合子目，定额内容包括平面、侧面、底面(天棚面)及挑出墙面的梁抹灰。

在圆弧形墙面、梁面抹灰或镶贴块料面层(包括挂贴、干挂大理石、花岗岩板)，按相应定额项目人工乘以系数1.18(工程量按其弧形面积计算)。块料面层中带有弧边的石材损

耗，应按实调整，每 10m 弧形部分，切贴人工增加 0.6 工日，合金钢切割片 0.14 片，石料切割机 0.6 台班。

花岗岩、大理石块料面层均不包括阳角处磨边，设计要求磨边或墙、柱面贴石材装饰线条者，按相应章节相应项目执行。设计线条重叠数次，套相应"装饰线条"数次。

花岗岩、大理石板的磨边、墙、柱面设计贴石材线条应按计价表第 17 章的相应项目执行。

外墙面窗间墙、窗下墙同时抹灰，按外墙抹灰相应子目执行，单独圈梁抹灰（包括门、窗洞口顶部）按腰线子目执行，附着在混凝土梁上的混凝土线条抹灰按混凝土装饰线条抹灰子目执行。但窗间墙单独抹灰或镶贴块料面层，按相应人工乘以系数 1.15 计算。

内外墙贴面砖的规格与定额取定规格不符时，数量应按下式确定：

$$实际数量 = \frac{10m^2 \times (1 + 相应损耗率)}{(砖长 + 灰缝) \times (砖宽 + 灰缝)} \tag{5-1}$$

高在 3.60m 以内的围墙抹灰均按内墙面相应抹灰子目执行。

计价表 13—83、13—84 子目仅适用于干粉型粘贴大理石。干挂花岗岩，大理石板的钻孔成槽已经包括在相应定额中，如供应商已将钻孔成槽完成，则定额中应扣除 10% 的人工费和 10 元/10m² 的其他机械费。干挂大理石、花岗岩板中的不锈钢连接件、连接螺栓、插棍数量按设计用量加 2% 的损耗进行调整。墙、柱面挂、贴大理石（花岗岩）板材的定额中，已包括酸洗打蜡费用。

墙、柱面灌浆挂贴金山石（成品）按挂贴花岗岩［金山石（120mm）是花岗岩的一种］相应定额子目将铜丝乘以系数 3.0，人工乘以系数 1.4；墙、柱面干挂金山石按相应干挂花岗岩板的项目执行，人工乘以系数 1.2，取消切割机与切割锯片，花岗岩单价换算，其他不变。

干挂大理石勾缝中的缝以 2cm 以内为准，干挂花岗岩勾缝中的缝以 6mm 以内为准，若超过按大理石、花岗岩密封胶用量换算。

挂贴大理石、花岗岩的钢筋用量，设计与定额不同，按设计用量加 2% 损耗后进行调整。

在金山石（12cm）面上需剁斧时，按计价表第 3 章相应项目执行，本节斩假石已包括底、面抹灰砂浆在内。

本节混凝土墙、柱、梁面的抹灰底层已包括刷一道素水泥浆在内，设计刷两道，每增一道按计价表 13—71、13—72 相应项目执行。

外墙内表面的抹灰按内墙面抹灰子目执行；砌块墙面的抹灰按混凝土墙面相应抹灰子目执行。

3）内墙、柱面木装饰及柱面包钢板

本节定额中各种隔断、墙裙的龙骨、衬板基层、面层是按一般常用做法编制的。其防潮层、龙骨、基层、面层均应分开列项。墙面防潮层按计价表第 9 章相应项目执行，面层的装饰线条（如墙裙压顶线、压条、踢脚线、阴角线、阳角线、门窗贴脸等）均应按计价表第 17 章的有关项目执行。

墙面、墙裙（见计价表 13—155 子目）子目中的普通成材由龙骨 0.053m³，木砖 0.057m³ 组成，断面、间距不同时要调整龙骨含量，龙骨与墙面的固定不用木砖，而用木砖固定者，应扣除木砖与木针的差额 0.04m³ 的普通成材。

龙骨含量调整方法如下。

断面不同的按正比例调整材积；间距不同的按反比例调整材积（该定额材积是指有断面调整时应按断面调整以后的材积）。

隔墙龙骨分为轻钢龙骨、铝合金龙骨、型钢龙骨、木龙骨 4 种，使用时应分别套用定额并注意其龙骨规格、断面、间距，与定额不符时应按定额规定调整含量，应分清什么是隔墙，什么是隔断。轻钢、铝合金隔墙龙骨设计用量与定额不符时应按下式调整：

$$竖（横）龙骨用量＝单位工程中竖（横）龙骨设计用量/单位工程隔墙面积×$$

$$（1＋规定损耗率）×10m^2 \tag{5-2}$$

式中：规定损耗率，轻钢龙骨为 6%，铝合金龙骨为 7%。

计价表 581 页的多层夹板基层是指在龙骨与面层之间设置的一层基层，夹板基层直接钉在木龙骨上还是钉在承重墙面的木砖上，应按设计图纸来判断，有的木装饰墙面、墙裙有凹凸起伏的立体感，这是由于在夹板基层上局部再钉或多次再钉一层或多层夹板形成的。故凡有凹凸面的墙面、墙裙木装饰，按凸出面的面积计算，每 $10m^2$ 另加 1.9 工日，夹板按 $10.5m^2$ 计算，其他均不再增加。

墙、柱梁面木装饰的各种面层，应按设计图纸要求列项，并分别套用定额。在使用这些定额时，应注意定额项目内容及下面的注解要求。

镜面玻璃贴在柱、墙面的夹板基层上还是水泥砂浆基层上，应按设计图纸而定，分别套用定额。

若墙面和门窗的侧面进行同标准的木装饰，则墙面与门窗侧面的工程量合并计算，执行墙面定额。如单独门、窗套木装修，应按计价表第 17 章的相应子目执行。工程量按图示展开面积计算。

木饰面子目的木基层均未含防火材料，设计要求刷防火漆时，按计价表第 16 章中相应子目执行。

装饰面层中均未包括墙裙压顶线、压条、踢脚线、门窗贴脸等装饰线，设计有要求者，应按相应章节子目执行。

一般的玻璃幕墙要算 3 个项目，包括幕墙，幕墙与自然楼层的连接，幕墙与建筑物的顶端、侧面封边。

铝合金幕墙龙骨含量、装饰板的品种设计要求与定额不同时应调整，但人工、机械不变。铝合金骨架型材应按下式调整。

每 $10m^2$ 骨架含量＝单位工程幕墙竖筋、横筋设计长度之和（横筋长按竖筋中心到中心的距离计算）/单位幕墙面积×$10m^2$×1.07。

铝合金玻璃幕墙（计价表 13—222～13—计价表 231）项目中的避雷焊接，已在安装定额中考虑，故本项目中不含避雷焊接的人工及材料费。

不锈钢镜面板包柱，其钢板成型加工费绝大部分施工企业都无法加工，应到当地有关部门加工厂进行加工，其加工费应按当地市场价格另行计算。

网塑夹芯板之间设置加固方钢立柱、横梁应根据设计要求按相应章节子目执行。

本定额未包括玻璃、石材的车边、磨边费用。石材车边、磨边按相应章节子目执行；玻璃车边费用按市场加工费另行计算。

3. 工程量计算规则

1) 内墙面抹灰

内墙面抹灰面积应扣除门窗洞口和空圈所占的面积，不扣除踢脚线、挂镜线、0.3m² 以内的孔洞和墙与构件交接处的面积，但其洞口侧壁和顶面抹灰也不增加。垛的侧面抹灰面积应并入内墙面工程量内计算。

内墙面抹灰长度，以主墙间的图示净长(结构尺寸)计算，不扣除间壁所占的面积。其高度确定时，无论有无踢脚线，高度均自室内地坪面或楼面算至天棚底面。

石灰砂浆、混合砂浆粉刷中已包括水泥护角线，不另行计算。

柱和单梁的抹灰按结构展开面积计算，柱与梁或梁与梁接头的面积不予扣除。砖墙面中平墙面的混凝土柱、梁等的抹灰(包括侧壁)应并入墙面抹灰工程量内计算。凸出墙面的混凝土柱、梁面(包括侧壁)抹灰工程量应单独计算，按相应子目执行。

厕所、浴室隔断抹灰工程量，按单面垂直投影面积乘以系数 2.3 计算。

2) 外墙面抹灰

外墙面抹灰面积按外墙面的垂直投影面积计算，应扣除门窗洞口和空圈所占的面积，不扣除 0.3m² 以内的孔洞面积。但门窗洞口、空圈的侧壁、顶面及垛等抹灰，应按结构展开面积并入墙面抹灰中计算。外墙面用不同品种砂浆抹灰，应分别按相应子目执行。

外墙窗间墙与窗下墙均抹灰，以展开面积计算。

挑沿、天沟、腰线、扶手、单独门窗套、窗台线、压顶等，均以结构尺寸展开面积计算。窗台线与腰线连接时，并入腰线内计算。

外窗台抹灰长度，如设计图纸无规定时，可按窗洞口宽度两边共加 20cm 计算。窗台展开宽度一砖墙按 36cm 计算，每增加半砖宽则累增 12cm。

单独圈梁抹灰(包括门、窗洞口顶部)、附着在混凝土梁上的混凝土装饰线条抹灰均以展开面积以平方米(m²)计算。

阳台、雨篷抹灰按水平投影面积计算。定额中已包括顶面、底面、侧面及牛腿的全部抹灰面积。阳台栏杆、栏板、垂直遮阳板抹灰另列项目计算。栏板以单面垂直投影面积乘以系数 2.1。

水平遮阳板顶面、侧面抹灰按其水平投影面积乘以系数 1.5，板底面积并入天棚抹灰内计算。

勾缝按墙面垂直投影面积计算，应扣除墙裙、腰线和挑沿的抹灰面积，不扣除门、窗套、零星抹灰和门、窗洞口等面积，但垛的侧面、门窗洞侧壁和顶面的面积也不增加。

3) 镶贴块料面层及花岗岩(大理石)板挂贴

内、外墙面，柱梁面，零星项目镶贴块料面层均按块料面层的建筑尺寸(各块料面层加上粘贴砂浆等于 25mm)面积计算。门窗洞口面积应扣除，侧壁、附垛贴面应并入墙面工程量中，内墙面腰线花砖按延长米计算。

窗台、腰线、门窗套、天沟、挑檐、盥洗槽、池脚等块料面层镶贴，均以建筑尺寸的展开面积(包括砂浆及块料面层厚度)按零星项目计算。

花岗岩、大理石板砂浆粘贴、挂贴均按面层的建筑尺寸(包括干挂空间、砂浆、板厚度)展开面积计算。

贴花岗或大理石板材的圆柱定额，分一个独立柱 4 拼或 6 拼贴两个子目，其工程量按贴好后的石材面外围周长乘以柱高计算(有柱帽、柱脚时,柱高应扣除),石材柱墩、柱帽的工程量应按其结构的直径加上 100mm 后的周长乘以其柱墩、柱帽的高度计算,圆柱腰线按石材柱面的周长计算。柱身、柱墩、柱帽及柱腰线均应分别另列子目计算。

4)内墙、柱木装饰及柱包不锈钢镜面

(1)内墙、内墙裙、柱(梁)面的计算。

木装饰龙骨、衬板、面层及粘贴切片板按净面积计算,并扣除门、窗洞口及 0.3m² 以上的孔洞所占的面积,附墙垛及门、窗侧壁并入墙面工程量计算。

单独门、窗套按相应章节的相应子目计算。

柱、梁按展开宽度乘以净长计算。

(2)不锈钢镜面、各种装饰板面的计算。

方柱、圆柱、方柱包圆柱的面层,按周长乘以地面(楼面)至天棚底面的图示高度计算,若地面天棚面有柱帽、底脚,则高度应从柱脚上表面至柱帽下表面计算。柱帽、柱脚,按面层的展开面积以平方米(m²)计算,套柱帽、柱脚子目。

(3)玻璃幕墙以框外围面积的计算。

幕墙与建筑顶端、两端的封边按图示尺寸以平方米(m²)计算,自然层的水平隔离与建筑物的连接按延长米计算(连接层包括上、下镀锌钢板在内)。幕墙上下设计有窗者,计算幕墙面积时,窗面积不扣除,但每 10m² 窗面积另增加幕墙框料 25kg、人工 5 工日(幕墙上铝合金窗不再另外计算)。

石材圆柱面按石材面外周周长乘以柱高(或扣除柱墩、帽高度)以平方米(m²)计算。石材柱墩、柱帽按结构柱直径加 100mm 后的周长乘以其高度以平方米(m²)计算。圆柱腰线按石材面周长计算。

4. 算例

【例 5.6】 根据【例 5.5】题意,计算墙、柱面装饰的计价表工程量。

解:(1)列项目 13—89、13—105。

(2)计算工程量。

① 墙面花岗岩。

内表面:$[(45-0.24-2\times0.05+15-0.24-2\times0.075)\times2+8\times0.24]\times3.5-1.2\times1.5\times8-1.2\times2=404.81m²$

外表面:$(45.24+2\times0.05+15.24+2\times0.075)\times2\times3.8-1.2\times1.5\times8-1.2\times2=443.04m²$

小计:847.85m²

② 圆柱面花岗岩。

$3.1416\times(0.6+2\times0.075)\times3.5\times2=16.49m²$

5.2.3 柱面工程工程量清单计价

1. 墙、柱面工程工程量清单计价要点

(1)关于阳台、雨篷的抹灰:在计价规范中无一般阳台、雨篷抹灰列项,可参照计价表中有关阳台、雨篷粉刷的计算规则,以水平投影面积计算,并以补充清单编码的形式列入墙面抹灰中，并在项目特征一栏详细描述该粉刷部位的砂浆厚度（包括打底、面层）及砂浆的配合比。

（2）装饰板墙面：计价规范中包括了龙骨、基层、面层和油漆，而计价表中则是分别计算的，工程量计算规则不尽相同。

（3）柱（梁）面装饰：计价规范中矩形柱、圆柱均为一个项目，其柱帽、柱墩并入柱饰面工程量内；计价表分矩形柱、圆柱分别设子目，柱帽、柱墩也单独设子目，工程量也单独计算。

（4）设置在隔断、幕墙上的门窗，可包括在隔墙、幕墙项目报价内，也可单独编码列项，并在清单项目中进行描述。

2. 算例

【例5.7】 根据【例5.6】题意，用计价表计价法计算墙、柱面装饰的综合单价和复价。

解：（1）列项目13—89、13—105。

（2）计算工程量（同【例5.6】）。

（3）套定额计算结果见表5-5。

表5-5 计 算 结 果

序号	定额编号	项目名称	计量单位	工程量	综合单价/元	合价/元
1	13—89	墙面挂贴花岗岩	10m²	84.785	3070.19	260306.06
2	13—105 换	圆柱面六拼挂贴花岗岩	10m²	1.352	15689.52	21212.23
合计						281518.29

注：13—105 换，15696.93－119.39＋0.562×199.26＝15689.52 元/10m²。

答：该墙、柱面装饰工程复价合计 281518.29 元。

【例5.8】 根据【例5.6】题意，用工程量清单计价法计算墙、柱面工程的清单综合单价。

解：（1）列项目011204001001(13—89)，011205001001(13—105)。

（2）计算工程量（同【例5.5】、【例5.6】）。

（3）清单计价见表5-6。

表5-6 清 单 计 价

序号	项目编码	项目名称	计量单位	工程数量	金额/元 综合单价	合价
1	011204001001	花岗岩墙面	m²	847.85	307.02	260306.06
	13—89	墙面挂贴花岗岩	10m²	84.785	3070.19	260306.06
2	011205001001	花岗岩柱面	m²	13.52	1568.95	21212.23
	13—105 换	圆柱面六拼挂贴花岗岩	10m²	1.352	15689.52	21212.23

答：花岗岩墙面的清单综合单价为 307.02 元/m²，花岗岩柱面的清单综合单价为 1568.95 元/m²。

5.3 天棚工程计量与计价

5.3.1 天棚工程工程量清单的编制

1. 本节内容

本节主要内容包括：《房屋建筑与装饰工程计量规范》（GB 500854—2013）附录 M（天棚工程）的内容，即：①天棚抹灰；②天棚吊顶；③采光天棚工程；④天棚其他装饰。

2. 有关规定

采光天棚骨架不包括在本节中，应单独按附录 F 相关项目编码列项。

采光天棚和天棚设保温隔热吸音层时，应按建筑工程中防腐、隔热、保温工程中相关项目编码列项。

天棚的检查孔、天棚内的检修走道、灯槽等应包括在报价内。

天棚吊顶的平面、跌级、锯齿形、阶梯形、吊挂式、藻井式以及矩形、弧形、拱形等应在清单项目中进行描述。

3. 工程量计算规则

1）天棚抹灰（附录 M.1，编码：011301）

天棚抹灰（011301001）工程量按设计图示尺寸以水平投影面积计算。不扣除间壁墙、垛、柱、附墙烟囱、检查口和管道所占的面积，带梁天棚、梁两侧抹灰面积并入天棚面积内，板式楼梯底面抹灰按斜面积计算，锯齿形楼梯底板抹灰按展开面积计算。

2）天棚吊顶（附录 M.2，编码：011302）

吊顶天棚（011302001）工程量按设计图示尺寸以水平投影面积计算。天棚面中的灯槽及跌级、锯齿形、吊挂式、藻井式天棚面积不展开计算。不扣除间壁墙、检查口、附墙烟囱、柱垛和管道所占面积，扣除单个 $0.3m^2$ 以上的孔洞、独立柱及与天棚相连的窗帘盒所占的面积。

格栅吊顶（011302002）、吊筒吊顶（011302003）、藤条造型悬挂吊顶（011302004）、织物软雕吊顶（011302005）、网架（装饰）吊顶（011302006）工程量按设计图示尺寸以水平投影面积计算。

3）采光天棚工程（附录 M.3，编码：011303）

采光天棚（011303001）按框外围展开面积计算。

4）天棚其他装饰（附录 M.4，编码：011304）

灯带（槽）（011304001）工程量按设计图示尺寸以框外围面积计算。

送风口、回风口（011304002）按设计图示数量计算。

4. 算例

【例 5.9】 某三类装饰企业承担某一层房屋的内装饰，其中，天棚为不上人型轻钢龙骨，方格为 500mm×500mm，吊筋用 ϕ6，面层用纸面石膏板，地面至天棚面层净高为 3m，天棚面的阴、阳角线暂不考虑，平面尺寸及简易做法如图 5.3 所示。计算天棚工程的工程量清单。

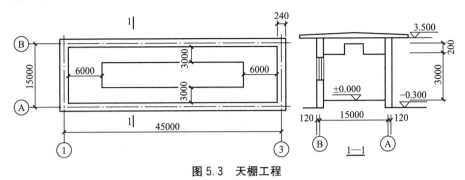

图 5.3　天棚工程

解：（1）列项目 011302001001。

（2）计算工程量。

011301101001 天棚吊顶：（45－0.24）×（15－0.24）＝660.66m²

（3）工程量清单见表 5-7。

表 5-7　工程量清单

序号	项目编码	项目名称	项目特征	计量单位	工程数量
1	011302001001	天棚吊顶	（1）天棚吊筋：ϕ≯6 （2）龙骨：不上人轻钢龙骨 500mm×500mm （3）面层：龙牌纸面石膏板 （4）凹凸型吊顶	m²	660.66

5.3.2　天棚工程计价表工程量

1．本节内容

本节主要内容包括：天棚龙骨，天棚面层及饰面，扣板雨篷、采光天棚，天棚检修道，天棚抹灰 5 个部分。

（1）天棚龙骨包括：方木龙骨、轻钢龙骨、铝合金龙骨、铝合金方板龙骨、铝合金条板龙骨、天棚吊筋。

（2）天棚面层及饰面包括：三、五夹板面层，钙塑板面层，纸面石膏板面层，切片板面层，铝合金方板面层，铝合金条板面层，其他饰面。

（3）扣板雨篷、采光天棚包括：铝合金扣板雨篷、采光天棚。

（4）天棚抹灰包括：抹灰面层、预制板底勾缝及装饰线。

2．有关规定

1）天棚的骨架基层

天棚的骨架（龙骨）基层分为简单型和复杂型两种。

（1）简单型：每间面层在同一标高上为简单型。

（2）复杂型：每间面层不在同一标高平面上，但必须同时满足以下两个条件。

① 高差在 100mm 或 100mm 以上。

② 少数面积占该间面积 15％以上，满足这两个条件，其天棚龙骨就按复杂型定额执行。

2）天棚吊筋、龙骨和面层

天棚吊筋、龙骨与面层应分开计算，按设计套用相应定额。

（1）吊筋，分为钢吊筋和木吊筋。

钢吊筋。本定额吊筋是按膨胀螺栓连接在楼板上的钢吊筋考虑的，天棚钢吊筋按 13 根/10m² 计算，定额吊筋高度按 1m（面层至混凝土板底表面）计算，高度不同按每增减 10cm（不足 10cm 四舍五入）进行调整，但吊筋根数不得调整，吊筋规格的取定应按设计图纸选用。无论吊筋与事先预埋好的铁件焊接还是用膨胀螺栓打洞连接，均按本定额执行。吊筋的安装人工 0.67 工日/10m² 已经包括在相应定额的龙骨安装人工中。设计小房间（厨房、厕所）内不用吊筋时，不能计算吊筋项目，并扣除相应定额中人工含量 0.67 工日/10m²。

木吊筋。木龙骨中已包含木吊筋的内容。设计采用钢吊筋，应扣除定额中木吊筋及大龙骨含量，钢筋吊筋按天棚吊筋子目执行。

木吊筋高度的取定：计价表 14—1，14—2 子目为 450mm，断面按 50mm×50mm，计价表 14—3、14—4 子目为 300mm，断面按 50mm×40mm。设计高度、断面不同，按比例调整吊筋用量。

本定额中木吊筋按简单型考虑，复杂型按相应项目人工乘以系数 1.20，增加普通成材 0.02m³/10m²。

（2）龙骨。

① 方木龙骨。本定额中主、次龙骨间距、断面的规定如下。

计价表 14—1，14—2 子目（木龙骨断面搁在墙上）中主龙骨断面按 50mm×70mm@500mm 考虑，中龙骨断面按 50mm×50mm@500mm 考虑。

计价表 14—3 子目（木龙骨吊在混凝土板下）中主龙骨断面按 50mm×40mm@600mm 考虑，中龙骨断面按 50mm×40mm@300mm 考虑。

计价表 14—4 子目中（木龙骨吊在混凝土板下）中主龙骨断面按 50mm×40mm@800mm 考虑，中龙骨断面按 50mm×40mm@400mm 考虑。

设计断面不同，按设计用量加 6％的损耗调整龙骨含量，木吊筋按定额比例调整。

计价表 14—1～计价表 14—4 子目中未包括刨光人工及机械，如龙骨需要单面刨光时，每 10m² 增加人工 0.06 工日，机械单面压刨机 0.07 个台班。

② U 形轻钢龙骨、T 形铝合金龙骨。定额中大、中、小龙骨断面的规定如下。

U 形轻钢龙骨上人型
- 大龙骨 60mm×27mm×1.5mm（高×宽×厚）
- 中龙骨 50mm×20mm×0.5mm（高×宽×厚）
- 小龙骨 25mm×20mm×0.5mm（高×宽×厚）

U 形轻钢龙骨不上人型
- 大龙骨 45mm×15mm×1.2mm（高×宽×厚）
- 中龙骨 50mm×20mm×0.5mm（高×宽×厚）
- 小龙骨 25mm×20mm×0.5mm（高×宽×厚）

T 形铝合金龙骨上人型
- 轻钢大龙骨 60mm×27mm×1.5mm（高×宽×厚）
- 铝合金 T 形主龙骨 20mm×35mm×0.8mm（高×宽×厚）
- 铝合金 T 形副龙骨 20mm×22mm×0.6mm（高×宽×厚）

$$\text{T 形铝合金龙骨不上人型} \begin{cases} \text{轻钢大龙骨 } 45\text{mm} \times 15\text{mm} \times 1.2\text{mm(高×宽×厚)} \\ \text{铝合金 T 形主龙骨 } 20\text{mm} \times 35\text{mm} \times 0.8\text{mm(高×宽×厚)} \\ \text{铝合金 T 形副龙骨 } 20\text{mm} \times 22\text{mm} \times 0.6\text{mm(高×宽×厚)} \end{cases}$$

若设计与定额不符，应按设计长度用量轻钢龙骨加 6%、铝合金龙骨加 7% 的损耗调整定额中的含量。

③ 本定额轻钢、铝合金龙骨是按双层编制的，设计为单层龙骨(大、中龙骨均在同一平面上)在套用定额时，应扣除定额中的小(副)龙骨及配件，人工乘以系数 0.87，其他不变，设计小(副)龙骨用中龙骨代替时，其单价应调整。

④ 定额中各种大、中、小龙骨的含量是按面层龙骨的方格尺寸取定的，因此套用定额时应按设计面层的龙骨方格选用，当设计面层的龙骨方格尺寸在无法套用定额的情况下，可按下列方法调整定额中龙骨含量，其他不变。

木龙骨含量调整如下。

计算出设计图纸，大、中、小龙骨(含横撑)的普通成材材积。

按工程量计算规则计算出该天棚的龙骨面积。

计算每 10m^2 的天棚的龙骨含量：

$$\text{龙骨含量} = \frac{\text{设计普通成材材积} \times 1.06}{\text{天棚龙骨面积}} \times 10 \qquad (5-3)$$

将计算出大、中、小龙骨每 10m^2 的含量代入相应定额，重新组合天棚龙骨的综合单价即可。

U 形轻钢龙骨及 T 形铝合金龙骨的调整如下。

按房间号计算出主墙间的水平投影面积。

按图纸和规范要求，计算出相应房号内大、中、小龙骨的长度用量。

计算每 10m^2 的大、中、小铝合金龙骨含量：

$$\text{大龙骨含量} = \frac{\text{设计的大龙骨长度} \times 1.07}{\text{计算的房间面积}} \times 10 \qquad (5-4)$$

中、小龙骨含量计算方法同大龙骨。

方板、条板铝合金龙骨的使用。凡方板天棚应配套使用方板铝合金龙骨，龙骨项目以面板的尺寸确定。凡条板天棚面层均配套使用条板铝合金龙骨。

(3) 装饰面层。

定额中面层安装设有凹凸子目，凹凸指的是龙筋不在同一平面上。例如，防火板、宝丽板是按平面贴板考虑的，如在凹凸面上贴板，人工乘以系数 1.20，板损耗增加 5%。

塑料扣板面层子目中已包括木龙骨在内，但未包括吊筋，设计钢筋吊筋，套用天棚吊筋子目。

胶合板面层在现场钻吸音孔时，按钻孔板部分的面积，每 10m^2 增加人工 0.64 工日计算。

(4) 木质骨架及面层。

木质骨架及面层的上表面，未包括刷防火漆，设计要求刷防火漆时，应按计价表第 16 章相应定额子目计算。天棚面层中回光槽按计价表第 17 章定额执行。

3) 天棚检修道

上人型天棚吊顶检修道，分为固定、活动两种，应按设计分别套用定额。

固定走道板的铁件按设计用量进行调整，走道板宽按 500mm 计算，厚按 30mm 计算，不同可换算。

活动走道板每 10m 按 5m 长计算，前后可以移动(间隔放置)，设计不同应调整。

4) 抹灰面层

天棚面的抹灰按中级抹灰考虑，所取定的砂浆品种、厚度见定额《江苏省建筑与装饰工程计价表》附录七部分。设计砂浆品种(纸筋石灰浆除外)厚度与定额不同时均应按比例调整，但人工数量不变。

天棚与墙面交接处，如抹小圆角，人工已包括在定额中，每 $10m^2$ 天棚抹面增加砂浆 $0.005m^3$，200L 砂浆搅拌机 0.001 台班。

拱形楼板天棚面抹灰按相应定额人工乘以系数 1.5。

3. 工程量计算规则

1) 天棚饰面

本定额天棚饰面的面积按净面积计算，不扣除间壁墙、检修孔、附墙烟囱、柱垛和管道所占面积，但应扣除独立柱、$0.3m^2$ 以上灯饰面积(石膏板、夹板天棚面层的灯饰面积不扣除)及与天棚连接的窗帘盒面积。

天棚面层按净面积计算，净面积包括以下两种含义。

(1) 主墙间的净面积。

(2) 有叠线、折线、假梁等圆弧形、拱形、特殊艺术形式的天棚饰面按展开面积计算，但定额天棚每间以在同一平面上为准。天棚面层设计有圆弧形、拱形时，其圆弧形、拱形部分的面积在套用天棚面层定额时人工应增加系数，圆弧形人工增加 15%、拱形(双曲弧形)人工增加 50%。在使用三夹、五夹、切片板凹凸面层定额时，应将凹凸部分(按展开面积)与平面部分工程量合并执行凹凸定额。

2) 天棚龙骨

天棚龙骨的面积按主墙间的水平投影面积计算。天棚龙骨的吊筋按每 $10m^2$ 龙骨面积套相应子目计算。圆弧形、拱形的天棚龙骨应按其弧形或拱形部分的水平投影面积计算套用复杂型子目，龙骨用量按设计进行调整，人工和机械按复杂型天棚子目乘以系数 1.8。

3) 铝合金扣板、雨篷

铝合金扣板、雨篷均按水平投影面积计算。

4) 天棚面抹灰

天棚面抹灰按主墙间天棚水平投影面积计算，不扣除间壁墙、垛、柱、附墙烟囱、检查洞、通风洞、管道等所占面积。

密肋梁、井字梁、带梁天棚抹灰面积，按展开面积计算，并入天棚抹灰工程量内。斜天棚抹灰按斜面积计算。

天棚抹面如抹小圆角者，人工已包括在定额中，材料、机械按附注增加，如带装饰线者，以延长米计算。

楼梯底面、水平遮阳板底面和沿口天棚，并入相应的工程量计算。混凝土楼梯、螺旋楼梯的底板为斜板时，按其水平投影面积(包括休息平台)乘以系数 1.18，底板为锯齿形时(包括预制踏步板)，按其水平投影面积乘以系数 1.5 计算。

4. 算例

【例 5.10】 根据【例 5.9】题意，计算天棚龙骨面层的计价表工程量。

解：（1）列项目 14—41、14—41、14—10、14—55。

（2）计算工程量。

吊筋 1：$(45-0.24-12)\times(15-0.24-6)=286.98\text{m}^2$

吊筋 2：$(45-0.24)\times(15-0.24)-286.98=373.68\text{m}^2$

轻钢龙骨：$(45-0.24)\times(15-0.24)=660.66\text{m}^2$

$286.98\div660.66=43.4\%>15\%$

纸面石膏板：$660.66+0.2\times(45-12.24+15-6.24)\times2=677.27\text{m}^2$

5.3.3 天棚工程的计价

1. 天棚工程清单计价要点

（1）楼梯天棚的抹灰，计价规范按实际粉刷面积计算，计价表则规定按投影面积乘以系数计算。

（2）抹装饰线条线角的道数以一个突出的棱角为一道线。

2. 算例

【例 5.11】 根据【例 5.10】题意，按计价表计价法计算天棚龙骨面层的清单综合单价和复价。

解：（1）列项目 14—41、14—41、14—10、14—55。

（2）计算工程量（同【例 5.10】）。

吊筋 1：286.98m^2

吊筋 2：373.68m^2

轻钢龙骨：660.66m^2

纸面石膏板：677.27m^2

（3）套定额计算结果见表 5-8。

表 5-8 计 算 结 果

序号	定额编号	项目名称	计量单位	工程量	综合单价/元	合价/元
1	14—41 换 1	吊筋 $h=0.3\text{m}$	10m^2	28.698	42.32	1225.93
2	14—41 换 2	吊筋 $h=0.5\text{m}$	10m^2	37.368	43.96	1642.70
3	14—10 换	不上人型轻钢龙骨 500mm×500mm	10m^2	66.066	384.70	25415.59
4	14—55 换	纸面石膏板	10m^2	67.727	233.61	19313.47
合计						47597.59

注：1. 14—4 换 1，$45.99-0.102\times7\times13\times0.222\times2.80+10.48\times(42\%-25\%+15\%-12\%)=42.32$ 元/10m^2。

2. 14—4 换 2，$45.99-0.102\times5\times13\times0.222\times2.80+10.48\times(42\%-25\%+15\%-12\%)=43.96$ 元/10m^2。

3. 14—10 换，$370.97+(65.24+3.40)\times(42\%-25\%+15\%-12\%)=384.70$ 元/10m^2。

4. 14—55 换，$225.27+41.72\times(42\%-25\%+15\%-12\%)=233.61$ 元/10m^2。

答： 该单独装饰工程天棚龙骨面层部分复价合计 47597.59 元。

【例 5.12】 根据【例 5.9】题意，按清单计价法计算天棚龙骨面层的清单综合单价。

解： (1) 列项目 011302001001(14—41、14—41、14—10、4—55)。

(2) 计算工程量(同【例 5.8】、【例 5.9】)。

(3) 清单计价见表 5-9。

表 5-9　清 单 计 价

序号	项目编码	项目名称	计量单位	工程数量	金额/元	
					综合单价	合价
1	011302001001	天棚吊顶	m²	660.66	66.95	44228.94
	14—41 换 1	吊筋 $h=0.3$m	10m²	28.698	47.43	1361.15
	14—1 换 2	吊筋 $h=0.5$m	10m²	37.368	47.56	1777.22
	14—10 换	不上人轻钢龙骨 500mm×500mm	10m²	66.066	383.33	25325.08
	14—55 换	纸面石膏板	10m²	67.727	232.78	15765.49

答： 天棚吊顶的清单综合单价为 66.95 元/m²。

5.4 门窗工程计量与计价

5.4.1　门窗工程工程量清单的编制

1. 本节内容

本节主要内容包括：《房屋建筑与装饰工程计量规范》(GB 500854—2013)附录 H(门窗工程)的内容，即：①木门；②金属门；③金属卷帘(闸)门；④厂库房大门、特种门；⑤其他门；⑥木窗；⑦金属窗；⑧门窗套；⑨窗台板；⑩窗帘、窗帘盒、轨。

2. 工程量计算规则

1) 木门(附录 H.1，编码：010801)

木质门(010801001)、木质门带套(010801002)、木质连窗门(010801003)、木质防火门(010801004)、木门框(010801005)工程量按设计图示数量或设计图示洞口尺寸以"樘/m²"计算。

门锁安装(010801006)按设计图示数量计算。

★注意：木质门应区分镶板木门、企口木板门、实木装饰门、胶合板门、夹板装饰门、木纱门、全玻门(带木质扇框)、木质半玻门(带木质扇框)等项目，分别编码列项；木门五金应包括：折页、插销、门碰珠、弓背拉手、搭机、木螺丝、弹簧折页(自动门)、管子拉手(自由门、地弹门)、地弹簧(地弹门)、角铁、门轧头(地弹门、自由门)等；木质门带套计量按洞口尺寸以面积计算，不包括门套的面积；以樘计量，项目特征必须描述洞口尺寸，以 m² 计量，项目特征可不描述洞口尺寸；单独制作安装木门框按木门框项目编码列项。

2）金属门（附录 H.2，编码：010802）

金属（塑钢）门（010802001）、彩板门（010802002）、钢质防火门（010802003）、防盗门（010802004）工程量按设计图示数量或设计图示洞口尺寸以"樘/m²"计算。

★注意：金属门应区分金属平开门、金属推拉门、金属地弹门、全玻门（带金属扇框）、金属半玻门（带扇框）等项目，分别编码列项；铝合金门五金包括：地弹簧、门锁、拉手、门插、门铰、螺丝等；其他金属门五金包括 L 型执手插锁（双舌）、执手锁（单舌）、门轨头、地锁、防盗门机、门眼（猫眼）、门碰珠、电子锁（磁卡锁）、闭门器、装饰拉手等。

3）金属卷帘（闸）门（附录 H.3，编码：010803）

金属卷帘（闸）门（010803001）、防火卷帘（闸）门（010803002）工程量按设计图示数量或设计图示洞口尺寸以"樘/m²"计算。

4）厂库房大门、特种门（附录 H.4，编码：010804）

木板大门（010804001）、钢木大门（010804002）、全钢板大门（010804003）、金属格栅门（010804005）、特种门（010804007）工程量按设计图示数量或设计图示洞口尺寸以"樘/m²"计算。

防护铁丝门（010804004）、钢质花饰大门（010804006）工程量按设计图示数量或设计图示门框和扇尺寸以"樘/m²"计算。

★注意：特种门应区分冷藏门、冷冻间门、保温门、变电室门、隔音门、防射电门、人防门、金库门等项目，分别编码列项。

5）其他门（附录 H.5，编码：010805）

平开电子感应门（010805001）、旋转门（010805002）、电子对讲门（010805003）、电子伸缩门（010805004）、全玻自由门（010805005）、镜面不锈钢饰面门（010805006）工程量按设计图示数量或设计图示洞口尺寸以"樘/m²"计算。

6）木窗（附录 H.6，编码：010806）

木质窗（010806001）、木质成品窗（010806004）工程量按设计图示数量或设计图示洞口尺寸以"樘/m²"计算。

木橱窗（010806002）、木飘（凸）窗（010806003）工程量按设计图示数量或设计图示门框和扇尺寸以"樘/m²"计算。

★注意：①木质窗应区分木百叶窗、木组合窗、木天窗、木固定窗、木装饰空花窗等项目，分别编码列项；木窗五金包括：折页、插销、风钩、木螺丝、滑楞滑轨（推拉窗）等。

7）金属窗（附录 H.7，编码：010807）

金属（塑钢、断桥）窗（010807001）、金属防火窗（010807002）、金属百叶窗（010807003）、金属纱窗（010807004）、金属格栅窗（010807005）、彩板窗（010807008）工程量按设计图示数量或设计图示洞口尺寸以"樘/m²"计算。

金属(塑钢、断桥)橱窗(010807006)、金属(塑钢、断桥)飘(凸)窗(010807007)工程量按设计图示数量或设计图示门框和扇尺寸以"樘/m²"计算。

★注意：①金属窗应区分金属组合窗、防盗窗等项目，分别编码列项；金属窗中铝合金窗五金应包括卡锁、滑轮、铰拉、执手、拉把、拉手、风撑、角码、牛角制等；其他金属窗五金包括：折页、螺丝、执手、卡锁、风撑、滑轮滑轨(推拉窗)等。

8) 门窗套(附录 H.8，编码：010808)

木门窗套(010808001)、木筒子板(010808002)、饰面夹板筒子板(010808003)、金属门窗套(010808004)、石材门窗套(010808005)、成品木门窗套(010808007)工程量以樘计量，按设计图示数量计算；或以 m² 计量，按设计图示尺寸以展开面积计算；或以 m 计量，按设计图示中心以延长米计算。

门窗木贴脸(010808006)以樘计量，按设计图示数量计算；或以米计量，按设计图示尺寸以延长米计算。

9) 窗台板(附录 H.9，编码：010809)

木窗台板(010809001)、铝塑窗台板(010809002)、金属窗台板(010809003)、石材窗台板(010809004)工程量按设计图示以长度计算。

10) 窗帘、窗帘盒、轨(附录 H.10，编码：010810)

窗帘(杆)(010810001)以米计量，按设计图示尺寸以长度计算；或以 m² 计量，按图示尺寸以展开面积计算。

木窗帘盒(010810002)、饰面夹板、塑料窗帘盒(010810003)、铝合金窗帘盒(010810004)、窗帘轨(010810005)工程量按设计图示以长度计算。

3. 算例

【例 5.13】 已知某一层建筑的 M1 为有腰单扇无纱五冒镶板门，规格为 900mm×2700mm，框设计断面为 60mm×120mm，共 10 樘，现场制作安装，门扇规格与定额相同，框设计断面均指净料，全部安装球形执手锁。计算门窗工程的工程量清单。

解：(1)列项目 010801001001。

(2)计算工程量。

010801001001 镶板木门：10 樘

(3)工程量清单见表 5-10。

表 5-10 工程量清单

序号	项目编码	项目名称	项目特征	计量单位	工程数量
1	010801001001	镶板木门	(1)门框边框断面：60mm×120mm(净料)，现场制作安装 (2)门扇立梃断面：45mm×100mm(毛料)，现场制作安装 (3)门锁：球形执手锁 (4)普通五金件：铰链 (5)木材材质：杉木	樘	10

5.4.2 门窗工程计价表工程量

1. 本节内容

本节主要内容包括购入构件成品安装，铝合金门窗制作、安装，木门、窗框扇制作和安装，装饰木门扇，门、窗五金配件安装5个部分。

（1）购入构件成品安装包括：铝合金门窗、塑钢门窗、彩板门窗、电子感应门、卷帘门、成品木门。

（2）铝合金门窗制作、安装包括：古铜色门、银白色门、铝合金单扇全玻平开门、铝合金单扇半玻平开门、铝合金亮子双扇无框全玻地弹门、古铜色窗、银白色窗、无框玻璃门扇、门窗框包不锈钢板。

（3）木门、窗框扇制作和安装包括：普通木窗，纱窗扇，工业木窗，木百叶窗，无框窗扇，圆形窗，半玻木门，镶板门，胶合板门，企口板门，纱门扇，全玻自由门、半截百叶门。

（4）装饰木门扇包括：细木工板实芯门扇、其他木门扇、门扇上包金属软包面。

（5）门、窗五金配件安装包括：门窗特殊五金、铝合金五金配件、木门窗五金配件。

2. 有关规定

1）购入构件成品安装

本节定额购入成品门窗安装子目中的门窗的玻璃及一般五金已包括在相应的成品单价中，套用单独"安装"子目时，不得另外再套用计价表15—356～计价表15—362子目。该子目适用于铝合金窗现场制作兼安装。购入成品门窗单价中未包括地弹簧、管子拉手、锁等特殊五金，实际发生时另按"门、窗五金配件安装"有关子目执行。"门、窗五金配件安装"的子目中，五金规格、品种与设计不符时均应调整。

成品木门框扇的安装、制作是按机械和手工操作综合编制的。

2）铝合金门窗制作、安装

铝合金门窗制作、安装是按在现场制作编制的，如在构件厂制作，也按本定额执行，但构件厂至现场的运输费用应按当地交通部门的规定运费执行（运费不进入取费基价）。

铝合金门窗制作型材颜色分为古铜色和银白色两种，应按设计分别套用定额，除银白色以外的其他颜色均按古铜色定额执行。

本节铝合金门窗用料定额附表（见计价表第734～750页）中的数量已包括6%的损耗在内，表中加括号的用量即为本定额的取定用量。设计型材的规格与定额不符时，可按定额附表"铝合金门窗用料表"中相应型号的相同规格调整铝合金型材用量，其他不变。

铝合金门窗的五金应按"门、窗五金配件安装"另列项目计算。

门窗框与墙或柱的连接是按镀锌铁脚、膨胀螺栓连接考虑的，设计若不同，定额中的铁脚、螺栓应扣除，其他连接件另外增加。

【例5.14】 双扇推拉窗，定额是按90系列，型材厚1.35～1.4mm型号制定，并取定外框尺寸1450mm×1450mm计算的，铝合金型材含量为542.26kg。假若实际采用90系列1.5mm厚的型号，外框尺寸为1450mm×1550mm，则铝合金型材含量应调整为613.21kg（见定额中附表）。

3）木门、窗框扇的制作和安装

一般木门窗的制作和安装。制作是按机械和手工操作综合编制的。

本节均以一、二类木种为准，如采用三、四类木种（木材分类表上一章），木门、窗制作人工和机械费乘以系数 1.30，木门、窗安装人工乘以系数 1.15。

木材规格是按已成型的两个切断面规格料编制的，两个切断面以前的锯缝损耗按总说明规定应另外计算。

本节中注明的木材断面或厚度均以毛料为准，如设计图纸注明的断面或厚度为净料时，应增加断面刨光损耗：一面刨光加 3mm，两面刨光加 5mm，圆木按直径增加 5mm。

本节中的木材是以自然干燥条件下的木材为准编制的，需要烘干时，其烘干费用及损耗由各省、市、地区自行确定。

本章中门、窗框扇断面除注明者外均是按苏 J73—2 常用项目的Ⅲ级断面编制的，其具体取定尺寸见表 5-11。

设计框、扇断面与定额不同时，应按比例换算。框料以边立框断面为准（框裁口处如为钉条者，应加贴条断面），扇料以立挺断面为准，换算公式为（断面积均以 10m² 为计量单位）：

$$\frac{设计断面积（净料加刨光损耗）}{定额断面积} \times 相应项目定额材积 \qquad (5-5)$$

或

$$（设计断面积 - 定额断面积） \times 相应项目框、扇每增减 10cm² 的材积 \qquad (5-6)$$

胶合板门的基价是按四八尺（1.22m×2.44m）编制的，剩余的边角料残值已考虑回收，如建设单位供应胶合板，按两倍门扇数量张数供应，每张裁下的边角料全部退还给建设单位（但残值回收取消）。若使用三七尺（0.91m×2.13m）胶合板，定额基价应按括号内的含量换算，并相应扣除定额中的胶合板边角料残值回收值。

表 5-11　门、窗扇断面取定尺寸表

门窗	门窗类型	边框断面（含刨光损耗）		扇立框断面（含刨光损耗）	
		定额取定断面/mm	截面积/cm²	定额取定断面/mm	截面积/cm²
门	半截玻璃门	55×100	55	50×100	50
	冒头板门	55×100	55	45×100	45
	双面胶合板门	55×100	55	38×60	22.80
	纱门			35×100	35
	全玻自由门	70×140（Ⅰ级）	98	50×120	60
	拼板门	55×100	55	50×100	50
	平开、推拉木门			60×120	72
	平开窗	55×100	55	45×65	29.25
窗	纱窗			35×65	22.75
	工业木窗	55×120（Ⅱ级）	66		

门窗制作安装的五金、铁件配件按"门窗五金配件安装"相应项目执行，安装人工已包括在相应定额内。设计门、窗玻璃品种、厚度与定额不符时，单价应调整，数量不变。

木质送风口、回风口的制作安装按木质百叶窗定额执行。

设计门、窗有艺术造型等特殊要求时，因设计差异变化较大，其制作、安装应按实际情况另行处理。

"门窗框包不锈钢板"包括门窗骨架在内，应按其骨架的品种分别套用相应定额。

3. 工程量计算规则

(1) 购入成品的各种铝合金门窗安装，按门窗洞口面积以平方米(m²)计算，购入成品的木门扇安装，按购入门扇的净面积计算。

(2) 现场铝合金门窗扇制作、安装工程量按其洞口面积以 10m² 计算。门带窗者，门的工程量算至门框外边线。平面为圆弧形或异形者按展开面积计算。

(3) 各种卷帘门按洞口高度加 600mm 乘以卷帘门实际宽度的面积计算，卷帘门上有小门时，其卷帘门工程量应扣除小门面积。卷帘门上的小门按扇计算，套用计价表 15—25 子目。卷帘门上电动提升装置以套计算。计价表 15—24 子目仅适用于电动提升装置，不适用于手动装置，手动装置的材料、安装人工已包括在相应的定额内，不另增加。

(4) 无框玻璃门按其洞口面积计算。无框玻璃门中，部分为固定门扇，部分为开启门扇时，工程量应分别计算。无框门上带亮子时，其亮子与固定门扇合并计算。

(5) 门窗框包不锈钢板按不锈钢的展开面积以 10m² 计算，计价表 15—88 及 15—91 子目中均已综合了木框料及基层衬板所需消耗的工料，设计框料断面与定额不符时，按设计用量加 5% 损耗调整含量。若仅单独包门窗框不锈钢板时，应按计价表 13—193 子目套用。

木门扇上包金属面或软包面均以门扇净面积计算。无框玻璃门上亮子与门扇之间的钢骨架横撑(外包不锈钢板)，按横撑包不锈钢板的展开面积计算。

(6) 门窗扇包镀锌铁皮，按门窗洞口面积以平方米(m²)计算；门窗框包镀锌铁皮、钉橡皮条、钉毛毡按图示门窗洞口尺寸以延长米计算。

(7) 木门窗框、扇制作、安装工程量按以下规定计算。

各类木门窗(包括纱门、纱窗)制作、安装工程量均按门窗洞口面积以平方米(m²)计算。

连门窗的工程量应分别计算，套用相应门、窗定额，窗的宽度算至门框外侧。

普通窗上部带有半圆窗的工程量应按普通窗和半圆窗分别计算，其分界线以普通窗和半圆窗之间的横框上边线为准。

无框窗扇按扇的外围面积计算。

4. 算例

【例 5.15】 根据【例 5.13】题意，计算门的计价表工程量。

解：(1) 列项目 15—196、15—197、15—198、15—199、15—377、15—346。

(2) 计算工程量。

门框制作安装、门扇制作安装：$0.9 \times 2.7 \times 10 = 24.3\text{m}^2$

五金配件、球形锁：10 樘(把)

5.4.3 门窗工程工程量清单计价

1. 门窗工程工程量清单计价要点

门窗套、贴脸板、筒子板和窗台板等，计价规范中在门窗工程中设立项目编码，计价表中把它们归为零星项目设置(见计价表第 17 章)。门窗贴脸在计价规范中的计量单位是"m²",而在计价表中的计量单位是"10m"、窗台板计价规范中的计量单位是"m",而在计价表中的计量单位是"10m²"。

2. 算例

【例 5.16】 根据【例 5.13】题意,用计价表计价法计算门的综合单价和复价。

解:(1)列项目 15—196、15—197、15—198、15—199、15—377、15—346。

(2)计算工程量(同【例 5.15】)

门框制作安装、门扇制作安装:24.3m²

五金配件、球形锁:10 樘(把)

(3)套定额,计算结果见表 5-12。

表 5-12 计 算 结 果

序号	定额编号	项目名称	计量单位	工程量	综合单价/元	合价/元
1	15—196 换	门框制作	10m²	2.43	541.50	1315.85
2	15—197	门扇制作	10m²	2.43	633.47	1539.33
3	15—198	门框安装	10m²	2.43	29.64	72.03
4	15—199	门扇安装	10m²	2.43	96.17	233.69
5	15—377	五金配件	樘	10	11.31	113.10
6	15—346	球形执手锁	把	10	39.77	397.70
合计						3671.70

注:15—196 换,412.38−299.01+(63×125)÷(55×100)×0.187×1599＝541.50 元/10m²。

答:该门的复价合计 3671.70 元。

【例 5.17】 根据【例 5.13】题意,按清单计价法计算门窗工程的清单综合单价。

解:(1)列项目 010801001001(15—196、15—197、15—198、15—199、15—377、15—346)。

(2)计算工程量(同【例 5.13】、【例 5.15】)。

(3)清单计价见表 5-13。

表 5-13 清 单 计 价

序号	项目编码	项目名称	计量单位	工程数量	金额/元	
					综合单价	合价
1	010801001001	镶板木门	樘	10	367.17	3671.7
	15—196 换	门框制作	10m²	2.43	541.50	1315.85
	15—197	门扇制作	10m²	2.43	633.47	1539.33
	15—198	门框安装	10m²	2.43	29.64	72.03
	15—199	门扇安装	10m²	2.43	96.17	233.69
	15—377	五金配件	樘	10	11.31	113.1
	15—346	球形执手锁	把	10	39.77	397.7

答:镶板木门的清单综合单价为 367.17 元/樘。

5.5 油漆、涂料、裱糊工程计量与计价

5.5.1 油漆、涂料、裱糊工程工程量清单的编制

1. 本节内容

本节主要内容包括：《房屋建筑与装饰工程计量规范》（GB 500854—2013）附录 N（油漆、涂料、裱糊工程）的内容，即：①门油漆；②窗油漆；③木扶手及其他板条、线条油漆；④木材面油漆；⑤金属面油漆；⑥抹灰面油漆；⑦喷刷涂料；⑧裱糊。

2. 有关规定

（1）木门、油漆应区分木大门、单层木门、双层（一玻一纱）木门、双层（单裁口）木门、全玻自由门、半玻自由门、装饰门及有框门或无框门等项目，分别编码列项。

（2）金属门油漆应区分平开门、推拉门、钢制防火门列项。

（3）木窗油漆应区分单层木门、双层（一玻一纱）木窗、双层框扇（单裁口）木窗、双层框三层（二玻一纱）木窗、单层组合窗、双层组合窗、木百叶窗、木推拉窗等项目，分别编码列项。

（4）金属窗油漆应区分平开窗、推拉窗、固定窗、组合窗、金属隔栅窗分别列项。

3. 工程量计算规则

1）门油漆（附录 N.1，编号：011401）

木门油漆（011401001）、金属门油漆（011401002）工程量按设计图示数量或设计图示单面洞口尺寸以"樘/m²"计算。

2）窗油漆（附录 N.2，编号：011402）

木窗油漆（011402001）、金属窗油漆（011402002）工程量按设计图示数量或设计图示单面洞口尺寸以"樘/m²"计算。

3）木扶手及其他板条、线条油漆（附录 N.3，编号：011403）

木扶手油漆（011403001）、窗帘盒油漆（011403002）、封檐板、顺水板油漆（011403003）挂衣板、黑板框油漆（011403004）、挂镜线、窗帘棍、单独木线油漆（011403005）工程量按设计图示以长度计算。

4）木材面油漆（附录 N.4，编号：011404）

① 木板、纤维板、胶合板油漆（011404001）、木护墙、木墙裙油漆（011404002）、窗台板、筒子板、盖板、门窗套、踢脚线油漆（011404003）、清水板条天棚、檐口油漆（011404004）、木方格吊顶天棚油漆（011404005）、吸音板墙面、天棚面油漆（011404006），暖气罩油漆（011404007）工程量按设计图示尺寸以面积计算。

② 木间壁、木隔断油漆（011404008）、玻璃间壁露明墙筋油漆（011404009），木栅栏、木栏杆（带扶手）油漆（011404010）工程量按设计图示尺寸以单面外围面积计算。

③ 衣柜、壁柜油漆（011404011）、梁柱饰面油漆（011404012）、零星木装修油漆（011404013）工程量按设计图示尺寸以油漆部分展开面积计算。

④ 木地板油漆(011404014)、木地板烫硬蜡面(011404015)工程量按设计图示尺寸以面积计算。空洞、空圈、暖气包槽、壁龛的开口部分并入相应的工程量内。

5) 金属面油漆(附录 N.5，编号：011405)

金属面油漆(011405001)工程量按设计图示尺寸以质量计算。

6) 抹灰面油漆(附录 N.6，编号：011406)

抹灰面油漆(011406001)、满刮腻子(011406003)工程量按设计图示尺寸以面积计算。

抹灰线条油漆(011406002)工程量按图示尺寸以长度计算。

7) 喷刷涂料(附录 N.7，编号：011407)

墙面喷刷涂料(011407001)、天棚喷刷涂料(011407002)按设计图示尺寸以面积计算。

空花格、栏杆刷涂料(011407003)按设计图示尺寸以单面外围面积计算。

线条刷涂料(011407004)按设计图示尺寸以长度计算。

金属构件刷防火涂料(011407005)以 t 计量，按设计图示尺寸以质量计算；或以 m^2 计量，按设计展开面积计算。

木材构件喷刷防火涂料(011407006)以 m^2 计量，按设计图示尺寸以面积计算；或以 m^3 计量，按设计结构尺寸以体积计算。

8) 裱糊(附录 N.8，编号：011408)

墙纸裱糊(011408001)、织锦缎裱糊(011408002)工程量按设计图示尺寸以面积计算。

4. 算例

【例 5.18】 对【例 5.9】的顶棚纸面石膏板刷乳胶漆(土建三类)，工作内容为：板缝自黏胶带 700m、清油封底、满批腻子二遍、乳胶漆二遍。计算油漆工程的工程量清单。

解：(1) 列项目 011404006001 天棚面乳胶漆。

(2) 计算工程量。

011404006001 天棚面乳胶漆：$(45-0.24) \times (15-0.24) + 0.2 \times (45-12.24+15-6.24) \times 2 = 677.27 m^2$

(3) 工程量清单见表 5-14。

表 5-14　工程量清单

序号	项目编码	项目名称	项目特征	计量单位	工程数量
1	011404006001	天棚面乳胶漆	(1) 板缝自黏胶带 700m (2) 清油封底、满批腻子二遍，乳胶漆二遍	m^2	677.27

5.5.2 油漆、涂料、裱糊工程计价表工程量

1. 本节内容

本节主要内容包括油漆、涂料和裱糊饰面两个部分。

(1) 油漆、涂料包括：木材面油漆，金属面油漆，抹灰面油漆、涂料。

(2) 裱糊饰面包括：墙纸、墙布。

2．有关规定

（1）本定额中涂料、油漆工程均采用手工操作，喷塑、喷涂、喷油采用机械喷枪操作，实际施工操作方法不同时，均按本定额执行。

（2）油漆项目中，已包括钉眼刷防锈漆的工、料并综合了各种油漆的颜色，设计油漆颜色与定额不符时，人工、材料均不调整。

（3）本定额已综合考虑分色及门窗内外分色的因素，如需做美术图案者，可按实计算。

（4）定额中规定的喷、涂刷的遍数，如与设计不同时，可按每增减一遍相应定额子目执行。

（5）本定额对硝基清漆磨退出亮定额子目未具体要求刷理遍数，但应达到漆膜面上的白雾光消除、出亮为止，实际施工中不得因刷理遍数不同而调整本定额。

（6）色聚氨酯漆已经综合考虑不同色彩的因素，均按本定额执行。

（7）本定额抹灰面乳胶漆、裱糊墙纸饰面是根据现行工艺，将墙面封油刮腻子、清油封底、乳胶漆涂刷及墙纸裱糊分列子目，乳胶漆、裱糊墙纸子目已包括再次找补腻子在内。

（8）喷塑（一塑三油）底油、装饰漆、面油的规格划分如下。

大压花：喷点找平，点面积在 $1.2cm^2$ 以上。

中压花：喷点找平，点面积在 $1\sim1.2cm^2$。

喷中点、小点：喷点面积在 $1cm^2$ 以下。

（9）浮雕喷涂料小点、大点规格划分如下。

小点：点面积在 $1.2cm^2$ 以下。

大点：点面积在 $1.2cm^2$，以上（含 $1.2cm^2$）。

（10）涂料定额是按常规品种编制的，设计用的品种与定额不符时，单价可以换算，其余不变。

（11）裱糊织锦缎定额中，已包括宣纸的裱糊工料在内，不得另计。

（12）木材面油漆设计有漂白处理时，由甲、乙双方另行协商。

3．工程量计算规则

1）天棚、墙、柱、梁面的喷（刷）涂料和抹灰面乳胶漆

天棚、墙、柱、梁面的喷（刷）涂料和抹灰面乳胶漆，工程量按实喷（刷）面积计算，但不扣除 $0.3m^2$ 以内的孔洞面积。

2）木材面油漆

各种木材面的油漆工程量按构件的工程量乘以相应系数计算，其具体系数如下。

套用单层木门定额的项目工程量乘以下列系数，见表 5-15。

表 5-15　单层木门油漆系数

项目名称	系数	工程量计算方法
单层木门	1.00	
带上亮木门	0.96	
双层（一玻一纱）木门	1.36	按洞口面积计算
单层全玻门	0.83	
单层半玻门	0.90	
不包括门套的单层门扇	0.81	

（续）

项目名称	系数	工程量计算方法
凹凸线条几何图案造型单层木门	1.05	按洞口面积计算
木百叶门	1.50	
半木百叶门	1.25	
厂库房大门、钢木大门	1.30	
双层（单裁口）木门	2.00	

注：1. 门、窗贴脸、批水条、盖口条的油漆已包括在相应定额内，不予调整。

2. 双扇木门按相应单扇木门项目乘以系数 0.9。

3. 厂库房大门、钢木大门上的钢骨架、零星铁件油漆已包含在系数内，不另计算。

套用单层木窗定额的项目工程量乘以下列系数见表 5-16。

表 5-16　单层木窗油漆系数

项目名称	系数	工程量计算方法
单层玻璃窗	1.00	按洞口面积计算
双层（一玻一纱）窗	1.36	
双层（单裁口）窗	2.00	
三层（二玻一纱）窗	2.60	
单层组合窗	0.83	
双层组合窗	1.13	
木百叶窗	1.50	
不包括窗套的单层木窗扇	0.81	

套用木扶手定额的项目工程量乘以下列系数见表 5-17。

表 5-17　木扶手油漆系数

项目名称	系数	工程量计算方法
木扶手（不带托板）	1.00	按延长米
木扶手（带托板）	2.60	
窗帘盒（箱）	2.04	
窗帘棍	0.35	
装饰线缝宽在 150mm 内	0.35	
装饰线缝宽在 150mm 外	0.52	
封檐板、顺水板	1.74	

套用其他木材面定额的项目工程量乘以下列系数见表 5-18。

表5-18 其他木材面油漆系数

项目名称	系数	工程量计算方法
纤维板、木板、胶合板天棚	1.00	长×宽
木方格吊顶天棚	1.20	
鱼鳞板墙	2.48	
暖气罩	1.28	
木间壁木隔断	1.90	外围面积 长(斜长)×高
玻璃间壁露明墙筋	1.65	
木栅栏、木栏杆(带扶手)	1.82	
零星木装修	1.10	展开面积

套用木墙裙定额的项目工程量乘以下列系数见表5-19。

表5-19 木墙裙油漆系数

项目名称	系数	工程量计算方法
木墙裙	1.00	净长×高
有凹凸、线条几何图案的木墙裙	1.05	

踢脚线按延长米计算,如踢脚线与墙裙油漆材料相同,应合并在墙裙工程量中。
橱、台、柜工程量按展开面积计算。零星木装修、梁、柱饰面按展开面积计算。
窗台板、筒子板(门、窗套),不论有无拼花图案和线条均按展开面积计算。
套用木地板定额的项目工程量乘以下列系数见表5-20。

表5-20 木地板油漆系数

项目名称	系数	工程量计算方法
木地板	1.00	长×宽
木楼梯(不包括底面)	2.30	水平投影面积

3) 抹灰面、构件面油漆、涂料、刷浆

抹灰面的油漆、涂料、刷浆工程量按抹灰的工程量计算。

混凝土板底、预制混凝土构件中仅油漆、涂料、刷浆工程量按表5-21所示方法计算套抹灰面定额相应项目。

表5-21 抹灰面、构件面油漆、涂料、刷浆系数

项目名称	系数	工程量计算方法
槽形板、混凝土折板底面	1.30	长×宽
有梁板底(含梁底、侧面)	1.30	
混凝土板底楼梯底(斜板)	1.18	水平投影面积
混凝土板底楼梯底(锯齿形)	1.50	

（续）

项目名称		系数	工程量计算方法
混凝土花格窗、栏杆		2.00	长×宽
遮阳板、栏板		2.10	长×宽（高）
混凝土预制构件	屋架、天窗架	40m²	每 m³ 构件
	柱、梁、支撑	12m²	
	其他	20m²	

4）金属面油漆

套用金属单层钢门窗定额的项目工程量乘以下列系数见表 5-22。

表 5-22　金属单层钢门窗油漆系数

项目名称	系数	工程量计算方法
单层钢门窗	1.00	洞口面积
双层钢门窗	1.50	
单钢门窗带纱门窗扇	1.10	
钢百叶门窗	2.74	
半截百叶钢门	2.22	
满钢门或包铁皮门	1.63	
钢折叠门	2.30	框（扇）外围面积
射线防护门	3.00	
厂库房平开、推拉门	1.70	
间壁	1.90	长×宽
平板屋面	0.74	斜长×宽
瓦垄板屋面	0.89	
镀锌铁皮排水、伸缩缝盖板	0.78	展开面积
吸气罩	1.63	水平投影面积

套用其他金属面定额的项目工程量乘以下列系数见表 5-23。

表 5-23　其他金属面油漆系数

项目名称	系数	工程量计算方法
钢屋架、天窗架、挡风架、屋架梁、支撑、檩条	1.00	重量/t
墙架（空腹式）	0.50	
墙架（格板式）	0.82	
钢柱、吊车梁、花式梁、柱、空花构件	0.63	

（续）

项目名称	系数	工程量计算方法
操作台、平台、制动梁、钢梁车挡	0.71	
钢栅栏门、栏杆、窗栅	1.71	
钢爬梯	1.20	
轻型屋架	1.42	重量/t
踏步式钢扶梯	1.10	
零星铁件	1.30	

注：钢柱、梁、屋架、天窗架等构件因点焊安装，应另增刷铁红防锈漆一遍，按上列系数增加10%计算。

5）防火漆

（1）隔壁、护壁木龙骨按其面层正立面投影面积计算。

（2）柱木龙骨按其面层外围面积计算。

（3）天棚龙骨按其水平投影面积计算。

（4）木地板中木龙骨及木龙骨带毛地板按地板面积计算。

（5）隔壁、护壁、柱、天棚面层及木地板刷防火漆时，执行其他木材面刷防火漆相应子目。

4．算例

【例5.19】 根据【例5.18】题意，计算天棚油漆工程的计价表工程量。

解：（1）列项目：16—306、16—305、16—303、16—311。

（2）计算工程量。

天棚贴自粘胶带（16—306）：$700m^2$

清油封底（16—305）、满批腻子二遍（16—303）、乳胶漆二遍（16—311）面积＝天棚面层面积＝$677.27m^2$

5.5.3 油漆、涂料、裱糊工程工程量清单计价

1．油漆、涂料、裱糊工程工程量清单计价要点

（1）计价规范中以"樘"、面积、长度计算工程量，与计价表中工程量需乘以折算系数是不同的。

（2）有线角、线条、压条的油漆、涂料面的工料消耗应包括在报价内。

（3）空花格、栏杆刷涂料工程量按外框单面垂直投影面积计算，应注意其展开面积的工料消耗应包括在报价内。

2．油漆、涂料、裱糊工程清单及计价示例

【例5.20】 根据【例5.18】题意，用计价表计价法计算油漆工程的综合单价和复价。

解：（1）列项目：16—306、16—305、16—303、16—311。

（2）计算工程量（同【例5.19】）。

（3）套定额计算结果见表5-24。

表 5-24 计 算 结 果

序号	定额编号	项目名称	计量单位	工程量	综合单价/元	合价/元
1	16—306	天棚贴自粘胶带	10m	70	17.95	1256.5
2	16—305	清油封底	10m²	67.727	20.14	1364.02
3	16—303	满批腻子二遍	10m²	67.727	38.27	2591.51
4	16—311换	乳胶漆二遍	10m²	67.727	36.93	2501.16
合计						7713.19

答： 该顶棚油漆工程的复价合计7713.19元。

【例5.21】 根据【例5.18】题意，按清单计价法计算油漆工程的清单综合单价。

解：（1）列项目011404006001(16—306、16—305、16—303、16—311)。

（2）计算工程量（同【例5.18】、【5.19】）。

（3）清单计价见表5-25。

表 5-25 清 单 计 价

序号	项目编码	项目名称	计量单位	工程数量	金额/元	
					综合单价	合价
1	011404006001	天棚面乳胶漆	m²	677.27	11.39	7713.19
	16—306	天棚贴自粘胶带	10m	70	17.95	1256.5
	16—305	清油封底	10m²	67.73	20.14	1364.08
	16—303	满批腻子二遍	10m²	67.73	38.27	2592.09
	16—311	乳胶漆二遍	10m²	67.73	36.93	2501.27

答： 天棚面乳胶漆的清单综合单价为11.39元/m²。

5.6 其他装饰工程计量与计价

5.6.1 其他装饰工程工程量清单的编制

1. 本节内容

本节主要内容包括：《房屋建筑与装饰工程计量规范》（GB 500854—2013)附录O(其他装饰工程)的内容，即：①柜类、货架；②装饰线；③扶手、栏杆、栏板装饰；④暖气罩；⑤浴厕配件；⑥雨篷、旗杆；⑦招牌、灯箱；⑧美术字。

2. 有关规定

厨房壁柜和厨房吊柜的区别：嵌入墙内为壁柜，以支架固定在墙上的为吊柜。

压条、装饰线项目已包括在门扇、墙柱面、天棚等项目内的，不再单独列项。

洗漱台项目适用于石质（天然石材、人造石材等）、玻璃等。

旗杆的砌砖或混凝土台座，台座的饰面可按相关附录的章节另行编码列项，也可纳入旗杆价内。

美术字不分字体、按大小规格分类。

3. 工程量计算规则

1）柜类、货架（附录 O.1，编号：011501）

柜台（011501001）、酒柜（011501002）、衣柜（011501003）、存包柜（011501004），鞋柜（011501005）、书柜（011501006）、厨房壁柜（011501007）、木壁柜（011501008），厨房低柜（011501009）、厨房吊柜（011501010）、矮柜（011501011）、吧台背柜（011501012）、酒吧吊柜（011501013）、酒吧台（011501014）、展台（011501015）、收银台（011501016）、试衣间（011501017）、货架（011501018）、书架（011501019）、服务台（011501020）工程量按设计图示数量以"个"计算；或以 m 计量，按设计图示尺寸以延长米计算。

2）装饰线（附录 O.2，编号：011502）

金属装饰线（011502001）、木质装饰线（011502002）、石材装饰线（011502003）、石膏装饰线（011502004）、镜面玻璃线（011502005）、铝塑装饰线（011502006）、塑料装饰线（011502007）按设计图示以长度计算。

3）扶手、栏杆、栏板装饰（附录 O.3，编码：011503）

金属扶手、栏杆、栏板（011503001）、硬木扶手、栏杆、栏板（011503002）、塑料扶手、栏杆、栏板（011503003）、金属靠墙扶手（011503004）、硬木靠墙扶手（011503005）、塑料靠墙扶手（011503006）、玻璃栏板（011503006）按设计图示以扶手中心线长度（包括弯头长度）计算。

4）暖气罩（附录 O.4，编号：011504）

饰面板暖气罩（011504001）、塑料板暖气罩（011504002）、金属暖气罩（011504003）按设计图示尺寸以垂直投影面积（不展开）计算。

5）浴厕配件（附录 O.5，编号：011505）

洗漱台（011505001）按设计图示尺寸以台面外接矩形面积计算。不扣除孔洞、挖弯、削角所占面积，挡板、吊沿板面积并入台面面积内。

晒衣架（011505002）、帘子杆（011505003）、浴缸拉手（011505004）、卫生间扶手（011505005）、毛巾杆（架）（011505006）、毛巾环（011505007）、卫生纸盒（011505008）、肥皂盒（011505009）、镜箱（011505011）按设计图示数量计算。

镜面玻璃（011505010）按设计图示尺寸以边框外围面积计算。

6）雨篷、旗杆（附录 O.6，编号：011506）

雨篷吊挂饰面（011506001）、玻璃雨篷（011506003）按设计图示尺寸以水平投影面积计算。

金属旗杆(011506002)按设计图示数量以"根"计算。

7) 招牌、灯箱(附录 O.7,编号:011507)

平面、箱式招牌(011507001)按设计图示尺寸以正立面边框外围面积计算。复杂形的凹凸造型部分不增加面积。

竖式标箱(011507002)、灯箱(011507003)按设计图示数量以"个"计算。

8) 美术字美术字(附录 O.8,编号:011508)

泡沫塑料字(011508001020607001)、有机玻璃字(011508002020607002)、木质字(011508003)、金属字(011508004)、吸塑字(011508005)按设计图示数量以"个"计算。

4. 算例

【例 5.22】 图 5.3 所示天棚与墙相接处采用 60mm×60mm 红松阴角线条,凹凸处阴角采用 15mm×15mm 阴角线条,线条均为成品,安装完成后采用清漆油漆二遍。计算其他工程的工程量清单。

解:(1) 列项目 011502002001、011502002002。

(2) 计算工程量。

011502002001 阴角线 15mm×15mm:83.04m

011502002002 阴角线 60mm×60mm:119.04m

(3) 工程量清单见表 5-26。

表 5-26 工程量清单

序号	项目编码	项目名称	项目特征	计量单位	工程数量
1	011502002001	阴角线	(1) 规格:15mm×15mm (2) 油漆:刷底油、色油、清漆二遍	m	83.04
2	011502002002	阴角线	(1) 规格:60mm×60mm (2) 油漆:刷底油、色油、清漆二遍	m	119.04

5.6.2 其他装饰工程计价表工程量

1. 本节内容

本节主要内容包括:招牌、灯箱基层,招牌、灯箱面层,美术字安装,压条、装饰线条;镜面玻璃,卫生间配件、窗帘盒、窗帘轨、窗台板、门窗套制作安装,木盖板、木搁板、固定式玻璃黑板,暖气罩,天棚面零星项目,窗帘装饰布制作安装,墙、地面成品防护,隔断,柜类、货架。

2. 有关规定

本定额中除铁件、钢骨架已包括刷防锈漆一遍外,其余均未包括油漆、防火漆的工料,如设计涂刷油漆、防火漆按油漆相应定额子目套用。

本定额招牌分为平面型、箱体型两种,在此基础上又分为简单型、复杂型。平面型是指厚度在 120mm 以内在一个平面上有招牌。箱体型是指厚度超过 120mm，一个平面上有招牌或多面有招牌。沿雨篷、檐口、阳台走向立式招牌，按平面招牌复杂项目执行。

简单型招牌是指矩形或多边形、面层平整无凹凸面。复杂招牌是指圆弧形或面层有凹凸造型的，无论安装在建筑物的何种部位均按相应项目定额执行。

招牌、灯箱内灯具未包括在内。

字体安装均以成品安装为准，不分字体，均执行本定额。即使是外文或拼音字母，也应以中文意译的单字或单词进行计量，不应以字符计量。

本定额装饰线条安装为线条成品安装，定额均以安装在墙面上为准。设计安装在天棚面层时，按以下规定执行(但墙、顶交界处的角线除外)：钉在木龙骨基层上，其人工按相应定额乘以系数 1.34；钉在钢龙骨基层上乘以系数 1.68；钉木装饰线条图案者人工乘以系数 1.50(木龙骨基层上)及 1.80(钢龙骨基层上)。设计装饰线条成品规格与定额不同时应换算，但含量不变。

石材装饰线条均以成品安装为准。石材装饰线条磨边、磨圆边均包括在成品的单价中，不再另计。

本定额中的石材磨边是按在现场制作加工编制的，实际由外单位加工时，应另行计算。

成品保护是指对已做好的项目面层上覆盖保护层，保护层的材料不同不得换算，实际施工中未覆盖的不得计算成品保护。

货柜、柜类定额中未考虑面板拼花及饰面板上贴其他材料的花饰、造型艺术品，货架、柜类图见计价表 17—139 后。

3. 工程量计算规则

平面型招牌基层按正立面投影面积计算，箱体式钢结构招牌基层按外围体积计算。灯箱的面层按展开面积以平方米(m²)计算。

沿雨篷、檐口和阳台走向的立式招牌基层，按平面招牌复杂型执行时，应按展开面积计算。

招牌字按每个字面积在 0.2m² 内、0.5m² 内、0.5m² 外 3 个子目划分，字安装无论安装在何种墙面或其他部位均按字的个数计算。以字体尺寸的最大外围面积计算。

单线木压条、木花式线条、木曲线条、金属装饰条及多线木装饰条、石材线等安装均按延长米计算。

石材线磨边加工及石材板缝嵌云石胶按延长米计算。

门窗套、筒子板按面层展开面积计算。窗台板按平方米(m²)计算，如图纸未注明窗台板长度，可按窗框外围两边共加 100mm 计算；窗口凸出墙面的宽度，按抹灰面另加 30mm 计算。

门窗贴脸按门窗洞口尺寸外围长度以延长米计算，双面钉贴脸者工程量乘以 2；挂镜线按设计长度以延长米计算，暖气罩、玻璃黑板按外框投影面积计算。

窗帘盒及窗帘轨按延长米计算，如设计图纸未注明尺寸可按洞口尺寸加 30cm 计算。

窗帘装饰布。

窗帘布、窗纱布、垂直窗帘的工程量按展开面积计算。

窗水波慢帘按延长米计算。

石膏浮雕灯盘、角花按个数计算，检修孔、灯孔、开洞按个数计算，灯带按延长米计算，灯槽按中心线延长米计算。

防潮层按实铺面积计算，成品保护层按相应子目工程量计算，台阶、楼梯按水平投影面积计算。

卫生间配件。

大理石洗漱台板工程量按平方米(m^2)计算。

浴帘杆、浴缸拉手及毛巾架按副计算。

若镜面玻璃带框，按框的外围面积计算；不带框的镜面玻璃按玻璃面积计算。

隔断的计算。

半玻璃隔断是指上部为玻璃隔断，下部为其他墙体，其工程量按半玻璃设计边框外边线以平方米(m^2)计算。

全玻璃隔断是指其高度自下横档底算至上横档顶面，宽度按两边立框外边以平方米(m^2)计算。

玻璃砖隔断按玻璃砖格式框外围面积计算。

花式隔断、网眼木格隔断(木葡萄架)均以框外围面积计算。

浴厕木隔断，其高度自下横档底算至上横档顶面以平方米(m^2)计算。门扇面积并入隔断面积内计算。

塑钢隔断按框外围面积计算。

货架、柜橱类均以正立面的高(包括脚的高度在内)乘以宽以平方米(m^2)计算。收银台以个计算，其他以延长米为单位计算。

4. 算例

【例 5.23】 根据【例 5.22】题意，计算线条安装的计价表工程量。

解：(1) 列项目 17—27、17—29、16—55。

(2) 计算工程量。

15mm×15mm 阴角线：$[(45-0.24-12)+(15-0.24-6)]\times2=83.04m$

60mm×60mm 阴角线：$[(45-0.24)+(15-0.24)]\times2=119.04m$

油漆工程量：$(83.04+119.04)\times0.35=70.728m$

5.6.3 高层施工人工降效

1. 高层施工人工降效有关规定

(1) 单独装饰工程超高人工降效由于在 20m 以上施工时，人工耗用比 20m 以下的人工是要高些的，故每增加 10m 高度，相应计算段人工增加一定比例。

"高度"和"层高"，只要其中一个指标达到规定，即可套用该项目。

当同一个楼层中的楼面和天棚不在同一计算段内，以天棚面标高段为准计算。

装饰工程的高层施工人工降效系数应列入相关项目的综合单价中，一般不单独列项。

(2) 工程量计算规则单独装饰工程超高部分人工降效以超过 20m 部分的人工费分段计算。

计价表的计算表所列建筑物高度为 20m，超过此高度按比上个计算段的比例基数递增 2.5%推算。

2. 算例

【例 5.24】 图 5.4 为图 5.2 中门窗的内部装饰详图(土建三类),门做筒子板和贴脸,窗在内部做筒子板和贴脸,贴脸采用 50mm×5mm 成品木线条(3 元/m),45°斜角连接,门、窗套采用木针与墙面固定,胶合板三夹底、普通切片三夹板面,筒子板与贴脸采用清漆油漆二遍。如果是单独装饰三类企业,在建筑物的 9 层施工,已知该层楼面相对标高为 26.4m,室内外高差为 0.6m,该层板底净高为 3.2m,用计价表计价法计算该工程的综合单价和复价。

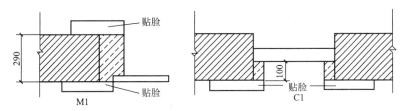

图 5.4 门窗套及贴脸

解:(1) 列项目 17—21、17—60、16—57、18—20。

(2) 计算工程量。

① 贴脸。

M1 贴脸:(2×2+1.2+0.05×2)×2=10.6m

C1 贴脸:(1.2+1.5+0.05×2)×2×8=44.8m

小计:55.4m

② 筒子板。

门:(1.2+2×2)×0.29=1.51m²

窗:(1.2+1.5)×0.1×2×8=4.32m²

小计:5.83m²

③ 油漆:5.83m²(贴脸部分油漆含在门窗油漆中,不另计算)。

④ 人工降效:天棚板底至室外地坪总高为 26.4+0.6+3.2=30.2>30m,人工降效按项目 18—20 计算。

(3) 套定额,计算结果见表 5-27。

表 5-27 计算结果

序号	定额编号	项目名称	计量单位	工程量	综合单价/元	合价/元
1	17—21 换	贴脸条宽在 50mm 内	100m	0.554	460.88	247.03
2	17—60 换	筒子板	10m²	0.583	704.10	410.49
3	16—57 换	筒子板油漆	10m²	0.583	76.15	44.40
合计						701.92

注:1. 17—21 换=439.35+63.56×7.5%×(1+40%+15%)+(63.56+15)×(40%−25%+15%−12%)=460.88 元/100m。

2. 17—60 换=673.09+103.04×7.5%×1.55+(103.04+2.7)×0.18=704.10 元/10m²。

3. 16—57 换=65.03+37.52×7.5%×1.55+(37.52+0)×0.18=76.15 元/10m²。

答:该工程复价合计 701.92 元。

5.6.4 其他工程工程量清单计价

1. 其他工程工程量清单计价要点

台柜项目以"个"计算，应按设计图纸或说明，包括台柜、台面材料（石材、皮革、金属、实木等）、内隔板材料、连接件、配件等，均应包括在报价内。

洗漱台现场制作、切割、磨边等人工、机械的费用应包括在报价内。

金属旗杆也可将旗杆台座及台座面层一并纳入报价。

2. 算例

【例 5.25】 解：（1）列项目 17—27、17—29、16—55。

（2）计算工程量（同【例 5.23】）。

15mm×15mm 阴角线：83.04m

60mm×60mm 阴角线：119.04m

油漆工程量：70.728m

（3）套定额，计算结果见表 5-28。

表 5-28 计 算 结 果

序号	定额编号	项目名称	计量单位	工程量	综合单价/元	合价/元
1	17—27 换	15mm × 15mm 红松阴角线	100m	0.8304	338.69	281.25
2	17—29	60mm × 60mm 红松阴角线	100m	1.1904	822.00	978.51
3	16—55	清漆二遍	10m	7.0728	23.01	162.75
合计						1422.51

注：17—27 换＝278.69＋0.68×64.40×1.37＝338.69 元/100m。

答：该线条安装工程的复价合计 1422.51 元。

【例 5.26】 根据【例 5.22】题意，按清单计价法计算其他工程的清单综合单价。

解：（1）列项目 011502002001（17—29、16—55）、011502002002（17—27，16—55）。

（2）计算工程量（同【例 5.22】、【例 5.23】）。

（3）清单计价见表 5-29。

表 5-29 清 单 计 价

序号	项目编码	项目名称	计量单位	工程数量	金额/元 综合单价	金额/元 合价
1	011502002001	阴角线	m	83.04	4.19	348.12
	17—27 换	15mm×15mm 红松阴角线	100m	0.8304	338.69	281.25
	16—55	清漆二遍	10m	2.906	23.01	66.87

（续）

序号	项目编码	项目名称	计量单位	工程数量	金额/元	
					综合单价	合价
2	011502002002	阴角线	m	119.04	9.03	1074.37
	17—29	60mm×60mm红松阴角线	100m	1.1904	822.00	978.51
	16—55	清漆二遍	10m	4.166	23.01	95.86

答：阴角线 15mm×15mm 的清单综合单价为 4.19 元/m，阴角线 60mm×60mm 的清单综合单价为 9.03 元/m。

5.7 拆除工程计量

1. 本节内容

本节主要内容包括：《房屋建筑与装饰工程计量规范》（GB 500854—2013)附录 P(拆除工程)的内容，即：砖砌体拆除；混凝土及钢筋混凝土构件拆除；木构件拆除；抹灰层拆除；块料面层拆除；龙骨及饰面拆除；屋面拆除；铲除油漆涂料裱糊面；栏杆栏板、轻质隔断隔墙拆除；门窗拆除；金属构件拆除；管道及卫生洁具拆除；灯具、玻璃拆除；其他构件拆除；开孔(打洞)。

2. 工程量计算规则

1) 砖砌体拆除(附录 P.1，编码：011601)

砖砌体拆除(011601001)以 m³ 计量，按拆除的体积计算；或以 m 计量，按拆除的延长米计算。

★注意：①砌体名称指墙、柱、水池等。②砌体表面的附着物种类指抹灰层、块料层、龙骨及装饰面层等。③以 m 计量，如砖地沟、砖明沟等必须描述拆除部位的截面尺寸；以 m³ 计量，截面尺寸则不必描述。

2) 混凝土及钢筋混凝土构件拆除(附录 P.2，编码：011602)

混凝土构件拆除(011602001)、钢筋混凝土构件拆除(011602002)以 m³ 计算；按拆除构件的混凝土体积计算或以 m² 计算，按拆除部位的面积计算；或以 m 计算，按拆除部位的延长米计算。

★注意：①以 m³ 作为计量单位时，可不描述构件的规格尺寸，以 m² 作为计量单位时，则应描述构件的厚度，以 m 作为计量单位时，则必须描述构件的规格尺寸。②构件表面的附着物种类指抹灰层、块料层、龙骨及装饰面层等。

3) 木构件拆除(附录 P.3，编码：011603)

木构件拆除(011603001)以 m³ 计算；按拆除构件的混凝土体积计算或以 m² 计算，按拆除部位的面积计算；或以 m 计算，按拆除部位的延长米计算。

★注意：①拆除木构件应按木梁、木柱、木楼梯、木屋架、承重木楼板等分别在构件名称中描述。②以 m³ 作为计量单位时，可不描述构件的规格尺寸，以 m² 作为计量单位时，则应描述构件的厚度，以 m 作为计量单位时，则必须描述构件的规格尺寸。③构件表面的附着物种类指抹灰层、块料层、龙骨及装饰面层等。

4）抹灰面拆除（附录 P.4，编码：011604）

平面抹灰层拆除（011604001）、立面抹灰层拆除（011604002）、天棚抹灰面拆除（011604003）按拆除部位的面积计算。

5）块料面层拆除（附录 P.5，编码：011605）

平面块料拆除（011605001）、立面块料拆除（011605002）按拆除面积计算。

6）龙骨及饰面拆除（附录 P.6，编码：011606）

楼地面龙骨及饰面拆除（011606001）、墙柱面龙骨及饰面拆除（011606002）、天棚面龙骨及饰面拆除（011606003）按拆除面积计算。

7）屋面拆除（附录 P.7，编码：011607）

刚性层拆除（011607001）、防水层拆除（011607002）按铲除部位的面积计算。

8）铲除油漆涂料裱糊面（附录 P.8，编码：011608）

铲除油漆面（011608001）、铲除涂料面（011608002）、铲除裱糊面（011608003）以 m^2 计算，按铲除部位的面积计算；或以 m 计算，按按铲除部位的延长米计算。

9）栏杆、轻质隔断隔墙拆除（附录 P.9，编码：011609）

栏杆、栏板拆除（011609001）以 m^2 计量，按拆除部位的面积计算；或以 m 计量，按拆除的延长米计算。

隔断隔墙拆除（011609002）按拆除部位的面积计算。

10）门窗拆除（附录 P.10，编码：011610）

木门窗拆除（011610001）、金属门窗拆除（011610002）以 m^2 计量，按拆除面积计算；或以樘计量，按拆除樘数计算。

11）金属构件拆除（附录 P.11，编码：011611）

钢梁拆除（011611001）、钢柱拆除（011611002）、钢支撑、钢墙架拆除（011611004）、其他金属构件拆除（011611005）以 t 计算，按拆除构件的质量计算；或以 m 计算，按拆除延长米计算。

钢网架拆除（011611003）按拆除构件的质量计算。

★注意：拆除金属栏杆、栏板按表 P.9 相应清单编码执行。

12）管道及卫生洁具拆除（附录 P.12，编码：011612）

管道拆除（011612001）按拆除管道的延长米计算。

卫生洁具拆除（011612002）按拆除的数量计算。

13）灯具、玻璃拆除（附录 P.13，编码：011613）

灯具拆除（011613001）按拆除的数量计算。

玻璃拆除（011613002）按拆除的面积计算。

14）其他构件拆除（附录 P.14，编码：011614）

暖气罩拆除（011614001）、柜体拆除（011614002）以个为单位计量，按拆除个数计算；或以 m 为单位计量，按拆除延长米计算。

窗台板拆除（011614003）以块计量，按拆除数量计算；或以 m 计量，按拆除的延长米计算。

筒子板拆除（011614004）、窗帘盒拆除（011614005）按拆除的延长米计算。

15）开孔（打洞）（附录 P.15，编码：011615）

开孔（打洞）（011615001）按数量计算。

本 章 小 结

本章详细介绍了装饰工程的计算规则、综合单价确定方法。装饰工程工程量清单计价根据工程的情况，主要可分为：①楼地面工程；②墙、柱面工程；③天棚工程；④门窗工程；⑤油漆、涂料、裱糊工程；⑥其他工程。

本章要求：熟悉装饰工程实体项目的项目编码、项目名称、项目特征、计量单位、工程量计算规则以及工程内容。

掌握装饰工程实体项目工程量清单的编制，以及工程量清单计价单价分析。

本章重点：装饰工程实体项目工程量清单的编制。

本章难点：装饰工程实体项目工程量清单编制时，如何准确描述项目特征；油漆、涂料项目材料价格确定和单价分析。

习　　题

1. 某一层建筑平面图如图 5.1 所示，室内地坪标高 ±0.000，室外地坪标高 −0.300m，土方堆积地距离房屋 150m。该地面做法为：1:2 水泥砂浆面层 20 厚，C15 混凝土垫层 80 厚，碎石垫层 100 厚，夯填地面土。踢脚线：120mm 高水泥砂浆踢脚线。柱：直径 1000mm，位于①～②轴、④～⑧轴的中心处。M1：1200mm×2000mm。台阶：100 厚碎石垫层，C15 混凝土，1:2 水泥砂浆面层。散水：C15 混凝土 600mm 宽，按苏 J9508 图集施工（不考虑模板）。踏步高 150mm。求地面部分工程量、综合单价和复价。

2. 如图 5.1 所示，地面、平台及台阶贴镜面同质地砖，设计的构造为：素水泥浆一道，干硬性水泥砂浆贴 600mm×600mm×6mm 镜面同质地砖（预算价 35 元/块）。踢脚线 120mm 高。台阶及平台侧面不贴同质砖，粉刷 15mm 底层，5mm 面层。同质砖面层进行酸洗打蜡。用计价表计算同质地砖的工程量、综合单价和复价（圆柱地面按正方形扣除，不考虑圆柱地面的计算）。

3. 某工程二层楼建筑，楼梯间如图 5.5 所示，贴面采用花岗岩，踏步嵌 2 根 4mm×6mm 铜条，铜条距两端 150mm，墙面贴 150mm 高踢脚线，扶手为钢栏杆成品，硬木扶手，起点距踏步 150mm，按计价表计算综合单价和复价。

4. 某房屋做木地板楼面如图 5.6 所示，木龙骨断面为 60mm×60mm@450mm，横撑 50mm×50mm@800mm，与现浇楼板用 M8×80mm 膨胀螺栓固定@450mm×800mm，18mm 细木工板基层，背面刷防腐油，免漆免刨木地板面层，硬木踢脚线，毛料断面 120mm×20mm，钉在砖墙上，按土建三类工程考虑，计算该分项工程的工程量、综合单价和复价。

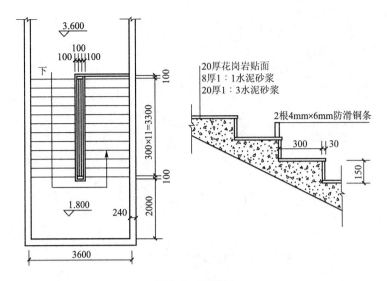

图 5.5　楼梯间

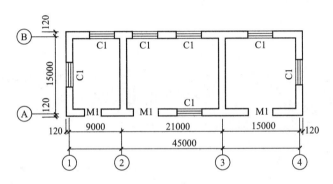

图 5.6　木地板楼面

5. 某一层建筑如图 5.1 所示，M1 洞口尺寸为 1200mm×2000mm，C1 尺寸为 1200mm×1500mm×80mm，墙内部采用 15mm 1：1：6 混合砂浆找平，5mm 1：0.3：3 混合砂浆抹面，外部墙面和柱采用 12mm 1：3 水泥砂浆找平，8mm 1：2.5 水泥砂浆抹面，外墙抹灰面内采用 3mm 玻璃条分隔嵌缝，屋面板底标高为 2.8m，室内外高差为 0.300m，用计价表计算墙、柱面部分粉刷的工程量、综合单价和复价。

6. 某二级装饰企业承担某大厦中 10～12 层的内装饰，如图 5.7 所示，其中，天棚为不上人型轻钢龙骨，方格为 500mm×500mm，吊筋用 Φ8，面层用纸面石膏板，10、11 层楼层层高为 4.2m，12 层楼层层高为 5.0m，天棚面的阴、阳角线暂不考虑，混凝土楼板每层均为 100mm 厚，平面尺寸及简易做法如图 5.7 所示（该三层天棚做法均一样）。用计价表计算该企业完成 10～12 层的天棚龙骨面层（不包括贴胶带及刷油漆）的有关综合单价和复价。

7. 已知 M1 为有腰单扇胶合板门，规格为：900mm×2700mm，框设计断面为：60mm×120mm，共 16 樘，油漆均为聚氨酯漆 3 遍，现场制作、现场安装，门扇规格与定额相符，框设计断面均指净料，全部安装执手锁，用计价表计算相关综合单价及复价。（要求保留计算过程，人、材、机单价按预算价）

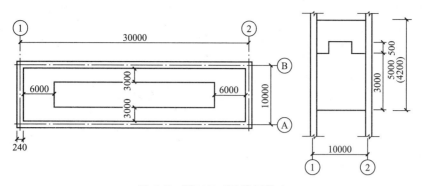

图 5.7 平面尺寸及简易做法

第**6**章
措施项目工程计价

引例

《房屋建筑与装饰工程计量规范》(GB 500854—2013)第 3.1.1 款规定"建设工程施工发承包造价由分部分项工程费、措施项目费、其他项目费、规费和税金组成"；3.1.4 款规定"措施项目清单中的安全文明施工费应按照国家或省级、行业建设主管部门的规定计价，不得作为竞争性费用"；4.3.1 款规定"措施项目清单应根据相关工程现行国家计量规范的规定编制"；4.3.2 款规定"措施项目清单应根据拟建工程的实际情况列项"。因此，招标人可以在招标文件中规定允许施工单位在编制措施项目清单时增加列项，经验丰富的施工单位对于成熟的施工工艺的措施项目应该考虑到，并在措施项目清单中有所响应。如果不响应，招标单位可以认为此项工作费用已包含在分项工程综合单价中或施工单位就此项工作提供无偿服务，当实际发生时，招标单位不再考虑增加任何费用，也不另外签证。

评标时对施工单位的措施项目清单要仔细研究，不能单一只考虑措施项目费用的高低，对措施项目的完整性、合理性也要充分考虑，以避免恶意竞争中标后在施工过程中又要求增加费用。

6.1 措施项目计量

1. 本节内容

本节内容主要包括《房屋建筑与装饰工程计量规范》（GB 500854—2013)附录 Q(措施项目)的内容，即：①一般措施项目、②脚手架工程、③混凝土模板及支架、④垂直运输、⑤超高施工增加 5 个部分。

2. 工程量计算规则

1）一般措施项目(附录 Q.1，编码：011701)

安全文明施工(含环境保护、文明施工、安全施工、临时设施)(011701001)。

夜间施工(011701002)。

非夜间施工照明(011701003)。

二次搬运(011701004)。

冬雨季施工(011701005)。

大型机械设备进出场及安拆(011701006)。

施工排水(011701007)。

施工降水(011701008)。

地上、地下设施、建筑物的临时保护设施(011701009)。

已完工程及设备保护(011701010)。

★注意：

(1) 安全文明施工费是指工程施工期间按照国家现行的环境保护、建筑施工安全、施工现场环境与卫生标准和有关规定，购置和更新施工安全防护用具及设施、改善安全生产条件和作业环境所需要的费用。

(2) 施工排水是指为保证工程在正常条件下施工，所采取的排水措施所发生的费用。

(3) 施工降水是指为保证工程在正常条件下施工，所采取的降低地下水位的措施所发生的费用。

2）脚手架工程(附录 Q.2，编码：011702)

综合脚手架(011702001)，按建筑面积计算。

外脚手架(011702002)、里脚手架(011702003)按所服务对象的垂直投影面积计算。

悬空脚手架(011702004)按搭设的水平投影面积计算。

挑脚手架(011702004)按搭设长度乘以搭设层数以延长米计算。

满堂脚手架(011702005)按搭设的水平投影面积计算。

提升脚手架(011702006)按所服务对象的垂直投影面积计算。

外装式吊篮(011702007)按所服务对象的垂直投影面积计算。

★注意：

（1）使用综合脚手架时，不再使用外脚手架、里脚手架等单项脚手架；综合脚手架适用于能够按"建筑面积计算规则"计算建筑面积的建筑工程脚手架，不适用于房屋加层、构筑物及附属工程脚手架。

（2）同一建筑物有不同檐高时，按建筑物竖向切面分别按不同檐高编列清单项目。

（3）整体提升架已包括 2m 高的防护架体设施。

（4）建筑面积计算按《建筑面积计算规范》（GB/T 50353—2005）

（5）脚手架材质可以不描述，但应注明由投标人根据工程实际情况按照《建筑施工扣件式钢管脚手架安全技术规范》、《建筑施工附着升降脚手架管理规定》等规范自行确定。

3）混凝土模板及支架（附录 Q.3，编码：011703）

垫层（011703001）、带形基础（011703002）、独立基础（011703003）、满堂基础（011703004）、设备基础（011703005）、桩承台基础（011703006）、矩形柱（011703007）、构造柱（011703008）、异形柱（011703009）、基础梁（011703010）、矩形梁（011703011）、异形梁（011703012）、圈梁（011703013）、过梁（011703014）、弧形、拱形梁（011703015）、直形墙（011703016）、弧形墙（011703017）、短肢剪力墙、电梯井壁（011703018）、有梁板（011703019）、无梁板（011703020）、平板（011703021）、拱板（011703022）、薄壳板（011703023）、栏板（011703024）、其他板（011703025）按模板与现浇混凝土构件的接触面积计算。①现浇钢筋砼墙、板单孔面积≤0.3m² 的孔洞不予扣除，洞侧壁模板亦不增加；单孔面积＞0.3m² 时应予扣除，洞侧壁模板面积并入墙、板工程量内计算。②现浇框架分别按梁、板、柱有关规定计算；附墙柱、暗梁、暗柱并入墙内工程量内计算。③柱、梁、墙、板相互连接的重迭部分，均不计算模板面积。④构造柱按图示外露部分计算模板面积。

天沟、檐沟（011703026）、雨篷、悬挑板、阳台板（011703027）按模板与现浇混凝土构件的接触面积计算。按图示外挑部分尺寸的水平投影面积计算，挑出墙外的悬臂梁及板边不另计算。

直行楼梯（011703028）、弧形楼梯（011703029）按楼梯（包括休息平台、平台梁、斜梁和楼层板的连接梁）的水平投影面积计算，不扣除宽度≤500mm 的楼梯井所占面积，楼梯踏步、踏步板、平台梁等侧面模板不另计算，伸入墙内部分亦不增加。

其他现浇构件（011703030）按模板与现浇混凝土构件的接触面积计算。

电缆沟、地沟（011703031）按模板与电缆沟、地沟接触的面积计算。

台阶（011703032）按图示台阶水平投影面积计算，台阶端头两侧不另计算模板面积。架空式混凝土台阶，按现浇楼梯计算。

扶手（011703033）按模板与扶手的接触面积计算。

散水（011703034）按模板与散水的接触面积计算。

后浇带（011703035）按模板与后浇带的接触面积计算。

化粪池底（011703036）、化粪池壁（011703037）、化粪池顶（011703038）、检查井底（011703039）、检查井壁（011703040）、检查井顶（011703041）按模板与混凝土接触面积计算。

★注意：

（1）原槽浇灌的混凝土基础、垫层，不计算模板。

（2）此混凝土模板及支撑（架）项目，只适用于以 m² 计量，按模板与混凝土构件的接触面积计算，以 m³ 计量，模板及支撑（支架）不再单列，按混凝土及钢筋混凝土实体项目执行，综合单价中应包含模板及支架。

（3）采用清水模板时，应在特征中注明。

4）垂直运输（附录 Q.4，编码：011704）

垂直运输（011704001）按《建筑工程建筑面积计算规范》GB/T50353—2005 的规定计算建筑物的建筑面积；或按施工工期日历天数。

★注意：

（1）建筑物的檐口高度是指设计室外地坪至檐口滴水的高度（平屋顶系指屋面板底高度），突出主体建筑物屋顶的电梯机房、楼梯出口间、水箱间、瞭望塔、排烟机房等不计入檐口高度。

（2）垂直运输机械指施工工程在合理工期内所需垂直运输机械。

（3）同一建筑物有不同檐高时，按建筑物的不同檐高做纵向分割，分别计算建筑面积，以不同檐高分别编码列项。

5）超高施工增加（附录 Q.5，编码：0117045）

超高施工增加（011705001）按《建筑工程建筑面积计算规范》（GB/T 50353—2005）的规定计算建筑物超高部分的建筑面积。

共性问题说明：

（1）单层建筑物檐口高度超过 20m，多层建筑物超过 6 层时，可按超高部分的建筑面积计算超高施工增加。计算层数时，地下室不计入层数。

（2）同一建筑物有不同檐高时，可按不同高度的建筑面积分别计算建筑面积，以不同檐高分别编码列项。

6.2 通用措施项目计价

通用措施项目有两种计价形式：一种是以工程量乘以综合单价计算；另一种是以费率计算。

6.2.1 费率计算项目

以费率计算的措施项目包括：现场安全文明施工措施费、夜间施工增加费、冬雨季施工增加费、已完工程及设备保护费、临时设施费、材料与设备检验试验、赶工措施费、工程按质论价费、住宅分户验收费等。具体费率标准见表 6-1、表 6-2。

表 6-1 措施项目费费率标准

项目	计算基础	费率/%					
		建筑工程	单独装饰	安装工程	市政工程	修缮土建修缮（安装）	仿古（园林）
现场安全文明施工措施费	分部分项工程费	见表 6-2					
夜间施工增加费		0.0~0.1	0.0~0.1	0.0~0.1	0.05~0.15	0.0~0.1	0.0~0.1
冬雨季施工增加费		0.05~0.2	0.05~0.1	0.05~0.1	0.1~0.3	0.05~0.2	0.05~0.2

（续）

项目	计算基础	费率/%					
		建筑工程	单独装饰	安装工程	市政工程	修缮土建修缮（安装）	仿古（园林）
已完工程及设备保护费	分部分项工程费	0.0～0.05	0.0～0.1	0.0～0.05	0.0～0.02	0.0～0.05	0.0～0.1
临时设施费		1～2.2	0.3～1.2	0.6～1.5	1～2	1～2（0.6～1.5）	1.5～2.5（0.3～0.7）
材料与设备检验试验		0.2	0.2	0.15	0.15	0.15(0.1)	0.3(0.06)
赶工措施费		1～2.5	1～2.5	1～2.5	1～2.5	1～2.5	1～2.5
工程按质论价费		1～3	1～3	1～3	0.8～2.5	1～2	1～2.5
住宅分户验收费		0.08	0.08	0.08			

表 6-2　现场安全文明施工措施费费率

序号	项目名称	计算基础	基本费率/%	现场考评费率/%	奖励费（获市级文明工地/获省级文明工地）/%
一	建筑工程	分部分项工程费	2.2	1.1	0.4/0.7
二	构件吊装		0.85	0.5	—
三	桩基工程		0.9	0.5	0.2/0.4
四	大型土石方工程		1.0	0.6	—
五	单独装饰工程		0.9	0.5	0.2/0.4
六	安装工程		0.8	0.4	0.2/0.4
七	市政工程		1.1	0.6	0.2/0.4
八	仿古建筑工程		15.0	0.8	0.3/0.5
九	园林绿化工程		0.7	0.4	
十	修缮工程		0.8	0.4	0.2/0.4

6.2.2　综合单价计算项目

二次搬运费、大型机械设备进出场及安拆费、施工排水、已完成工程及设备保护费、特殊条件下施工增加费、地上、地下设施、建筑物的临时保护设施费等，按工程量乘以综合单价计取。

1. 场内二次搬运费

1）本节内容

本节主要内容包括：①机动翻斗车二次搬运；②单（双）轮车二次搬运。

2）有关规定

场内二次搬运费的使用范围是市区沿街建筑在现场堆放材料有困难，汽车不能将材料运入巷内的建筑，材料不能直接运到单位工程周边需再次中转，建设单位不能按正常合理的施工组织设计提供材料、构件堆放场地和临时设施用地的工程而发生的二次搬运费用，执行本节规定。

使用时应注意，在执行本定额时，应以工程所发生的第一次搬运为计算基数。

水平运距的计算，分别以取料中心点为起点，以材料堆放中心为终点。超运距增加运距不足整数者，进位取整计算。

运输道路 15% 以内的坡度已考虑，超过时另行处理。

松散材料运输不包括做方，但要求堆放整齐。如需做方者，应另行处理。

机动翻斗车最大运距为 600m，单(双)轮车最大运距为 120m，超过时应另行处理。

3) 工程量计算规则

在使用定额时还应注意材料的计量单位，松散材料(砂子、石子、毛石、块石、炉渣、石灰膏)要按堆积体积计算工程量；混凝土构件及水泥制品按实体积计算；玻璃以标准箱计算。

其他材料按表中计量单位计算。

4) 算例

【例 6.1】 某三类工程因施工现场狭窄，有 10 万块空心砖和 100t 砂子发生二次搬运，采用人力双轮车运输，运距 100m，计算该工程定额二次搬运费。

解：(1) 列项目 23—31、23—32、23—43、23—44。

(2) 计算工程量。

空心砖：10 万块

砂子：100t

(3) 套定额，计算结果见表 6-3。

表 6-3 计 算 结 果

序号	定额编号	项目名称	计量单位	工程量	综合单价/元	合价/元
1	23—31	空心砖运距 60m 内	100 块	1000	22.36	22360
2	23—32	空心砖增加运距 50m	100 块	1000	2.70	2700
3	23—43	砂子运距 60m 内	t	100	4.96	496
4	23—44	砂子增加运距 50m	t	100	1.18	118
合计						25674.00

答：该工程定额二次搬运费为 25674.00 元。

2. 施工排水、降水、深基坑支护

1) 本节内容

本节主要内容包括：①施工排水；②施工降水；③深基坑支护。

2) 有关规定

(1) 人工土方施工排水是在人工开挖湿土、淤泥、流沙等施工过程中的地下水排放发生的机械排水台班费用，该项目是从以往预算定额相应子目中分离出来设立的。

(2) 基坑排水(见计价表 21—4)：是指在地下常水位以下、基坑底面积超过 20m²，需要注意的是以上两个条件必须同时具备的条件下，土方开挖以后，在基础或地下室施工期间所发生的排水包干费用。但如有设计要求待框架、墙体完成以后再回填基坑土方等情况，在 ±0.00 以上施工期间的排水则不包括在内。

（3）井点降水项目适用于地下水位较高的粉砂土、砂质粉土或淤泥质夹薄层砂性土的地层。一般情况下，降水深度在6m以内。井点降水使用时间按施工组织设计确定。井点降水材料使用摊销费中已包括井点拆除时材料损耗量。井点间距根据地质和降水要求由施工组织设计确定，一般轻型井点管间距为1.2m。

井点降水成孔工程中产生的泥水处理及挖沟排水工作应另行计算。井点降水必须保证连续供电；在电源无保证的情况下，使用备用电源的费用另计，同时应扣除定额机械台班中的电费。

轻型井点降水及简易井点降水与本定额同时修编的市政定额的相应子目水平是一致的，该子目定额含量稍加调整，水平基本维持不变，并对原土建定额中相应子目略作修正，将原先子目中井点管以米（m）为单位改为以根为单位来列入。

（4）强夯法加固地基坑内排水是指击点坑内的积水排抽台班费用。

（5）机械土方工作面中的排水费已包括在土方中，但地下水位以下的施工排水费用不包括，如发生，依据施工组织设计规定，排水人工、机械费用另行计算。

（6）基坑钢管支撑为周转摊销材料，其场内运输、回库保养费均已包括在内，以坑内的钢立柱、支撑、围檩、接头、法兰、预埋铁件等重量合并计算。支撑处需挖运土方、围檩与基坑护壁间的填充混凝土未包括在内，发生时应按实另行计算。场外运输则按计价表第7章规定计算。

（7）打、拔钢板桩单位工程打桩工程量小于50t时，人工、机械乘以系数1.25。场内运输超过300m时，应按相应构件运输子目执行，并扣除打桩子目中的场内运输费。

（8）基坑钢筋混凝土支撑按相应章节执行。

3）工程量的计算规则

人工土方施工排水不分土壤类别、挖土深度，按挖湿土工程量以立方米（m³）计算。

人工挖淤泥、流砂施工排水按挖淤泥、流砂工程量以立方米（m³）计算。

基坑、地下室排水按土方基坑的底面积以平方米（m²）计算。

强夯法加固地基坑内排水，按强夯法加固地基工程量以平方米（m²）计算。

井点降水50根为一套，累计根数不足一套按一套计算，井点使用定额单位为套天，一天按24h计算。井管的安装、拆除以"根"计算。

基坑钢管支撑以坑内的钢立柱、支撑、围檩、活络接头、法兰盘、预埋铁件的合并重量计算。

打、拔钢板桩按设计钢板桩重量以吨（t）计算。

4）算例

【例6.2】 某三类建筑工程整板基础，基础底面尺寸12m×15m，室外地面标高−0.3m，基础底面标高−1.70m，整板基础下采用C10混凝土垫层100厚，每边伸出基础100mm，地下常水位−1.00m，采用人工挖土，土壤为三类土。用计价表计算施工排水工程量、综合单价及复价。

解：（1）列项目21—1、21—40。

（2）计算工程量，施工考虑不放坡、留工作面（从垫层边开始留工作面）。

挖湿土：(12.2+0.6)×(15.2+0.6)×0.8＝161.8m³

基坑排水：12.8×15.8＝202.2m²

（3）套定额，计算结果见表6-4。

表 6-4 计 算 结 果

序号	定额编号	项目名称	计量单位	工程量	综合单价/元	合价/元
1	21—1	挖湿土施工排水	m³	161.8	5.63	910.93
2	21—4	基坑排水	10m²	20.22	297.77	6020.91
合计						6931.84

答： 该施工排水复价合计 6931.84 元。

【例 6.3】 某三类建筑工程，基坑采用轻型井点降水，基础形式同上例，采用 60 根井点管降水 30 天，计算施工降水工程量、综合单价和复价。

分析： 采用基坑排水可以同时计算挖湿土的排水费用，采用井点降水不可以再计算挖湿土的排水费用。

解：（1）列项目 21—13、21—14、21—13。

（2）计算工程量。

安装、拆除井点管：60 根

井点降水：2 套×30 天＝60 套天

（3）套定额，计算结果见表 6-5。

表 6-5 计 算 结 果

序号	定额编号	项目名称	计量单位	工程量	综合单价/元	合价/元
1	21—13	安装井点管	10 根	6	346.97	2081.82
2	21—14	拆除井点管	10 根	6	109.15	654.90
3	21—15	井点降水	套天	60	481.93	28915.80
合计						31652.52

答： 该施工降水复价合计 31652.52 元。

6.3 专业工程措施项目计价

建筑与装饰工程专业工程措施项目包括混凝土（钢筋混凝土）模板及支架、脚手架、垂直运输费、室内空气污染检测费等。

6.3.1 混凝土、钢筋混凝土模板及支架

根据江苏省情况，现场预制构件的底模按砖底模考虑，侧模分别编制了组合钢模板和复合木模板；加工厂预制构件的底模按混凝土底模考虑，侧模则按定型钢模板或组合钢模板列入子目；现浇构件除部分项目采用全木模和塑壳模外，均编制了组合钢模板和复合木模板两种。投标报价时，施工企业可根据自己的施工方案选择使用，特殊现浇构件实际用砖侧模时，可在竣工结算时进行调整。

1. 本节内容

本节主要内容包括：现浇构件模板、现场预制构件模板、加工厂预制构件模板和构筑物工程模板 4 个部分。

（1）现浇构件模板包括：①基础；②柱；③梁；④墙；⑤板；⑥其他；⑦混凝土、砖底胎模及砖侧模。

（2）现场预制构件模板包括：①桩、柱；②梁；③屋架、天窗架及端壁；④板、楼梯段及其他。

（3）加工厂预制构件模板包括：①一般构件；②预应力构件。

（4）构筑物工程模板包括：①烟囱；②水塔；③储水（油）池；④储仓；⑤钢筋混凝土支架及地沟；⑥栈桥。

2. 基本规定

（1）现浇构件模板子目按不同构件分别编制了组合钢模板配钢支撑、复合木模板配钢支撑，使用时，任选一种套用。

（2）预制构件模板子目，按不同构件，分别以组合钢模板、复合木模板、木模板、定型钢模板、长线台钢拉模、加工厂预制构件配混凝土地模、现场预制构件配砖胎模、长线台配混凝土地胎模编制，使用其他模板时，不予换算。

（3）模板工程内容包括清理、场内运输、安装、刷隔离剂、浇灌混凝土时模板维护、拆模、集中堆放、场外运输。木模板包括制作（预制构件包括刨光，现浇构件不包括刨光）；组合钢模板、复合木模板包括装箱。

（4）现浇钢筋混凝土柱、梁、墙、板的支模高度以净高（底层无地下室者高度需另加室内外高差）在 3.6m 以内为准，净高超过 3.6m 的构件其钢支撑、零星卡具及模板人工分别乘以表 6-6 所列的系数，但其脚手架费用另按脚手架工程有关规定执行。

表 6-6　净高超过 3.6m 的人工、材料系数表

增加内容	层　高			
	5m 以内	8m 以内	12m 以内	12m 以上
独立柱、梁、板钢支撑及零星卡具	1.10	1.30	1.50	2.00
框架柱（墙）、梁、板钢支撑及零星卡具	1.07	1.15	1.40	1.60
模板人工（不分框架和独立柱梁板）	1.05	1.15	1.30	1.40

注：轴线未形成封闭框架的柱、梁、板称独立柱、梁、板。

（5）支模高度净高：柱、梁、板支模高度净高，若无地下室底层均指设计室外地面至上层板底面、楼层板顶面至上层板底面。

墙支模高度净高是指整板基础板顶面（或反梁顶面）至上层板底面、楼层板顶面至上层板底面。

（6）设计 L 形、⊥形、十字形柱，其单面每边宽在 1000mm 内按 L 形、⊥形、十字形柱相应子目执行，每根柱两边之和超过 2000mm，则该柱按直形墙相应定额执行。L 形、⊥形、十字形柱边的确定如图 6.1 所示。

（7）模板项目中，仅列出周转木材而无钢支撑的项目，其支撑量已含在周转木材中，模板与支撑按 7∶3 拆分。

（8）模板材料已包含砂浆垫块与钢筋绑扎用的 22 号镀锌铁丝在内，现浇构件和现场预制构件不用砂浆垫块，而改用塑料卡，每 $10m^2$ 模板另加塑料卡费用每只 0.2 元，计 30 只，合计 6.00 元。

（9）本节的混凝土、钢筋混凝土地沟是指建筑物室外的地沟，室内钢筋混凝土地沟按计价表相应项目执行。

（10）现浇有梁板、无梁板、平板、楼梯、雨篷及阳台，底面设计不抹灰者，增加模板缝贴胶带纸人工 0.27 工日$/10m^2$，计 7.02 元。

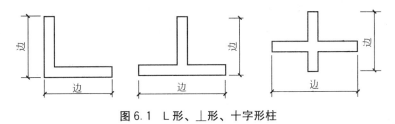

图 6.1　L 形、⊥ 形、十字形柱

3. 现浇构件模板有关规定

1）基础

（1）现浇条形基础中未设置弧形条基的子目，弧形条基按复合模板的相应子目执行，人工、复合模板乘以系数 1.3，其余不变。

（2）凸出整板基础上、下表面的弧形梁，按复合木模板子目执行，人工、复合木模板乘以系数 1.3，其他不变；下表面的弧形反梁采用砖侧模，则按相应定额执行，砖侧模增加人工 0.55 工日$/10m^2$。

（3）满堂基础在 $1000m^2$ 内，有梁式满堂基础及反梁用砖侧模，则砖侧模费用另计，同时应扣除相同面积的模板面积，但其总量不得超过总含模量；如满堂基础在 $1000m^2$ 以上时，反梁用砖侧模，则砖侧模及边模的组合钢模板应分别另列项目计算。

2）柱
周长大于 3.6m 的柱，每 $10m^2$ 模板应另增加对拉螺栓 7.46kg。

3）梁

（1）基础梁的含模量中含有底模。

（2）斜梁坡度大于 10°时，人工乘以系数 1.15，支撑乘以系数 1.2，其他不变。

（3）圈梁未设置弧形圈梁的子目，弧形圈梁按复合模板合计工日乘以系数 1.5，周转木材乘以系数 3，其余不变。

（4）有梁板中的弧形梁模板按弧形梁定额执行（含模量等于肋形板含模量）其弧形板部分的模板按板定额执行。砖墙基上带形防潮层模板按圈梁定额执行。

4）墙

（1）地上墙、地下室内墙定额中对拉螺栓是周转使用的摊销量，并考虑了 PVC 穿墙套管；地下室外墙、屋面水箱按止水螺栓考虑，以一次性使用量列入定额。

（2）地下室外墙墙厚每增减 50mm，增减止水螺栓 0.83kg。

（3）地下室后浇墙带的模板应按已审定的施工组织设计另行计算，但混凝土墙体模板含量不扣。

5）板

（1）坡度大于10°的斜板（包括肋形板）人工乘以系数1.3、支撑乘以系数1.5；若大于45°，另行处理。

（2）现浇有梁板遇有柱帽，每个柱帽不分大小另增1.18工日。

（3）阶梯教室、体育看台板（包括斜梁、板或斜梁、锯齿形板）按计价表中相应板厚子目执行，人工乘以系数1.2，支撑及零星卡具乘以系数1.1，超过3.6m高部分不再执行本节基本规定中第（4）条的说明。

（4）本节中双向密肋塑料模板（计价表20—64，20—65）是根据江苏省地方补充定额含量加以调整编制的，其塑料模板是按租赁形式列入的，模板租用按每天1.10元/m²计算，往返运费按模板租赁费的10%计算，并综合考虑相应塑料模板的破损费用。定额中肋梁模板已计算在内，不再另外计算费用。

每只塑料模板租赁费＝每只塑模的面积×使用天数×塑模每平方米租费及往返运费＋每只塑模摊销的损耗

（5）后浇板带模板、支撑增加费子目（计价表20—67，20—68）中后浇带的垃圾清理防护费已包括在内。整板基础后浇带仅计算垃圾清理防护费40.85元/10m。

后浇板带工期按立最底层的支撑开始至拆最高层的支撑止（不足半个月不计算工期，超过半个月算一个月工期）。

6）其他

（1）雨篷挑出超过1.5m者，其柱、梁、板按相应定额执行。

（2）栏杆设计为木扶手，其木扶手应另外增加，模板工、料、机不扣。

（3）砖侧模不抹灰应扣除定额中1:2水泥砂浆用量，其余不变。

4. 加工厂预制构件模板有关规定

（1）弧形梁按矩形梁相应项目人工乘以系数1.5，增加木模0.063m³、圆钉0.52kg；定额中钢模板、零星卡具、钢支撑及回库修理费取消。

（2）零星构件适用于洗脸盆、水槽及体积小于0.05m³的小型构件。

5. 构筑物工程模板有关规定

（1）钢筋混凝土水塔、砖水塔基础采用毛石混凝土、混凝土基础时按烟囱相应项目执行。

（2）烟囱钢滑升模板项目均已包括烟囱筒身、牛腿、烟道口；水塔滑升模板均已包括直筒、门窗洞口等模板用量。

（3）倒锥壳水塔塔身钢滑升模板项目，也适用于一般水塔塔身滑升模板工程。

（4）用钢滑升模板施工的烟囱、水塔、储仓使用的钢提升杆是按φ25一次性用量编制的，设计要求不同时，另行换算。施工是按无井架计算的，并综合了操作平台，不再计算脚手架和竖井架。

（5）栈桥子目适用于现浇矩形柱、矩形连梁、有梁斜板栈桥，其超过3.6m支撑按本章有关说明执行。

6.3.2 混凝土、钢筋混凝土模板及支架工程量计算规则

1. 现浇混凝土构件模板工程量计算规则

(1) 现浇混凝土及钢筋混凝土模板工程量除另有规定者外，均按混凝土与模板的接触面积以平方米(m^2)计算。若使用含模量计算模板接触面积，其工程量等于构件体积乘以相应项目含模量(含模量详见计价表中的附录)。在计价表附录一中列出了混凝土构件的模板含量表，此表主要为提供快速报价服务。在编制工程预结算时，通常应按照模板接触面积计算工程量。特别要注意这两种模板工程量的计算方法在同一份预算书中不得混用，只能选取其一。

(2) 钢筋混凝土墙、板上单孔面积在 $0.3m^2$ 以内的孔洞，不予扣除，洞侧壁模板不另增加，但突出墙面的侧壁模板应相应增加。单孔面积在 $0.3m^2$ 以外的孔洞，应予扣除，洞侧壁模板面积并入墙、板模板工程量之内计算。

(3) 现浇钢筋混凝土框架分别按柱、梁、墙、板有关规定计算，墙上单面附墙柱并入墙内工程量计算，双面附墙柱按柱计算，但后浇墙、板带的工程量不扣除。

(4) 设备螺栓套孔或设备螺栓分别按不同深度以"个"计算；二次灌浆，按实灌体积以立方米(m^3)计算。

(5) 预制混凝土板间或边补现浇板缝，缝宽在 100mm 以上者，模板按平板定额计算。

(6) 构造柱外露均应按图示外露部分计算面积(锯齿形，则按锯齿形最宽面计算模板宽度)，构造柱与墙接触面不计算模板面积。

(7) 现浇混凝土雨篷、阳台、水平挑板，按图示挑出墙面以外板底尺寸的水平投影面积计算(附在阳台梁上的混凝土线条不计算水平投影面积)。挑出墙外的牛腿及板边模板已包括在内。复式雨篷挑口内侧净高超过 250mm 时，其超过部分按挑檐定额计算(超过部分的含模量按天沟含模量计算)。竖向挑板按 100mm 内墙定额执行。

(8) 整体直形楼梯包括楼梯段、中间休息平台、平台梁、斜梁及楼梯与楼板连结的梁，按水平投影面积计算，不扣除宽度小于 200mm 的楼梯井，伸入墙内部分不另增加。

(9) 圆弧形楼梯按楼梯的水平投影面积以平方米(m^2)计算，包括圆弧形梯段、休息平台、平台梁、斜梁及楼梯与楼板连接的梁。

(10) 楼板后浇带以延长米计算(整板基础的后浇带不包括在内)。

(11) 现浇圆弧形构件除定额已注明者外，均按垂直圆弧形的面积计算。

(12) 栏杆按扶手的延长米计算，栏板竖向挑板按模板接触面积以平方米(m^2)计算。栏杆、栏板的斜长按水平投影长度乘以系数 1.18 计算。

(13) 异形混凝土柱模板，按现浇柱定额执行。

(14) 砖侧模分不同厚度，按实砌面积以平方米(m^2)计算。

【例 6.4】 用计价表按接触面积计算图 4.18 所示工程的模板工程量及综合单价和复价。

分析：现浇钢筋混凝土柱、梁、墙、板的支模高度以净高(底层无地下室者高需另加室内外高差)在 3.6m 以内为准，净高超过 3.6m 的构件，其钢支撑、零星卡具及模板人工应乘以系数进行调整。

解：（1）列项目：20—25、20—56。

（2）计算工程量。

① 现浇柱。

$6 \times 4 \times 0.4 \times (8.5 + 1.85 - 0.4 - 0.35 - 2 \times 0.1) - 0.3 \times 0.3 \times 14 \times 2 = 87.72\text{m}^2$

② 现浇有梁板。

$KL-1$：$3 \times 0.3 \times (6 - 0.4) \times 3 \times 2 - 0.25 \times 0.2 \times 4 \times 2 = 29.84\text{m}^2$

$KL-2$：$0.3 \times 3 \times (4.5 - 2 \times 0.2) \times 4 \times 2 = 29.52\text{m}^2$

$KL-3$：$(0.2 \times 2 + 0.25) \times (4.5 + 0.2 - 0.3 - 0.15) \times 2 \times 2 = 11.05\text{m}^2$

B：$[6.4 \times 9.4 - 0.4 \times 0.4 \times 6 - 0.3 \times 5.6 \times 3 - 0.3 \times 4.1 \times 4 - 0.25 \times 4.25 \times 2 + (6.4 \times 2 + 9.4 \times 2) \times 0.1] \times 2 = 100.55\text{m}^2$

小计。

$29.84 + 29.52 + 11.05 + 100.55 = 170.96\text{m}^2$

（3）套定额，计算结果见表 6-7。

表 6-7　计 算 结 果

序号	定额编号	项目名称	计量单位	工程量	综合单价/元	合价/元
1	20—25 换	矩形柱组合钢模板	10m^2	8.772	280.26	2458.44
2	20—56 换	C30 有梁板组合钢模板	10m^2	17.096	239.16	4088.68
合计						6547.12

注：1. 20—25 换，$271.36 + 0.07 \times (11.07 + 13.49) + 0.05 \times 104.78 \times 1.37 = 280.26$ 元/10m^2。

2. 20—56 换，$232.04 + 0.07 \times (17.95 + 13.76) + 0.05 \times 71.50 \times 1.37 = 239.16$ 元/10m^2。

答：现浇柱模板面积 87.72m^2，现浇有梁板模板面积 170.96m^2，模板部分的复价共计 6547.12 元。

【例 6.5】 用计价表按含模量计算图 4.18 所示工程的模板工程量。

解：查计价表附录一得：矩形柱的含模量 $13.33\text{m}^2/\text{m}^3$；有梁板的含模量 $10.70\text{m}^2/\text{m}^3$。

由【例 4.19】得：现浇柱体积 9.021m^3；现浇有梁板体积 18.86m^3。

现浇柱模板：$13.33 \times 9.021 = 120.24\text{m}^2$

现浇有梁板模板：$10.70 \times 18.86 = 201.80\text{m}^2$

答：用含模量计算得，现浇柱模板 120.24m^2，现浇有梁板模板 201.80m^2。

2. 现场预制混凝土构件模板工程量计算规则

（1）现场预制构件模板工程量，除另有规定者外，均按模板接触面积以平方米（m^2）计算。若使用含模量计算模板面积者，其工程量等于构件体积乘以相应项目的含模量。砖地模费用已包括在定额含量中，不再另行计算。

（2）预制桩不扣除桩尖虚体积。

（3）漏空花格窗、花格芯按外围面积计算。

（4）加工厂预制构件有此项目，而现场预制无此项目，实际在现场预制时模板按加工厂预制模板子目执行。现场预制构件有此项目，加工厂预制构件无此项目，实际在加工厂预制时，其模板按现场预制模板子目执行。

3. 加工厂预制构件的模板工程量计算规则

加工厂预制构件的模板工程量，除漏空花格窗、花格芯外，均按构件的体积以立方米（m³）计算。

（1）混凝土构件体积一律按施工图的几何尺寸以实体积计算，空腹构件应扣除空腹体积。

（2）漏空花格窗、花格芯按外围面积计算。

4. 构筑物工程模板计算

1）烟囱

（1）烟囱基础：钢筋混凝土烟囱基础包括基础底板及筒座，筒座以上为筒身，烟囱基础按接触面积计算。

（2）混凝土烟囱筒身。

① 不分方形、圆形均按立方米（m³）计算，筒身体积应以筒壁平均中心线长度乘以厚度。圆筒壁周长不同时，可分段计算后取其和。

② 砖烟囱的钢筋混凝土圈梁和过梁，按接触面积计算，套用本节现浇钢筋混凝土构件的相应项目。

③ 烟囱的钢筋混凝土集灰斗（包括分隔墙、水平隔墙、柱、梁等）应按本节现浇钢筋混凝土构件相应项目计算、套用。

④ 烟道中的其他钢筋混凝土构件模板，应按本节相应钢筋混凝土构件的相应定额计算、套用。

⑤ 钢筋混凝土烟道，可按本节地沟定额计算，但架空烟道不能套用。

2）水塔

（1）基础：各种基础均以接触面积计算（包括基础底板和筒座），筒座以上为筒身，以下为基础。

（2）筒身。

① 钢筋混凝土筒式塔身以筒座上表面或基础底板上表面为分界线；柱式塔身以柱脚与基础底板或梁交界处为分界线，与基础底板相连接的梁并入基础内计算。

② 钢筋混凝土筒式塔身与水箱的分界是以水箱底部的圈梁为准，圈梁底以下为筒式塔身。水箱的槽底（包括圈梁）、塔顶、水箱（槽）壁工程量均应按接触面积计算。

③ 钢筋混凝土筒式塔身以接触面积计算。应扣除门窗面积，依附于筒身的过梁、雨篷、挑沿等工程量并入筒壁面积内按筒式塔身计算；柱式塔身不分斜柱、直柱和梁，均按接触面积合并计算，按柱式塔身子目执行。

④ 钢筋混凝土、砖塔身内设置的钢筋混凝土平台、回廊以接触面积计算。

⑤ 砖砌筒身设置的钢筋混凝土圈梁以接触面积计算，按本节相应项目执行。

（3）塔顶及槽底。钢筋混凝土塔顶及槽底的工程量合并计算。塔顶包括顶板和圈梁，槽底包括底板、挑出斜壁和圈梁。槽底不分平底、拱底，塔顶不分锥形、球形均按本定额执行。回廊及平台另行计算。

（4）水槽内、外壁。与塔顶、槽底（或斜壁）相连系的圈梁之间的直壁为水槽内外壁；设保温水槽的外保护壁为外壁；直接承受水侧压力的水槽壁为内壁。非保温水箱的水槽壁按内壁计算。

水槽内、外壁均以图示接触面积计算；依附于外壁的柱、梁等并入外壁面积中计算。

(5) 倒锥形水塔。基础按相应水塔基础的规定计算，其筒身、水箱、环梁按混凝土的体积以立方米(m³)计算。环梁以混凝土接触面积计算。水箱提升按不同容积和不同的提升高度，分别套用定额，以"座"计算。

3) 储水(油)池

(1) 池底为平底执行平底子目，其平底体积应包括池壁下部的扩大部分；池底有斜坡者，执行锥形底子目。均按图示尺寸的接触面积计算。

(2) 池壁有壁基梁时，锥形底应算壁基梁底面，池壁应从壁基梁上口开始，壁基梁应从锥形底上表面算至池壁下口；无壁基梁时锥形底算至坡上表面，池壁应从锥形底的上表面开始。

(3) 无梁池盖柱的柱高，应由池底上表面算至池盖的下表面，包括柱帽、柱座的模板面积。

(4) 池壁应按圆形壁、矩形壁分别计算，其高度不包括池壁上下处的扩大部分，无扩大部分时，则自池底上表面(或壁基梁上表面)至池盖下表面。

(5) 无梁盖应包括与池壁相连的扩大部分的面积；肋形盖应包括主、次梁及盖板部分的面积；球形盖应自池壁顶面以上，包括边侧梁的面积在内。

(6) 沉淀池水槽指池壁上的环形溢水槽及纵横、U 形水槽，但不包括与水槽相连接的矩形梁。矩形梁可按现浇构件矩形梁子目计算。

4) 储仓

(1) 矩形仓：分立壁和漏斗，各按不同厚度计算接触面积，立壁和漏斗按相互交点的水平线为分界线；壁上圈梁并入漏斗工程量内。基础、支撑漏斗的柱和柱间的连系梁分别按现浇构件的相应子目计算。

(2) 圆筒仓。

① 本定额适用于高度在 30m 以下、仓壁厚度不变、上下断面一致、采用钢滑模施工工艺的圆形储仓，如盐仓、粮仓、水泥库等。

② 圆形仓工程量应分仓底板、顶板、仓壁 3 个部分计算。底板、顶板按接触面积计算，仓壁按实体积以立方米(m³)计算。

③ 圆形仓底板以下的钢筋混凝土柱、梁、基础按现浇构件的相应项目计算。

④ 仓顶板的梁与仓顶板合并计算，按仓顶板子目执行。

⑤ 仓壁高度应自仓壁底面算至顶板底面计算，扣除 0.05m² 以上的孔洞。

5) 地沟及支架

(1) 本定额适用于室外的方形(封闭式)、槽形(开口式)、阶梯形(变截面式)的地沟。底、壁、顶应分别按接触面积计算。

(2) 沟壁与底的分界，以底板上表面为界。沟壁与顶的分界以顶板下表面为界。八字角部分的数量并入沟壁工程量内。

(3) 地沟预制顶板，按预制结构分部相应子目计算。

(4) 支架均以接触面积计算(包括支架各组成部分)，框架型或 A 字形支架应将柱、梁的体积合并计算；支架带操作平台者，其支架与操作台的体积也合并计算。

(5) 支架基础应按本节的相应子目计算。

6）栈桥

（1）柱、连系梁（包括斜梁）接触面积合并、肋梁与板的面积合并均按图示尺寸以接触面积计算。

（2）栈桥斜桥部分不论板顶高度如何均按板高在 12m 内子目执行。

（3）板顶高度超过 20m，每增加 2m 仅指柱、连系梁（不包括有梁板）。

（4）栈桥柱、梁、板的混凝土浇捣脚手架按计价表第 19 章相应子目执行（工程量按相应规定）。

7）使用滑升模板施工的均以混凝土体积以立方米（m³）计算，其构件划分依照上述计算规则执行。

6.3.3 脚手架工程

自从使用 1985 年建筑工程单位估价表起至今 20 多年间，定额经历了多次修编改版，此间江苏省编制出版了综合预算定额，并将这种综合定额的形式一直保留沿用至今。在这几版定额中对脚手架这一章，均使用了民用建筑使用综合脚手架与工业建筑使用单项脚手架并列的编制方式。本计价表中，未收录综合预算定额中的综合脚手架部分，维持原估价表中的脚手架内容。此外，从原先超高费内容中分出了 20m 以上脚手架材料增加费。

1. 本节内容

本节主要内容包括脚手架和建筑物檐高超过 20m 脚手架材料增加费两个部分，其中，脚手架工程包括：①砌墙脚手架、斜道；②满堂脚手架、抹灰脚手架；③高压线防护架、烟囱、水塔脚手架、金属过道防护棚；④电梯井字架。

2. 有关规定

1）脚手架工程分部

适用范围。凡工业与民用建筑、构筑物所需搭设的脚手架均按本定额执行，该项定额适用于檐高 20m 以内的建筑物，不包括女儿墙、屋顶水箱、突出主体建筑的楼梯间等高度。前后檐高不同，按平均高度计算。檐高在 20m 以上的建筑物脚手架除按本定额计算外，其超过部分所需增加的脚手架加固措施等费用，均按超高脚手架材料增加费子目执行。构筑物、烟囱、水塔、电梯井按其相应子目执行。

本定额已按扣件钢管脚手架与竹脚手架综合编制，实际施工中无论使用何种脚手架材料，均按本定额执行。计价表在编制中对原来定额子目中有关文明施工措施的内容进行了分离，将其列入费用定额考虑。

高度在 3.6m 以内的墙面、天棚、柱、梁抹灰（包括钉间壁、钉天棚）用的脚手架费用套用 3.6m 以内的抹灰脚手架。如室内（包括地下室）净高超过 3.6m 时，天棚需抹灰（包括钉天棚）应按满堂脚手架计算，但其内墙抹灰不再计算脚手架。高度在 3.6m 以上的内墙面抹灰，如无满堂脚手架可以利用时，可按墙面垂直投影面积计算抹灰脚手架。

建筑物室内净高超过 3.6m 的钉板间壁以其净长乘以高度可计算一次脚手架（按抹灰脚手架定额执行），天棚吊筋与面层按其水平投影面积计算一次满堂脚手架。天棚面层高度在 3.6m 内，吊筋与楼层的连接点高度超过 3.6m，应按满堂脚手架相应项目基价乘以系数 0.6 计算。

室内天棚面层净高超过 3.6m 钉天棚、钉间壁的脚手架与其抹灰的脚手架合并计算一次满堂脚手架。室内天棚净高超过 3.6m 的板下勾缝、刷浆、油漆可另行计算一次脚手架费用，按满堂脚手架相应项目乘以系数 0.1 计算；墙、柱梁面刷浆、油漆的脚手架按抹灰脚手架相应项目乘以系数 0.1 计算。

室内天棚面层净高 3.6m 以内的钉天棚、钉间壁的脚手架与其抹灰的脚手架合并计算一次脚手架，套用 3.6m 以内的抹灰脚手架。单独天棚抹灰计算一次脚手架，按满堂脚手架相应项目乘以系数 0.7。

瓦屋面坡度大于 45°时，屋面基层、盖瓦的脚手架费用应另按实计算。

增设了电梯井字架，当结构施工搭设的电梯井脚手架延续至电梯设备安装使用时，套用安装用电梯井脚手架时应扣除定额中的人工及机械。

构件吊装脚手架按表 6-8 执行。

表 6-8　构件吊装脚手架　　　　　　　　　　　　　　单位：元

类　　型	柱	梁	屋架	其他
混凝土构件/m³	1.58	1.65	3.20	2.30
钢构件/t	0.70	1.00	1.50	1.00

2）超高脚手架材料增加费

（1）本定额中脚手架是按建筑物檐高在 20m 以内编制的，檐高超过 20m 时应计算脚手架材料增加费。

（2）檐高超过 20m 脚手材料增加费内容包括脚手架使用周期延长摊销费和脚手架加固。脚手架材料增加费包干使用，无论实际发生多少，均按本节执行，不调整。

（3）檐高超过 20m 脚手材料增加费按下列规定计算。

檐高超过 20m 部分的建筑物应按其超过部分的建筑面积计算。

层高超过 3.6m 每增高 0.1m 按增高 1m 的比例换算（不足 0.1m 按 0.1m 计算），按相应项目执行。

建筑物檐高高度超过 20m，但其最高一层或其中一层楼面未超过 20m 时，则该楼层在 20m 以上部分仅能计算每增高 1m 的增加费。

同一建筑物中有 2 个或 2 个以上的不同檐口高度时，应分别按不同高度竖向切面的建筑面积套用相应子目。

单层建筑物（无楼隔层者）高度超过 20m，其超过部分除构件安装按计价表第 7 章的规定执行外，另再按本节相应项目计算每增高 1m 的脚手架材料增加费。

3. 工程量计算规则

1）脚手架工程量计算一般规则

凡砌筑高度超过 1.5m 的砌体均需计算脚手架。

砌墙脚手架均按墙面（单面）垂直投影面积以平方米（m²）计算。

计算脚手架时，不扣除门、窗洞口、空圈、车辆通道、变形缝等所占面积。

同一建筑物高度不同时，按建筑物的竖向不同高度计算。

2）砌筑脚手架工程量计算规则

外墙脚手架按外墙外边线长度（如外墙有挑阳台，则每只阳台计算一个侧面宽度，计入外墙面长度内，二户阳台连在一起的也算一个侧面）乘以外墙高度以平方米（m²）计算。外墙高度指室外设计地坪至檐口（或女儿墙上表面）高度，坡屋面至屋面板下（或橡子顶面）墙中心高度。

内墙脚手架以内墙净长乘以内墙净高计算。有山尖者算至山尖 1/2 处的高度；有地下室时，自地下室室内地坪至墙顶面高度。

砌体高度在 3.6m 以内者，套用里脚手架；高度超过 3.6m，套用外脚手架。

山墙自设计室外地坪至山尖 1/2 处高度超过 3.6m 时，该整个外山墙按相应外脚手架计算，内山墙按单排外架子计算。

独立砖（石）柱高度在 3.6m 以内者，脚手架以柱的结构外围周长乘以柱高计算，执行砌墙脚手架里架子；柱高超过 3.6m 者，以柱的结构外围周长加 3.6m 乘以柱高计算，执行砌墙脚手架外架子（单排）。

砌石墙到顶的脚手架，工程量按砌墙相应脚手架乘以系数 1.5。

外墙脚手架包括一面抹灰脚手架在内，另一面墙可计算抹灰脚手架。

砖基础自设计室外地坪至垫层（或混凝土基础）上表面的深度超过 1.5m 时，按相应砌墙脚手架执行。

突出屋面部分的烟囱，高度超过 1.5m 时，其脚手架按外围周长加 3.6m 乘以实砌高度按 12m 内单排外脚手架计算。

3）现浇钢筋混凝土脚手架工程量的计算规则

钢筋混凝土基础自设计室外地坪至垫层上表面的深度超过 1.5m，同时带形基础底宽超过 3m、独立基础或满堂基础及大型设备基础的底面积超过 16m² 的混凝土浇捣脚手架应按槽、坑土方规定放工作面后的底面积计算，按高 5m 以内的满堂脚手架相应定额乘以系数 0.3 计算脚手架费用。

现浇钢筋混凝土独立柱、单梁、墙高度超过 3.6m 应计算浇捣脚手架。柱的浇捣脚手架以柱的结构周长加 3.6m 乘以柱高计算；梁的浇捣脚手架按梁的净长乘以地面（或楼面）至梁顶面的高度计算；墙的浇捣脚手架以墙的净长乘以墙高计算。套柱、梁、墙混凝土浇捣脚手架。

层高超过 3.6m 的钢筋混凝土柱、墙（楼板、屋面板为现浇板）所增加的混凝土浇捣脚手架费用，以每 10m² 框架轴线水平投影面积计，按满堂脚手架相应子目乘以系数 0.3 执行；层高超过 3.6m 的钢筋混凝土框架柱、梁、墙（楼板、屋面板为预制空心板）所增加的混凝土浇捣脚手架费用，以 10m² 框架轴线水平投影面积计，按满堂脚手架相应子目乘以系数 0.4 执行。

4）储仓脚手架工作量的计算规则

储仓脚手架，不分单筒或储仓组，高度超过 3.6m，均按外边线周长乘以设计室外地坪至储仓上口之间高度以平方米（m²）计算。高度在 12m 内，套双排外脚手架，乘以系数 0.7 执行；高度超过 12m 套 20m 内双排外脚手架乘以系数 0.7 执行（均包括外表面抹灰脚手架在内）。储仓内表面抹灰按抹灰脚手架工程量计算规则执行。

5）抹灰脚手架、满堂脚手架工程量计算规则

（1）抹灰脚手架。

① 钢筋混凝土单梁、柱、墙，按以下规定计算脚手架。

单梁：以梁净长乘以地坪（或楼面）至梁顶面高度计算。

柱：以柱结构外围周长加 3.6m 乘以柱高计算。

墙：以墙净长乘以地坪(或楼面)至板底高度计算。

② 墙面抹灰：以墙净长乘以净高计算。

③ 如有满堂脚手架可以利用时，不再计算墙、柱、梁面抹灰脚手架。

④ 天棚抹灰高度在 3.6m 以内，按天棚抹灰面(不扣除柱、梁所占面积)以平方米(m²)计算。

(2) 满堂脚手架：天棚抹灰高度超过 3.6m，按室内净面积计算满堂脚手架，不扣除柱、垛、附墙烟囱所占面积。

基本层：高度在 8m 以内计算基本层。

增加层：高度超过 8m，每增加 2m，计算一层增加层；余数在 0.6m 以内，不计算增加层，超过 0.6m，按增加一层计算。

满堂脚手架高度以室内地坪面(或楼面)至天棚面或屋面板的底面为准(斜的天棚或屋面板按平均高度计算)。室内挑台栏板外侧共享空间的装饰如无满堂脚手架利用时，按地面(或楼面)至顶层栏板顶面高度乘以栏板长度以平方米(m²)计算，套相应抹灰脚手架定额。

6) 其他脚手架工程量的计算规则

高压线防护架按搭设长度以延长米计算。

金属过道防护棚按搭设水平投影面积以平方米(m²)计算。

斜道、烟囱、水塔、电梯井脚手架区别不同高度以座计算。滑升模板施工的烟囱、水塔，其脚手架费用已包括在滑模计价表内，不另计算脚手架。烟囱内壁抹灰是否搭设脚手架，按施工组织设计规定办理，其费用按相应满堂脚手架执行，人工增加 20%，其余不变。

高度超过 3.6m 的储水(油)池，其混凝土浇捣脚手架按外壁周长乘以池的壁高以平方米(m²)计算，按池壁混凝土浇捣脚手架项目执行，抹灰者按抹灰脚手架另计。

7) 檐高超过 20m 脚手架材料增加费的计算规则

建筑物檐高超过 20m，即可计算脚手架材料增加费，建筑物檐高超过 20m，脚手架材料增加费，以建筑物超过 20m 部分建筑面积计算。

4. 算例

【例 6.6】 图 6.2 为某一层砖混房屋，计算该房屋的地面以上部分砌墙、墙体粉刷和天棚粉刷脚手架工程量、综合单价和复价。

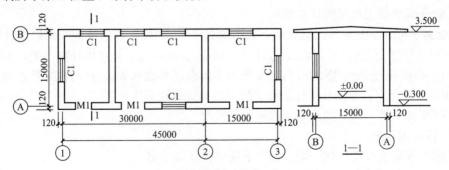

图 6.2　砌筑脚手架

解: (1) 列项目 19—2、19—1、19—10、19—10。

(2) 计算工程量。

外墙脚手架: $(45.24+15.24)\times2\times(3.5+0.3)=459.65m^2$

内墙脚手架: $(15-0.24)\times2\times3.5=103.32m^2$

内墙粉刷脚手架(包括外墙内部粉刷):

$[(45-0.24-0.24\times2)\times2+(15-0.24)\times6]\times3.5=619.92m^2$

天棚粉刷脚手架: $(45-0.24-0.24\times2)\times(15-0.24)=653.57m^2$

(3) 套定额,计算结果见表 6-9。

表 6-9　计　算　结　果

序号	定额编号	项目名称	计量单位	工程量	综合单价/元	合价/元
1	19—2	砌筑外墙脚手架	$10m^2$	45.965	65.26	2999.68
2	19—1	砌筑内墙脚手架	$10m^2$	10.332	6.88	71.08
3	19—10	内墙粉刷脚手架	$10m^2$	61.992	2.05	127.08
4	19—10	天棚粉刷脚手架	$10m^2$	65.357	2.05	133.98
合计						3331.82

注:外墙外侧的粉刷脚手架含在外墙砌筑脚手架中。

答: 该脚手架工程的复价合计 3331.82 元。

【例6.7】 将上例中檐口标高改为 9m,计算该墙体粉刷和天棚粉刷脚手架工程量、综合单价和复价。

分析: 天棚抹灰高度超过 3.6m,计算满堂脚手架;有满堂脚手架可以利用,就不再计算墙面抹灰脚手架。满堂脚手架基本层在 8m 以内,$(9-8)\div2=0.5<0.6m$,不计增加层。

解: (1) 列项目 19—8。

(2) 计算工程量。

$(45-0.24-0.24\times2)\times(15-0.24)=653.57m^2$

(3) 套定额,计算结果见表 6-10。

表 6-10　计　算　结　果

序号	定额编号	项目名称	计量单位	工程量	综合单价/元	合价/元
1	19—8	满堂脚手架高 8m 以内	$10m^2$	65.357	79.12	5171.05
合计						5171.05

答: 该粉刷工程的脚手架复价合计 5171.05 元。

【例6.8】 计算图 4.18 所示框架主体结构工程的柱、梁、板的混凝土浇捣脚手架工程量、综合单价和复价。

分析: 层高超过 3.6m 的钢筋混凝土柱、墙(楼板、屋面板为现浇板)所增加的混凝土浇捣脚手架费用,以每 $10m^2$ 框架轴线水平投影面积,按满堂脚手架相应子目乘以系数 0.3 执行。

解：（1）列项目 19—7。

（2）计算工程量。

$6 \times 9 \times 2 = 108 m^2$。

（3）套定额，计算结果见表 6-11。

表 6-11　计算结果

序号	定额编号	项目名称	计量单位	工程量	综合单价/元	合价/元
1	19—7 换	混凝土浇捣脚手架 5m 以内	$10m^2$	10.8	18.97	204.88
合计						204.88

注：19—7 换，$63.23 \times 0.3 = 18.97$ 元/$10m^2$。

答：该工程的混凝土浇捣脚手架复价合计 204.88 元。

6.3.4　垂直运输机械费

1. 本节内容

本节主要内容包括：①建筑物垂直运输；②单独装饰工程垂直运输；③烟囱、水塔、筒仓垂直运输；④施工塔吊、电梯基础、塔吊及电梯与建筑物连接件。其中，建筑物垂直运输包括卷扬机施工和塔式起重机施工两个部分。

2. 有关规定

1）建筑物垂直运输

"檐高"是指设计室外地坪至檐口的高度，突出主体建筑物顶的女儿墙、电梯间、楼梯间、水箱等不计入檐口高度以内；"层数"是指地面以上建筑物的高度。

本定额工作内容包括江苏省调整后的国家工期定额内完成单位工程全部工程项目所需的垂直运输机械台班，不包括机械的场外运输、一次安装、拆卸、路基铺垫和轨道铺拆等费用。施工塔吊与电梯基础、施工塔吊和电梯与建筑物连接的费用单独计算。

本定额项目划分是以建筑物"檐高"、"层数"两个指标界定的，只要其中一个指标达到定额规定，即可套用该定额子目。

一个工程，出现两个或两个以上檐口高度（层数），使用同一台垂直运输机械时，定额不作调整；使用不同垂直运输机械时，应依照国家工期定额规定结合施工合同的工期约定，分别计算。

当建筑物垂直运输机械数量与定额不同时，可按比例调整定额含量。本定额按卷扬机施工配两台卷扬机，塔式起重机施工配一台塔吊、一台卷扬机（施工电梯）考虑。

檐高 3.6m 以内的单层建筑物和围墙，不计算垂直运输机械台班。

垂直运输高度小于 3.6m 的一层地下室不计算垂直运输机械台班。

预制混凝土平板、空心板、小型构件的吊装机械费用已包括在本定额中。

本定额中现浇框架指柱、梁、板全部为现浇的钢筋混凝土框架结构。如部分现浇、部分预制，按现浇框架乘以系数 0.96。

柱、梁、墙、板构件全部现浇的钢筋混凝土框筒结构、框剪结构按现浇框架执行；筒体结构按剪力墙(滑模施工)执行。

预制或现浇钢筋混凝土柱，预制屋架的单层厂房，按预制排架定额计算。

单独地下室工程项目定额工期按不含打桩工期自基础挖土开始考虑。

当建筑物以合同工期日历天计算时，在同口径条件下定额乘以以下系数：

$$1+(国家工期定额日历天－合同工期日历天)/合同工期日历天$$

未承包施工的工程内容，如打桩、挖土等的工期，不能作为提前工期考虑。

混凝土构件，使用泵送混凝土浇筑者，卷扬机施工定额台班乘以系数0.96；塔式起重机施工定额中的塔式起重机台班含量乘以系数0.92。

建筑物高度超过定额取定高度，每增加20m，人工、机械按最上两档之差递增。不足20m者，按20m计算。

采用履带式、轮胎式、汽车式起重机(除塔式起重机外)吊(安)装预制大型构件的工程，除按本节规定计算垂直运输费外，另按计价表第7章有关规定计算构件吊(安)装费。

施工塔吊、电梯基础的内容仅作编制预算时使用，竣工结算时应按施工现场实际情况调整钢筋、铁件(包括连接件)、混凝土含量，其余不变。不做基础时不计算此费用。

塔吊基础如遇下列情况，竣工结算时另行处理：①基础下面打桩者；②基础做在楼板面、楼面下加固者。

塔吊与建筑物连接件，当建筑物檐高超过20m时，每增加10m高塔吊与建筑物连接铁件，另增铁件0.04t。

施工电梯与建筑物连接铁件檐高超过30m时才计算，30m以上每增高10m按0.04t计算(计算高度等于建筑物檐高)。

2) 构筑物垂直运输

烟囱、水塔、筒仓的"高度"指设计室外地坪至构筑物的顶面高度，突出构筑物主体顶的机房等高度，不计入构筑物高度内。

3) 单独装饰工程垂直运输费

由于装饰工程的特点，一个单位工程的装饰可能有几个施工单位分块承包施工，既要考虑垂直运输高度又要兼顾操作面的因素，故采用分段计算。例如，7～10层为甲单位承包施工——一个施工段；11～13层为乙单位承包施工——一个施工段；14～16层为丙单位承包施工——一个施工段。

材料从地面运到各个高度施工段的垂直运输费不一样，因而需要划分几个定额步距来计算，否则就会产生不合理现象了，故本节按此原则制定子目的划分，同时还应注意该项费用是以相应施工段工程量所含工日为计量单位的计算方式。

3. 工程量的计算规则

建筑物垂直运输机械台班用量，区分不同结构类型、檐口高度(层数)按国家工期定额以日历天计算。

单独装饰工程垂直运输机械台班，区分不同施工机械、垂直运输高度、层数，按定额工日分别计算。

烟囱、水塔、筒仓垂直运输台班，以"座"计算。超过定额规定高度时，按每增高1m定额项目计算。高度不足1m按1m计算。

施工塔吊、电梯基础、塔吊及电梯与建筑物连接件，按施工塔吊及电梯的不同型号以"台"计算。

4. 算例

【例 6.9】 某教学楼工程，要求按照国家定额工期提前 15% 竣工。该工程有 1 层地下室，建筑面积 1200m²，三类土、整板基础，上部现浇框架结构 5 层，每层建筑面积 1200m²，檐口高度 17.90m，使用泵送商品混凝土，配备 40t·m 塔式起重机、带塔卷扬机各一台。计算该工程合同工期和定额垂直运输费。

分析： 混凝土构件，使用泵送混凝土浇注者，塔式起重机施工定额中的塔式起重机台班含量乘以系数 0.92。

解： (1) 列项目 22—8。

(2) 计算工程量。

查《全国统一建筑安装工程工期定额》得

基础定额工期：1—12，115×0.95(省调整系数)＝109.25 天

上部定额工期：1—1012，250 天

定额工期合计：360 天

合同工期为：360×0.85＝306 天

(3) 套定额，计算结果见表 6-12。

表 6-12 计 算 结 果

序号	定额编号	项目名称	计量单位	工程量	综合单价/元	合价/元
1	22—8 换	垂直运输费	天	360	293.63	105706.8
合计						105706.8

注：22—8 换，308.48－135.49×0.08×1.37＝293.63 元/天。

答： 该工程合同工期为 306 天，定额垂直运输费 105706.8 元。

本 章 小 结

本章对通用措施项目，包括费率计算项目如现场安全文明施工措施费、夜间施工增加费等，综合单价计算项目如二次搬运费、大型机械设备进出场及安拆费等进行了介绍；对专业工程措施项目中现浇混凝土基础、柱、梁、板、墙、楼梯、栏杆等模板的工程量计算、清单编制及计价，脚手架、垂直运输机械工程项目的清单编制、工程工程量的计量与计价方法进行了较为详尽的讲述。

本章要求：熟悉通用措施项目的组成与计价方法；熟悉专业措施项目的项目编码、项目名称、计量单位、工程量计算规则，掌握专业措施项目的计量与计价方法。

习 题

1. 图 6.3 为某一层砖混房屋，计算该房屋的地面以上部分砌墙、墙体粉刷和天棚粉

刷脚手架工程量、综合单价和复价。

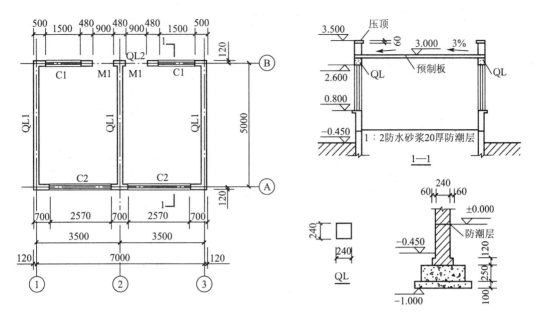

图6.3 砖混房屋

2. 将上例中檐口标高改为9.000m，计算该墙体粉刷和天棚粉刷脚手架工程量、综合单价和复价。

3. 计算图6.4所示钢筋混凝土构件的相关脚手架工程量、综合单价和复价(室外地坪标高−0.300m)。

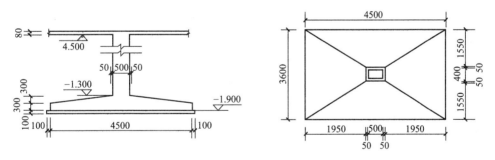

图6.4 钢筋混凝土构件

4. 用计价表按接触面积计算图6.5所示工程的模板工程量及综合单价和复价。

5. 某二类建筑工程整板基础，基础底面尺寸为45m×60m，室外地面标高−0.300m，基础底面标高−1.70m，整板基础下采用C10混凝土垫层100厚，每边伸出基础100mm，地下常水位−1.000m，采用人工挖土，土壤为三类土。用计价表计算施工排水工程量、综合单价及复价。

6. 某三类建筑工程，基坑采用轻型井点降水，采用70根井点管降水45天，计算施工降水工程量、综合单价和复价。

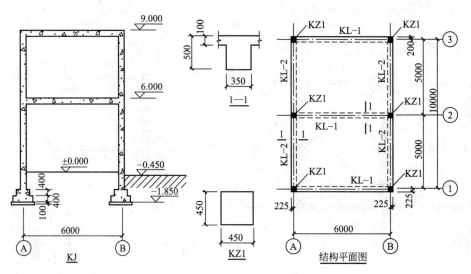

图 6.5　二层房屋结构图

第 **1** 章
工程结算和竣工决算

教学目标

通过本章的学习，应达到以下目标。

(1) 掌握工程结算的基本方法。

(2) 掌握工程竣工决算的基本方法。

(3) 熟悉工程计量支付的基本方法与技巧。

教学要求

知 识 要 点	能 力 要 求	相 关 知 识
工程结算	掌握工程结算的基本方法	工程结算的概念、作用；工程价款的主要结算方式及程序；工程价款的动态结算；竣工结算的概念、作用、编制方法；竣工结算编制程序中的重要工作
竣工决算	掌握工程竣工决算的基本方法	竣工决算的内容及编制程序

 基本概念

工程结算、预付备料款、中间结算、工程保留金、竣工结算、竣工决算。

 引例

2004 年 5 月 15 日，某建设集团有限公司(以下简称"承包人")与某纺织实业有限公司(以下简称"发包人")签订了《建设工程施工合同》，由承包人承建工业园一期某车间工程，合同价款暂估人民币 1100 万元，约定"工程应于 2004 年 6 月开工，应于 2004 年 12 月竣工，并达到约定的优良标准"。"承包人若不能按承诺工期完工，按工程总价的 15% 支付违约金"。"工程若达不能优良，承包人支付甲方违约金人民币 150 万元"。

工程在 2004 年 12 月 28 验收，但未通过验收并责令整改。2005 年 1 月 20 日承包人向发包人递交了该工程的工程结算书，由于该工程尚未通过验收，工程结算尚在审计之中，工程进度款已付过合同约定比例，所以发包人只能在承包人整改完毕和审价结束后，才能按合同约定给付余下工程款。

承包人于 2005 年 2 月 15 日，向法院起诉，要求法院判令发包人以承包人递交的工程结算书结算工程价款。为此发包人在积极应诉的同时，以承包人工期和质量违约为由，向法院提起反诉。

本案的争议焦点主要是承包人提出的诉讼请求是否有法律依据以及被告的反诉是否成立，主要有以下几点。

（1）承包人在工程未通过竣工验收合格的情况下，是否有权向发包人要求支付工程竣工估算价款。

（2）若发包人对承包人提交的竣工结算文件，在规定的时间内未审核完毕，是否必然视为认可竣工结算文件。

（3）发包人对承包人提出的要求支付工程款的诉请时，什么情形可以反诉。

简要评析。

（1）承包人承建的建设工程竣工验收合格是要求支付工程款的前提。

建设工程施工承包合同是由承包人先按时、保质地完成承建工程，后由发包人按时足额支付工程价款的特殊承揽合同。

（2）发包人逾期未审核完竣工结算文件，并非必然视为认可结算文件。

在一般正常情况下，应当按照合同约定结算工程价款，工程经过竣工验收合格后，双方就应当结算。结算中，一般先由承包人提交竣工结算报告，由发包人审核或由发包人（或承、发包双方共同）委托有相应资质的工程造价咨询单位审价。但是，由于发包人收到承包人提交的工程结算文件后往往迟迟不予答复或者根本不予答复，此时，承包人往往以发包人逾期结算视为认可工程结算文件为理由，请求人民法院按照结算文件中形成的工程款数额，判令发包人承担支付工程款的责任。

7.1 工 程 结 算

7.1.1 工程结算的概述

1. 概念

所谓工程价款结算（以下简称工程结算），是指施工企业（承包商）在工程实施过程中，依据承包合同中付款条款的规定和已经完成的工程量，按照规定的程序向建设单位（业主）收取工程价款的一项经济活动。

2. 工程结算的作用

（1）工程结算是工程进度的主要指标。在施工过程中，工程结算的依据之一就是按照已完成的工程量进行结算，也就是说，承包商完成的工程量越多，所应结算的工程价款就应越多。所以，根据累计已结算的工程价款占合同总价款的比例，能够近似反映出工程的进度情况，有利于准确掌握工程进度。

（2）工程结算是加速资金周转的重要环节。承包商能够尽快地分阶段收回工程款，有利于偿还债务，也有利于资金的回笼，降低内部运营成本。通过加速资金周转，提高资金的使用有效性。

（3）工程结算是考核经济效益的重要指标。对于承包商来说，只有工程价款如数地结算，才意味着完成了项目，避免了经营风险，才能获得相应的利润，进而得到良好的经济效益。

7.1.2 工程价款的主要结算方式及程序

1. 工程价款的主要结算方式

我国现行建筑安装工程价款的主要结算方式有以下几种。

1）按月结算

即实行旬末或月中预支、月终结算、竣工后清算的方法。跨年度竣工的工程，在年终进行工程盘点，办理年度结算。实行旬末或月中预支，月终结算办法的工程合同，应分期确认合同价款收入的实现，即各月份终了，与发包单位进行已完工程价款结算时，确认为承包合同已完工部分的工程收入实现，本期收入额为月终结算的已完工程价款金额。

2）竣工后一次结算

建设项目或单项工程全部建筑安装工程建设期在 12 个月以内，或者工程承包合同价值在 100 万元以下的，可以实行工程价款每月月中预支、竣工后一次结算。实行合同完成后一次结算工程价款办法的工程合同，应于合同完成、承包商与发包单位进行工程合同价款计算时，确认为收入实现，实现的收入额为承发包双方结算的合同价款总额。

3）分段结算

即当年开工、当年不能竣工的单项工程或单位工程，按照工程形象进度，划分不同阶段进行结算。分段的划分标准由各部门或省、自治区、直辖市规定，分段估算可以按月预支工程款。实行按工程形象进度划分不同阶段、分段结算工程价款办法的工程合同，应按合同规定的形象进度，分次确认已完阶段工程收益实现，即应于完成合同规定的工程形象进度或工程阶段，与发包单位进行工程价款结算时，确认为工程收入的实现。

为简化手续，将房屋建筑物划分为几个形象部位，例如基础、±0.0 以上主体结构、装修、室外工程及收尾等，确定各部位完成后付总造价一定百分比的工程款。这样的结算不受月度限制，什么时候完工，什么时候结算。中小型工程常采用这种办法，结算比例一般为：工程开工后，按工程合同造价拨付 30%～50%；工程基础完工后，拨付 20%；工程主体完工后，拨付 25%～45%；工程竣工验收后，拨付 5%。

实行竣工后一次结算和分段结算的工程，当年结算的工程款应与分年度完成工作量一致，年终不另清算。

4）目标结款方式

在工程合同中，将承包工程的内容分解成不同的控制界面，以业主验收控制界面作为支付工程价款的前提条件。也就是说，将合同中的工程内容分解成为不同的验收单元，当承包商完成单元工程内容并经业主(或其委托人)验收后，业主支付构成单元工程内容的工程价款。

目标结款方式下，承包商要想获得工程价款，必须按照合同约定的质量标准，完成界面内的工程内容；要想尽早获得工程价款，承包商必须充分发挥自己的组织实施能力，在保证质量的前提下，加快施工进度。这意味着承包商拖延工期时，业主推迟付款，增加承包商的财务费用、运营成本，降低承包商的收益，客观上使承包商因延迟工期而遭受损失。同样，当承包商积极组织施工，提前完成控制界面内的工程内容，则承包商可提前获得工程价款，增加承包收益，客观上承包商因提前工期而增加了有效利润。同时，承包商在界面内质量达不到合同约定的标准而业主不验收，承包商也会因此而遭受损失。目标结款方式实质上是运用合同手段、财务手段，对工程的完成进行主动控制。目标结款方式中，对控制界面的设定应明确描述，便于量化和质量控制，同时要适应项目资金的供应周期和支付频率。

5）结算双方约定并经开户银行同意的其他结算方式

2. 工程价款结算程序

在此，简单介绍按月结算建筑安装工程价款的一般程序。

我国现行建筑安装工程价款结算中，相当一部分实行按月结算。这种结算办法是按分部分项工程，即以"假定建筑安装产品"为对象，按月结算（或预支），待工程竣工后再办理竣工结算，一次结清，找补余款。

按分部分项工程结算，便于建设单位和建设银行根据工程进展情况控制分期拨款额度，"干多少活，给多少钱"；也便于承包商的施工消耗及时得到补偿，并同时实现利润，且能按月考核工程成本的执行情况。

这种结算办法的一般程序包括以下几个方面。

1）预付备料款

施工企业承包工程，一般都实行包工包料，需要有一定数量的备料周转金。在工程承包合同条款中，一般要明文规定发包单位（甲方）在开工前拨给施工单位一定数额的预付款（预付备料款），构成施工企业为该承包工程项目储备和准备主要材料、结构构件所需的流动资金。预付款还可以带有动员费的内容，以供进行施工人员的组织、完成临时设施工程等准备工作之用。支付预付款是公平合理的，因为施工企业早期使用的金额相当大。预付款相当于建设单位给施工企业的无息贷款。

预付款的有关事项，如数量、支付时间和方式、支付条件、偿（扣）还方式等，应在施工合同条款中予以规定。

（1）预付备料款的限额。备料款限额由下列主要因素决定：主要材料（包括外购构件）占施工产值的比重、材料储备期、施工工期。对于承包商常年应备的备料款限额，其计算公式为：

$$备料款限额 = \frac{年度承包工程总值 \times 主要材料所占比重}{年度施工日历天数} \times 材料储备天数 \qquad (7-1)$$

一般建筑工程不应超过当年建筑工程量（包括水、电、暖、卫）的30%；安装工程按年安装工程量的10%，材料占比重较多的安装工程按年计划产值的15%左右拨付。

对于只包定额工日（不包材料定额，一切材料由建设单位供给）的工程项目，可以不预付备料款。

（2）备料款的扣回。发包方拨付给承包商的备料款属于预支性质，到了工程中后期，随着工程所需主要材料储备的逐步减少，应以抵充工程价款的方式陆续扣回。扣款的方法有以下两种。

可以从未施工工程尚需的主要材料及构件的价值相当于备料款数额时起扣，从每次结算工程价款中按材料比重扣抵工程价款，竣工前全部扣清。

在承包方完成金额累计达到合同总价的10%后，由承包商开始向发包方还款，发包方从每次应付给承包商的金额中扣回工程预付款，发包方至少在合同规定的完成工期前3个月将工程预付款的总计金额按逐次分摊的办法扣回。当发包方一次付给承包商的金额少于规定扣回的金额时，其差额应转入下一次支付中作为债务结转。

2）中间结算（工程进度款的支付）

承包商在工程建设工期中，按逐月完成的分部分项工程数量计算各项费用，向建设单位办理中间结算手续。

现行的中间结算办法是，承包商在旬末或月中向建设单位提出预支工程款账单，预支一旬或半月的工程款,月终再提出工程款结算账单和已完工程月报表,收取当月工程价款,并通过建设银行进行结算。

按月进行结算,要对现场已施工完毕的工程逐一进行清点,资料提出后要交建设单位审查签证。为简化手续,多年来采用的办法是以承包商提出的统计进度报表为支取工程款的凭证,即通常所称的工程进度款。工程进度款的支付步骤如图 7.1 所示。

图 7.1 工程进度款支付步骤

3) 工程保修金(尾留款)的预留

按有关规定,工程项目造价中应预留出一定的尾留款作为质量保修费用(又称保留金),待工程项目保修期结束后付款。一般保修金的扣除有两种方法:①在工程进度款拨付累计金额达到该工程合同额的一定比例(一般为 $95\% \sim 97\%$)时,停止支付,预留部分作为保修金;②从发包方向承包商第一次支付的工程进度款开始,在每次承包商应得的工程款中扣留规定的金额作为保修金,直至保修金总额达到规定的限额为止。

保修金的退还一般分为两次进行。当颁发整个工程的移交证书(竣工验收合格)时,将一半保修金退还给承包商;当工程的缺陷责任期(质保期)满时,另一半保修金由工程师开具证书付给承包商。

承包商已向发包方出具履约保函或其他保证的,可以不留保修金。

4) 竣工结算

竣工结算是承包商在所承包的工程按照合同规定的内容全部完工并交工之后,向发包方进行的最终工程价款结算。在竣工结算时,若因某些条件变化,使合同工程价款发生变化,则需按规定对合同价款进行调整。

在实际工作中,当年开工、当年竣工的工程,只需办理一次性结算。跨年度工程,在年终办理一次年终结算,将未完工程转结到下一年度,此时竣工结算等于各年结算的总和。办理工程价款竣工结算的一般公式为:

$$竣工结算工程价款 = 预算(或概算)或合同价款 + 施工过程中预算 \qquad (7-2)$$

$$合同价款调整数额 - 预付及已结算工程价款 \qquad (7-3)$$

【例 7.1】 某建筑工程建安工程量 600 万元,计划 2011 年上半年完工,主要材料和结构件款额占施工产值的 62.5%,工程预付款为合同金额的 25%,2011 年上半年各月实际完成施工产值见表 7-1。求如何按月结算工程款。

表 7-1 实际完成施工产值　　　　　　　　　　　　单位:万元

2月	3月	4月	5月
100	140	180	180

解:(1) 预付工程款 $= 600 \times 25\% = 150$(万元)

(2) 计算预付备料款的起扣点 $T = 600 - 150/62.5\% = 600 - 240 = 360$(万元),即当累计结算工程款为 360 万元后,开始扣备料款。

(3) 2 月完成产值 100 万元,结算 100 万元。

（4）3月完成产值140万元，结算140万元，累计结算工程款240万元。

（5）4月完成产值180万元，可分解为两个部分：其中的120万元（$T-240$）全部结算，其余的60万元要扣除预付备料款62.5%，按60万元的37.5%结算。实际应结算：$120+60\times(1-62.5\%)=120+22.5=142.5$（万元），累计结算工程款382.5万元。

（6）5月完成产值180万元，并已竣工，应结算：$180\times(1-62.5\%)=67.5$（万元），累计结算工程款450万元，加上预付工程款150万元，共结算600万元。

3. 设备、工器具和材料价款的支付与结算

1）国内设备、工器具和材料价款的支付与结算

（1）国内设备、工器具的支付与结算。按照我国现行规定执行单位和个人办理结算都必须遵守的结算原则：一是恪守信用，及时付款；二是谁的钱进谁的账，由谁支配；三是银行不垫款。

建设单位对订购的设备、工器具，一般不预付定金，只对制造期在半年以上的大型专用设备和船舶的价款，按合同分期付款。

建设单位收到设备工器具后，要按合同规定及时结算付款，不应无故拖欠。如果资金不足延期付款，要支付一定的赔偿金。

（2）国内材料价款的支付与结算。建安工程承发包双方的材料往来，可以按以下方式结算。

由承包单位自行采购建筑材料的，发包单位可以在双方签订工程承包合同后，按年度工作量的一定比例向承包单位预付备料资金，并应在一个月内付清。备料款的预付额度，建筑工程一般不应超过当年建筑（包括水、电、暖、卫等）工作量的30%，大量采用预制构件及工期在6个月以内的工程，可以适当增加；安装工程一般不应超过当年安装工程量的10%，安装材料用量较大的工程，可以适当增加。预付备料款，以竣工前未完工程所需材料价值相当于预付备料款额度时起，在工程价款结算时，按材料所占的比重陆续抵扣。

按工程承包合同规定，由承包方包工包料的，发包方将主管部门分配的材料指标交承包单位，由承包方购货付款，并收取备料款。

按工程承包合同规定由发包单位供应材料的，其材料可按材料预算价格转给承包单位，材料价款在结算工程款时陆续抵扣，这部分材料承包单位不应收取备料款。凡是没有签订工程承包合同和不具备施工条件的工程，发包单位不得预付备料款，不准以备料款为名转移资金；承包单位收取备料款后两个月仍不开工或发包单位无故不按合同规定付给备料款的，开户建设银行可以根据双方工程承包合同的约定，分别从有关单位账户中收回或付出备料款。

2）进口设备、工器具和材料价款的支付与结算

对进口设备及材料费用的支付，一般利用出口信贷的形式。出口信贷根据借款的对象，分为卖方信贷和买方信贷。

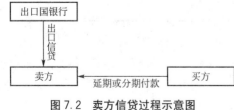

图 7.2 卖方信贷过程示意图

卖方信贷是卖方将产品赊销给买方，规定买方在一定时期内延期或分期付款。卖方通过向本国银行申请出口信贷来填补占用的资金，其过程如图7.2所示。

采用卖方信贷进行设备材料结算时，一般是在签订合同后先预付10%的定金，在最后一

批货物装船后再付 10%，货物运抵目的地验收后付 5%，待质量保证期满时再付 5%，剩余的 70% 货款应在全部交货后规定的若干年内一次或分期付清。

买方信贷有两种形式：一种是由产品出口国银行把出口信贷直接贷给买方，买卖双方以即期现汇成交，其过程如图 7.3 所示。例如，在进口设备材料时，买卖双方签订贸易协议后，买方先付 15% 左右的资金，其余贷款由卖方银行贷给，再由买方按现汇付款条件支付给卖方。此后，买方分期向卖方银行偿还贷款本息。

买方信贷的另一种形式，是由出口国银行把出口信贷提供给进口国银行，再由进口国银行转贷给买方，买方用现汇支付借款，进口国银行分期向出口国银行偿还借款本息，其过程如图 7.4 所示。

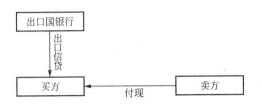

图 7.3 买方信贷过程(出口国银行
直接贷款给进口商)示意图

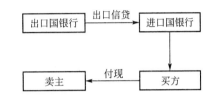

图 7.4 买方信贷过程示意图

进口设备材料的结算价与确定的合同价不同，结算价还要受较多因素(主要是工资、物价、贷款利率及汇率)的影响，因此在结算时要采用动态结算方式。

7.1.3 工程价款的动态结算

动态结算是指把各种动态因素渗透到结算过程中，使结算价大体能反映实际的消耗费用。工程结算时是否实行动态结算，选用什么方法调整价差，应根据施工合同规定行事。

动态结算有按实际价格结算、按调价文件结算和按调价系数结算等方法。

1. 按实际价格结算

按实际价格结算是指某些工程的施工合同规定对承包商的主要材料价格按实际价格结算的方法。

2. 按调价文件结算

按调价文件结算是指施工合同双方采用当时的预算价格进行承发包，施工合同期内按照工程造价管理部门调价文件规定的材料指导价格，用结算期内已完工程材料用量乘以价差进行材料价款调整的方法，其计算公式为：

$$各项材料用量＝\sum 结算期已完工程量 \times 定额用量 \qquad (7-4)$$
$$调价值＝\sum 各项材料用量 \times (结算期预算指导价－原预算价格) \qquad (7-5)$$

3. 按调价系数结算

按调价系数结算是指施工合同双方采用当时的预算价格进行承发包，在合理工期内按照工程造价部门规定的调价系数(以定额直接费或定额材料费为计算基础)，在原合同造价(预算价格)的基础上，调整由于实际人工费、材料费、机械台班使用费等费用上涨及工程变更等因素造成的价差，其计算公式为：

$$结算期定额直接费 = \sum (结算期已完工程量 \times 预算单价) \qquad (7-6)$$
$$调价值 = 结算期定额直接费 \times 调价系数 \qquad (7-7)$$

7.1.4 竣工结算

1. 竣工结算及其作用

1) 竣工结算

竣工结算是指一个单位工程或单项建筑工程竣工，并经建设单位及有关部门验收后，承包商与建设单位之间办理的最终工程结算。工程竣工结算一般以承包商的预算部门为主，由承包商将施工建造活动中与原设计图纸规定产生的一些变化，与原施工图预算比较有增加或减少的地方，按照编制施工图预算的方法与规定，逐项进行调整计算，并经建设单位核算签署后，由承发包单位共同办理竣工结算手续，才能进行工程结算。竣工结算意味着承发包双方经济关系的最后结束，因此承发包双方的财务往来必须结清。办理工程竣工结算的一般公式为：

$$竣工结算工程价款 = 预算（或概算）或合同价款 + 施工过程中预算 \qquad (7-8)$$

或

$$合同价款调整数额 - 预付及已结算工程价款 - 保修金 \qquad (7-9)$$

2) 竣工结算的作用

竣工结算的作用有以下 4 个方面：①企业所承包工程的最终造价被确定，建设单位与施工单位的经济合同关系完结；②企业所承包工程的收入被确定，企业以此为根据可考核工程成本，进行经济核算；③企业所承包的建筑安装工作量和工程实物量被核准承认，所提供的结算资料可作为建设单位编报竣工决算的基础资料依据；④可作为进行同类工程经济分析、编制概算定额和概算指标的基础资料。

2. 竣工结算的编制依据

编制工程竣工结算书的依据有以下 7 个方面。

（1）工程竣工报告及工程竣工验收单。这是编制竣工结算书的首要条件。未竣工的工程，或虽竣工但没有进行验收及验收没有通过的工程，不能进行竣工结算。

（2）工程承包合同或施工协议书。

（3）经建设单位及有关部门审核批准的原工程概预算及增减概预算。

（4）施工图、设计变更图、通知书、技术洽商及现场施工记录。

（5）在工程施工过程中发生的参考概预算价格差价凭据、暂估价差价凭据，以及合同、协议书中有关条文规定需持凭据进行结算的原始凭证（如工程签证、凭证、工程价款、结算凭证等）。

（6）本地区现行的概预算定额、材料预算价格、费用定额及有关文件规定、解释说明等。

（7）其他有关资料。

3. 竣工结算的编制方法

竣工结算书的编制，随承包方式的不同而有所差异。

（1）采用施工图概预算加增减等承包方式的工程结算书，是在原工程概预算基础上，施工过程中不可避免地发生的设计变更、材料代用、施工条件的变化、经济政策的变化等影响到原施工图概预算价格的变化费用，又称为预算结算制。

（2）采用施工图概预算加包干系数或每 m² 造价包干的工程结算书，一般在承包合同中已分清了承发包单位之间的义务和经济责任，不再办理施工过程中所承包内容的经济洽商，在工程结算时不再办理增减调整。工程竣工后，仍以原概预算加系数或 m² 造价的价值进行计算。只有发生在超出包干范围的工程内容时，才在工程结算中进行调整。

（3）采用投标方式承包工程结算书，原则上应按中标价格（成交价格）进行。但合同中对工期较长、内容比较复杂的工程，规定了对较大设计变更及材料调价允许调整的条文，施工单位在竣工结算时，可在中标价格基础上进行调整。当合同条文规定允许调整范围以外发生的非建筑企业原因发生中标价格以外费用时，建筑企业可以向招标单位提出签订补充合同或协议，为结算调整价格的依据。

4. 竣工结算编制程序中的重要工作

1）编制准备

编制准备包括以下 4 个方面：①收集与竣工结算编制工作有关的各种资料，尤其是施工记录与设计变更资料；②了解工程开工时间、竣工时间和施工进度、施工安排与施工方法等有关内容；③掌握在施工过程中的有关文件调整与变化，并注意合同中的具体规定；④检查工程质量，校核材料供应方式与供应价格。

2）对施工图预算中不真实的项目进行调整

通过设计变更资料，寻找原预算中已列但实际未做的项目，并将该项目对应的预算从原预算中扣减出来。例如，某工程内墙面原设计混合砂浆材刷，并刷 106 涂料。施工时，应甲方要求不刷涂料，改用喷塑，并有甲乙双方签证的变更通知书，那么在结算时扣除原预算中的 106 涂料费用，该项为调减部分。

计算实际增加项目的费用，费用构成依然为工程的直接费、间接费、利润、税金。上例中的墙面喷塑则属于增加项目，应按施工图预算要求，补充其费用。

根据施工合同的有关规定，计算由于政策变化而引起的调整性费用。

在当前预结算工作中，最常见的一个问题是因文件规定的不断变化而对预结算编制工作带来的直接影响，尤其是间接费率的变化、材料系数的变化、人工工资标准的变化等。

3）计算大型机械进退场费

预结算制度明确规定，大型施工机械进退场费结算按实计取，但招投标工程应根据招标文件和施工合同的规定办理。

4）调整材料用量

引起材料用量尤其是主要材料用量变化的主要因素，一是设计变量引起的工程量的变化而导致的材料数量的增减；二是施工方法、材料类型不同而引起的材料数量的变化。

5）按实计算材差，重点是"三材"与特殊材料价差

一般情况下，建设单位委托承包商采购供应的"三材"和一些特殊材料按预算价、预算指导价或暂定价进行预算造价，而在结算时如实计取。这就要求在结算过程中，按结算确定的建筑材料实际数量和实际价格，逐项计算材差。

6）确定建设单位供应材料部分的实际供应数量与实际需求数量

材料的供应数量与工程需求数量是两个不同的概念，对于建设单位供应材料来说，这

种概念上的区别尤为重要。

供应数量是材料的实际购买数量，通常通过购买单位的财务账目反映出来，建设单位供应材料的供应数量，也就是建设单位购买材料并交给承包商使用的数量；材料的需求数量指的是依据材料分析，完成建筑工程施工所需材料的客观消耗量。如果上述两量之间存在数量差，则应如实进行处理，既不能超供也不能短缺。

7) 计算由于施工方式的改变而引起的费用变化

预算时按施工组织设计文件要求，计算有关施工过程费用，但实际施工时，施工情况、施工方式有变化，则有关费用要按合同规定和实际情况进行调整，如地下工程施工中有关的技术措施、施工机械型号选用变化、施工事故处理等有关费用。

7.2 工程竣工决算

竣工决算是反映建设项目实际造价和投资效果的文件，是竣工验收报告的重要组成部分。所有竣工验收的项目，应在办理手续之前，对所有建设项目的财产和物资进行认真清理，及时、正确地编制竣工决算。这对于总结分析建设过程中的经验教训、提高工程造价管理水平，以及积累技术经济资料等方面，有着重要意义。

7.2.1 竣工决算的内容

建设项目竣工决算应包括从筹建到竣工投产全过程的全部实际支出费用，即建筑工程费用、安装工程费用、设备工器具购置费用和其他费用等。竣工决算由竣工决算报表、竣工决算报告说明书、竣工工程平面示意图、工程造价比较分析 4 个部分组成。大中型建设项目竣工决算报表一般包括竣工工程概况表、竣工财务决算表、建设项目交付使用财产总表及明细表，以及建设项目建成交付使用后的投资效益和交付使用财产明细表。

7.2.2 竣工决算的编制

1. 收集、整理、分析原始资料

从工程开始就按编制依据的要求，收集、整理有关资料，主要包括建设项目档案资料，如设计文件、施工记录、上级批文、概预算文件、工程结算的归集整理，财务处理、财产物资的盘点核实及债权债务的清偿，做到账表相符。

2. 对照工程变动情况，重新核实各单位工程、单项工程造价

将竣工资料与原始设计图纸进行对比，必要时可实地测量，确认实际变更情况；根据经审定的施工单位竣工结算的原始资料，按照有关规定，对原概预算进行增减调整，重新核定工程造价。

3. 填写基建支出和占用项目

经审定的待摊投资、其他投资、待核销基建支出和非经营项目的转出投资，按照国家

规定严格划分和核定后，分别计入相应的基建支出（占用）栏目内。

4. 编制竣工决算报告说明书

竣工决算报告说明书包括反映竣工工程建设的成果和经验，是全面考核与分析工程投资与造价的书面总结，是竣工决算报告的重要组成部分，其主要内容包括以下几个方面。

1）对工程总的评价

进度：主要说明开工和竣工时间，对照合理工期和要求工期，说明工程进度是提前还是延期。

质量：要根据竣工验收委员会或质量监督部门的验收评定，对工程质量进行说明。

安全：根据劳动工资和施工部门的记录，对有无设备和人身事故进行说明。

造价：应对照概算造价，说明节约还是超支，用金额和百分比进行分析说明。

2）各项财务和技术经济指标的分析

概算执行情况分析。根据实际投资完成额与概算进行对比分析。

新增生产能力的效益分析。说明交付使用财产占总投资额的比例、固定资产占交付使用财产的比例、递延资产占投资总数的比例，分析有机构成和成果。

基本建设投资包干情况的分析。说明投资包干数、实际支用数和节约额、投资包干节余的有机构成和包干节余的分配情况。

财务分析。列出历年的资金来源和资金占用情况。

工程建设的经验教训及有待解决的问题。

需要说明的其他事项。

5. 编制竣工决算报表

竣工决算报表共有9个，按大、中、小型建设项目分别制定，包括建设项目竣工工程概况表、建设项目竣工财务决算总表、建设项目竣工财务决算明细表、交付使用固定资产明细表、交付使用流动资产明细表、交付使用无形资产明细表、递延资产明细表、建设项目工程造价执行情况分析表、待摊投资明细表。

6. 进行工程造价比较分析

在竣工决算报告中，必须对控制工程造价所采取的措施、效果及其动态的变化进行认真的比较分析，总结经验教训。批准的概算是考核建设工程造价的依据，在分析时可将决算报表中所提供的实际数据和相关资料与批准的概算、预算指标进行对比，以考核竣工项目总投资控制的水平，在对比的基础上总结先进经验，找出落后的原因，提出改进措施。

根据经审定的竣工结算等原始资料，对原为考核概算执行情况，正确核算建设工程造价，财务部门首先必须积累概算动态变化资料（如材料价差、设备价差、人工价差、费率价差等）和设计方案变化，以及对工程造价有重大影响的设计变更资料；其次，考察竣工形成的实际工程造价节约或超支的数额。

为了便于比较，可先对比整个项目的总概算，之后对比工程项目（或单项工程）的综合概算和其他工程费用概算，最后再对比单位工程概算，并分别将建筑安装工程、设备、工器具购置和其他工程费用逐一与项目竣工决算编制的实际工程造价进行对比，找出节约或超支的具体内容和原因。

概预算进行调整，重新核定各单项工程和单位工程的造价。属于增加固定资产价值的其他投资，如建设单位管理费、研究试验费、土地征用及拆迁补偿费等，应分摊于受益工程，共同构成新增固定资产价值。

7. 清理、装订好竣工图，按国家规定上报审批、存档

本 章 小 结

本章主要阐述了工程结算的概念与作用、工程价款的动态结算、竣工结算的概念与作用以及编制方法、竣工决算的内容，详细介绍了工程价款主要结算方式、竣工结算编制程序中的重要工作和程序、竣工决算的编制方法。

习 题

1. 说明工程价款的主要结算方式。
2. 什么是预付备料款？如何扣留？
3. 说明当工程价款发生争议时应如何处理。
4. 说明工程竣工决算的编制程序。

参 考 文 献

[1] 中华人民共和国住房和城乡建设部，中华人民共和国国家质量监督检验检疫总局. 建设工程工程量清单计价规范(GB 50500—2008) [S]. 北京：中国计划出版社，2008.

[2] 中华人民共和国建设部. 全国统一建筑安装工程工期定额 [M]. 北京：中国计划出版社，2000.

[3] 江苏省建设厅. 江苏省建筑与装饰工程计价表 [M]. 北京：知识产权出版社，2004.

[4] 江苏省建设厅. 江苏省建设工程工程量清单计价项目指引 [M]. 北京：知识产权出版社，2004.

[5] 江苏省建设厅. 江苏省施工机械台班费用定额 [M]. 北京：知识产权出版社，2004.

[6] 卜龙章. 装饰工程定额与预算 [M]. 南京：东南大学出版社，2004.

[7] 郭靖娟. 建设工程定额及概预算 [M]. 北京：清华大学出版社，北京交通大学出版社，2004.

[8] 江苏省工程建设标准定额总站. 2001 定额编制说明 [M]. 南京：河海大学出版社，2002.

[9] 刘宝生. 建设工程概预算与造价控制 [M]. 北京：中国建材工业出版社，2003.

[10] 李希伦. 建设工程工程量清单计价编制实用手册 [M]. 北京：中国计划出版社，2003.

[11] 李宏扬. 建筑装饰装修工程量清单计价与投标报价 [M]. 北京：中国建材出版社，2003.

[12] 迟晓明. 袖珍建筑工程造价计算手册 [M]. 北京：中国建筑工业出版社，2007.

[13] 北京广联达软件技术有限公司. 广联达工程造价软件系列教程 [M]. 北京：中国建材出版社，2005.

[14] 钱昆润. 建筑工程定额与预算 [M]. 南京：东南大学出版社，2006.

[15] 王秀册. 建筑工程定额与预算 [M]. 北京：清华大学出版社，2006.

[16] 叶良. 土木工程概预算与投标报价 [M]. 北京：北京大学出版社，2010.

[17] 陈祖建. 室内装饰工程预算 [M]. 北京：北京大学出版社，2010.

[18] 成虎. 工程项目管理 [M]. 北京：中国建筑工业出版社，2007.

[19] 陈乃佑. 建筑施工组织 [M]. 北京：机械工业出版社，2004.

[20] 郑海航. 企业组织论 [M]. 北京：经济管理出版社，2004.

[21] 唐明怡. 建筑工程定额与预算 [M]. 北京：中国水利水电出版社，2007.

[22] 郑文新. 建筑工程资料管理 [M]. 上海：上海交通大学出版社，2007.

[23] 苗曙光. 土建工程量计算实战技法 [M]. 北京：中国电力出版社，2007.

[24] 郑文新. 工程项目管理 [M]. 北京：中国计划出版社，2007.

北京大学出版社土木建筑系列教材(已出版)

序号	书名	主编	定价	序号	书名	主编	定价
1	建筑设备(第2版)	刘源全 张国军	46.00	50	土木工程施工	石海均 马哲	40.00
2	土木工程测量(第2版)	陈久强 刘文生	40.00	51	土木工程制图(第2版)	张会平	45.00
3	土木工程材料(第2版)	柯国军	45.00	52	土木工程制图习题集(第2版)	张会平	28.00
4	土木工程计算机绘图	袁果 张渝生	28.00	53	土木工程材料(第2版)	王春阳	50.00
5	工程地质(第2版)	何培玲 张婷	26.00	54	结构抗震设计	祝英杰	30.00
6	建设工程监理概论(第3版)	巩天真 张泽平	40.00	55	土木工程专业英语	霍俊芳 姜丽云	35.00
7	工程经济学(第2版)	冯为民 付晓灵	42.00	56	混凝土结构设计原理(第2版)	邵永健	52.00
8	工程项目管理(第2版)	仲景冰 王红兵	45.00	57	土木工程计量与计价	王翠琴 李春燕	35.00
9	工程造价管理	车春鹂 杜春艳	24.00	58	房地产开发与管理	刘薇	38.00
10	工程招标投标管理(第2版)	刘昌明	30.00	59	土力学	高向阳	32.00
11	工程合同管理	方俊 胡向真	23.00	60	建筑表现技法	冯柯	42.00
12	建筑工程施工组织与管理(第2版)	余群舟 宋会莲	31.00	61	工程招投标与合同管理	吴芳 冯宁	39.00
13	建设法规(第2版)	肖铭 潘安平	32.00	62	工程施工组织	周国恩	28.00
14	建设项目评估	王华	35.00	63	建筑力学	邹建奇	34.00
15	工程量清单的编制与投标报价	刘富勤 陈德方	25.00	64	土力学学习指导与考题精解	高向阳	26.00
16	土木工程概预算与投标报价(第2版)	刘薇 叶良	37.00	65	建筑概论	钱坤	28.00
17	室内装饰工程预算	陈祖建	30.00	66	岩石力学	高玮	35.00
18	力学与结构	徐吉恩 唐小弟	42.00	67	交通工程学	李杰 王富	39.00
19	理论力学(第2版)	张俊彦 赵荣国	40.00	68	房地产策划	王直民	42.00
20	材料力学	金康宁 谢群丹	27.00	69	中国传统建筑构造	李合群	35.00
21	结构力学简明教程	张系斌	20.00	70	房地产开发	石海均 王宏	34.00
22	流体力学(第2版)	章宝华	25.00	71	室内设计原理	冯柯	28.00
23	弹性力学	薛强	22.00	72	建筑结构优化及应用	朱杰江	30.00
24	工程力学(第2版)	罗迎social 喻小明	39.00	73	高层与大跨建筑结构施工	王绍君	45.00
25	土力学(第2版)	肖仁成 俞晓	25.00	74	工程造价管理	周国恩	42.00
26	基础工程	王协群 章宝华	32.00	75	土建工程制图	张黎骅	29.00
27	有限单元法(第2版)	丁科 殷水平	30.00	76	土建工程制图习题集	张黎骅	26.00
28	土木工程施工	邓寿昌 李晓目	42.00	77	材料力学	章宝华	36.00
29	房屋建筑学(第2版)	聂洪达 郄恩田	48.00	78	土力学教程	孟祥波	30.00
30	混凝土结构设计原理	许成祥 何培玲	28.00	79	土力学	曹卫平	34.00
31	混凝土结构设计	彭刚 蔡江勇	28.00	80	土木工程项目管理	郑文新	41.00
32	钢结构设计原理	石建军 姜袁	32.00	81	工程力学	王明斌 庞永平	37.00
33	结构抗震设计	马成松 苏原	25.00	82	建筑工程造价	郑文新	39.00
34	高层建筑施工	张厚先 陈德方	32.00	83	土力学(中英双语)	郎煜华	38.00
35	高层建筑结构设计	张仲先 王海波	23.00	84	土木建筑CAD实用教程	王文达	30.00
36	工程事故分析与工程安全(第2版)	谢征勋 罗章	38.00	85	工程管理概论	郑文新 李献涛	26.00
37	砌体结构(第2版)	何培玲 尹维新	26.00	86	景观设计	陈玲玲	49.00
38	荷载与结构设计方法(第2版)	许成祥 何培玲	30.00	87	色彩景观基础教程	阮正仪	42.00
39	工程结构检测	周详 刘益虹	20.00	88	工程力学	杨云芳	42.00
40	土木工程课程设计指南	许明 孟苗超	25.00	89	工程设计软件应用	孙香红	39.00
41	桥梁工程(第2版)	周先雁 王解军	37.00	90	城市轨道交通工程建设风险与保险	吴宏建 刘宽亮	75.00
42	房屋建筑学(上:民用建筑)	钱坤 王若竹	32.00	91	混凝土结构设计原理	熊丹安	32.00
43	房屋建筑学(下:工业建筑)	钱坤 吴歌	26.00	92	城市详细规划原理与设计方法	姜云	36.00
44	工程管理专业英语	王竹芳	24.00	93	工程经济学	都沁军	42.00
45	建筑结构CAD教程	崔钦淑	36.00	94	结构力学	边亚东	42.00
46	建设工程招投标与合同管理实务	崔东红	38.00	95	房地产估价	沈良峰	45.00
47	工程地质(第2版)	倪宏革 周建波	30.00	96	土木工程结构试验	叶成杰	39.00
48	工程经济学	张厚钧	36.00	97	土木工程概论	邓友生	34.00
49	工程财务管理	张学英	38.00	98	工程项目管理	邓铁军 杨亚频	48.00

序号	书名	主编	定价	序号	书名	主编	定价
99	误差理论与测量平差基础	胡圣武　肖本林	37.00	124	建筑工程计量与计价	张叶田	50.00
100	房地产估价理论与实务	李　龙	36.00	125	工程力学	杨民献	50.00
101	混凝土结构设计	熊丹安	37.00	126	建筑工程管理专业英语	杨云会	36.00
102	钢结构设计原理	胡习兵	30.00	127	土木工程地质	陈文昭	32.00
103	钢结构设计	胡习兵　张再华	42.00	128	暖通空调节能运行	余晓平	30.00
104	土木工程材料	赵志曼	39.00	129	土工试验原理与操作	高向阳	25.00
105	工程项目投资控制	曲　娜　陈顺良	32.00	130	理论力学	欧阳辉	48.00
106	建设项目评估	黄明知　尚华艳	38.00	131	土木工程材料习题与学习指导	鄢朝勇	35.00
107	结构力学实用教程	常伏德	47.00	132	建筑构造原理与设计(上册)	陈玲玲	34.00
108	道路勘测设计	刘文生	43.00	133	城市生态与城市环境保护	梁彦兰　阎　利	36.00
109	大跨桥梁	王解军　周先雁	30.00	134	房地产法规	潘安平	45.00
110	工程爆破	段宝福	42.00	135	水泵与水泵站	张　伟　周书葵	35.00
111	地基处理	刘起霞	45.00	136	建筑工程施工	叶　良	55.00
112	水分析化学	宋吉娜	42.00	137	建筑学导论	裘　鞠　常　悦	32.00
113	基础工程	曹　云	43.00	138	工程项目管理	王　华	42.00
114	建筑结构抗震分析与设计	裴星洙	35.00	139	园林工程计量与计价	温日琨　舒美英	45.00
115	建筑工程安全管理与技术	高向阳	40.00	140	城市与区域规划实用模型	郭志恭	45.00
116	土木工程施工与管理	李华锋　徐　芸	65.00	141	特殊土地基处理	刘起霞	50.00
117	土木工程试验	王吉民	34.00	142	建筑节能概论	余晓平	34.00
118	土质学与土力学	刘红军	36.00	143	中国文物建筑保护及修复工程学	郭志恭	45.00
119	建筑工程施工组织与概预算	钟吉湘	52.00	144	建筑电气	李　云	45.00
120	房地产测量	魏德宏	28.00	145	建筑美学	邓友生	36.00
121	土力学	贾彩虹	38.00	146	空调工程	战乃岩　王建辉	45.00
122	交通工程基础	王富	24.00	147	建筑构造	宿晓萍　隋艳娥	36.00
123	房屋建筑学	宿晓萍　隋艳娥	43.00	148	城市与区域认知实习教程	邹　君	30.00

相关教学资源如电子课件、电子教材、习题答案等可以登录 www.pup6.cn 下载或在线阅读。

扑六知识网(www.pup6.com)有海量的相关教学资源和电子教材供阅读及下载(包括北京大学出版社第六事业部的相关资源)，同时欢迎您将教学课件、视频、教案、素材、习题、试卷、辅导材料、课改成果、设计作品、论文等教学资源上传到 pup6.com，与全国高校师生分享您的教学成就与经验，并可自由设定价格，知识也能创造财富。具体情况请登录网站查询。

如您需要免费纸质样书用于教学，欢迎登录第六事业部门户网(www.pup6.com.cn)填表申请，并欢迎在线登记选题以到北京大学出版社来出版您的大作，也可下载相关表格填写后发到我们的邮箱，我们将及时与您取得联系并做好全方位的服务。

扑六知识网将打造成全国最大的教育资源共享平台，欢迎您的加入——让知识有价值，让教学无界限，让学习更轻松。

联系方式：010-62750667，donglu2004@163.com，欢迎来电来信咨询。